明治大学人文科学研究所叢書

松山 恵

江戸・東京の都市史

近代移行期の都市・建築・社会

東京大学出版会

An Urban History of Edo-Tokyo:
City, Architecture, and Society in the Changing Capital of Japan, 1850-1920

Megumi MATSUYAMA

University of Tokyo Press, 2014
ISBN 978-4-13-026608-6

江戸・東京の都市史／目次

［凡　例］
一　引用史料における平出・闕字は原史料にもとづく。
二　引用史料中および引用文中の……は、中略を示す。
三　注は、各章毎に章末に付した。

序　章　近代移行期の都市空間と社会文化形成

はじめに

日本の都市の歴史を考えるに、人びとはしばしば災害や政治・社会的な変動に直面し、みずからを取りまく生活環境の大きな変化に身をさらされる経験をしてきた。本書のおもな舞台である江戸―東京では、明暦の大火や関東大震災、敗戦間際の大空襲といった自然・人的災害にくわえて、国内の政治や経済状況の変動もまた、都市のあり方を変えるきっかけとなった。

なかでも江戸から東京への移り変わり、つまり近世武家政権の拠点であった江戸に明治新政府の首都東京が築かれる過程は、そうした変革期のひとつに数えることができるだろう。たとえば都市域の七割ほどを占めていた武家地(1)（図1）では利用者や機能が大幅に入れ替わり、新政にまつわる人やモノが流入する一方で、それまで武家社会の消費に依存していた町人たちのなかには身代を傾けるものも多かった。一般に、幕末から産業化の進展する明治二〇年代までの間に、いったんは東京の人口が激減したといわれるひとつのゆえんである。

江戸―東京を対象とする都市史研究は、いわゆる地方都市に関するものに比べて格段に豊かな蓄積をみるものの、この一九世紀中後期を中心とする変動については具体的な解明が著しく立ち後れてきたことは確かである。それは、この時期特有の史料的制約の大きさのためでもあるが、それにもまして解明を阻んできたのは、先行研究における視

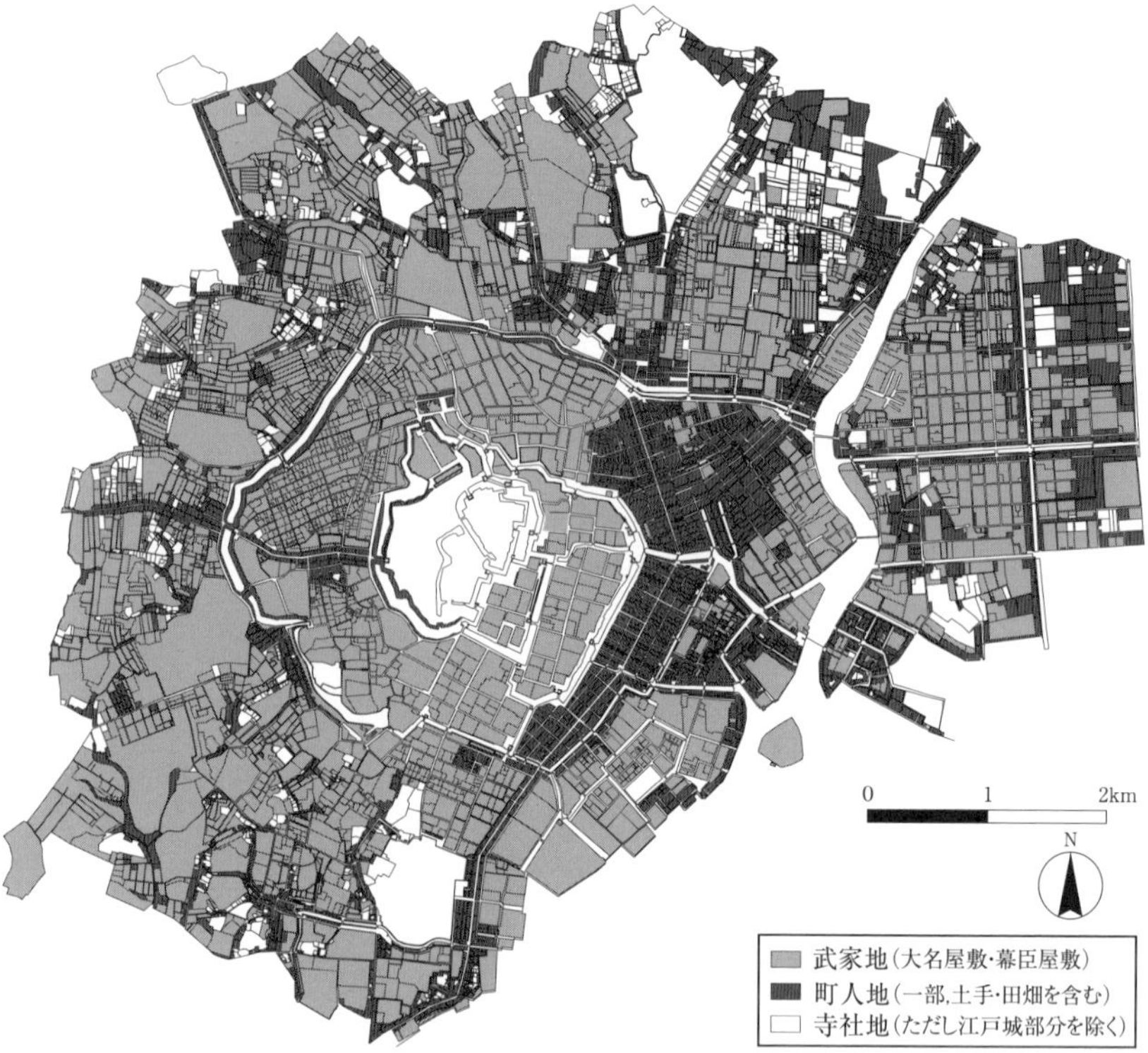

図1　幕末江戸の土地利用

注）『江戸復原図』（東京都教育委員会，1989年）より作成．ただし表示の都合上，範囲は朱引内に限定し，また武家地には江戸城を除く幕府用地が含まれる．

角の限定性という問題であったように思う。

くわしくは次節で述べるように、これまでの研究では江戸から東京への移り変わりを叙述する際、両者の断絶性をなかば前提とするか、あるいはそれとは逆に連続性を重視するかで、長らく大きくふたつに分離する傾向があった。しかしながら、そうした異同の一方で、これらはどちらも産業革命（産業化、工業化）や西欧近代的制度の移植（西欧化）といった狭義の近代化を指標としながら、前者はその進展の様子を、対して後者はそうした流れが貫徹しない側面を取りあげるという、いわばひとつの局面の表裏を描くに過ぎないものであった。右記の指標では計測できない動向については長らく等閑視され、史実の発掘も十分にはなされてこなかった。別のいい方をすれば、単一の「近代都市」像を自明なものとするかたわら、江戸という長い発達の過程を歩む歴史都市が東京へと転換する過程で、独自につちかわれた近代性を問う視点を欠いてきたのである。

以上を念頭に、本書では、近代化の内容や画期をあらかじめ措定してしまうのではなく、産業化の微弱な時期（明治初年―同二〇年代）を中心とする一九世紀中後期をその前後も視野に入れつつ近代移行期としてゆるやかにくくり[2]、あらためてこの間に生じていた動向に光を当てて、その都市史的な意義を明らかにしたい。そのための方法として、ここでは、一定の理念にもとづく政策が施される対象であるとともに、一般の人びとが生活を形成する場であり、また、それらが歴史的に共在した結果――人びとの歴史の実体そのもの――でもある都市空間のありように着目する[3]。

本論の内容を一部さきどりしながら、具体的に述べることにしよう。

近代移行期の江戸と東京は制度上の範囲においては強い連続性があるものの[4]、しかしその内部の構造は根本的な変化を遂げていた。その背景には、身分制にもとづく都市構造――人と空間とのかかわり――を解体、再編する動因としての明治初年における東京遷都の問題＝「首都化」の動向が認められる。また、従来は狭義の近代化の象徴と受けとめられてきた都市計画事業も、本来的にはそうした文脈で実施されるものであった。他方で、都市空間はこのような権力の拠点としてのみあるわけではもちろんない。開国や内政の変事をへながらも、当該期の東京が物理的にも社会文化的にも途切れることなく持続できた基盤には人びとの生活空間があり、既往の慣習や行動様式にもとづくあらたな現象も数々生じていた。

以上のような政治的・社会的な動向がどのように共在ないしは相克することで、近世江戸は近代東京へと転生していったのであろうか。

本書は、そうした矛盾や多様性をはらんだ都市の歴史過程を具体的に明らかにするとともに、結果、近代移行期の東京においてどのような特徴や構造をもった都市空間が生成され、そしてそれが近現代の他の日本都市や地域にどのような前提を提供したのかを考察する、ひとつの試みである。

一　先行研究について

本論にさきだち、先行研究の成果と課題について考える。

はじめに、さまざまな学問領域が都市への関心を深め、都市史と定義される研究分野の礎が築かれた一九八〇年代までの動向について述べ、次いで、比較的近年の取り組みのうち本書と研究視角のうえでつながりの深いものを取りあげることにしたい(5)。なお、各章の内容に個別にかかわる先行研究についてはここでは取りあげず、各章のおもに冒頭部でふれることにする。

（1）江戸から東京へ――近代移行期の描き方

戦後、一九五〇年代なかばから七〇年代初頭にかけての日本経済の高度成長は、農村から都市への極度の人口集中をうながし、公害や居住環境の悪化などのいわゆる都市問題を頻発させた。歴史学のおもな関心はそれまで農村社会の特質解明に置かれており、それとの関係でのみ論じられることの多かった都市そのものが、ここにきて歴史的に検討すべき対象＝問題として見いだされていくことになる(6)。

江戸―東京の都市史研究もまずはそうした関心から本格的に着手され(7)、また江戸から東京への移り変わりも視野に入れた取り組みも七〇年代から著された。そこでは移行期の江戸―東京のイメージをめぐり、大きくふたつの対照的な見方が示された。

江戸と東京の断絶――資本制社会の生成とそのひずみ

ひとつ目は、「資本主義の発達とそれにともなう都市問題が発生する場」という見方である(8)。たとえば、その代表的論者である石塚裕道は、明治新政府が欧米列強の圧力のもとに西欧近代的制度の受容や殖産興業政策をはかるなか、維新期以降の東京はとりわけ「国家の都市」としてそうした政策方針に強く規定されて資本の集中や工業化、また欧化政策にもとづく都市改造事業が急進した結果、「貧民窟」の形成などの居住環境の悪化が引き起こされていったと指摘した(9)。

この石塚の取り組みは、目前（一九七〇年代）の都市問題の「原像」を探ることが目的にかかげられていたように(10)、つまりはその前史として江戸―東京の歴史を把握、叙述しようとするものであった。関東大震災までの時期を視野におさめて、さまざまな都市政策や階層の人びとの動向、また都市内部の地域の様子なども言及されるものの、それらは基本的に「資本制社会の生成とそのひずみ」という構図のもとで理解される(11)。それゆえ、論じる時期でこそ幕末維新期から筆はおこされているが、議論の中心はおのずと産業化の進展した明治二〇年代以降となっている。

もっとも、石塚が明治初年の地図資料などをもとに数多くの大名藩邸（跡地）が新政府の官庁や軍事施設へと転用された事実を具体的に明らかにしたことは重要な成果である[12]。しかし、そもそもなぜ都市のなかでもこのような地域＝領域において変化が起きたのか、その理由や具体的な経緯については追究されず、ひいては江戸と東京は権力の拠点としてどのように異なるのか、両者の都市構造の違いなどについては不問に付された[13]。石塚の研究において、江戸は東京の地理的諸条件＝「器を提供するもの」以上の意味はなく、またそこに住む人びとも狭義の近代化（西欧化、工業化）のなかで一方的に抑圧される客体として描かれ、両者は事実上、別物＝断絶したものとしてとらえられた。

江戸と東京の連続性――「江戸東京学」の源流

他方、このような見方に対して、江戸と東京の連続性を主張したのは小木新造であった。

小木によると、明治維新から明治二二年（一八八九）頃までの東京は「江戸以上に江戸が凍結[14]」された「東京《とうけい》時代[15]」と呼ぶべき固有な時期であるという。江戸以来の「庶民」（小木の定義では町人のうち諸職人や小商人で構成）の心性はこの間、明治新政府や薩長藩閥などに対する不服従の精神や伝統意識によって貫かれ、また旧来のしきたりにもとづく「町内完結社会[16]」がそのまま持続していたと指摘する。

さきの石塚が近代化のひずみを一方的に被る客体として一般の人びとを描いたのとは対照的に、小木はその主体性や独立性を唱えたわけであるが、その根拠として都市空間が二元化されていたことをあげる。すなわち、維新変革にともなう動向はいわゆる「山手」の旧武家地を中心とするものであって、当時の東京で人口構成上の主体をなす「下町」では、「庶民」たちが近世段階と変わらない地で生活を送っており[17]、そうした状況に変化が訪れるのは地方出身者が数多く流入して「町内完結社会」が自壊する明治二二年頃[18]（ないしはそれ以降[19]）であると指摘した。

しかしながら、結論的に記せば、この小木の研究には論証過程に錯誤が認められる。本書の検討は分析対象や時期のうえでその研究と重なるところも大きく、以下少し立ち入って言及しておきたい。

小木は、「山手」と「下町」という東京の二面性（首都性／地方性）を重視すると同時に、それぞれを具体的に把握可能なもの（地理的概念）として扱っている。このうち「下町」は、明治一三年（一八八〇）に制定された旧東京一五区のうち神田・日本橋・下谷・浅草などの八区であるとする。[20]

しかしここで定義された「下町」には、近世段階には「庶民」が原則居住できなかった武家地跡地も数多く含まれていることは明らかである。[21]つまり、これらは維新期に住民の大幅な移動（流出、流入）をへながら成立した、新規に開かれた町場であることはいうまでもない。[22]だが小木はこの基本的事実をふまえず、じつのところそうした新規の町についても江戸以来の古町とひとくくりに「下町」＝〝「庶民」による江戸以来の生活がそのまま継続する地域〟という誤った認識で史料（明治五年時点の人口統計など）をあつかい、[23]明治初年の変動を結果的であれ、覆い隠してしまっているのである。このような史料上の手続きをもとに主張された「町内完結社会」というテーゼ、さらには明治初中期（「東京時代」）を江戸の単純な連続性のなかに描くこと自体、大きな問題があるといわざるをえない。

以上の議論で、小木が定性的かつ流動的な「山手」「下町」という概念[24]を固定的に対比可能なものとして扱った背景には、前述の石塚のような事実上都市中枢部ばかりを重んじる研究、いうなれば山手論への対抗意識があったことは確かだろう。[25]しかしその結果、小木の本来の意図に反して、明治初年から目覚ましかった一般の人びとの主体的な動き、具体的には武家地（跡地）地域へと町人社会が浸潤、展開する動きを見落とすことになってしまっている。

江戸の連続性のなかに近代移行期をとらえる論もまた、近代化＝工業化・西欧化という枠組みに拘束され、それを単純に反転させた議論だったといえよう。

小括——積み残された課題

以上のように、石塚・小木らによって示された近代移行期の江戸—東京のとらえ方は、一見するときわめて対照的でありながら、どちらも明治二〇年代あたりまでの変化を事実上、等閑視するという点で共通していたことに気づく。それは、近世都市を近代都市へと変質させるのは狭義の近代化（工業化、西欧化）であるという認識に立つものであったからにほかならない。

これらの研究で積み残された課題としては、江戸と東京が権力の拠点としてどのように異なるのか、両者の都市構造の違いなどを精査する必要性があることにくわえて、近代移行期の東京の分析にあたっては空間と社会（身分）の関係性の解体・再編過程が重要な論点であること、の以上二点が指摘できよう。

（2）東京論ブームにおける成果と課題——一九八〇年代における展開

一九八〇年代に入ると、都市に関するさまざまな試みが発表されるようになり、バブル経済が崩壊する九〇年代初頭にかけて東京論ブーム[26]と評されるような状況が生みだされていく。そこでは近代化を問題としてとらえる視点ばかりでなく、むしろその魅力や多面性に目を向けようとする関心も動因となって、複数の研究分野が都市の歴史研究へと参入を果たした。ここでは本書の内容と特にかかわりの深い、具体的な都市空間の考察にこの時期から多くの成果をあげた建築学や都市計画の分野（工学系の歴史研究）による取り組み[27]に焦点を絞ってみておきたい。これらの研究であげられた成果は、分析対象や議論の枠組みなどによって大きく以下ふたつに分類できる。

都市計画史、郊外住宅地研究——狭義の近代化の現象

ひとつ目は、明治期以降の東京でおこなわれた都市計画や専用住宅地など、都市の開発に関する研究である。藤森照信は、本書でも考察の対象に取りあげる銀座煉瓦街や東京市区改正計画、また日比谷官庁集中計画といった一連の欧化政策＝首都計画の具体像を膨大な一次史料の渉猟をつうじて一挙に明らかにする成果をあげた[28]。石田頼房

は、藤森と同様の対象を扱いながらも、それらをより実践的な立場から近現代日本における都市計画の制度や技術が成立していく揺籃期の事例として位置づけた[29]。一方、山口廣らは、明治中後期にはじまる東京の専用住宅地開発が、俸給生活者の誕生や交通機関の発達、海外における「田園都市」構想の影響なども受けながら、かつての大名屋敷（中・下屋敷）跡地から郊外へと展開していく様相を明らかにし[30]、以後東京ばかりでなく他の地域においても住宅地研究が活発化する礎を築いた[31]。

これらの取り組みでは、開発の立案にたずさわった主体（政治家や設計者、行政機関など）の把握のほか、彼らが模倣の対象とした欧米の諸制度の影響面、また実際に誕生した街路や建築の様子など、今後とも参照されるべき事実が数多く明らかにされた。

ただし以上の解明された事柄の並びからもわかるように、これらの研究はそれぞれの開発を過去の事例として静的にとらえて、制度・技術面の特徴を明らかにするにとどまる[32]。それらが実行に移される過程で、当時の人びとや社会はいかなる影響を受けたのか（あるいは逆に、開発内容がそれらによって左右されることはあったのか）、いいかえれば当時の都市の内実との関係性についてはほとんど検討されない。近代移行期の東京（ないし日本都市）にとってこれらの開発が担った役割についても、不平等条約の改正に向けた景観整備といった一般的理解にとどまる。そうした整備をどのように評価するかについては少なからず温度差はあるものの[33]、結局のところ、さきほどの石塚が示した狭義の近代化にともなう現象という以上の指摘をおこなうものではなかった。

江戸の遺産、継承された技術

他方、以上の開発史・制度史的な観点にもとづく研究とは別の流れも八〇年代には誕生している。

たとえば初田亨は「棟梁や職人の、および市井の人びと」の活動に照準をさだめ、彼らが明治期を通じて生みだした建築、および都市空間のありように注目する。[34] 和洋折衷（擬洋風）建築や勧工場などの目新しい、一見すると近代の産物と思われるビルディングタイプが、実際には江戸期の市井でつちかわれた建築技術や生活・行動様式などを基盤としながら創出されたものであることを指摘した。

こうした、近世江戸の延長ないし達成のうえに東京の物的・空間的環境が形成されているという見方を、より現代的な問題関心に引きつけて展開したのは陣内秀信の研究である。[35] 陣内は現代における開発の非人間性を批判する一方、海外（イタリア）で編みだされた都市解読の手法を援用して住居や地形条件などの調査を重ねることをつうじ、目前の東京の都市空間が単一の論理によってできているわけではなく、さまざまな時期の開発を重層しながら形成されてきた過程を発見する。そのなかでも、とくに江戸期（前近代）の造形を高く評価し、現代東京のなかにそれらが持続する部分を積極的に見いだして都市環境を再生させていく手がかりとすることを唱えた。本書でいう近代移行期については「（道路の配置や土地の形状などの─引用者註）都市の骨格、あるいは文脈はあいかわらず江戸のまま」であって、個々の建物が洋風化するぐらいの表層的な変化にとどまるとする。[36]

初田・陣内の両者とも、さきほどの政府の推進した都市計画に関する研究などとは一線を画し、当時の生活空間の実像を明らかにした点で評価できる。ただし、そこでは江戸からの継承面に気が配られ、また後世におけるさまざまな動向に比べてそれらに絶対的な価値や意義を認める傾向が強い。

こうした価値判断は、両者の研究が前述の小木の提唱した「町内完結社会」、あるいは江戸と東京の連続性を強調する考え方にじかに影響を受けるかたちでおこなわれたことにくわえて、八〇年代当時の時代背景も大きくかかわっていよう。東京都心で伝統的住環境を破壊する開発が数多く進展するなか、その魅力を「江戸」と結びつけるかたちで人びとにわかりやすく伝える、いわば社会運動の役割をこれらの研究は負っていた面が少なからずある。

しかしながらそうした反面、歴史学研究としてみた場合、やはりこのような特定の価値判断にもとづく取り組みには限界があるといわざるをえない。東京の現状を批判するにしても、その問題の本質を知るためには東京の、ひいては日本都市の近代化の特徴をくわしく明らかにすることが欠かせないはずであるが、肝心のそこはブラックボックスのままである。また時を同じくして進んでいた前述の都市改造事業などとの関係も未詳である。

今後は、以上の研究で豊かに明らかにされた種々の現象を、江戸の連続かあるいは不連続かといった評価軸から解き放ち、いまいちどそれらを当時の都市空間のなかに置きなおして、その生成にまつわる構造を精査する必要があるといえよう。

（3）あらたな研究視角――一九九〇年代―近年の動向（一）

さて、一九九〇年代を迎えると、ここまでに述べた研究潮流にそった成果がさらにあげられる一方で[37]、八〇年代末以降の現実社会における変動――東欧の崩壊やソ連邦の解体など――は、都市史の領域においても、たとえば資本主義にもとづく産業化が都市空間を変えるというような従前の見方とは、少なからず異なった視角による研究も生みだされるようになった。

国民国家の形成と東京[38]

たとえば成田龍一は、江戸と東京のあいだの「転換」を重視しつつ、近代国民国家創出の観点から東京がその首都たるにふさわしいモデルへと編成替えされていく過程を論じた[39]。成田によると、そこには〝「首都」東京への「狭義の転換」〟（一八七〇年前後）と、その定着過程（一八八〇年代における〝「帝都」東京への移行〟）の、継起的な二局面があるという[40]。前者の時期では、かつての倒幕派による「占領」という事態を前に、佐幕的心情をもつ一般の人びとの反感は依然として根強いなか、それらの払拭に向けた政策として町名の変更や、徳川家菩提寺の公園への読み替えなどが断行されたとする。また、銀座煉瓦街の建設から東京市区改正までの一連の都市計画事業については、近代的な価値や規範を人びとに植えつけ、彼らを国民国家を支える国民へと育てあげる「文明化」の手段であったと指摘した。

明治初年東京の都市空間における諸動向のなかに新政府の「占領」政策という意義を見いだしたり、また一連の都市計画事業について従前の研究のように「西欧化」の象徴とたんに受けとめるのではなく、それらの事業過程が新しい価値や規範を人びとに内面化させる働きがあったとの右記の指摘は、従来さほど強調されてこなかったものであり、示唆に富む。

ただし成田のその後の検討は、以上の内実をくわしく問う方向には進まず、代わりに、下層社会に対する差別的視線の生成や「標準語」の強制の問題であったりと、もっぱら都市の表象や言説のレベルに与えた影響面に集中している。(41) 東京が国民国家の首都へといかに編成替えされていったのかを、空間や社会の実態分析もおこないながら全体として明らかにしようとする姿勢はさほど見受けられない。

近世からの視点――城下町の解体・再編過程

他方、九〇年代に入ってからの動きとしてあわせて注目されるのは、日本都市史をめぐる学際的な研究の進展であり、(42) なかでも近世都市を中心とした研究の活発化にともなって近代への展望をあわせもつ取り組みが生みだされつつあることである。(43)

東京のみならず、日本の近現代都市の多くが近世城下町を母胎としていることはよく知られる。(44) 近世の側から日本近代都市の成立やその特徴を考える際には、城下町内部の空間や社会を編成した論理がいかなる形で解体し、またそのことが近代化のあり方にどのような影響を及ぼしたのかが最大の論点となっている。(45)

身分的分節構造の解消過程

近世城下町の特徴のひとつは、内部の社会と空間が深い相関関係をもち、都市空間が領主の居城を核として武家地・寺社地・町人地などというように分割されていたことにある。[46] 近年の取り組みの第一には、そうした城下町の社会＝空間の基本構成（身分的な分節構造）が制度上どのように解消したのか、またその歴史過程をいかに評価するのかについての研究が蓄積されている。[47]

たとえば北原糸子は、明治四年（一八七一）公布の「統一戸籍法」（以下、戸籍法）に注目し、これが武家地・寺社地もみな町地とし、人びとを身分の別なく編成・把握することを、維新政府が「近代国家形成の周到なプログラム」のもとに実施したものと解釈する。[48] 従前の社会＝空間構造が解体され、諸集団の関係性そのものであった都市空間が均一化・均質化する近代都市形成に向けた動きとして、その画期性、開明性を高く評価した。

一方、横山百合子は、この北原の研究を批判的に検討しつつ、身分制の解消は維新政府がそのように自明の目標として設定できたものではなく、じつのところ明治初年には近世後期の身分状況にもとづくあらたな身分制＝再編身分制が指向され、戸籍法も当初はそれに依拠していたと指摘する。[49] しかし東京などにおける最初の戸籍法実践のなかで両者の論理（属人主義か属地主義か）の矛盾が露呈し、そうした紆余曲折の時期をへることではじめて、武家地・寺社地・町地の区分の撤廃も達成されたとの評価を下している。[50]

これらの研究は、おもに明治初年（明治元―四年）の身分制度の展開や解消について論じたものではあるが、当該制度は社会や空間のあり方を規定する根幹の仕組みであっただけに、期間にしてわずか数年のことではあるものの、この間の歴史過程はのちの東京の発展のあり方を左右する重要な意味をもつ。なかでも、江戸―東京の都市域の七割近くを占めた武家地がこれらの動きと軌を一にしながら処理され、官有地と民有地への振り分けやそれらの空間的布置、[51] 所有者の確定といった基礎的な条件が決められたという画期的な出来事がある。[52]

この問題に関して、すでに横山は「幕府領主権力の解体」という視角からアプローチし、（領主権力たる武士階級が従前領有した）武家地の処理が、彼らから屋敷所有という特権を一挙に剝奪するかたちで進んだのではなく、さきの再編身分制にもとづき事実上の「拝領」継続などが図られていたことを明らかにするとともに、そうした明治初年の紆余曲折による処理実態は、都市小地主の構成などの面で後世へと多大な影響を残したことを指摘している[53]。当該期の武家地をめぐっては従来、衰微や荒廃といった外面的な状況で語られることも多いなか、それらの制度的・社会的背景をつまびらかにした横山の成果は意義深く、本書も多くを学ぶものである。

ただしそのうえであえて指摘するならば、横山の検討は城下町（日本近世都市）に内在した論理の展開や解体に焦点が絞られ、かならずしも当時の武家地変容をめぐるロジック全般を把握しようとするものではない。明治初年の武家地をめぐっては「幕府領主権力の解体」のかたわら、同じくそこを拠点として首都形成の動きが並行して進んでいたことは先述の石塚の作業などからも確かだが、ただしその論理や実態はいまだ明らかでない。江戸の解体とともに、さきの成田がふれていたような維新政府による占領政策、いいかえれば東京遷都の影響やその展開過程という、ふたつの局面の交錯のなかにこの間の武家地（跡地）の処分がどのように進展したのかをあらためて位置づける余地がある。かかる点から、さきに課題点として指摘した、江戸と東京が権力の拠点としてどのように異なるのか、両者の都市構造の違いなども明確化することができるといえよう。

その他の空間＝社会構造の展開

ところで、城下町の基本的な構成は制度上、明治初年のあいだに多くが消滅したものの、近世をつうじて醸成された人びととの多様な結びつきがそれによって同時に霧消してしまったわけではもちろんない。

小林信也[54]は、吉田伸之の城下町論[55]に学びつつ、巨大城下町たる江戸では長い発達の過程で町人地や武家地などの内部に、都市社会を部分的に編成・統合する磁界のような要素が多元的に生みだされたとし、そうした要素が近代都市社会でどのような展開をみせたのかを問う。具体的には、町人地の裏店層が主体となって形成・成熟をとげていた

「民衆世界」のゆくえを例にとり、当時の言葉で「新開町」と呼ばれる、明治初年—同二〇年代にかけて武家地跡地が町場化・盛り場化した興味深い現象にはじめて注目し、そこに系譜を見いだしている。

先述のように、小木新造は右記とほぼ同じ時期を「東京時代」と呼び、「庶民」ら（裏店層はその主要な構成員といえる）は近世と変わらない地で、従来のしきたりにもとづく「町内完結社会」を持続していたと主張した。小林の研究は、むしろそれらが動態的で移動性をもち、武家地跡地へも展開していくものであったことを明らかにするもので、小木が積み残した課題を一部克服する、重要な成果といえる。

ただしその一方で、少なくとも現時点では小林も近世後期に由来する社会構造や生活様式が連続する様相のみをとらえるにとどまり、それが東京の都市空間や社会全体のなかでどのような位置を占めていくものなのかについては示していない。そもそもこうした江戸社会の展開を問う研究は少なく、[56]今後とも検討事例を増やしていくことにくわえて、たとえば「新開町」の盛衰を他の並行した事象や都市政策との関係性のなかで位置づけていく必要があるといえよう。

（4）都市空間をめぐる考察——一九九〇年代—近年の動向（二）

都市の開発や日常の生活空間に関する近年の研究動向についても見ておきたい。

都市計画事業の性格規定

当初、おもに工学系の研究者らによる取り組みの対象となっていた都市計画については近年、政治史や経済史などからのアプローチが目立ち、そこでは近代移行期というよりも、やや時期の下った二〇世紀初頭にもっぱら関心が集まっている。[57]

たとえば首都圏形成史研究会は、一九二〇―三〇年代における都市膨張やそれにともない周辺地域の行政や社会の仕組みが再編される過程で、インフラ整備などの「都市装置」が果たした役割に注目している。[58] また、同研究会のメンバーでもある鈴木勇一郎はさらに踏み込み、従来の歴史学研究が都市のソフト面における展開（「内的都市化」）ばかりに着目してきた視角の限定性を問題視する一方で、むしろ物理的な都市整備（「外的都市化」）こそがそうした内的な変化を引き起こす要因であったとの理解にたち、東京の郊外住宅地や土地区画整理事業を検討の中心にすえる。[59]

以上の研究は、これまでの取り組みでは制度的・技術的な評価にかたよっていた都市計画をはじめとする都市開発がもった多様な意義を明らかにするもので興味深い。その一方で、これらは二〇世紀初頭に大きな関心を寄せるかたわら、それ以前の時期（明治初年―三〇年代）については近世江戸の状態がなかば継続した段階とみる。[60] そして、当該期の都市整備は国家計画の一環としてなされて官治性が高いことなどをもって、「外的都市化」と「内的都市化」の作用関係の問題は重視されないが、はたしてそうであろうか。

たとえば、（本書でいうところの）近代移行期の都市整備事業を素材とした中嶋久人の研究[61]は、国家と一般の人びととの中間的位置にある議事機構（東京会議所・府会・市会）などを「公共圏」と位置づけ、その成長と展開が、たとえば東京市区改正に水道事業を後から組み込ませる働きをみせた作用関係を指摘する。さらに、建築史の中川理の取り組み[62]は、二〇世紀初頭の問題を考える意味でも示唆に富もう。中川の研究は、明治後期の都市整備にともなう東京市内部での重税負担が、そうした負担のない郊外へと都市住民（おもに借家人層）が脱出＝移住するきっかけであったことを具体的に明らかにする。江戸の範囲を主体とした既往の都市域における「外的都市化」の実態が、郊外の誕生や都市膨張といった二〇世紀初頭の都市の展開を理解するうえでも重要な検討課題であることを示している。

もっとも、これら中嶋・中川両者の研究は、「外的都市化」にともなわれた事象や問題群を扱うものであって、都市整備の本質である開発行為そのものを扱うものではない。近代移行期になされた都市開発と内部構造の変化との関係を追究することは、今後検討を重ねるべきテーマであるといえよう。

都市の土地、不動産に関する研究

他方、近年あわせて進展がみられたのは都市の土地や不動産に関する研究である。建築史の鈴木博之は、明治期の東京を「都市を所有する者＝土地所有者」の動向を軸に叙述する(63)。その際、従来の統計的・数量的な把握ではなく、地主たちがどのようなまとまりで土地をもっているかという「形態」に注目し、それが「集中型大土地所有」・「集積型大土地所有」・「小規模土地所有」に分類できること、また実態としてはその各々が「都市・住宅地開発」・「貸地経営」・「貸家経営」に対応することを指摘する。こうしたひとつひとつの土地利用の集積こそが、近代以降の都市のあり方を根底で規定していったとの主張である。鈴木の研究は八〇年代になされた取り組みとは異なり、建築などの物理的な都市空間そのものではなく、それにまつわる構造をひもとくことをつうじ、政治史などの検討では浮かびあがらない都市の歴史過程を明らかにした点で重要な試みといえる。

ただし、鈴木のこの方法論は、近代移行期をみる視点としては課題を残す。

明治五年（一八七二）に地代家賃に関する契約自由の原則が決められ、不動産貸借のあり方は民間における個々の地主と借地人らとの相対に任された。しかし、それによって自動的に、地主がみずからの土地を思うように運用できるようになったわけではなかった。都市の土地制度と実態との関係を検討した経済史の森田貴子の研究(64)によれば、近代的な不動産経営を確立するまでには、地主は近世来の慣行を覆して不動産管理を担う差配人の人事権を掌握するなど、種々の改革をみずからやり遂げる必要があった。それは、近世段階から数多くの土地（町屋敷）を所持し、早くから土地所有権に自覚的だった三井の場合でも明治二〇年代初頭までの期間を要しており、他の地主たちの所有地でその意にもとづく土地活用がなされるまでにはなおいっそうの時間がかかったことは想像に難くない(65)。

ところで、森田はこのような明治期東京における不動産経営確立の流れを、地主の主体的な活動の結果として、基本的に資本主義発展の文脈で読み解く。経済史の関心からすれば至極当然ではあるものの、都市形成の文脈でこれらの動向をみた場合、すくなからず解釈は異なってくるのではないだろうか。具体的には一連の「首都計画」の問題がある。当該期には、たとえば東京市区改正事業が進み、そこでの東京府・東京市による大規模な土地・建物の買収は、地主の営為とはまた異なる次元から不動産貸借のあり方を外的に規定した可能性があるように思われるのである(66)。八〇年代においてなされた取り組みと同様、このような日常的な生活・業務にまつわる空間の位相と都市計画事業とは、依然として分離して研究がおこなわれている状況は続いている。都市の歴史をより豊かに把握するためにも、それら相互の関連性が模索される必要があろう。

二　本書の課題と構成

以上のような研究状況をふまえて、本書では次の三点を課題として設定したい。

第一は、明治初年の東京遷都によって都市域の大半を占めた武家地がいかなる論理にもとづき処分され、都市の基礎的構造――人と空間とのかかわり――はいかに再編されるものであったのかを明らかにしたい。第二に、おもに産業化の微弱な時期（―明治二〇年代）における東京の生活空間のありようを、江戸からの連続面に焦点を絞るのではなく、右記第一の課題にまつわる動向や、並行した諸政策などとの影響関係のなかに描きだすことである。第三は、都市計画事業をはじめとする、近代移行期におこなわれた都市開発の意義を、従来の制度論・技術論的な観点からではなく、当該期の都市社会のあり方との関係のなかに把握することである。

第I部「首都化――「郭内」における「輦轂の下」の表出」では、右記の課題のうち第一を中心に、第三に関する事柄についても一部検討をおこなう。

第一章は、明治初年の武家地処理を東京遷都の展開という視点から位置づける。ここでは明治新政府の所在やその定置そのものに付随する動向を「首都化」と位置づけ、従前京都にあった政治機関などの東京（武家地）への移動状況をつぶさに観察する。また、以上の動向と、「郭内」・「郭外」という領域の制定＝都市空間の二元化との関係を明らかにする。

つづく第二章・第三章は、明治初頭におこなわれた都市的改変を、第一章の文脈から読み解くものである。第二章で取りあげる銀座煉瓦街については「西欧化」の象徴として周知でありながらも、当初の計画意図は精査されてこなかった。本章では、煉瓦街建設とさきの「首都化」の動向とのつながりにくわえて、同時期に進められていた諸政策（都市支配構造の再編など）との関連についても検討する。一方、第三章では、煉瓦街建設挫折後のあらたな新都整備の具体例として、私見の限りではこれまで都市史的観点から検討されたことのない、大隈重信の公邸跡に建てられた日比谷の「皇大神宮遥拝殿」の造営論争について、空間論の視点から考察をくわえる。

第Ⅱ部「明治東京、もうひとつの原景――「郭外」の諸相」は、おもに前掲第二の課題を扱う。明治維新の変革をつうじ「郭内」が新都の中心となる一方（第Ⅰ部）、第Ⅱ部では副次的な位置づけがなされた「郭外」の武家地およびそれを拠点とした都市周辺部の実態や推移について考える。

第四章・第五章では明治初年の状況を論じる。この時期には依然、身分制にもとづく地域割が敷かれており、四章では東京府主導の武家地を媒介とした場末地域の再編策、また五章では朝臣化した旧幕臣への屋敷下賜のあり方などから、第Ⅰ部における「郭内」のそれとは異質な、「郭外」武家地処理の論理を明らかにする。その一方で、すでに当該期から目覚ましかった町人層による武家地の町場化・盛り場化（「新開町」）の動きに注目し、まもなくの地券発行によって「郭外」武家地の大半が民有に帰すなか、むしろそうした流れが以後の展開の基調となっていくことをあわせて指摘する。

第六章は、明治五―一〇年（一八七二―七七）にかけて「郭外」の民有地（武家地跡地）に簇生した「諸神社遥拝所」という宗教施設の実態から、明治政府による民衆教化政策を再検討する試みである。

第七章および補論では、明治初年に旧大名にあらためて下賜されるも、まもなく三井が所有した「郭外」の大名屋敷跡地を素材に、「新開町」の実体を二十年あまりにわたって追跡する。筋違広小路の諸要素が流入することで始まった初期の状況にくわえて、明治二〇年代以降に住民の入れ替えが進んだ背景など、近代移行期をつうじた「新開町」の実像を明らかにする。

第III部「江戸―東京と近代都市計画」は、前掲第三の課題を論じる。

第I部・第II部の検討から明らかになるように、明治二〇年代初頭までの都市的改変は武家地跡地を中心に展開されたが、明治二一年（一八八八）、政府は「東京市区改正条例」を強行公布し、ここに旧町人地エリアをふくむ都市全域の包括的な改造をはかる東京市区改正が始動することになる。第III部ではこれまでほとんど検討されてこなかったその事業過程に光を当て、「近代移行期」以後の都市の展開を見通す。

第八章では、市区改正計画の眼目だった道路事業の実態に注目する。本章の検討からはこれまでの通説とは異なり、計画本来の理念は事業過程では貫徹されず、道路改変の中身は地域の側の論理、なかでも地主（資本家）による新しいタイプの私有地開発に左右されるなど、市区改正事業と当該期の都市社会との相互規定性を具体的に指摘する。

つづく第九章では、第八章の検討で垣間みえた、市区改正事業とそれに並行した「地震売買」などの諸現象の関係について考察を深める。用地・建物の買収に関する制度（土地建物処分規則）の運用実態とそれが当該の地域社会に投じた波紋を明らかにすることをつうじ、市区改正事業そのものが東京の都市構造を再編するファクターであったことを論じる。

最後に結章では、以上の検討を横断的に整理しつつ、本書の結論を述べたい。

（1）武家地、町人地、寺社地などの比重については、宮崎勝美「江戸の土地」（吉田伸之編『日本の近世9　都市の時代』中央公論社、一九九二年）一三〇頁。

（2）もっとも本書では、一九世紀中後期に先行する時期の動向については直接には論じられていない。前提となる近世江戸（日本近世都市）の実態について、諸研究の成果に依拠するばかりでなく、みずからの実証によって検討を重ねていくことが筆者の今後の課題のひとつであると自覚している。なお幕末の状況を一部論じた拙稿には以下がある。「幕末期江戸における幕臣屋敷の屋敷地利用と居住形態」（『日本建築学会計画系論文集』五四五号、二〇〇一年七月）・「近世後期における江戸周縁部の居住空間」（『日本建築学会関東支部研究報告集』六九号、一九九九年二月）。

（3）こうした視点に立つ近年の試みに、鈴木博之・石山修武・伊藤毅・山岸常人編『シリーズ都市・建築・歴史』（全一〇巻、東京大学出版会、二〇〇五—〇六年）がある。

（4）当該期の行政区画については、梅田定宏「首都東京の拡大——市街地・行政区画・都市域概念の変化」（中野隆生編『都市空間の社会史——日本とフランス』山川出版社、二〇〇四年）にくわしい。

（5）後述のように一九八〇年代以降、都市史研究は大きく進展した。その全体にふれることは容易ではなく、ここでは本書の内容に直接かかわりのある江戸—東京を対象とした先行研究を取りあげるにとどめる。ただし近年、東京以外の都市を対象とした研究には本書の関心と重なるものも複数でてきており（後掲の注38・45・57などを参照）、これらについては別の機会にあらためて論評できればと思う。

（6）この間の経緯については、たとえば吉原健一郎「江戸・東京学の現状」（『史潮』新二四号、一九八八年）を参照のこと。

（7）むろん東京に関しては、すでに戦前から旧幕臣らによる「江戸回顧」や官府修史事業にならった『東京市史稿』の刊行（明治四四年開始）、また関東大震災による破壊をきっかけに学問的レベルからも都市の発達史を叙述しようとする動き（たとえば水江漣子『江戸市中形成史の研究』弘文堂、一九七七年）などはあった。とくに『東京市史稿』編纂にともない収集された膨大な史料群は、現在にいたるまであらゆる研究が享受する資産となっている。ただし、この間（戦前から高度成長以前）におこなわれた都市研究は、一部の先駆的業績（東京都『都史紀要』シリーズのうち初期刊行分など）を除けば近世に比重が置かれ、東京ないしその近代化の問題が本格的に論じられるのは爾後のことであったといえよう。

(8) 石塚と類似の視点に立つ代表的なものとして、柴田徳衛『現代都市論』(東京大学出版会、一九六七年)や宮本憲一『都市経済論――共同生活条件の政治経済学』(筑摩書房、一九八〇年)などがあげられる。

(9) 石塚裕道『東京の社会経済史――資本主義と都市問題』(紀伊國屋書店、一九七七年)。この他、ほぼ同じ認識にもとづく七〇年代の著作として、同『日本資本主義成立史研究――明治国家と殖産興業政策』(吉川弘文館、一九七三年)・「『東京史』研究の方法論序説」(『国連大学人間と社会の開発プログラム研究報告』、一九七九年)があげられる。

(10) 前掲注9『東京の社会経済史』、一四頁。

(11) 別のいい方をすれば、石塚の論法は、資本主義が東京(日本都市)においてどのように貫徹したかをたどるというものであって、東京ないしそこでの事象そのものに視点をすえてそこから資本主義をとらえ返すものではない。たとえば、資本主義にともなう産業化によって多数の都市スラムが現出したと指摘されるが、例示された多数の地域(前掲注9『東京の社会経済史』、二二八―二二九頁)がそうした明治期以降の展開によって純粋に現出したものなのか、あるいはそうではないのか(近世から継承されたものを含むのか)など、歴史的背景や内実についてはほとんど検討されておらず、それは「下層民を犠牲にしたまちづくり」と石塚が断ずる都市計画事業に関しても同様の傾向が認められる。

(12) 前掲注9『日本資本主義成立史研究』の第六章「資本主義の発展と東京の都市構造」を参照。なお、同様の武家地転用の事実を指摘したより先駆的な研究に、川崎房五郎『都史紀要13　明治初年の武家地処理問題』(都政史料館、一九六五年)があげられる。

(13) もっとも石塚は、概説的な短文ながら「東京遷都と明治初年の都市計画」(東京都立大学都市研究会編『都市構造と都市計画』東京大学出版会、一九六八年)のなかで、明治初年の「遷都論の展開とその実現のなかに、その後における東京の発展の方向を規制した諸条件」があるのではないかとの認識を示していたが、その後さらなる考察はみられなかった。

(14) 小木新造『東京庶民生活史研究』(日本放送出版協会、一九七九年)、五八七頁。

(15) くわしい定義については、前掲注14『東京庶民生活史研究』の序章などを参照。

(16) くわしい定義については、前掲注14『東京庶民生活史研究』の終章などを参照。

(17) 小木新造『東京時代――江戸と東京の間で』(日本放送出版協会、一九八〇年)、i頁。

(18) 前掲注17『東京時代』、一九一―一九三頁。

(19)　なお小木は、前掲注14『東京庶民生活史研究』・注17『東京時代』をはじめとする一九七〇―八〇年代初頭の議論では江戸と東京を隔てる時期として明治二二年頃（「東京時代」の終わり）の画期性を主張していたものの、八〇年代後半以降のいわゆる「江戸東京学」の展開のなかではその論調を和らげ、近現代東京のなかにも江戸の連続性を見いだそうとする姿勢に転じている。

(20)　正確には、旧東京一五区における神田・日本橋・京橋・芝・下谷・浅草・本所・深川の八区。なお、対する「山手」は、麹町・麻布・赤坂・四谷・牛込・小石川・本郷の七区の旧武家地と定義されている。前掲注14『東京庶民生活史研究』、五八〇頁。

(21)　このことは、たとえば小木作成の「東京土地利用図（明治四年）」（前掲注14『東京庶民生活史研究』、二九頁）と「東京土地利用図（明治三九年）」（同、三一頁）を見比べても、わかることである。

(22)　なお、そうした武家地跡地の町場化が明治初年から目覚ましい勢いで進み、武家と町人が共在する生活空間が形成されていた実態などについては本書第II部で論じるところである。

(23)　具体的には、小木は、「下町・山の手の任意の町を選び、明治五・六年と、明治二十二年の本籍・寄留それぞれの人口増減を比較対照」する作業をおこない、後者の時点での下町における寄留人口の増加を指摘するが、そこで取りあげられた「下町」には近世段階には全体ないし一部が武家地であった町が数多く含まれている（下谷区御徒町・同区上野西黒門町、本所区横綱町・同区緑町一丁目、京橋区木挽町一丁目・同区新富町一丁目、日本橋区蛎殻町二丁目、他多数。前掲注14『東京庶民生活史研究』、五八〇―五八二頁）。なお、このうちとくに下谷区御徒町については本書第5章で、すでに「明治五・六年」以前の維新期から、武家地である当該地に数多くの町人層が流入して商店化が進む様子などをくわしく論じるところである。

(24)　たとえば『江戸東京学事典』（三省堂書店、一九八七年）の「下町」・「山手」の項目（木村礎執筆）を参照。

(25)　なお、小木は前掲注20のように「下町」を定義した根拠を、「東京都公文書館所蔵の『順立帳』（明治三年六月九日）に求め……すなわち、「街上輻湊いたし候場処ハ、商店稠密、寸尺之余地も無之」地を下町とした」と記しているが（前掲注14『東京庶民生活史研究』、五八〇頁）、じつのところ、これは本書第4章で取りあげる史料1と同一のものである。この史料を素直に読めば、たとえば四谷区（「四谷御門外」）も当然「下町」に含めるべきであるといえ、小木の定義には一定の恣意性を認めざるをえないところがある。

(26) うち、建築学を中心とした動向については、松山恵・初田香成「東京論その後」(『建築史学』四七号、二〇〇六年九月)を参照。
(27) これらの分野に関する研究史整理には、中川理「学会展望　日本近代都市史」(『建築史学』二六号、一九九六年七月)がある。
(28) 藤森照信『明治の東京計画』(岩波書店、一九八二年)。なお、この藤森の議論を政治史の立場から批判的に検討をくわえ、とくに東京市区改正計画を対象に特定の会派やジャーナリズムの影響を指摘したものに、御厨貴『首都計画の政治――形成期明治国家の実像』(山川出版社、一九八四年)がある。
(29) 石田頼房『日本近代都市計画の百年』(自治体研究社、一九八七年)・『日本近代都市計画史研究』(柏書房、一九八七年)。前者については、のちに改訂増補版(石田頼房『日本近現代都市計画の展開――1868-2003』自治体研究社、二〇〇四年)が刊行されている。また、石田とほぼ同様の立場から大阪の事例、および欧米の都市計画からの影響面に重きを置くものに、渡辺俊一『「都市計画」の誕生』(柏書房、一九九三年)がある。
(30) 山口廣編著『郊外住宅地の系譜――東京の田園ユートピア』(鹿島出版会、一九八七年)。
(31) たとえば、片木篤・藤谷陽悦・角野幸博編著『近代日本の郊外住宅地』(鹿島出版会、二〇〇〇年)。また近年では社宅に焦点を絞った研究などもでてきている(社宅研究会編『社宅街――企業が育んだ住宅地』学芸出版社、二〇〇九年)。
(32) これらの研究の目的は、概して、これまでの都市計画ないし開発にまつわる制度や技術の成り立ちを明らかにすることをつうじた「現代への貢献」という意味合いが強く、それらが実行に移された時代や当該期の都市の状況を深く理解するという視点は二の次であったといえる。その傾向は、とくに石田の取り組みに顕著で、高度成長期に端を発する都市問題が解決されず、むしろ土地問題などでは多様化をみせているという先述の石塚とほぼ同様の認識のもと、現行の都市計画制度をよりよいものへと法改正・改訂するために、過去の都市計画制度がどのように作られるものだったかを考究するという立場であった。
(33) 狭義の近代化の現象をどのように評価するかにあたってはかなりの差異があり、たとえば石塚が藤森に対する書評(石塚裕道「藤森照信著『明治の東京計画』」、『歴史評論』四〇五号、一九八四年所収)で、明治東京の都市計画に関して発掘された事実の重要性は高く評価しながらも、その歴史的意義をめぐり、「下層民を犠牲にしたまちづくり」という視点がまったく欠落しているとの厳しい批判をおこなったことは知られるところである。

(34)　初田亨『都市の明治——路上からの建築史』（筑摩書房、一九八一年）。
(35)　陣内秀信・板倉文雄編著『東京の町を読む——下谷・根岸の歴史的生活環境』（相模書房、一九八一年）、陣内秀信『東京の空間人類学』（筑摩書房、一九八五年）。
(36)　前掲注35『東京の空間人類学』、一一—一二頁。
(37)　たとえば石塚裕道『日本近代都市論——東京：1868-1923』（東京大学出版会、一九九一年）。また、前掲注19でも若干ふれたように、八〇年代後半から小木を中心に活発化したいわゆる「江戸東京学」は、都市生活史を軸に江戸から東京への連続的視点をもった「都市の「総合学」」の確立をかかげて多数の著作・共同研究を発表する一方（前掲24『江戸東京学事典』他）、東京都政との強い連動性のなかに計画された「江戸東京博物館」の設立・企画に強く規定されながら進展するものであったことは周知のところである。
(38)　同様の、国民国家創出の視点から、京都と奈良が近代天皇制の聖所＝古都として表象されていく過程をたどったものに、高木博志『近代天皇制と古都』（岩波書店、二〇〇六年）がある。また近代軍隊の創設にともなう戦死者を慰霊する空間のあり方から、軍事都市（軍都）における近代国家による民衆統合の様相を明らかにしたものに、本康宏史『軍都の慰霊空間——国民統合と戦死者たち』（吉川弘文館、二〇〇二年）、原田敬一『兵士はどこへ行った——軍用墓地と国民国家』（有志舎、二〇一三年）などがある。
(39)　成田龍一「帝都東京」（『岩波講座日本通史　第16巻近代1』岩波書店、一九九四年）。
(40)　前掲注39「帝都東京」の「はじめに」を参照。
(41)　成田龍一『「故郷」という物語——都市空間の歴史学』（吉川弘文館、一九九八年）、同『近代都市空間の文化経験』（岩波書店、二〇〇三年）など。
(42)　この時期に次々と設立された各種学会やそこでの論点など、当該期の状況が目配りよくおさえられた雑誌特集に、『建築雑誌』（一一六号、一九九七年五月）。
(43)　それらは都市史研究会を中心とした出版企画である、高橋康夫・吉田伸之編『日本都市史入門』Ⅰ—Ⅲ（東京大学出版会、一九八九—九〇年）や『年報都市史研究』（山川出版社、一九九三年—。現在二〇巻まで刊行）などに結実している。また近年の日本近世都市史の研究動向については、岩本馨『近世都市空間の関係構造』（吉川弘文館、二〇〇八年）の序章を参照。

(44) たとえば、原田敬一「近世都市から近代都市へ――連接と転回」(『ヒストリア』第一三〇号、一九九一年三月)。のち、原田『日本近代都市史研究』(思文閣出版、一九九七年)に所収。

(45) ただし、こうした近世からの視点にもとづく具体的検討は、現時点では江戸―東京を対象としたものがほとんどで、その他の城下町に関するものは限定的であるという(岩城卓二「武士と武家地の行方――城下町尼崎の一九世紀」、高木博志編『近代日本の歴史都市――古都と城下町』思文閣出版、二〇一三年)。他方、都市計画家の立場から、近世城下町の物理的手直しによって日本近代都市の多くが成立したことを論じたものに、佐藤滋『城下町の近代都市づくり』(鹿島出版会、一九九五年)がある。ただし物的側面以外の、都市の社会や文化のありように関する言及はほとんどみられない。

(46) 吉田伸之「城下町の構造と展開」(吉田伸之・佐藤信編『新体系日本史6　都市社会史』山川出版社、二〇〇一年)。のち、吉田『伝統都市・江戸』(東京大学出版会、二〇一二年)に所収。

(47) そうした観点にもとづく重要な成果として、本文中で指摘するもの以外に、滝島功『都市と地租改正』(吉川弘文館、二〇〇三年)がある。滝島は、「農村」に関する検討が主であった地租改正について、諸史料の渉猟をもとに都市の施行事例を本格的に取りあげ、従前無税であった武家地(跡地)においても地租課税が確立していく実態など、東京における近代的土地制度の成立の様相を詳細に明らかにしている。

(48) 北原糸子「都市の戸籍編制――空間と身分の統合化」(『都市と貧困の社会史』吉川弘文館、一九九六年)。

(49) 横山百合子『明治維新と近世身分制の解体』(山川出版社、二〇〇五年)。

(50) このほか、横山の取り組みの意義については、以下の拙稿を参照のこと。松山恵「書評 横山百合子『山川歴史モノグラフ8　明治維新と近世身分制の解体』」(『年報都市史研究14　都市の権力と社会=空間』山川出版社、二〇〇六年)。

(51) 正確には、官有地と民有地が土地の二大区分となるのは、明治五年(一八七二)二月に東京府下に布達された地券申請地租納方規則からである。

(52) 明治初年の武家地処分をめぐる先駆的研究として、前掲注12『明治初年の武家地処理問題』。

(53) 横山百合子「解体される権力」(吉田伸之・伊藤毅編『伝統都市2　権力とヘゲモニー』東京大学出版会、二〇一〇年)。

(54) 小林信也「城下町の近代化」(佐藤信・吉田伸之編『新体系日本史6　都市社会史』山川出版社、二〇〇一年)。のち、小林『江戸の民衆世界と近代化』(山川出版社、二〇〇二年)に所収。

(55) 前掲注46に同じ。

(56) その他の例として、「町」共同体の近代における展開を考察したものに、大岡聡「東京の都市空間と民衆世界――十九世紀末～二十世紀初頭の「町」住民組織」（中野隆生編『都市空間と民衆――日本とフランス』山川出版社、二〇〇六年）がある。

(57) もっとも、大阪を対象とした研究では、早くから（都市計画をふくむ）都市経営とそれにともなう都市専門官僚の成長、さらには都市支配のあり方などが論じられている。芝村篤樹『関一――都市思想のパイオニア』（松籟社、一九八九年）、同『日本近代都市の成立――1920・30年代の大阪』（松籟社、一九九八年）、原田敬一『日本近代都市史研究』（思文閣出版、一九九七年）など。また近年は京都についても、東京と同様、政治史的視点から都市の改造や展開を論じる研究がでてきている（伊藤之雄編『近代京都の改造――都市経営の起源 1850～1918年』ミネルヴァ書房、二〇〇六年など）。他方、工学系の歴史研究では、依然として政治史など他領域からのアプローチと接点をもつものは多くないものの、時期のうえでは同じく二〇世紀（大正八年の旧都市計画法）以降に関心を寄せる傾向が強い。近年の都市計画史の取り組みについては、初田香成『都市の戦後――雑踏のなかの都市計画と建築』（東京大学出版会、二〇一一年）の序章を参照。

(58) 首都圏形成史によるふたつの叢書、大西比呂志・梅田定宏編著『「大東京」空間の政治史――1920～30年代』（日本経済評論社、二〇〇二年）、鈴木勇一郎・高嶋修一・松本洋幸編『近代都市の装置と統治――1910～30年代』（同上、二〇一三年）を参照。

(59) 鈴木勇一郎『近代日本の大都市形成』（岩田書院、二〇〇四年）。ただし、鈴木の議論における「内的都市化」・「外的都市化」という用語は、川越修が都市近代化のシェーマとして示したものを援用したものである（川越修「ヨーロッパの都市／日本の都市――都市化と都市問題」、成田龍一編『都市と民衆』吉川弘文館、一九九三年）。なお、東京郊外における土地区画整理事業が地域社会に与えた影響を経済史の視点から分析したものに、高嶋修一『都市近郊の耕地整理と地域社会――東京・世田谷の郊外開発』（日本経済評論社、二〇一三年）がある。

(60) たとえば、前掲注59『近代日本の大都市形成』、一九頁。

(61) 中嶋久人『首都東京の近代化と市民社会』（吉川弘文館、二〇一〇年）。

(62) 中川理『重税都市――もうひとつの郊外住宅史』（住まいの図書館出版局、一九九〇年）。

(63) 鈴木博之『日本の近代10　都市へ』（中央公論新社、一九九九年）。もっとも、同書では東京のみならず、京都や大阪についても論じられている。

（64）森田貴子『近代土地制度と不動産経営』（塙書房、二〇〇七年）。このほか、近世からの視点をもった取り組みに、粕谷誠・中村尚史「資本主義の形成と不動産業――江戸期／1867-1913」（『日本不動産業史』名古屋大学出版会、二〇〇七年）。また大阪を対象とした研究には、名武なつ紀『都市の展開と土地所有――明治維新から高度成長期までの大阪都心』（日本経済評論社、二〇〇七年）がある。

（65）もっとも、こうした背景には商業地の住民の多くが借地人であるなど、土地の実際の利用者と所有者がほとんどの場合異なる江戸－東京特有の事情が大きくからんでいよう。本書第Ⅲ部を参照。

（66）そうした観点を取り入れた分析に、前掲注64『都市の展開と土地所有』の第2章。ここでは戦前の大阪都心部で実施された一大都市計画事業であった御堂筋建設との関連性が検討されている。

［追記・第三刷］初版・第二刷の刊行後、日本近代都市史研究に関する以下二つのレビュー論文を執筆した。筆者の研究がこれまでの研究史においてどのような位置を占めるものなのかなど、本書を理解するうえでも重要な内容を含んでいることから、あわせて参照されたい。

・「日本近代都市史研究のあゆみ」、『都市史研究』二号（山川出版社、二〇一五年一一月）。

・「都市史1――複数の波が生んだ大きな潮流」、松沢裕作・高嶋修一編『日本近・現代史研究入門』（岩波書店、二〇二二年）。

第Ⅰ部　首都化――「郭内」における「輦轂の下」の表出

第1章 「郭内」と「郭外」——首都・東京の祖型

本書の巻頭に位置するこの章では、他章の議論にも深くかかわる近現代の日本の首都・東京の都市空間固有の構造について、明治初年における首都化という観点からその一端をあらたに把握することにしたい。

はじめに

「三都」から首都へ

周知のように、近世日本には三つの「都」があった。ある幕末の随筆には「京ヲ見ザレバ、我邦ノ百王一姓、万国ヨリ尊キヲ知ラズ、大阪ヲ見ザレバ、我邦産物多ク……江戸ヲ見ザレバ、我邦ノ人口衆ク、諸侯輻輳シ」[(1)]とあるように、天皇の在所・経済的中心・政治の場所といった重要な役割を京都・大阪（大坂）・江戸は分掌し、これらは一八世紀中頃から一般に「三都」として観念されていた。

ところが、そのような都市観は明治期に入り、まもなく様変わりすることになる。たとえば明治後期の『東京学』[(2)]（史料1）からは、「総て（の）政治上の機関」や天皇のあらたな在所（「皇居」）にくわえて、「日本全国」の「あらゆる総ての仕事」・「総ての文化」の「中心」に、東京が位置づけられていることに気づく。

［史料1］

花の都と云ふは我が東京市の讃称である……此の花の都は、所謂東京湾を控へて居て、海陸交通の至便なる上に、一天万乗の大君が此所に皇居を据ゑさせられ給ふので、総て政治上の機関がみな此の地に集って居るのである。随て商工業は申すに及ばず其の他教育と云ひ美術と云ひ工芸乃至は宗教等、あらゆる総ての仕事の中心と云ふものは皆此の東京に置かれてある。即ち総ての文化と云ふものは此の東京を源として日本の全国は申すまでもなく清韓諸国までも及ぼし（以下略）

端的にいって、東京の首都化とは、それまで京都・大阪が担っていた役割を含む、他の都市が擁していた要素をつぎつぎと奪う道筋のようなものであって、この幕末から明治後期にかけての近代移行期は重要な画期であった。そして、なかでも明治初年における動向、すなわち東京が明治新政府の所在となり、かつそのトップに据わる従前京都に居た天皇の居所に定まることが、きわめて重要な局面であったことは史料1からもうかがえよう。この後半で述べられる「文化」的な側面も明治東京の見逃せないファクターであることは、たとえば『明治の下層社会』（明治三二年公刊）が描く「地方」出身者の大量流入の様子などからも明らかではあるが、それも右の局面を前提とした動きである可能性は高い(3)。そこでここでは首都化を、新政府の所在やその定置そのものに付随する動向に絞って論じることにしたい。

歴史的必然ではなかった東京の首都化

さて、首都をおもに政治的中心のありかとして把握するならば、江戸―東京の地には四〇〇年間にわたって日本の首都が置かれてきたともいえる。両者の地理的状況を見ても、たとえば江戸城は皇居に転用されたように、明治初年の東京は、近世武家政権・幕府の開かれた江戸をほぼそのままの形で受け継ぐものだった。

しかしながらここで問題となるのは、この江戸から東京への連続は決して必然的な流れのもとにもたらされたものではなかったという点である。さらにいえば、具体的な政治機能という観点からしても、むしろ最幕末の日本の首都は京都に形成されつつあったと見た方が正しい[4]。すなわち尊王攘夷運動により幕府を倒し、天皇を中心とする一元的な「王政」樹立を目指す新政府は京都を拠点として政権を奪取しながら、ただし一方でその首脳たる大久保利通などは朝廷（天皇・公卿）の「数百年来一塊シタル因循ノ腐臭ヲ一新」するため即座に大阪遷都を主張したように[5]、明治元年（慶応四、一八六八）から数年の間、江戸（東京）と同列に大阪への「遷都」、および京都・東京の二京並置なども積極的に視野に入れていたことが知られる。少なくともこの一連の過程のなかで、江戸は有力ながらも、いったんは選択肢のひとつに退いていたのであった。

これらの模索にピリオドが打たれた時期は、たとえば政治史・制度史の立場から高木博志は「維新政府が日本の首都をどこに置くかを表明した」のは、「東西同視」（二京並置）の理念のもと、京都と東京を往復していた天皇が明治三年（一八七〇）三月の京都行きを延期し、そして間もなく留守官が機能を失う太政官布告（明治三年一二月二二日、第九六〇）であったと指摘した[6]。

留守官とは、天皇の再幸（明治二年三月二八日、後述）とともに太政官が東京へと移転されたのちに、京都に置かれていた官衙のことを指す。この高木の理解は、制度史的な観点からいえば至極当然であり、筆者が疑念を挟む余地はない。ただし「表明」の前提には、名称の瞬間的な移動では済まない、具体的な場を占めるものとしての政治機関の設置や、またそれにかかわる人びとの移住といった、受け皿たる東京の都市空間の改変や整備があるのであって、都市史的な関心に照らせば、右記は必ずしも十分な画期の説明とはなっていない[7]。

ふたつの課題――「郭内」＝実質的な「遷都」の場という予測

すなわち本章の眼目のひとつは、東京が現在につづく一極としての首都を形成しだす画期を、最も素早く適切な対応が要されたであろう空間を切り口に、先行する江戸の要素をいかに転用したかという（いわばオーソドックスな）江戸＝東京論にくわえて、東京以外からの諸要素集中の実態をあわせて把握することにより、あらたに見極めることにある。検討素材には、天皇の恒常的な在所としての「皇居」や政治機関の整備過程などを措定することにしたい。

さらに、前述のように江戸をほぼそのままの形で継承しながらも、じつは東京（＝東の京）への転換のなかで、同一の場所や建築であっても異なる社会的な意味の付与、いわば「読み替え作業」が大規模におこなわれていた可能性を検証することが、本章二点目の課題となる。

前置きが長くなるが、もっぱら本章の展開をわかりやすくするため、この課題をめぐる現状の理解について以下、言及しておきたい。

東京という呼び名は「自今江戸ヲ称シテ東京トセン」という東京設置の詔書（慶応四年七月一七日）に由来する。この詔は佐々木克の理解によれば[8]、天皇が親臨する地として江戸のランクをあげて京都と同格の都（東京）にするという、大木喬任・江藤新平が岩倉具視に呈した意見書（慶応四年閏四月）に始まる、新政府中枢における東西両都論（二京並置）の具体化であった。これにより、ようやく江戸は再び政治的中心へと返り咲く端緒が開かれたのであった。

さて、史料2は、この大木らの意見書の一部となる（読点・傍線筆者、以下同じ）。ここで注目されるのは、「江戸城」を「東京」に定める、という表現である。この点について佐々木は、当時のほかの遷都論にも「江戸城へ御遷都」（岡谷繁実の江戸遷都論[9]）などの表現が見られるとし、基本的にどちらも「江戸城」とは想起されがちな「単独の建造物である城そのものを示すのではなく、江戸城を中心とした空間と地域を指すもの」であって、「当時の言葉でいうと御府内（朱引内）のことを意味している」のではないかと指摘した[10]。つまり、京都と対をなす新都（東京）の設置場所、ないし京都からの「遷都」先というのは従前の都市域全般を想定するものだった、という理解である。

しかしながら、どうも当時使われていた「江戸城」という言葉には、「城そのもの」でも「都市域全般」でもなく、いわばその中間にある領域を指す側面もあったらしいのである。たとえば土方久元の回顧録（一部、史料3）[11]をくわしく読むと、「江戸の城内」とは、これからの「朝廷」の拠点として武家地が建築（「邸」）もろとも収用される範囲＝「御門の内」あるいは「「外郭」以外の都市域」と、ほぼ同義で用いられた語の可能性がある。いいかえれば、およそ外濠の内側が「遷都」先として想定されていた、との見込みも成り立ちうるのではないか。

［史料2］

慶喜へは成丈別城を与へ、江戸城は急速に東京と被定、乍恐、天子東方御経営の御基礎の場と被成度、江戸城を以て東京と被相定、行々之処は東西両京の間、鉄路をも御開き被遊候程の事、無之ては、皇国後来、両分の患ひなきにもあらずと被考候、且東方王化にそまざる事数千年に付、於当時も江戸城は東京と被相定候御目的肝要と奉存候……江戸を以東京と被相定候はゞ、東方の人民も甚だ安堵大悦可致候（以下略）

［史料3］

江戸の城内の旗本の邸も、総て朝廷に属し、幕臣であって朝臣を願ふものには、新に邸を賜はると云ふことであった。尤も筋違目付とか、昌平橋外とか或は小石川見付外、虎の門外の如き外郭に在る邸は、本人（朝臣を願わない幕臣一般―引用者註）に下ったので、住むなり売るなり勝手にせよと云ふことで、御門の内は皆お取上げになったのである（以下略）

このような視点に立つ時、これまでさほど知られてこなかった明治初年の東京の都市空間における「郭内」・「郭外」という区域の存在、およびその設定をめぐる経緯が重要な意味を帯びてこよう。

明治元年（慶応四、一八六八）から翌二年にかけて、江戸（東京）の都市空間はその七割を占めた武家地をめぐり、およそ外濠の内側と外側であらたに制度上「郭内」・「郭外」という語によって明瞭に二元化されており、すでに筆者はその事実関係を整理するとともに、具体的な区分の変遷（図1）などについても論じたことがある（拙稿「「郭内」・

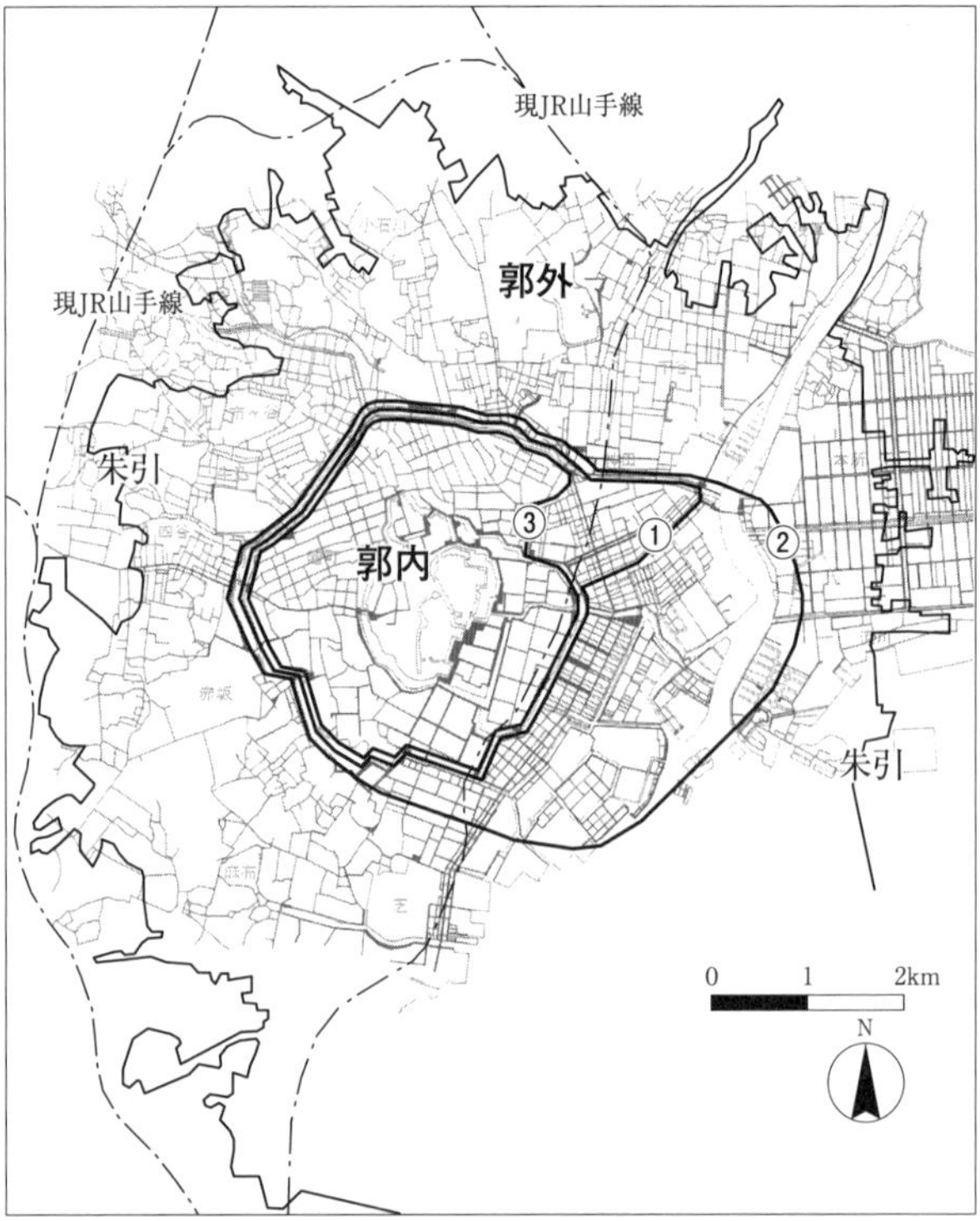

図１　明治初年における「郭内」域の変遷

注）①＝慶応４年８月直前までの域，②＝慶応４年８月再設定，③＝明治２年５月再設定

「郭外」の設定経緯とその意義[12]」、以降先稿と記す）。

以下しばらくその要点を整理することにする。

「郭内」・「郭外」が規定するところは各域内に存在する武家地の処遇法であって、「郭内」は基本的に地所もろとも新政府に収用された一方、「郭外」は土地の収公はなされるものの、建築については旧来の利用者の自由（「解除候共不苦候」・「出格之思召を以被下候」[13]）に任せられた。

「郭内」・「郭外」域の差異は、もっぱら武家建築を新政府が保持するかしないか、の問題でしかない。しかしながら、数ある遷都論のなかでも高い現実性と傑出した構想とを兼ね備える前島密の建白[14]を見ても明らかなように、遷都にはその器となるべき物的根拠が不可避な要件であった。かつ、当時の逼迫する新政府の財政事情のなか、その目ぼしい当ては容易に収用、転用可能な武家建築をおいてほかになかったのである。

すなわち、明治初年の東京に設けられていた武家建築の収用範囲それ自体が、実質的な遷都の場を示している可能性がある。事実、先稿では武家地を建築も含めてすべて収用するという「郭内」域の設定時期と、江戸を二京並置の東京へ、さらには一元化された新都・東京へと、前述の大久保や大木といった新政府中枢における遷都論議の進展とが符合（それぞれ図1の②・③に相当）している点についても指摘した(15)。

ただし、同時に先稿では、「郭内」・「郭外」の具体相に関してはいずれもつまびらかでなく、またなぜ明治二年（一八六九）五月にいたって「郭内」は大幅に再縮小したのかなど、あらたに浮上した謎も多かった。

以上のように、本章では「皇居」の整備過程といった都市の実態から首都化の画期を見極めることにくわえて、先稿で垣間みえた首都・東京固有の都市空間構造（二元化の理由）についても、より深く検証することにしたい。

一　「皇城」へ

さっそく、明治初年における旧江戸城のあり方やその転機について、さきの明治二年五月（＝「郭内」の再縮小化）を境とする変化の有無にも気を配りながら明らかにしていこう。

ここでのポイントは大きく二点ある。ひとつ目は、おもに建築のありように視点を据えて旧江戸城が天皇の在所へと生まれ変わる過程。ふたつ目は、最高官庁である太政官はもちろん、場合によってはそれが管轄する諸省庁も次第に包含されていくなか（後述）、その政治機関としての具体相についてである。

（1）　天皇の在所化

まず、前者に関して。王政復古を遂行する新政府の正統性が「なによりもまず……天照大神と血統的に結びついているというミカド（天皇）の宗教的権威」に拠るものである以上(16)、さらには、慶応四（一八六八）閏四月にいたり「天下ノ権力総テ之ヲ帰」す太政官の最高官職として輔相が置かれ、天皇をその輔相が補佐する体制（明治太政官制）が取られるようになってからは、天皇の居場所と政権の所在が物的にも不可分な関係にあったことは確かである。それは、かつて鳥羽伏見の戦も治まった頃、当初大阪遷都を主張していた新政府の参与・大久保利通が、その実現に向けた第一歩として大阪への「行幸」、および「滞在」を非常に重視、奔走していたところからも頷けよう[17]。

「宮廟」の造営

明治初年の皇居はどのようなものであったのか。このことが、東京の首都化の端緒を知るひとつのヒントとなる可能性は高い。すなわち、まずはいつから旧江戸城（東京城）・西丸御殿が、宮中儀礼も執行できるような天皇の在所に足るものへと調えられていったのだろうか。これまで近代和風建築の黎明を告げた作品と評される明治二一年（一八八八）竣工の明治宮殿に関する研究は多いものの、本章で焦点をあてる旧西丸御殿の転用物については明治六年（一八七三）五月五日に焼失したこともあり、その実態はほとんど知られていない。

図2は、明治一〇年代に「他年、大ニ宮殿ノ営築」に備えて、これまでの「測量ノ顚末」や「絵図」類を編纂した『皇居御造営誌附属図類・下調図』[18]に所収される、「明治二年三月二十八日、車駕再東京ニ幸シ、西丸山里エ賢所被置、西城ヲ以テ皇居ト為シ……」と付された、この当時の皇居を描いた図である。天皇は、先だって明治元年（一八六八）一〇月一三日から二ヶ月あまりにわたって初めての東幸を果たしており、これは二度目の入城時（再幸）の状況を示していることとなる。

さっそく、要点から述べていくと、西丸御殿の西方、一般に山里と呼ばれるエリアに「賢所」や「砂拝殿」などが調えられ、また北方の楓山下（紅葉山下）には巨大な女官部屋があるのがわかる。むろん、これらは旧江戸城の再利用などではなく、明治期に入って新造されたものである。うち、女官部屋の部分については計画段階のものと思われ

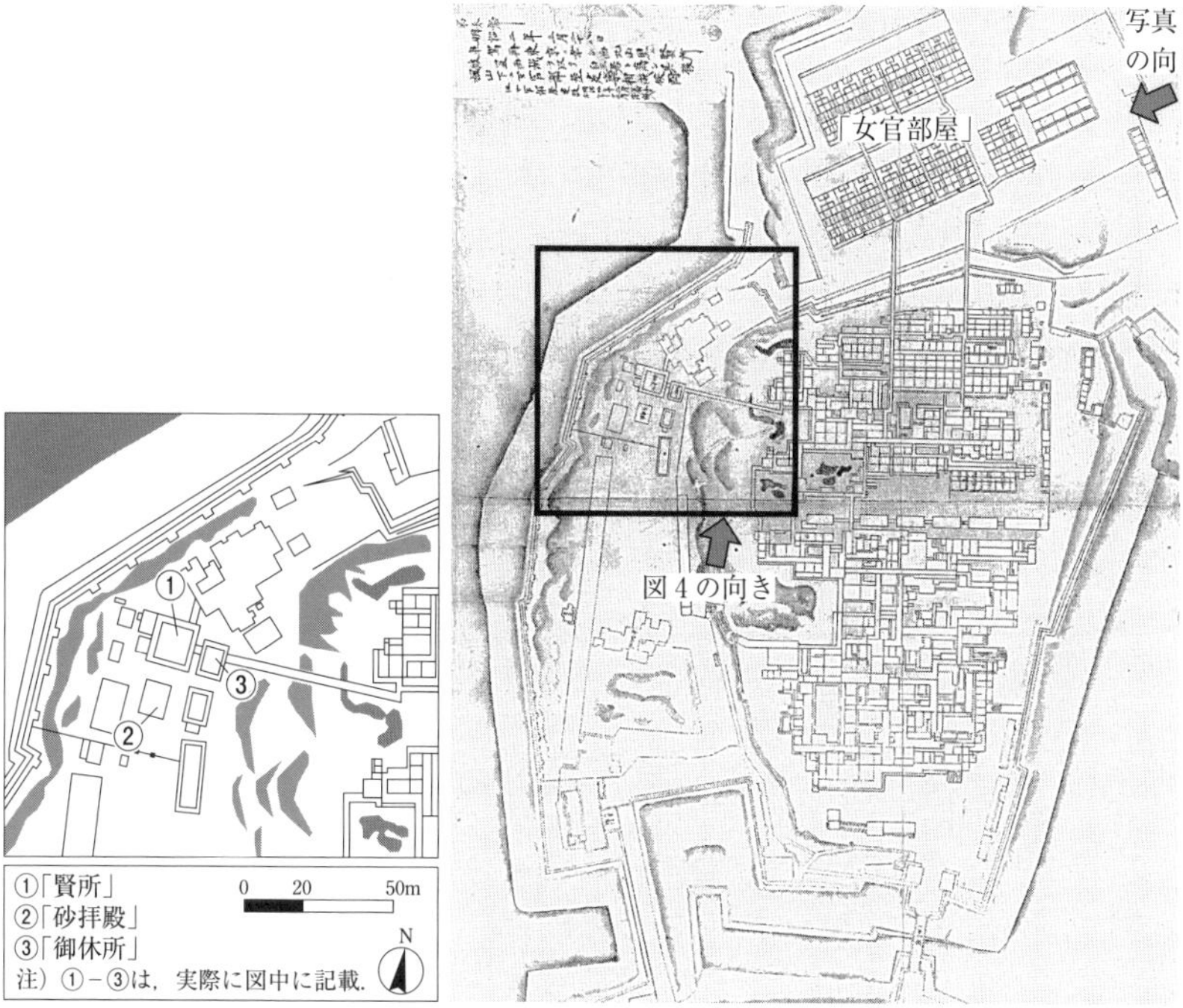

図2　明治2年3月末，再幸時の「皇城」

注）　絵図中の四角部分を下に拡大・トレース.

るが、『明治天皇記』にも「内侍所は山里の社殿に渡御あらせらる」（図2に記されたのと同日の明治二年三月二八日の条[19]）との記述が認められるように、この日までには皇位の標識（神鏡）を奉安するなど、宮中でも最重要の施設といえる「賢所」は存在していたことになる。

　すでにふれたように、天皇が西丸を利用するのはこれが初めてではない。しかし初の東幸時に関しても図2と同様の絵図は残されているが[20]（図3）、そこには「賢所」はもちろん、どこにも新造の様子は見当たらない。唯一、別の史料[21]から御殿大広間（図3のA）の入側に中門が設けられた可能性が認められるほかは、明治元年の一度目の入城時における「皇居」は幕末の状態そのままであったと判断してよい。

　図2に表される、明治二年（一八六九）三月下旬頃の「賢所」周辺の整備が、西丸へと

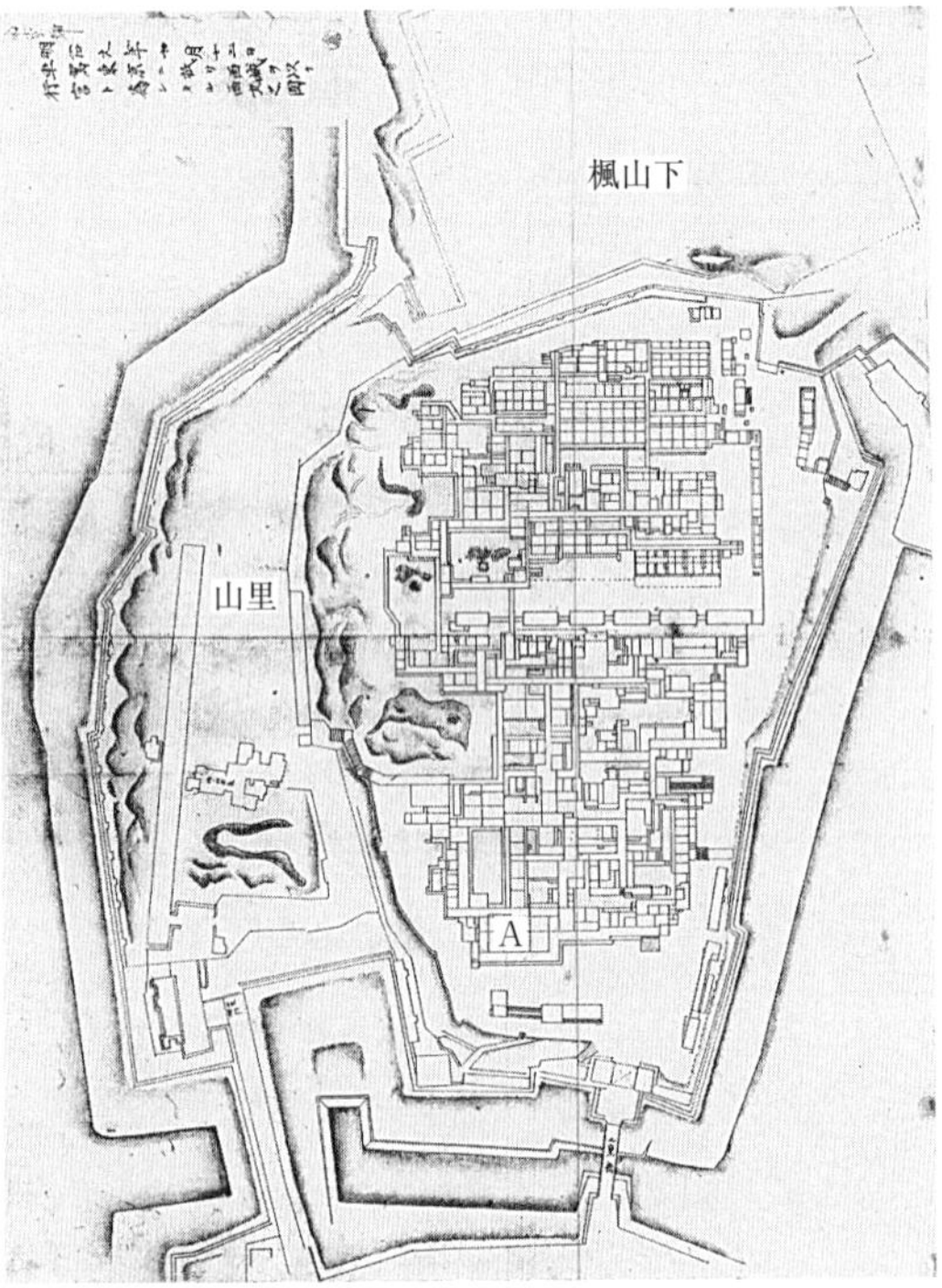

図3　明治元年10月，初の東幸時の皇居（「行宮」）

手がくわえられた最初の、しかし実質的な「皇居」への改変を示す、非常に大きな意味をもつものであったことは確かといえよう。実際『大日本神祇史』からは、この明治二年三月を境に、山里の施設ではいわゆる宮中三殿の役割が担われていったこともうかがえる（史料4）[22]。

史料的制約から当時の利用について多くを知ることは難しいが、皇居炎上直前、北東の御数寄屋櫓から撮影されたとみられる写真からは、手前の女官部屋の先には入母屋造のものをはじめ、複数の建築群が高台の山里一帯に造営されていた様子がみてとれる（写真1）[23]。この辺りは「禁苑」、また建築群は「（山背ノ）宮廟」とも呼ばれており[24]、屋根の付いた「長廊」によって御殿奥向きにある「帝室」や「妃室」、「拝謁所」と称される部位とつなげられていたことが知れる（前掲図2および図4参照）[25]。

［史料4］

賢所は維新前後は、宣陽門の内、敷政門の北、温明殿に奉安せしを、明治二年三月還都《ママ》の時、共に奉還し、宮城内山里の内庭に坐せ奉り、四年（明治四年―引用者註）九月神祇官に鎮祭せる皇霊を、賢所の内に奉還し、翌五年

四月、八神及天神地祇をも賢所に奉還し、御拝所に坐さしめ奉りし（以下略）

（2） 政治機関の移設とその限界

このように、明治二年（一八六九）三月末の再幸を機に、旧江戸城・西丸御殿では、天皇の在所としての整備が格段に進められていたことがわかる。

その一方で、天皇の居所という面ばかりでなく、新政府はあわせて「東京城西ノ丸へ御駐輦、依テ皇城ト称ス」との布告を再幸当日にだし、ここに、「皇居」（天皇の住む所）にくわえて官衙（太政官）も備える、「皇城」という意味をあらたに与えていくのであった。[26]

写真１　炎上直前の「皇城」（図２参照）

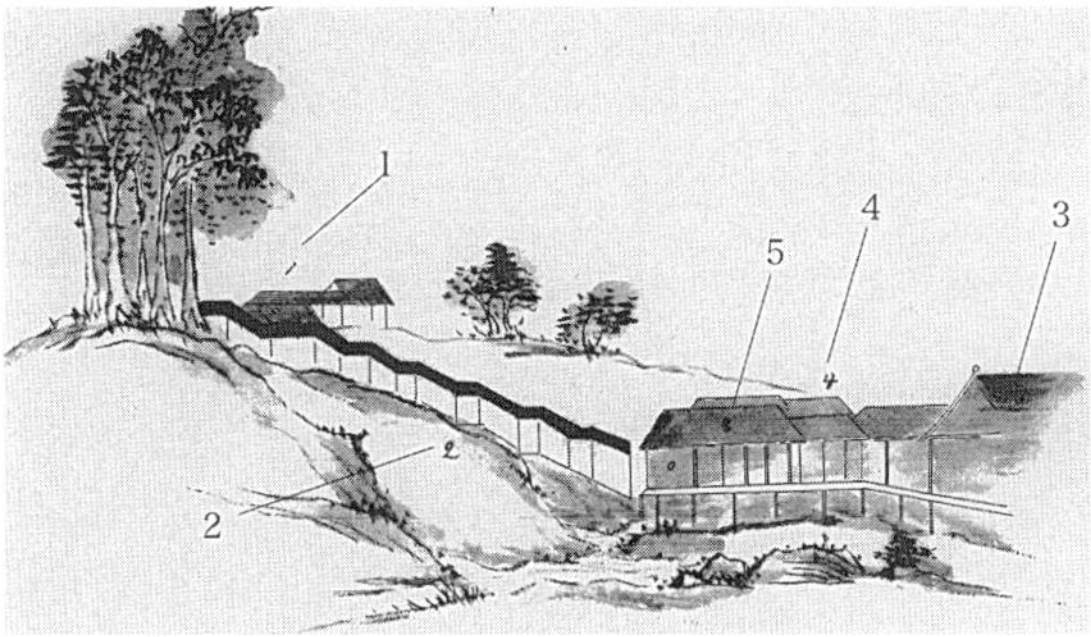

図４　山里あたりの様子（図２参照）

注） 1＝「山背ノ宮廟」，2＝「長廊」，3＝「拝謁所」，4＝「妃室」，5＝「帝室」

明治初年における諸官庁のありか

じつはこれまで、明治初年の政治機関の所在については『東京市史稿』でもわずか一部（明治三年閏一〇月前後の大蔵省・民部省・外務省・工部省のみ）の動向が紹介される程度で[27]、いまだ定見を得ない状況にあるといえる。たとえば『都史紀要』[28]では明治一〇年（一八七七）の所在地をもって明治初年の京都からの移転先を遡及的に位置づけようとしているものの、官衙も含まれた「皇城」炎上（明治六年五月五日）の前後でそれらの所在が異なっていたであろうことは、当然ふまえられるべき点ではなかったか。

他方、鈴木博之は『日本の近代10』のなかで、「はじめは皇族たちも江戸城のなかに居住スペースをもっていたのだが」、「炎上」をきっかけに「外に邸宅を構え……江戸城の内部にあった官庁も、これを機に外部に出ることになった」と、政治機関としての「皇城」の側面にふれている。[29]一般に、旧大名藩邸を諸官庁の本拠に利用することが当時自明であったかのように論じるものが多いなか、この指摘は貴重である。しかしながら、ここでの「江戸城」というのは、すでに本丸および二丸御殿は幕末には失われていたのであって、まさに図3に描かれる西丸御殿を指すものでしかない。従前、隠居した将軍や世子の居所といった利用にとどまる西丸の狭小なスペースを、複数の「皇族たち」・「官庁」がその拠点として使用していくのは、そもそも不可能な話であったように思われる。

「皇城絵図面」について

では、ここからは実際に、ほとんど研究のなされてこなかった「皇城」内の様子、および諸官庁の所在について史実の確認からはじめ、そして、この双方の関係性などにも言及していくことにしたい。

まず、「皇城」の具体相について。図5は、宮内庁書陵部に所蔵される「皇城絵図面」[30]である。なお明治初年の皇居にまつわる記録の多くは炎上（明治六年五月五日）とともに失われており、この図についても基本的に記載されている内容から、そのすべてを判断していくしかない。

描かれるのは、幕府による最後の造営（元治元年中）で土蔵群によって大奥と仕切られた、いわゆる表・中奥の部分となる（図2参照）。たとえば「皇城炎上記」[31]には、類焼以前は「皇城ヲ中分シ以北ヲ皇居トシ、以南ヲ太政官ト

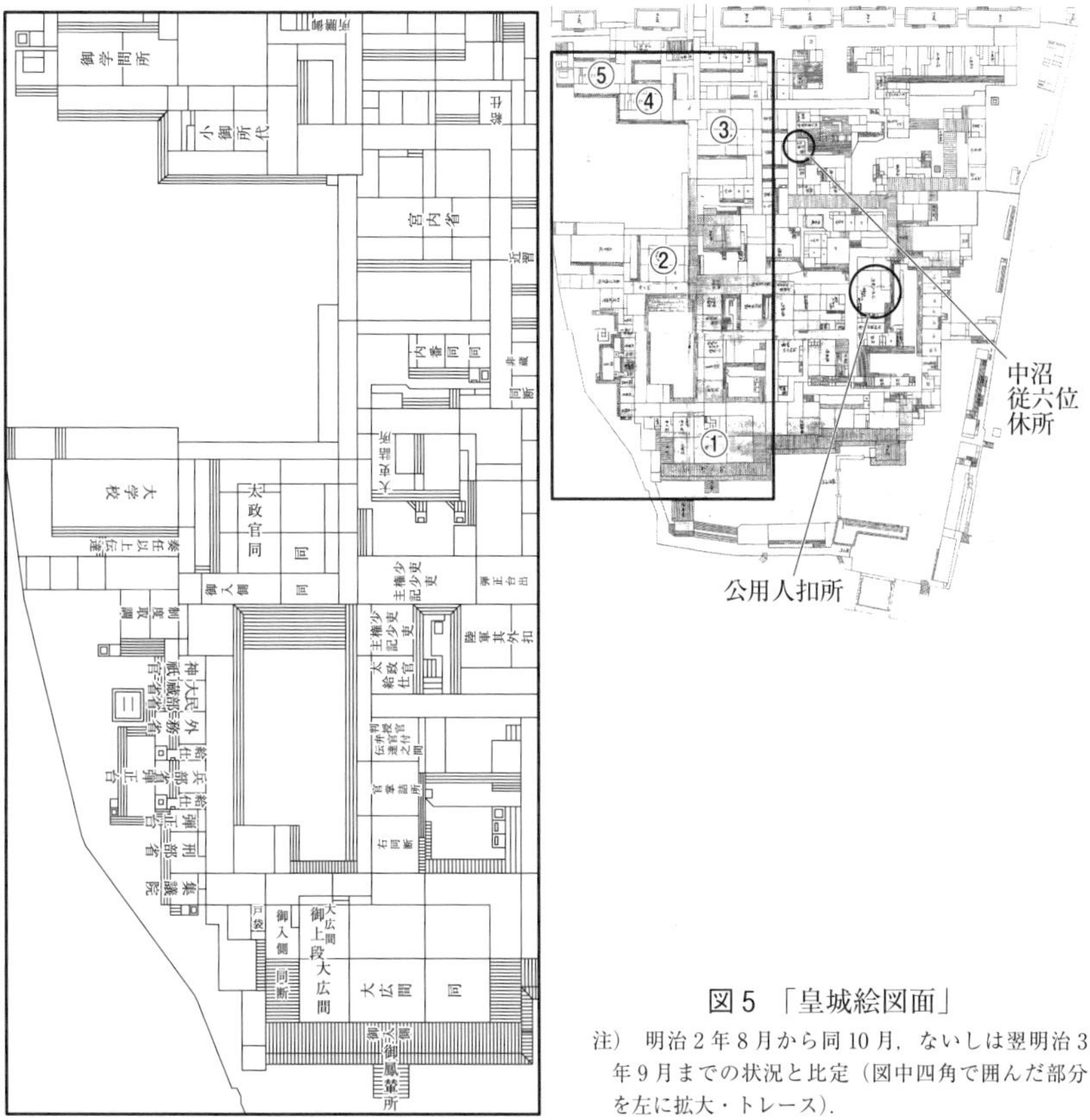

図5 「皇城絵図面」

注） 明治2年8月から同10月，ないしは翌明治3年9月までの状況と比定（図中四角で囲んだ部分を左に拡大・トレース）．

ス」とあるように、図5の範囲において当時政治機関の役割が担われていたであろうことは、前もって見当がつく。事実、図中には「太政官」をはじめ、「神祇官」、そして「民部省・大蔵省」「外務省」といった太政官が管轄する省の名称までをも認めることができる。

さて、絵図の中身に立ち入る前に、作成年代を比定しておこう。右に挙げた官庁の名称からして、明治二年（一八六九）の官制改革にもとづく「二官六省の制」が敷かれていた期間（明治二年七月八日—同四年七月二九日）であることは間違いない。また民部省と大蔵省が一部屋に併記されていることから、両者が庁舎・人事を共通にした明治二年八月以降である可能性が高い。くわえて、図5の中程に「公用人扣所」という記載がみえる。「公用人」とは廃藩置県以前、諸藩に置かれた留守居役であって、この職掌が廃止される明治三年九月以前の様子がとらえられていることも確かといえよう。ほかに手がかりになるものとして、「宮内省」の東側に「中沼従六位休所」とある、中沼という人名が挙げられる。これは幕末の尊王攘夷運動で活躍した隠岐出身の儒学者で、明治二年一月から天皇の侍講をしていた中沼了三を指していると考えてよい。彼は侍講を命ぜられると同時に従六位に列しており、かつ、その後まもなく同一〇月二日には正六位を授けられていた[32]。もし、この中沼の官位が忠実に絵図に反映されているならば、明治二年（一八六九）八月から一〇月の間、そうでない場合には、翌三年中頃までの様子が描かれていることになる。

これまでほとんど知られてこなかった図5の「皇城絵図面」は、天皇の再幸直後から一年間ほどの、ごく初期の「皇城」の実態、さらには当該期の日本の政治機関のあり方を知る、きわめて稀少な歴史資料といわねばならない。

政治機関としての「皇城」の具体

江戸期の西丸御殿の利用については、平井聖・伊東龍一の研究[33]にくわしい。それによると、西丸は本丸御殿を縮小した形式をとっており、基本的に本丸の各建物・部位に対応するものがそれぞれにあり、機能もほぼ本丸のそれにのっとるものであった。主要な建物には、最も高い格式をもつ対面の御殿であった大広間（図5の①）、これに次ぐ白書院（同②）、そして将軍が日常的に使う御座之間や御休息、御小座敷（同③・④・⑤）があり、これらは南から北へ雁行するように建ち並び、あいだを廊下や控えの部屋によってつながれていた。以上の御殿群の東側には諸大名・役人の登城の際の座敷がつづき、さらにその東はもっぱら役人の執務のための多数の小部屋があったとされる。

右記に沿って図5を見ていくと、あらたに「大広間」には、外部に面する入側の中央に天皇が輿を乗り降りする

「御鳳輦所」が設けられていることに気づく。ここでは後日、かの「廃藩置県ノ大詔」（明治四年七月一四日）も発せられるなど、(34)「皇城」における政治的な儀式がもっぱら執行されていたと判断できる。一方で、白書院には「太政官」が置かれ、また御座之間は「宮内省」に、御休息・御小座敷はそれぞれ「小御所代」・「御学問所」に転用されているのがわかる。炎上までの間、太政官はもちろん、それが管轄する諸官庁のなかでも宮内省は一貫して「皇城」内に置かれていたと考えてよく、これらにくわえて天皇の日常的な応接場（「小御所代」ほか）が西丸の主要御殿を占めていたことは、おおむね自然な推移であったといえるだろう。

しかし、そのような結果、残された控えの間などの付随的なスペースで、すべてを遣り繰りせねばならなくなっている。

明治三年（一八七〇）閏一〇月から翌八月までのおよそ一年間、民部・大蔵の両本省（「衙門」）は「皇城」内にわざわざ移されており、また弾正台（司法省の前身）や工部省、教部省なども、当初の「庁衙」はここに置かれていたことが明らかとなる（後述）。うち民部・大蔵の移設については、従来その事実のみを以てしても「政府が廃藩置県（明治四年七月発布―引用者註）の実行計画を日程にのせて、着々と権力集中の準備をおこなっていた表れ」と評されるように、(35)天皇を補佐して大政を統理する、太政官をトップとした集権的な行政機構の確立をめざす新政府にあって、本来的には太政官がしたがえる諸官庁もそれと接して、つまりは「皇城」内に定められるべきものであったといえよう。それは、すでに明治三年頃から盛んに論じられていく官庁集中計画（「一大政庁」の建設、実際に江戸城本丸跡や現・皇居前広場における計画が検討）(36)の背景として、官庁の散在にもとづく弊害があることを、太政官自体が認めているところからも明らかなのである。(37)

図5に立ち返り、まずは再幸から一年あまりの期間における諸官庁のありようを押さえていくと、「大広間」北に位置する中庭西側、いわゆる松之廊下によって「大広間」と「太政官」（白書院）を結ぶところに、宮内省を除く、こ

の当時の「二官六省の制」におけるすべての官庁（「神祇官」「民部省・大蔵省」「外務省」「兵部省」「弾正台」「刑部省」）、および太政官の諮問機関であった「集議院」（左院の前身）の名が確認できる。ここは、かつて「御三家部屋」などの控え所が並ぶ小部屋だったところであり、うち西寄りの「弾正台」には数寄屋が設けられていた。いずれにしろ極めて狭小なことに変わりはなく、図に表されている時点の状態は、それこそ「皇城」における各省の控え所のようなものであったと考えるのが妥当であろう。

二　諸官庁のあり方――「内裏空間」の移譲先（1）

では、明治初年、諸官庁の実質的な拠点はどこに置かれていたのか。すでにふれたように、これまで体系的にとらえられたことはなく、ひとつひとつ所在を特定するところから始める必要がある。

（1）　明治初年における官庁の所在

表1は、「太政類典」・「公文録」[38]などの記載を丹念に拾いあげることにより、明治元年（慶応四、一八六八）からおよそ皇居炎上までの官庁の動きをたどったものである。筆者の目から抜け落ちたものもあるだろうが、一見して明治二年（一八六九）より、細かくは同二月末の再幸および太政官の移設を画期として、東京にそれらの場所が占められていった様子がみてとれる。そして、思いのほか、移動が激しかったことにも気づかされる。

むろん、再幸以前にも、東京には新政府の組織が置かれていた。正確にはこの時期はまだ「八官の制」と呼ばれる官制が敷かれ（慶応四年閏四月二一日―明治二年七月八日）、ここでは京都に置かれる太政官をトップに、神祇官・会計官・軍務官・外国官・民部官（明治二年四月八日設置）の五つの官庁が配されていた（いずれも、のちに「二官六省の制」

の神祇官・大蔵省・兵部省・外務省・民部省に引き継がれる）。このうち外国官は、明治元年（一八六八）九月二〇日には東京に移されており[39]、同年暮れまでに築地の大名屋敷、ついで旗本屋敷に構えられていったことがわかる（表1）。しかし、残る官庁については、いずれも再幸とともに太政官が東京に移されるまでは「出張所」が皇居（「東京城内」）に置かれていたに過ぎない[40]。その扱いは、たとえば大蔵省の前身である会計官では「東西両京会計官、既ニ合一タル」（明治元年一〇月二四日[41]）というように実体はあったと見られるが、「東京会計官ヲ以テ本衙ト為シ、西京・大坂会計官ヲ以テ支衙ト為ス」とされたのは明治二年三月三〇日[42]、すなわち再幸から二日目のことであった。

たとえば大隈重信は、慶応四年八月に起工された大阪の造幣局（T・J・ウォートルス設計）について、「今日同地に造幣局の存在するは全たく大阪遷都の遺物なり」と論じていた（史料5）[43]。大阪「行幸」のあいだに「総ての行政機関を同地（大阪—引用者註）に移す計画」があり、そのなかでも「最も急務を感じたるは造幣局の事」であったため先んじて着工されたところ、その後同じく行幸がなされた東京へと「総ての役所」は移されていき、結局そのまま取り残されてしまったという。実際に、大隈の語る通り「総ての行政機関」を移す計画があったかどうかは疑わしいものの、東京への再幸が果たされ、よって太政官以下の諸官庁も移されるまでは、京都にくわえて大阪にも重要な行政拠点が築かれていた事実は注目に値しよう。

［史料5］

東京遷都の事は、世人の皆な知るが如く、大久保利通の大阪遷都論に原因す……大阪に行幸して本願寺別院を行在（天皇の滞在所—引用者註）と為したる間に、総ての行政機関を同地に移すの計画にて、最ッ先に設けたるは造幣局なり、今日同地に造幣局の存在するは全たく大阪遷都の遺物なり、其頃新政府は、幕府の政権を収めたるも、政費を得べき財源は未だ幾ばくもなく、東征費用を首とし、万種の費用は得るに由なく、最も急務を感じたるは造幣局の事なりき、故に其頃英国政府が香港に設置せんと欲して失敗し、注文外れと為りたる造幣機械ありしを、

明治3年	明治4年	明治5年
●（＝太）皇城内	●（＝太）皇城内	●（＝太）皇城内
●（＝民4）7月20日「元福岡藩邸」［2A-9-太23］ ●（＝民5）閏10月19日「民部・大蔵両省ヲ城内ニ移ス」［2A-9-太23］	●7月27日，民部省廃止（「同省衙門ハ是迄城内ニ在リ」）	–
●（＝大2）閏10月19日「民部・大蔵両省ヲ城内ニ移ス」・「衙門ヲ皇城中ニ転移」［2A-9-太23］	●（＝大2）8月2日「神田橋内元山口県邸ニ移ス」［2A-9-太243］ ●8月27日「元集議院邸内ニ移ス，但各寮・司ハ移サス」［2A-9-太243］	●（＝大2）「元山口県邸」（旧酒井雅楽頭上屋敷）の利用が継続か
●（＝兵2）「鳥取藩邸」（旧井伊家上屋敷）の利用が継続か	●（＝兵2）「鳥取藩邸」（旧井伊家上屋敷）の利用が継続か	●（＝兵2）「鳥取藩邸」（旧井伊家上屋敷）の利用が継続か
●（＝刑1）「民部省旧庁」の利用が継続か	●（＝刑1）「民部省旧庁」の利用が継続か	●（所在不詳）5月24日「司法省及明法寮ヲ元九条従一位邸ニ移」す［2A-9-太245］
●（＝弾4）8月22日「外桜田彦根藩邸」［2A-9-太24］	●（＝弾4）「彦根藩邸」の利用が継続か	
●（＝宮）皇城内	●（＝宮）皇城内	●（＝宮）皇城内
●（＝外5）10月「外務省漢洋語学所ヲ福岡藩邸ニ設ク」（旧松平美濃守上屋敷）［2A-9-太118］	●（＝外5）「福岡藩邸」（旧松平美濃守上屋敷）の利用が継続か	●（＝外5）「福岡藩邸」（旧松平美濃守上屋敷）の利用が継続か
●（＝工1）10月20日「工部省ヲ建テ事務ヲ皇城内民部省中ニ於テ処理」［2A-9-太24］ ●（所在不詳）12月13日「築地元外務省跡へ移ス」	（未詳）	●（所在不詳）9月2日「元教部省跡」
–	（未詳／7月，旧昌平黌跡に新設か）	●（＝文1）8月2日「常盤橋内元津藩邸へ移ス」［2A-9-太244］
（未詳）	●（所在不詳）4月4日「南八町堀元新庄綱五郎邸ヲ樺太開拓使出張所トス」［2A-9-太76］	（未詳）
●（所在不詳）9月25日「近衛邸ニ移ス」［2A-9-太24］	（未詳）	●（＝神2）3月14日「神祇省ヲ廃シ，教部省ヲ宮中桜間ニ置」く ●（＝神3）3月27日「元神祇省ニ移ス」（但し教部省） ●（＝神4）9月2日「中山従一位邸」（同上） 以上いずれも［2A-9-太864］

た史料を表す（とくに「2A」から始まるものは，いずれも国立公文書館所蔵「太政類典」ないし「公文録」の請求番号）．まに置かれた一番目の位置となる）．

表1　明治初年，東京における官庁の所在

	明治元年	明治2年
太政官	–	●（＝太）3月28日（再幸時）「皇城ヲ中分シ以北ヲ皇居トシ以南ヲ太政官トス」［「皇城炎上記」，宮内庁書陵部蔵］
民部省 （明2.8－翌3.7まで大蔵省と合併，明4.7.22廃止）	–	●（＝民1）4月8日「太政官中ニ置ク」（但し，民部官） ●（＝民2）4月22日「大名小路元稲葉美濃守邸ニ移ス」（但し民部官）［2A-24-8-太草28］ ●（＝民3）8月から本省を大蔵省内に移転［『国史大事典』］
大蔵省	–	●（所在不詳）4月21日「近衛忠熙ノ邸ニ設ク」（但し会計官）［2A-24-8-太草29］ ●（＝大1）4月27日「馬場先門内松平下総守旧邸」（同上）［2A-24-8-太草29］
兵部省	–	●（＝兵1）11月「外桜田彦根邸ヲ仮用」［2A-9-太107］ ●（＝兵2）12月「当分，鳥取藩邸ニ設置」（旧井伊家上屋敷）［2A-24-太草118］
刑部省（明4.7.9廃止，弾正台とともに司法省）	–	●（＝刑1）9月2日「大名小路民部省旧庁ニ移ス」［2A-9-太24］
弾正台 （明4.7.9廃止，刑部省とともに司法省）	–	●（＝弾1）5月23日「庁衙ヲ皇城内ニ創設」［2A-9-太24］ ●（＝弾2）6月18日「八代洲河岸松平左衛門佐《（ママ）》旧邸ニ移ス」［2A-9-太24］ ●（＝弾3）8月7日「大名小路三条家ノ旧邸」・「三条家旧邸へ転台届」［2A-9-太24，2A-9-公77］
宮内省	–	●（＝宮）月日不詳，皇城内
外務省	●（＝外1）10月22日「築地元小笠原邸ニ移ス」（但し，外国官）［2A-24-8-太草28］ ●（＝外2）11月5日「築地門跡脇元戸川邸ニ移ス」（同上）［2A-24-8-太草28］	●（＝外3）4月11日「築地二ノ橋東，元畠山邸跡」（但し，外国官）［2A-24-8-太草28］ ●（＝外4）11月「東久世開拓長官ノ邸ニ移ス」［2A-9-太23］
工部省 （明3.閏10.20設置）	–	–
文部省 （明4.7.18設置）	–	–
開拓使	–	（未詳）
神祇官 （明4.8.8省に格下げ，明5.3.14教部省設置）	–	●（＝神1）月日不明，馬場先御門内［明治2年「東京大絵図」］

注）「二官六省の制」（明治2年7月8日―同4年7月29日）の時期が中心。●は各所在地，［ ］内は典拠となった，所在に付した記号は，各官庁の置かれていった位置の順序を示している（たとえば「民1」は，この間に民部省が東京

我国へ買ひ受け、直ちに大阪に据付けること、為したれば、其後総ての役所は東京へ移したるも、一旦据付けたる造幣局のみは、今に至るまで大阪に残るに至りしなり（以下略）

このように、新政府の機関が実質的に東京に集約されていくのは、「皇城」と同じく、やはり明治二年（一八六九）三月末の再幸を画期とするものであったのだ。そして、これらの進捗は、東京の都市空間全般のあり方に対しても、以後おのずと大きな影響を及ぼしていくこととなる。

（2）　諸官庁の分布

ここからは、まず以上にみた諸官庁の設置が、現実の都市空間とどのような関係性を取り結ぶものであったかについて、検討することにしたい。

図6は、明治二年（一八六九）四月末から同七月の状況が描かれたとされる「東京大絵図」(44)に、表1の内容もかんがみながら、この当時の官庁のありかを示したものである。いまだ「八官の制」が敷かれる頃であって、明治元年から築地に置かれていた外国官を除けば、おおよそ東京における当初の位置が示されていることになる。神祇官・会計官・軍務官は西丸下（馬場先御門内、現・皇居前広場）をかため、民部官は大名小路に位置しているのがわかる。いずれも江戸期には幕府要職者の役宅や、大身の大名の上屋敷が建ち並んだ地域に当たる。うち民部官は、いったん「太政官中ニ置」かれたものが、その後図中の大名小路へと移されるものであった（表1参照）。やはり本来ならば太政官のある「皇城」にひとかたまりに置かれるべきものが、その物的限界から近接する西丸下・大名小路へとそれぞれ配された結果であったように思われる。

さらに、まもなく官制改革（明治二年七月八日）がおこなわれて「二官六省の制」のもと官庁の数も増えてからは、これらの所在はまたさまざまな変動を見せていく。以後、皇居炎上のころまでをたどると、図7のようになる。一貫

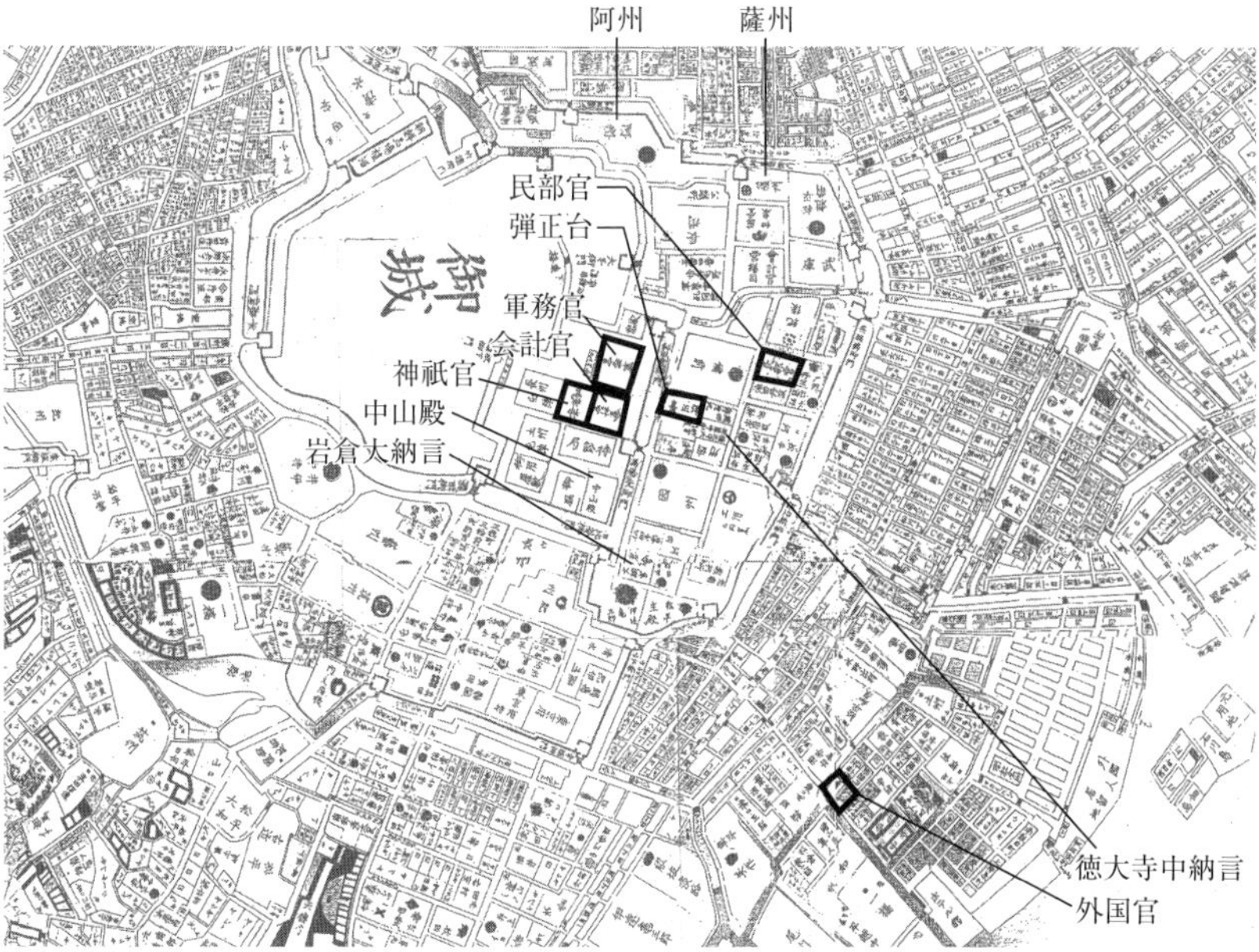

図6 「八官の制」における官庁の分布

注） 基図は，明治2年4月末—7月「東京大絵図」.

して「皇城」に置かれた太政官・宮内省以外は、短くは数ヶ月単位で本省の移設（＝史料では「衙門」を「移ス」などと表現）を繰り返していたことが判明する。気がつくところを挙げれば、弾正台が「民部省旧庁」（明治二年六月）、工部省は「元外務省跡」（明治三年一二月）というように、ある官庁が使用していた場所を、すぐに別のそれが埋める、いわば玉突き状の入れ替わりがなされている。くわえて、「大名小路三条家ノ旧邸」（弾正台、明治二年八月）や「近衛邸」（神祇官、明治三年九月）、「中山従一位邸」（教部省、明治五年九月）など、のちに述べる公家華族の居所（東京での新居）、とくに王政復古に尽力し新政府中枢にくい込む個人の邸宅が、所どころ官庁の移転先として含まれていることも、興味深い点といえよう。

なぜ、以上のような移動がなされたのか。またそもそも本省の移設とはくわしくはどのような具体性をもつものであったのか。現在のところ目ぼしい周辺史料も見当たらず、詳細は今後の課題と

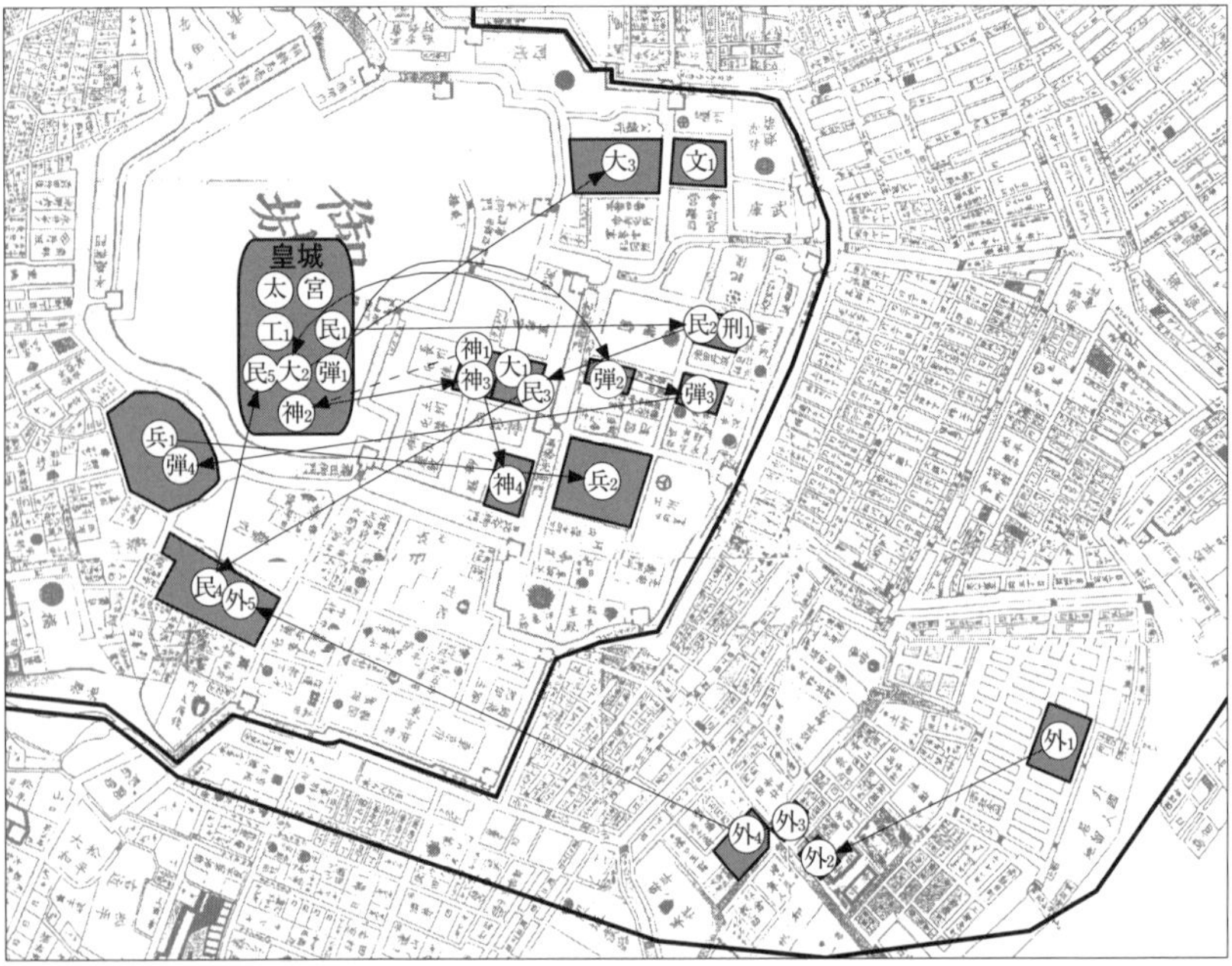

図7　再幸後，おもに「二官六省の制」における官庁の分布とその変動

注）図の範囲は図6とほぼ同じ．また図中の太線は「郭内」域（外側＝明治元年8月設定，内側＝明治2年5月再設定）を示す．また，各記号は前掲表1に対応（たとえば「民1」は，この間に民部省が置かれた一番目の位置・所在を示す）．なお同一の屋敷に複数の官庁が時期を異にして存在した場合には，先行の方を少々下に配置して表している．

するほかない。しかしこれまで一般に知られてきたのは、『明治の東京計画』では「江戸に入城した新政府の各官庁は、大蔵省は酒井雅楽頭上屋敷、陸軍省は井伊家上屋敷、外務省は松平美濃守上屋敷に置かれた」と説明されるように(45)、もっぱら表1に記される最後の移転先のみであった。こういった研究の現状をふまえれば、たとえば外務省の中枢は明らかに居留地のある築地から中心部の方へと移っていたのであって、図7に表される巨視的な分布やその傾向にも、開国・幕府瓦解の時期から、次第に新政府の所在へと返り咲いていく明治初年の東京の特質、その一端が表れている可能性は高い。筆者はここで、それをできるかぎり読みとっておく必要があると考える。

振り返りたいのは、冒頭で述べた「郭内」・「郭外」域の設定問題である。図1

と図6・7を対照すると、既述のように官庁が頻繁に位置を変えながらも、それらは常に「郭内」の範囲に則して繰り広げられるものであったことに気づこう。

そもそも、この一連の「郭内」・「郭外」域（図1参照）を、江戸に東京が設置される直前から従前の都市域を分断するように設定していたのは新政府中枢、具体的には大久保や岩倉といった朝廷の因習打破を目的とした遷都論議に前向きないしは理解のある首脳達自身であったことは確かだろう。すなわち、先稿で大きな謎として浮上した明治二年（一八六九）五月の「郭内」の再縮小化も、さきの外務省の移動の様子などを念頭に置けば、公権力がこの偏在そのものを意図していた可能性が高い。

もちろん、すでに明治元年一一月時点で建築のみならず「垣根等ニ至迄、悉く取崩」されるような荒廃した状況(46)を呈していた「郭外」のなかでも、たとえば築地は、外務省が霞ケ関の位置（旧福岡藩上屋敷、現在地に同じ）に移されてからも、新政府にとって重要な場であることに変わりはなかったろう。そこには居留地が置かれ、また外国官時代に一時本省として使われた旗本屋敷（表1の「築地門跡脇元戸川邸」）は、その後明治四年までには「築地梁山泊」（大蔵省官僚を中心とした新政府の実力者が集い、さまざまな近代化政策を練ったとされる大隈重信の私邸）へと転じていたことも判明する(47)。しかしそれでもなお、狭められた「郭内」の方へと外務省の本省が移されていったのは、そこが新政府の政治中枢が集中的に埋め込まれるべき地域と、この時期明確に見なされたからではないだろうか(48)。天皇の再幸を画期として諸官庁も東京に集約されるにいたり、その直後になされた「郭内」の再縮小は、その内部の特権化、いいかえれば「郭内」を具体的拠点とする首都化の始まりを告げるものであったように考えられるのである。

三　公家華族のゆくえ——「内裏空間」の移譲先（2）

さて、ここまでは諸官庁の所在など、おもに政治機能的な側面から明治初年の東京の首都化について論じてきた。ただし、それが真に本質的なものであったかどうかについては、同時にそれらの主体をめぐる問題にも目を配る必要があろう。とりわけ新政府の政治家・官員の多くが、薩長土の藩士層や旧公卿（明治二年六月以降、旧大名とともに華族と称される。以下、概して公家と略記するも、旧大名との区別が必要な際にはそれぞれ公家華族・大名華族と記す）など、江戸に拠点をもたない人びとであったことをふまえれば、政権の所在にまつわる東京への「人」の移動が首都化の要件であったことは間違いない[49]。

（1）　公家移住の画期

図8は、御所を中心に九門によって囲まれた、いわゆる「内裏空間」周辺の幕末（慶応二年[50]）、および明治中期（明治二八年[51]）の状況を並べたものである。明治二年（一八六九）三月の再幸以後、天皇が再びここを住まいとすることはなかったが、一方で、それを取りまくように存在していた公家地（公家町）もまた、図8の間にそっくり失われていたことがわかる。

これらの移転した（置き換えられた）先が東京であったことは、ある程度想像がつこう。

そもそも当初の新政府中枢は、たとえば議定には三条実美や岩倉具視、徳大寺実則らというように、多数の公家が含まれていた[52]。しかしながら、彼らを除けば、天皇の東幸などに対しても公家一般が積極的であったわけではなく、少なくともその多くが東京に居住する緊急性、必然性はなかったといえる。事実、制度的に公家の東京移住が裏づけ

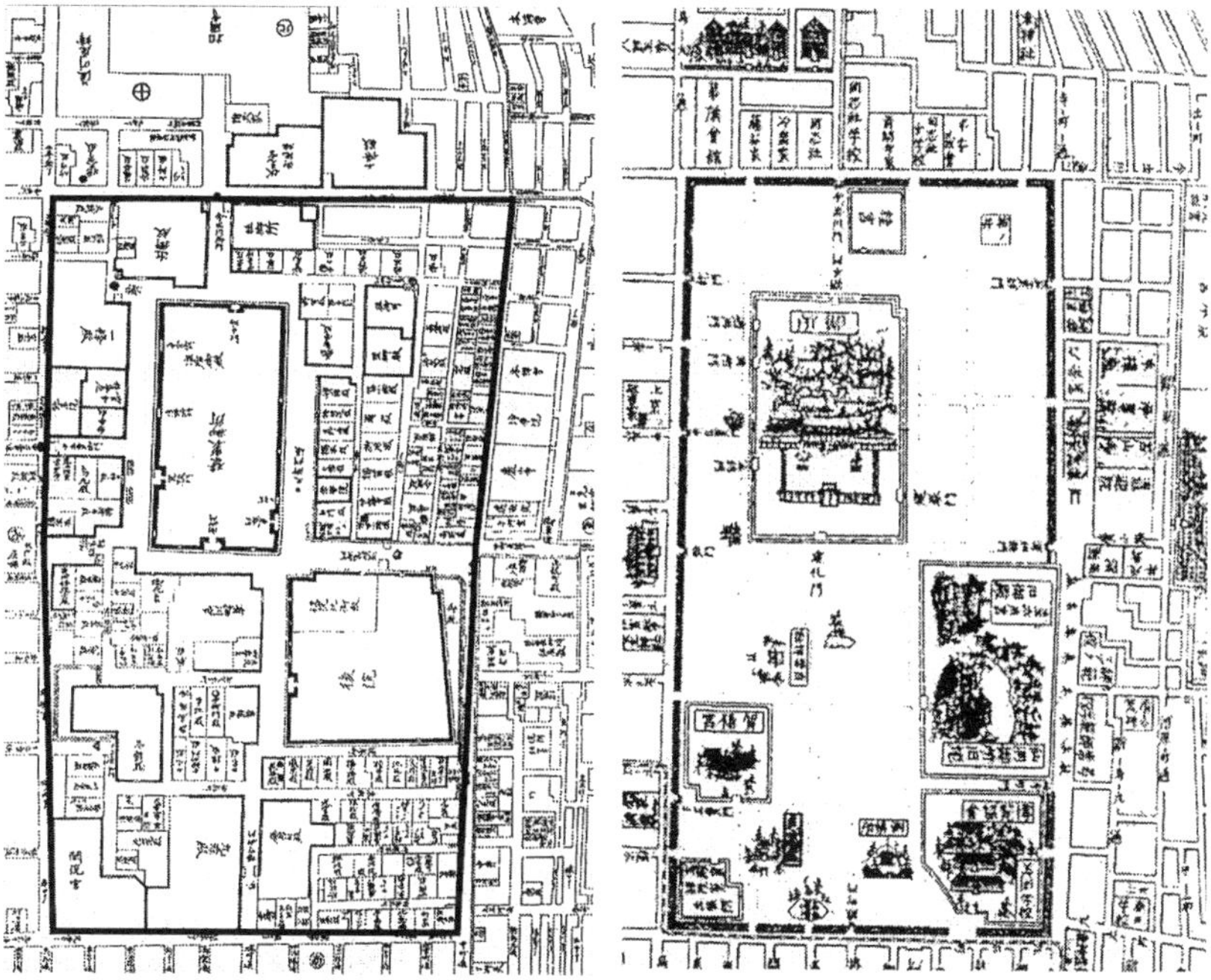

図８　幕末，および明治中期の「内裏空間」の様相
注）左掲が慶応２年，右掲が明治28年の状況.

られるようになるのは、地券発行を目前に、維新期のどさくさに紛れて京都と東京に分散、重複してしまった彼らの賜邸（「拝領邸」）を明確化し、とりわけ東京在住の公家に対しては京都の屋敷をすべて上地するよう達した明治五年（一八七二）になってからのことであった。

しかし右記の事実は、逆にいえば制度が施行される以前に、すでに実態レベルでは東京への移住がかなり進展していたことをほのめかしている。すなわち、新政府の中枢メンバーはもちろん、内政に深くかかわらない公家であっても、明治五年までには進んで東京に居所を求めていた可能性が高い。

皇后の行啓

では、公家たちが東京に移転していく契機とはいったい何だったのだろうか。

明治二年（一八六九）「華族伺」[53]からは、すでに同八月頃の時点で「華族（公家華族―引用者

註）方東京在留ノ分」が四九名（家）にのぼっていたことが判明する。なかには刑部卿（正親町三条実愛）や外務卿（澤宣嘉）など、新政府の上層官吏を勤める人物を中心にすでに「家族引越」を完了しているケースも確認できる。

幕末維新期、一部の公家の活躍が幕府を倒すうえで大きな力となっていたことは確かである。ただし、その後も内政に深くかかわっていく人物というのはじつはかなり稀であった。すでに明治二年（一八六九）五月の官吏公選の段階で、多くは政務に疎く、新しい情況への対応能力のない公家の退潮傾向は顕著であり、新政府運営の実務面では藩士層の勢力がこれを凌いでいたとされる。(54)

さきの「華族伺」にある四九名（家）というのは、むろん過半は新政府の要職には就いておらず、かつ「非役」の者も多数含まれている。(55)それなのに、なぜ彼らは早々と東京に来ていたのか。

この点について筆者は、ひとえに公家たちの実感として東京に来た方が有利なこと、またその画期を敏感に察知していたからであったように思う。たとえば史料6(56)は明治二年一〇月、公家の富小路敬直が弁官へと提出していた伺いとなるが、ここからは再幸直後あたりにはまだ「還幸」への期待が多少なりともあったものの、皇后の行啓（明治二年一〇月五日京都出発）によって、天皇およびその周辺の東京「滞在」の長期化を確信していたことがわかる。実際、ちょうど京都市民およそ一〇〇〇人が皇后の東京行きに反対して京都御所北東の石薬師門の前を埋め尽くしていた頃（明治二年九月末）、公家たちは続々と「家族」や「侍従」の東京移住（「呼寄」）を太政官に上申していたことが明らかとなる。(57)

［史料6］

先達テ家来減少ノ儀御布告有之節、早速御願可申上処、還幸御様子モ不相分候ニ付家来共其儘差置候処、此度中宮行啓被　仰出、御滞在モ御長ク被為在候儀ト存候、就テハ勝手ノ程モ御坐候間、侍一人・下部二人……相減、今般西京へ差返シ申度御坐候（以下略）

（2）　公家の所在

表向きには「万機親裁」を掲げる新政府にあって、すべてが内政の直接的担い手ではないまでも天皇ないし朝廷に付随した社会を形成する公家たちの移住は、少なくとも従前「三都」と並び評された京都や大阪を凌駕するという点で、東京の首都化を裏づけるひとつの要素であったといってよいだろう。そして、それは既述のように天皇再幸とともに政治機関（本拠）の移設が本格化する一方で、人びとの実感としては皇后の行啓をへて、すなわち明治二年（一八六九）九月前後を決定的な画期とするものだったと考えられるのである。

諸官庁の場合と同じく、このような政権の所在にまつわる人びとの来住は具体的かつ急速に東京を埋めることとなり、さらに、なかでも「郭内」に固有の社会的意味を発生させていくことになる。以下しばらく、公家たちの来住にともなう種々の変化を押さえることにしたい。

当初の分布

天皇再幸以前にも、初の東幸への供奉や、さかのぼれば鎮台府・鎮将府の設置と、新政府中枢に積極的にかかわる公家には、すでに明治元年（一八六八）から東京に居所を得る機会がいくつかあったといえる。ただし、ひとえに史料的な限界から、この頃の状況を把握することは難しい。そのようななか、多少なりとも参考になると思われるのは、さきの明治二年「東京大絵図」（前掲図6）である。これは再幸直後の同年四月末から七月の状態を表していると考えてよく、初期の公家の所在、その大局を読みとれる可能性のある歴史資料となる。

いまだ「八官の制」のこの時期、西丸下ないし大名小路に、いわば「皇城」からはみだすように政治機関が集約されていた点についてはすでに指摘した。一方で、あらためてその周囲を見渡すと「中山殿」（中山忠能、明治天皇の外祖父）や「岩倉大納言」（岩倉具視）、「徳大寺中納言」（徳大寺実則）といった王政復古に尽力した公家たち、さらには一橋邸が「阿州」（阿波藩）に、庄内藩上屋敷が「薩州」（薩摩藩）へというように、新政府をささえた有力藩の拠点も、あわせて配置されていたことに気づく（図6参照）。

このように、ごく初期の段階では政治的に重要な立場にある限られた公家が来住する程度であったといえ、都市周辺部（「郭外」）では続々と建築が取り除けられて荒廃が進むようななか、江戸期にも公権力（幕府）の要職者の役宅等が建ちならんだ西丸下・大名小路の域が、もっぱらその受け皿となっていたと考えられる。ちなみに前に表1をもとに、諸官庁の移転先として有力な公家個人の「邸」がその後選ばれていった事実についてふれたが、このことは、当初ほぼすべての新政府の要素・組織が以上のように西丸下あたりに集中してしまっていたため、その後起こるべくして起きたもの、といえるのかもしれない。

公家町の再現——『旗本上ケ屋敷図』作成の背景

しかし間もなく、政治機関も数を増加させて位置替えやある程度の拡がりをみせていったように、明治二年（一八六九）なかば以降本格化する公家一般の来住によって、その居住先が西丸下・大名小路エリア以外へと拡張されていくことは必至であった。

はじめに、おおむね明治五—六年（一八七二—七三）時点における公家屋敷の分布や展開の様相を押さえることにしたい。

図9は「華族上地願留」や「拝領地願綴込」（ともに東京都公文書館所蔵）など、さきにふれた京都から東京への公家屋敷（「拝領邸」）の置換手続きの際に残された記録類を渉猟し、現段階で把握できる限りの分布を一括図化したものとなる。なお表2に、同じく目下知りうる東京来住の公家の所在に関するデータを参考までに付した。

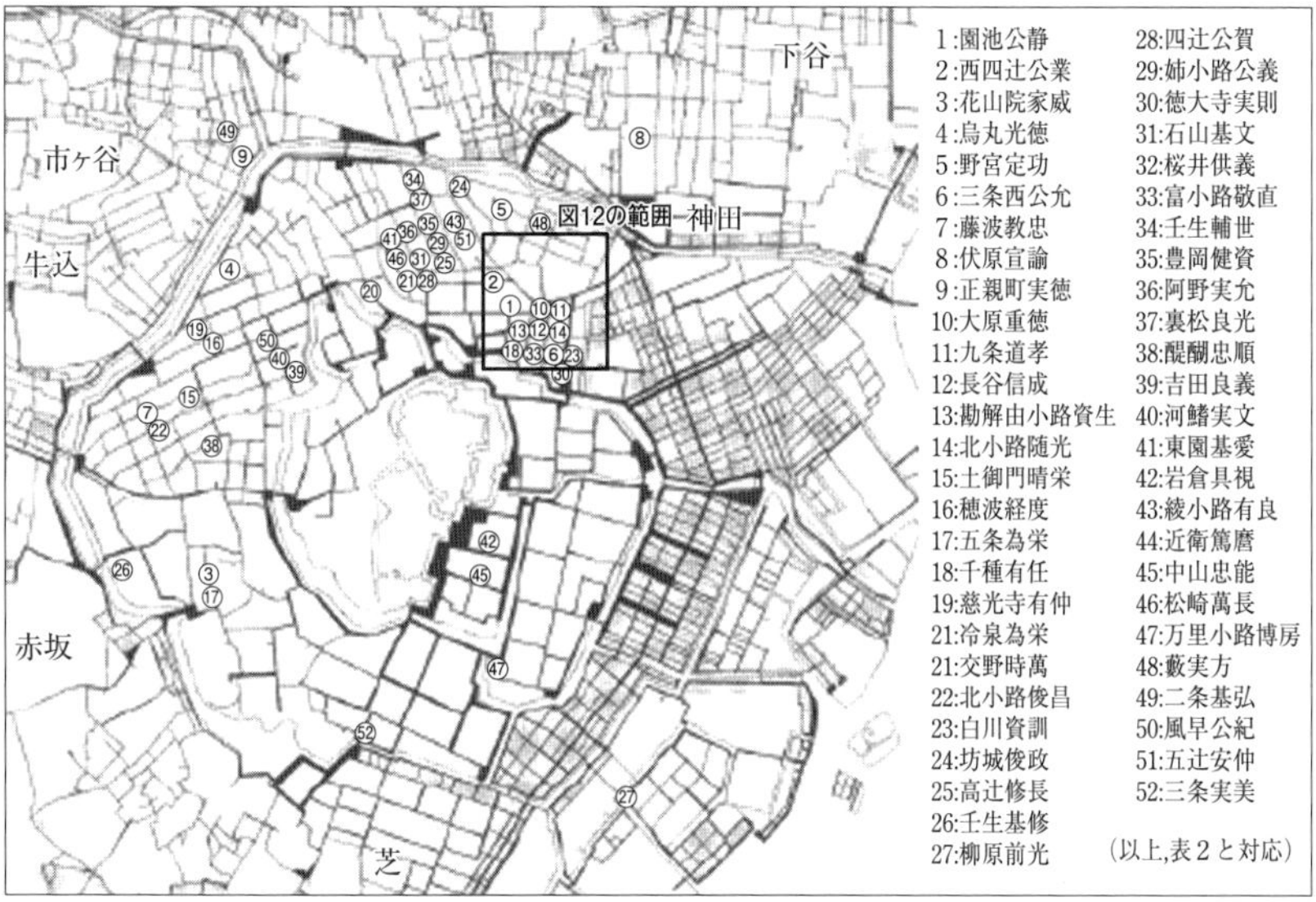

図9　明治初年における公家屋敷の分布

図9を一見して、番町や飯田町、駿河台、小川町といった武家地に分布が集中しているのがわかる。これらは草創期の江戸において、江戸城の防御を目的にいち早く将軍直属の家臣団(なかでも旗本層)の集住地が開かれたエリアであって一〇〇〇坪前後の広さを有し、また江戸幕臣屋敷のなかでは比較的良好な住環境が保ちつづけられた地域に当たる。一方で、依然、西丸下一帯には岩倉や中山、三条、万里小路(万里小路博房、当時宮内大輔)の名が認められるものの、いずれも政治的な重責を担う一部の公家がとどまる程度といってよい。その大半の所在が外濠の内側、とりわけ「郭内」の範囲に収まっている。

こういった公家の分布傾向については、のちに東京全般の土地所有状況の観点から総合的に位置づけ直すこととして、まずは公家達の東京への移住過程を具体的にたどることにしよう。

現在、東京都公文書館に『旗本上ケ屋敷図』(以降、『旗本』と略記)という史料群が所蔵されている。これはその名の通り、おもに番町や駿河台一帯の一三〇筆にのぼる江戸(ないし維新期東京)幕臣屋敷の配置平面図が所収されて

明治6年「拝領地願綴込」への記載の有無と内容	明治10年「一覧図」の記載内容
○=「当時私邸元古賀筑後幷仁賀保孫九郎上地跡」	神田区　裏神保丁
○=裏神保小路通沿い「従四位四辻私邸」	本郷区　本郷弓丁二丁目
○=「麴町貝坂通り坪内鉉次郎賜邸」	麴町区　麴町平河丁五丁目
○=「裏四番町元伊奈佐多五郎邸」	麴町区　富士見丁二丁目
○=「駿河台袋町元松下大之丞上地跡」	下谷区　下谷坂本丁
○=「小川町二色小路当時拝借地」	神田区　神田錦丁一丁目
○=「裏六番町」	麴町区　中六番丁
○=「第四大区小五ノ区神田明神下私邸」	本郷区　湯島三組丁
○=「牛込揚場町附属地元松平甲次郎邸」	小石川区　新小川丁一丁目
○=「当時拝借罷在候小川町二色小路邸地」	神田区　駿河台北甲賀丁
○=「小川町二色小路」	神田区　神田錦丁
○=「小川町二色小路」	神田区　北神保丁
○=「小川町二色小路」	神田区　神田錦丁二丁目
○=「小川町二色小路当時拝借地」	京橋区　築地二丁目
○=「裏六番町通」	麴町区　中六番丁
○=「表三番町通り」	麴町区　三番丁
○=「第三大区小一ノ区駒井小路」	牛込区　筑戸八幡丁
○=「小川町二色小路当時拝借地」	神田区　小川町錦町三丁目
○=「三番町四拾六番邸」	麴町区　三番丁
○=「飯田町壱町目四番地」	神田区　三崎町一丁目
○=「第四大区二小区」	神田区　猿楽丁
○=「第三大区三小区」	麴町区　下二番丁
○=「神田橋通錦町壱丁目三番地元山田十太夫邸宅」	神田区　三崎町一丁目
○=「当時拝借地駿河台鈴木町」	神田区　駿河台鈴木町
○=「当時拝借罷在候地所」	麴町区　富士見丁五丁目
○=「紀尾井町弐番地」	麴町区　麴丁紀尾井丁
○=築地中通横町沿い「柳原外務大丞邸」	京橋区　築地二丁目
×	神田区　今川小路三丁目
×	神田区　小川丁三崎丁一丁目
×	神田区　神田錦丁一丁目
×	神田区　北神保丁
×	神田区　駿河台袋丁
×	神田区　駿河台南甲賀丁
×	神田区　表神保丁

表2　明治初年，東京における公家華族の所在データ一覧

図9との対応	氏名	明治5年「華族上地願届」への記載の有無と内容	明治6年「六大区沽券図」他への記載の有無と内容 [ただし☆印の内容は明治13年「地所建物一覧」（東京都公文書館蔵）による]
1	園池公静	○＝第4大区1小区	○（裏神保町1番，1197坪，金268円）
2	西四辻公業	×	○（猿楽町1番，3459坪，金736円）
3	花山院家威	○＝第3大区1小区	○（麴町平河町五丁目14番地，934坪，金244円）
4	烏丸光亨	○＝第3大区3小区（「表四番町」）	○（富士見町四丁目2番地，1048坪，金382円）
5	野宮定功	○＝第4大区1小区	○（駿河台袋町11番地，1567坪，金351円）
6	三条西公允	○＝第4大区1小区	○（神田錦町壱丁目15番地，1125坪，金252円）
7	藤波言忠	○＝第3大区3小区（「裏六番町」）	○（中六番町14番地，762坪，金147円）
8	伏原宣足	×	○（湯島三組町101番地，1385坪，金314円）
9	正親町實德	○＝第3大区5小区（「牛込揚場町」）	○（牛込下宮比町3番地，1250坪，金245円）
10	大原重德	○＝第4大区1小区	×
11	九条道孝	○＝（ただし場所の言及ナシ）	○（神田錦町壱丁目9番地，1925坪，金431円）
12	長谷信成	×	○（神田錦町二丁目2番地，818坪，金183円）
13	勘解由小路資生	×	○（神田錦町二丁目4番地，660坪，金148円）
14	北小路随光	○＝第4大区1小区	○（ 神田錦町壱丁目10番地，768坪，金172円）
15	土御門晴栄	×	○（中六番町21番地，759坪，金147円）
16	穂波經度	×	○（三番町30番地，654坪，金126円）
17	五条為栄	○＝第3大区1小区	○（麴町平河町五丁目12番地，1065坪，金278円）
18	千種有任	○＝第4大区1小区	○（神田錦町三丁目2番地，1205坪，金270円）
19	慈光寺有仲	○＝第3大区3小区	○（三番町46番地，729坪，金139円）
20	冷泉為柔	○＝第3大区4小区	○（飯田町一丁目4番地，379坪，金138円）
21	交野時萬	○＝第4大区2小区	○（今川小路二丁目1番地，958坪，金204円）
22	北小路俊昌	○＝第3大区3小区	○（下二番町36番地，825坪，金159円）
23	白川資訓	○＝（ただし場所の言及ナシ）	○（神田錦町壱丁目3番地，885坪，金198円）
24	坊城俊政	○＝第4大区1小区	○（駿河台鈴木町19番地，1946坪，金436円）
25	高辻修長	○＝第4大区2小区	○（中猿楽町5番地，1544坪，金328円）
26	壬生基脩	○＝（ただし場所の言及ナシ）	○（麴町紀尾井町2番地，16749坪，金4697円）
27	柳原前光	×	？（「沽券図」に築地のデータ無し）
28	四辻公賀	×	○（南神保町6番地，297坪，金63円）
29	姉小路公義	○＝第4大区2小区（「小川町横猿楽町」）	×（「明治八年東京大区小区分絵図」には三崎町一丁目にも確認）
30	徳大寺實則	×	○（神田錦町壱丁目2番地，1754坪，金393円）
31	石山基文	○＝第4大区2小区	○（北神保町7番地，1461坪，金211円）
32	桜井供義	○＝第4大区1小区（「神田錦町二丁目……長谷信成邸同居」）	○（駿河台鈴木町9番地，383坪，金86円）
33	富小路敬直	○＝第4大区1小区	○（神田錦町二丁目1番地，885坪，金198円）
34	壬生輔世	○＝第4大区2小区	○（三崎町二丁目4・5甲・5乙番地，50・540・344坪，金11・115・73円）

×	神田区	西小川丁一丁目
×	神田区	中猿楽丁
×	神田区	三崎町二丁目
×	麹町区	一番丁
×	麹町区	一番丁
×	麹町区	内幸町一丁目
×	麹町区	数寄屋丁
×	麹町区	宝田丁
×	麹町区	富士見丁二丁目
×	麹町区	富士見丁六丁目
×	麹町区	有楽丁
×	麹町区	有楽丁
×	麹町区	有楽丁一丁目
×	麹町区	有楽丁一丁目
×	牛込区	牛込築土前丁
×	牛込区	牛込南山伏丁
×	本郷区	湯島三組丁
×	麹町区	□（宝）田丁
×	麹町区	土手三番丁
×	麹町区	中六番丁
×	牛込区	市ヶ谷仲ノ丁
×	牛込区	牛込細工丁
×	小石川区	新小川丁一丁目
×	小石川区	新小川丁
×	本郷区	湯島三組丁
×	本郷区	湯島三組丁
×	牛込区	牛込横寺丁
×	小石川区	関口水道丁
×	小石川区	関口水道丁
×	牛込区	牛込納戸丁
×	神田区	小川丁
×	神田区	神田錦丁
×	神田区	駿河台甲賀丁
×	小石川区	新小川丁二丁目
×	麹町区	下六番丁
×	麹町区	下六番丁
×	麹町区	麹町元園町一丁目
×	麹町区	上六番丁
×	麹町区	下二番丁

（表2のつづき）

35	豊岡健資	○＝第4大区2小区（「西小川町壱丁目」）	×
36	阿野実允	○＝第4大区2小区（「中猿楽町九番地」）	×（ただし「明治八年東京大区小区分絵図」には猿楽町への記載有り）
37	裏松良光	×	○（三崎町二丁目1番地，1406坪，金299円）
38	醍醐忠順	×	○（麴町元園町一丁目10番地，633坪，金175円）
39	吉田良義	×	○（一番町51番地，700坪，金135円）
40	河鰭實文	○＝第3大区3小区	○（一番町44・52番地，650・1053坪，金75・203円）
41	東園基愛	×	○（西小川町一丁目1番地，1134坪，金241円）
42	岩倉具視	×	○（宝田町3番地，5885坪，金2469円）
43	綾小路有良	○＝第4大区2小区（表猿楽町6丁目25番地）	○（猿楽町14番地，1070坪，金228円）
44	近衛篤麿	×	○（西今川町二丁目9番地，1462坪，金311円）
45	中山忠能	○＝第1大区1小区	○（有楽町壱丁目3番地，坪数・地価の記載ナシ）
46	松崎萬長	×	○（今川小路二丁目10番地，770坪，金164円）
47	万里小路博房	○＝第1大区3小区	○（有楽町壱丁目4番地，2976坪，金1249円）
48	藪実方	×	○（西紅梅町6番地，343坪，金77円）
49	二条基弘	○＝第3大区5小区	○（牛込津久戸前町19番地，630坪，金123円）
50	風早公紀	○＝第3大区3小区（「新道二番町」）	○（一番町24番地，551坪，金106円）
51	五辻安仲	×	○（猿楽町16番，1436坪，金305円）
52	三条実美	×	×
（未詳）	□（勧）修寺顕允	×	×
（未詳）	錦織久隆	×	×
（未詳）	萩原員光	×	×
（未詳）	六条有義	×	×
（未詳）	北□（島）通城	×	×
（未詳）	久我通久	×	×
（未詳）	西五辻文仲	×	×
（未詳）	庭田重文	×	×
（未詳）	岡崎鷹丸	×	×
（未詳）	廣橋在光	×	×
（未詳）	日野西光善	×	×
（未詳）	藤井行道	×	×
（未詳）	高松保実		×
（未詳）	西園寺公望		×
（未詳）	相良富道	×	×
（未詳）	甘露寺義世	×	×
（未詳）	錦小路頼言	○＝第4大区2小区	×
（未詳）	大□（宮）以季	×	×
（未詳）	菊亭脩季	×	☆（所有地＝元園町一丁目38番地，居所＝同左）
（未詳）	樋口誠康	○＝第3大区3小区	☆（所有地＝上六番町33番地，居所＝同左）
（未詳）	竹屋光昭	×	☆（所有地＝下二番町61番地，居所＝同左）

×	麹町区　下六番丁
×	麹町区　中六番丁
×	麹町区　富士見丁二丁目
×	神田区　駿河台甲賀丁
×	京橋区　築地二丁目
×	赤坂区　赤坂裏三丁目
×	赤坂区　赤坂仲ノ丁
×	小石川区　小石川江戸川丁
×	四谷区　四谷塩丁
×	神田区　美土代丁三丁目
×	小石川区　西江戸川丁
×	下谷区　下谷二丁目
×	牛込区　市ヶ谷砂土ヶ原町三丁目
×	本所区　本所林丁三丁目
×	麹町区　飯田丁五丁目

官員住居」国立国会図書館所蔵（表中「一覧図」と略記）を基準とした.

おり、これまで主たるところでは波多野純[58]、また筆者[59]によっても平面形式や居住形態などについて指摘された点は多い。しかしながら、各図の表現方法は必ずしも一様でなく、また波多野によれば図中に記された拝領主の名前からそれぞれ在職年代をたどっていくと一八世紀末から幕末までと幅広く、結局「作成目的、作成年代、伝存経緯などは、現在までのところ明らかでない」とされてきた[60]。

このように、建築のありようを除けば拝領主名や所在地がおおむね知られる程度で、いわば図面集以上の情報のない『旗本』にあって、じつは一例のみ、貴重な事実を伝える、書類（史料7）が綴じられた図（「藤波家邸宅図」、図10）を認めることができる。

［史料7］

藤波家邸宅図面過日御掛合有之、御回し申入置候処、右ハ坪数少々相違有之候而、更ニ是図面差出候ニ付、御廻し申入候、過日御廻し申入候分ト御取替有之度候也

庚午（明治三年—引用者註）壬十月九日　留守判官

監督司（大蔵省に属す役所—引用者註）御中

さきの波多野も、史料7の存在自体については気づきながら

（表２のつづき）

（未詳）　小倉長季	×	☆（所有地＝富士見町五丁目 17，飯田町六丁目 12，居所＝左記飯田町）
（未詳）　松本宗有	×	☆（所有地＝中六番町 4 番地，居所＝同左）
（未詳）　中御門経之	×	☆（所有地＝富士見町二丁目 35・36 番地，居所＝左記 35 番地）
（未詳）　唐橋在綱	×	○（永田町一丁目 15 番地，52 坪，金 14 円）
（未詳）　東久世通禧	×	？（「沽券図」に築地のデータ無し）
（未詳）　一条忠貞	×	×
（未詳）　廣幡忠礼	×	×
（未詳）　裏辻公愛	×	×
（未詳）　葉室長邦	×	×
（未詳）　入江為福	×	×
（未詳）　澤為量	×	×
（未詳）　嵯峨資愛	×	×
（未詳）　橋本実梁	×	☆（所有地＝下六番町 52 番地，居所＝市谷砂土原町三丁目 18 番地）
（未詳）　堤功長	×	☆（所有地＝飯田町三丁目 26 番地，居所＝深川安宅町 9 番地）
（未詳）　武者小路実世	×	☆（所有地＝下六番町 44 番地，元園町一丁目 38 番地，居所＝左記下六番町）

注）　本表の左欄における公家の氏名・構成は，明治 10 年 12 月 28 日板権免許「町鑑明細改正東京一覧図　附華族

も、その内容にまではまったく踏み込んでいなかった。しかし添付先（図10）の屋敷が面する通り名＝「石薬師御門通」に注目すれば、これが京都の、いわゆる公家町の藤波屋敷（当代・藤波教忠）を描いたものであることは容易に比定できる。かつ、史料7は「留守官」と印字された用箋に記されている。それは、まさに冒頭で述べた、天皇の再幸後に京都に置かれた官庁（明治二年一月二四日設置―同三年一二月二二日留守宮内省へ合併）のことであって、江戸ないし明治初年の東京を舞台とした『旗本』にまぎれる図10は、公家・藤波の東京への移住に関連して作成されたものであることが、おぼろげながら見えてくるのである。

ひるがえって、『旗本』を公家や京都とのつながりという視点からあらたにとらえなおすと、じつはほかにも注目すべき図面は多々見いだせる。たとえば「植松少将殿御旅館絵図」（図11）は、この「少将」という官職名（皇居を警衛し、行幸の際には供奉・警備した武官のひとつ）からして、それが天皇の東幸に列した人物の東京における滞在先として宛てがわれた屋敷の図であることは、想像に難くない(61)。

『旗本』所収の図面の多くには、たとえば「裏四番町番外二三二」（「元石川式部屋鋪絵図面」の場合）といった所在地を表す

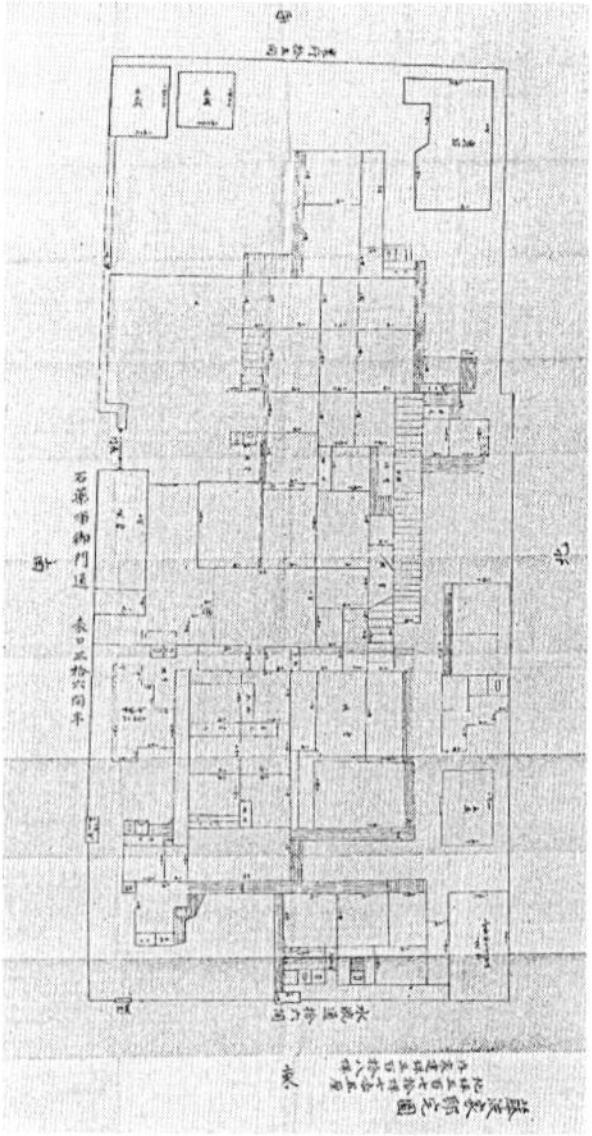

図 10 「藤波家邸宅図」

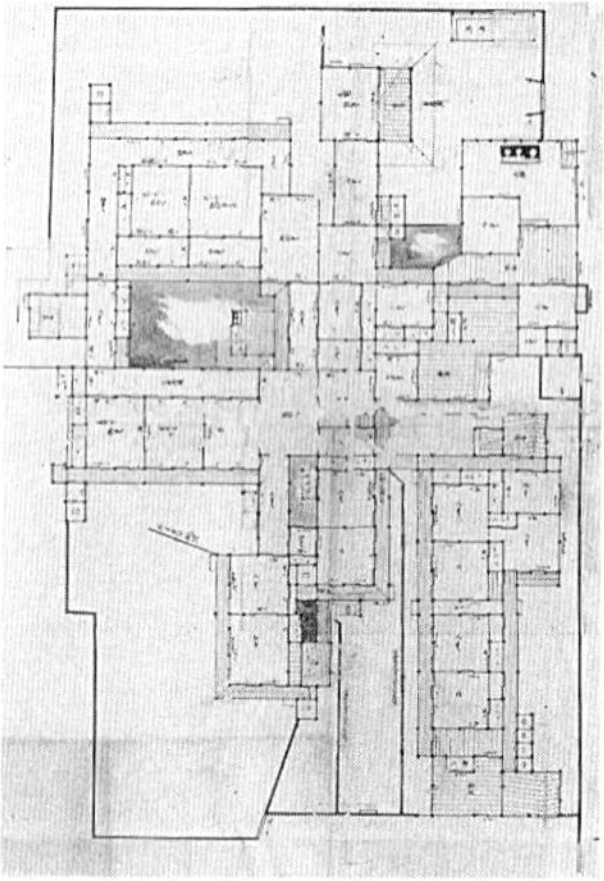

図 11 「植松少将殿御旅館絵図」

付記が認められる。筆者の以前の作業では、これと拝領主名を頼りに幕末の「切絵図」上に照合させると、六四屋敷（全一三〇屋敷中）の立地を特定することが可能であった[62]。今回、これにあらたに前掲図9の分布を重ねていくと、六四屋敷中、少なくとも一六屋敷が、明治初年には公家屋敷として利用されるものであったことが判明する（表3）。

右記について具体的な状況を示すことにしよう。現時点で把握可能な公家屋敷（前掲図9）のなかでも、最も分布が集中するエリアのひとつ、小川町周辺に注目したい。

図12は、明治六年（一八七三）の「六大区沽券図」[63]を基図に、まず公家屋敷に当たる箇所（図9参照）を塗りつぶし、さらに『旗本』との照合が可能となった屋敷を黒枠で囲み（A・B）、その範囲をクローズアップするように屋敷内部の姿を右側にかかげた。

神田橋御門を出て、ちょうどその軸線の両側で、当時西は「郭内」、東側が「郭外」と区分されるなか（前掲図1参照）、あらためて「郭内」に公家の分布が集中しているのが確認できる。この軸線の一本西側、ちょうどAとBに挟まれるように南北に縦に走る通りは、俗に「二色小路」（錦小路）と呼ばれ、大原重徳・勘解由小路資生・富小路敬直

表3　明治初年東京の公家屋敷，ないしその取得に関連する『旗本』所収の屋敷図

関係する公家	『旗本』の絵図名	所在地（『旗本』における記載）
徳大寺実則	「元石川兵庫邸惣絵図」	神田橋通り 146
三条西公允	「元石川治人屋鋪」	神田橋通り 149
烏丸光徳	「伊奈沙多五郎屋鋪絵図面」・「伊奈沙多朗」	裏四番町 61
藤波教忠	「井上藤左衛門上ケ屋敷絵図」	裏六番町横町 82
藤波教忠	「藤波家邸宅図」	（記載なし＝ただし京都の公家町と比定可能，前掲図 10）
冷泉為柔	「井関新太郎元屋鋪絵図」	飯田町九段坂下 58
石山基文	「一色丹後屋敷」	小川町雉子橋通り 154
交野時萬	「一色貫」	37
富小路敬直	「今川元屋鋪絵図」	145
堀河康隆	「岩本数馬上ケ屋鋪絵図」	虎御門外表霞ヶ関番外 59
大原重徳	「元蜷川季左衛門屋敷絵図」	神田小川町通り番外 67
藪実方	「越智十三郎屋敷絵図」	駿河台番外 19
慈光寺有仲	「大木四郎上ケ屋敷絵図」	三番町番外 33
裏松良光	「元曽根左膳屋鋪」	148
綾小路有長	「柘植三四郎屋敷絵図」	小川町猿楽町 136
植松雅徳	「植松少将殿御旅館絵図」	（記載なし＝現在のところ所在不詳，前掲図 11）
北白川宮	「元黒川友之丞屋鋪絵図」	小川町広小路 35
勘解由小路資生	「倉橋鑑二郎」	159

注）順不同，目下確認可能なもののみ．一部，宮家の屋敷を含む．

（以上、Aの内部）や、三条西公允・徳大寺実則（同B）らの屋敷が建ち並び、ほとんど新しい公家町を形成しているかのようである。いうまでもなく、ここでは「郭内」の設定にともなって新政府に収用・保存されていた武家建築、なかでも旗本層の御殿が、彼らの新居へと転用されていたのである。

「郭内」への「内裏空間」の移譲

以上の検討から、明治二年（一八六九）なかば頃から東京への移住が本格化した公家の居住先は、かつて旗本層の拝領屋敷が拡がっていた皇居の西・北エリアに何かしらの意図のもと、積極的に集約されていたことがうかがえた。また、これまで伝存経緯などもはっきりしなかった『旗本』は、少なくともその編纂背景のひとつに、東京における公家の屋敷取得があったことは確実といえよう。

さて、ここからはこうした具体相ばかりでなく、屋敷の取得のされ方、さらにはなぜ番町や飯田町、

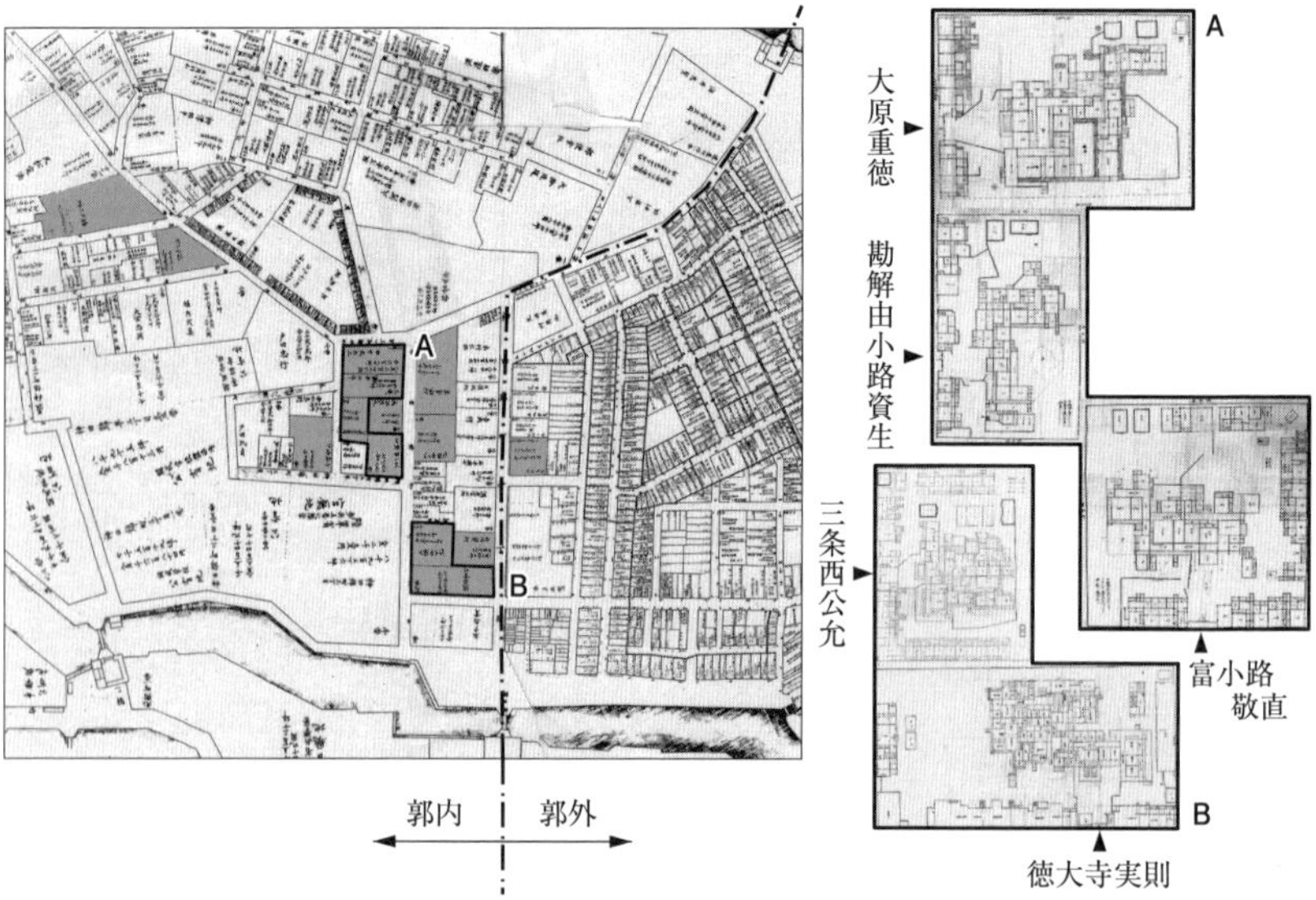

図12　小川町・錦小路周辺の公家屋敷

小川町などの限られた地域へと分布が集中したのか、その理由や背景についてもさかのぼって考えてみることにしたい。

前述の京都・公家町の屋敷にくわえて、『旗本』には藤波の、東京における新屋敷の図面も含まれている（「井上藤左衛門上ケ屋敷絵図」、図13）。これは「六大区沽券図」によれば、中六番町一四番地に位置し、七六二坪の広さがあった。

史料7の内容からもある程度想像がつこうが、公家は京都から東京へと移住する過程で、同坪数の換地によって屋敷を新政府から下賜されていた[64]。そして、これは地券発行を機に、とくに徹底されていく（史料8）[65]。

さきの藤波の場合、以前申告したものが「坪数少々相違」であったため、わざわざ新図（前掲図10）を作り直し、あらためて屋敷の交換・下賜に望んでいたと考えられる（前掲・史料7）。事実、その後明治五年（一八七二）七月には、京都の屋敷に比して、東京のそれの超過分（一九六坪六合二勺五才）を「低価ヲ以」て藤波が買得することにより、京都から東京への拝領屋敷の置換が成立していたのであった（史料9）[66]。

［史料8］

今般地券御取調ニ付、従前於京都拝領罷在候邸地返上可致候ニ付、右坪数割合を以テ於当御地（東京―引用者註）邸地拝領之儀奉願候処、一ト先ツ旧邸地返上仕り於京都府右邸地落手ニ相成候確証無之候而は替地不被下之趣、過日於地券御掛被　仰渡候間、則今度京都旧邸地返上仕度、別紙絵図面相添差出候間、此段其筋江可然御取計奉願候也

第四大区小二ノ区華族
三位　高辻修長

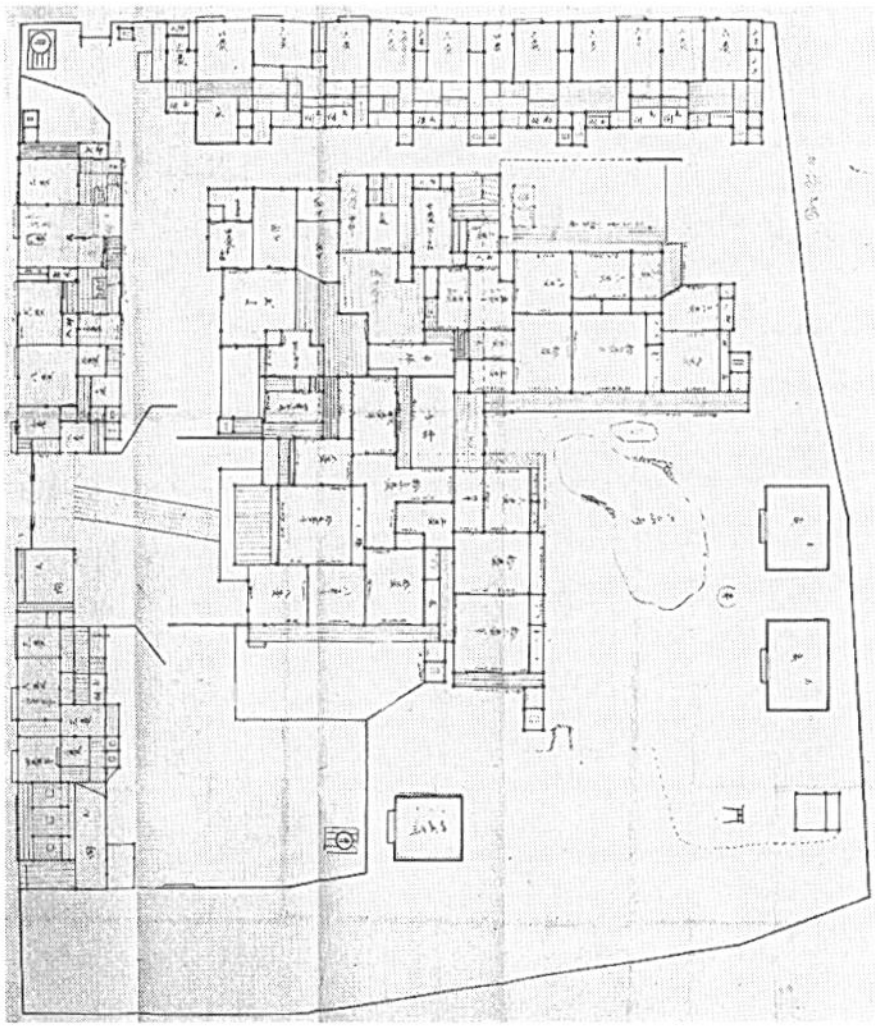

図13　「井上藤左衛門上ケ屋敷絵図」

壬申七月　侍従　五条為栄
権区長　三浦孝之
東京府御中　戸長　吉川尹哲

［史料9］

奉願拝領地之事

京都上京弐拾八番組石薬師御門内
返上地所　表間口　三拾六間半
奥行　拾六間・拾五間

第三大区小三之区裏六番町
奉願拝領地所　表間口　弐拾九間
奥行　弐拾七間半・弐拾六間

裏間口　弐拾八間

右之通、京都ニテ従前拝領地今度返上仕候ニ付、東京ニテ当時拝借地拝領願度、此段宜奉願候也

壬申三月　第三大区小三之区

華族　藤波教忠

東京府御中

（朱書）

願之地処、七百六拾五坪七合五勺、京都府私邸上地致候ニ付引替下賜、残地百九拾六坪六合弐勺五才を低価ヲ以払下候事

壬申七月

なお、このような換地処理が東京来住の公家一般に対して逐一なされるものだったことは、史料8・9の所収される「拝領地綴込」や「華族上地願留」をみれば明らかである。ここでは、おもに藤波のケースに着目するにとどめたが、この明治初年のあいだに、京都・公家町の屋敷の多くが東京へと置換されていたことは確かといえる（前掲・表2参照）。

ところで、以上は、あくまでも公家の東京移住を制度的に追認する過程であって、藤波も「当時拝借地（を）拝領願度」（史料8）と申請するように、すでに明治五年（一八七二）以前から、彼らの多くは「拝借」という形によって実質的な東京生活をスタートさせていた。これは、すでに指摘したように、天皇の再幸あるいは皇后の東京行きを画期とする動きであったが、どのような手続き、また論理と背景によって当初の「拝借」場所が決められていたのだろうか。この点について以下検討していくことにしたい。

天皇の再幸あたりから、公家のなかには新政府から直々に「御用」のため「東下」を命ぜられるものがでてくる。

たとえば明治二年（一八六九）六月二七日に弾正尹に就く九条道孝は、先だって「宿所ノ儀」と「御賄ノ所」の調達を太政官に申し出て、「裏六番丁元平岡丹波邸、御賄ノ所ハ定十五人分用度司ヨリ可相廻」ことを申し渡されていた(67)。このような「宿所」は、当時「拝借旅館」とも呼ばれており、また同じく明治二年中では四辻公賀は「三番町通」、交野時萬は小川町雉子橋通り（「元一色貫邸宅」）、飛鳥井雅典も「小川町神田橋通」などというように、当初から番町や小川町一帯に集中する傾向にあったことがわかる。そしてこれは、さきに述べた東京来住の緊急性のない公家に関しても、ほぼ同様であったと見てよい。そもそも先立って注目した藤波自身「非役華族」だったのであって、一部、明治二年一二月から在勤の者との金銭的な格差（「非役華族」のうち東京に「家族」を「引寄」せている者に関しては、新政府・大蔵省からの「月手当」が三分の一に減額）は設けられたものの、拝借地に対してそのような差異があった形跡は認められない。

これらの手続きの内容をくわしく見てゆくと、在勤・非役を問わず、公家全般の願いとして「輦下」への居住という言葉が盛んに用いられていることに気づく。たとえば、すでに「在学之為メ東京ニ住居罷在」る久我通久は、あらためて「輦下ニ住居仕度、懇願」していたことがわかる。ほかにも、吉田良義はすでに「東京寄留」を果たしながら、「輦下」への居住を主張している。

これら公家の拝借地の配置は、むろん、武家地を収用する新政府、なかでもその決定や認可を下す太政官の判断であったと考えてよい。いいかえれば、ここまで見てきたいわば公家町の生成もまた、新政府の最高官庁である太政官の意向を反映する、首都・東京への改変に向けた初歩的な計画として評価できよう。そして、それは同時に、公家の申請に見られるような「輦下」という意味、とりわけ東京の一部＝「郭内」を、「輦下」へと読み替える作業であったように考えられるのである。

以上について、最後に少しばかり補足的な説明をしておきたい。

史料10(68)は、明治二年（一八六九）七月三日、三条実美が従前「拝借」する屋敷（ただし現在のところ所在不詳）について、「頗湿地」であるため、より環境の良いところにある「屋敷拝借・転居」を願い出て、かつ実際に認められていたことのわかる史料である。

［史料10］

右府儀、先達来当屋敷拝借罷在候処、当邸ノ儀ハ頗湿地ニ在之、病性ニモ相障難渋被致候ニ付、何卒鍛冶橋内津山屋敷拝借・転居相願度候間、可然御取成ノ様奉願候、以上

三條右府内

七月三日　　森寺大和守

弁事御役所

願之通被　仰付候事

四日

この種の記録は現在のところさほど確認できるものではないものの、たとえば表2と見比べると、前述の藤波は当初の「拝借地」をそのまま拝領した一方で、九条は小川町へ、四辻は飯田町の方というように、当初とは異なる所に屋敷を受領する者が相当数あったことがうかがえる。すなわち、地券発行を機に定まることになる公家の拝領屋敷、その所在の確定には公家自身の意向、具体的には高燥地での生活といった居住の論理も作用していた可能性がある。

ただし同時に、仮にこれらの点が大きく作用するものであったとしても、ほとんど「郭内」の範囲内で公家屋敷が展開することに変わりがなかったことは（前掲図9）、当該地域の特権性を物語る重要な事実といえるだろう。

おわりに――都市空間の二元構造＝主従関係

さて、最後に、視点を都市全般の土地所有状況へと拡げ、今回明らかになった政治機関および公家の所在・集積傾向といったものが、明治初年の東京にどのような意義をあらたにもたせるものだったかについて、総括することにしたい。

明治初年における「郭外」の役割

新政府の所在にまつわる諸要素の動向を追うと、おおよそ「郭内」の範囲ばかりが対象となってしまうことに気づかされる。これは度々述べてきたように、すでに東京設置の詔（＝東西両都論の具体化、慶応四年七月）の直前から武家建築の保存域として表れていた新政府首脳部の意向、すなわち「郭内」をみずからの拠点としていく考えに、そもそもの発端がある。そして、それから一年あまりの期間に、実際に政治機関や公家らの移設・移住が「郭内」へと集中していったことをふまえる時、「郭内」とは新都の中心、あるいは実質的な遷都の場という性格が、あらかじめ埋め込まれていたと理解するのが妥当であろう。このように「郭内」を従前京都が擁する「内裏空間」が遷される場所ととらえるならば、天皇の再幸直後に「郭内」が再縮小したのも、その本格的な集約・集積の結果として頷けるように思えるのである(69)。

では一方、明治初年の東京において「郭外」とは何だったのだろうか。以上のように「郭内」があくまでも新政府の「基礎」的な機能や要素の注入・集積場であったならば、ひとつの都市を構成するという点では等しくも、おのずと「郭外」が担うべき独自の役割というものが並行して、あらたに定められていったことが予想されよう。

まず、そのひとつ目に、逼迫する新政府の財政状況への後援があったことは間違いない。この点については、すでに先稿で簡単に論じ、本書第5章でくわしく検討する、ちょうど「郭内」が右記のような実体を備えだしたと同時に堰を切ったように始まる民活による「郭外」の再開発が左証となろう。明治二年（一八六九）の五月を境に、一転して「郭内」から外された神田・浅草御門内のものも例外なく「郭外」武家地は積極的に民間へと貸付けられ、またなかには払下げもおこなわれて従前の町人地と同様の「地税・町入用」の収受が目指されていくこととなる。これらの開発はすべて民間（町人層）の資本によってまかなわれるものであって、この時期から「郭外」は、公権力がみずから乗りだして利用するというよりは、すでに目覚ましい活力を見せる民間に町家開発を進めさせ、あらたな財源を生む場へと明確に性格づけられたといってよい。

もっとも、これらの開発はおもに幕臣屋敷（跡地）で展開されるものであり、さきに述べた都市全般の土地所有状況という観点からは、むしろそれ以上に、当時の「郭外」大名屋敷の扱われ方や役割というものを、今ひとつ、ここでは質しておく必要があろう。

陰画としての大名華族のゆくえ

図14は、明治一〇年（一八七七）一二月板権免許の「改正東京一覧図」(70)（以下「一覧図」と略記）をもとに、当時の華族全般（大名華族と公家華族）の分布を表したものである。

じつは「一覧図」には「華族官員住居」の一覧表が付されており、たとえば「正二位右大臣・宝田町・岩倉具視」、あるいは「阿波徳島・浜丁一丁目・蜂須賀茂昭」といった具合に、華族一人ひとりの肩書き・住所・氏名が列記されている。「一覧図」は市販された東京案内図のような類のものであって、当時在京の華族すべてをカバーできているわけでもなく、またどれほどの確度のあるものなのかなどの点はいまだ検討の余地があるものの、この頃の華族の居所が都市全般にわたって同時点で知られる史料というのは、これをおいてほかにない。また今回ここで意図する全般的な分布傾向を知るかぎりでは、「一覧図」は分析に足る十分な情報を備えていると判断する。

一見して、この明治一〇年（一八七七）段階、大名華族は「郭外」に、一方、公家華族はすでに明らかにした明治五年前後の状態（前掲図9参照）とほぼ同様に「郭内」に居を占める傾向にあったことは明らかである。さらに指摘すると、いくらか「郭内」に大名華族の分布が認められるものの、そのなかにはこれから述べる明治初年の動向・以後に民間レベルで買得されたことの確認できる事例も含まれており[71]、当初（明治初年）は図14の状況以上に両者の区分が明瞭であった可能性さえある。

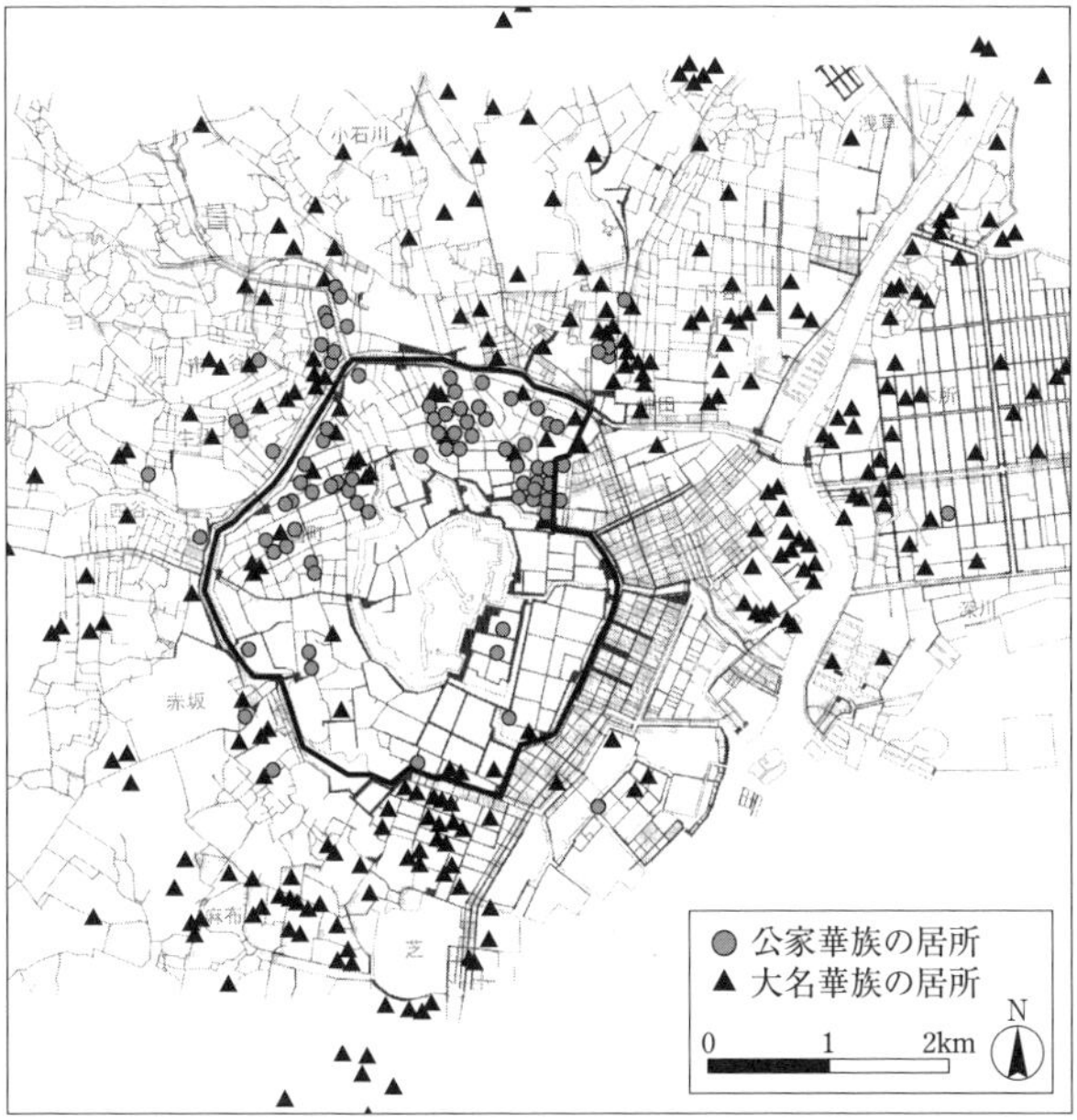

図14 「改正東京一覧図」にみる公家華族・大名華族の分布

さて、大名華族＝旧大名というのは、いつからこのように「郭外」を居所とするようになったのか。

それは、まさしく明治三年（一八七〇）一一月二〇日のいわゆる旧大名東京居住令（史料11）[72]が始まりといえる。この布告背景についてはすでに指摘されるように、前年の版籍奉還後もいまだ（旧）領地では旧態依然たる威光を放ち、いつ反政府的な勢力を形成するやも知れぬ旧大名を国許から引き離し、新政府の目の届くところに置くことによって内政の安定をはかることにねらいがあった[73]。これは、称号のうえでは明治二年六月に同じく華族となった公家の居住に対しては、既述のように地券発行まで制度上の対策が講じられていなかった（講じる必要もなかった）事実をふまえれば、旧大名達の「所在」が当時喫緊の政治課題であったことは確かといえよう。そして、この旧大名の華族としての東京永住は、翌明治四年七月の廃藩置県をもって決定的となったのであった。

［史料11］

華族（元武家）之輩、自今東京住居被仰付候、尤知事トシテ地方官赴任ノ向、願之上妻子召連候儀ハ不苦候事

但、無拠事故有之、即今移住難相成向ハ可願出候事

図14にあるように、大名華族の屋敷が「郭外」に偏在する過程については『武家地処理問題』[74]にくわしい。それによると、彼らの居所は幕府瓦解後、藩ごとに確保されていた「公邸」（「官邸」とも。「郭内」に所在）、および「私邸」（「郭外」に所在。おおむね旧中屋敷ないし下屋敷）のうち、おのずと後者に確保されることとなった。

廃藩置県によって「公邸」は「上納」を命ぜられるなか、大名華族のなかには「郭内郭外の区別の布告で、やむなく郭外に私邸を設けたが、邸地一ケ所となると同じ東京でも不便である。ぜひこれを「上地」するから、もっと便利な所へ邸地（私邸―引用者註）を代えて貰いたい」との「陳情」をおこなう者もあったとされる[75]。しかし私見の限りでは、たとえ認められたとしても、その先は「郭外」がほとんどであったようである[76]。図14は、以上の過程を如実に反映したものといってよい[77]。

ひるがえって考えてみれば、たとえば横田冬彦がおもに織豊期（近世移行期）について指摘するように[78]、「日本近世国家」の成立においても「個々の大名がそれぞれの領国から分離され、将軍のもとの首都に集住する」ことは、きわめて重要な局面であった。それは、戦国期をへて、秀吉に始まる武家領主階級の統一を通じ、所領紛争などを武力によって解決すること（「私戦」）を禁じられた諸大名が、その制定を受け入れた証拠として上京し、また妻子も人質として在京を要求されたことに端を発している。

ここから少なくともいえるのは、日本近世、さらには近代国家の集権的性格が、いずれも（旧）大名の集住する首都という形態をとった、というアナロジーである。どちらの動きとも、「日本近世国家」が武装した領主身分により構成されるという、たとえば東アジアのそれ（中国・朝鮮士大夫階級）とも区別される特異な成り立ちをした点に起因している。すなわち近代への移行においても、たとえ新政府がどのような機構で政治にあたっていくにしても、武力上の脅威たりうる彼らの問題は、まずは克服される必要があった。

むろん、この近代移行期における（旧）大名のほとんどは、基本的に新政府による統治に荷担する存在ではもはやない。中央集権化がはかられていくうえで障害となる彼らを、いったん旧領地から引き離し、東京に落ち着かせることができれば、それでよかったといえる。

すなわち「郭外」は、さきの経済的な後援にくわえて、いわば新政府周辺＝「郭内」を支えるための副次的な領域でもあったのだ。これは政治的側面ばかりでなく、時を同じくして場末に生きる人びとのうち富める者は再縮小を遂げたところの「郭内」の縁へ、それ以外は「郭外」へと振り分けられていた事実[79]からも、当時の普遍的な傾向であったように考えられるのである。

明治初年、東京の都市空間においては、先稿で述べた土地利用上の「郭内」・「郭外」（＝公権力の施設あるいはその中枢にいる人物が占有する場／民間が主体的に利用し、やがて所有する場）という二元化と同時に、じつは主・従の関係がこれに重ねられて存立していたのである。再幸を機に、「郭内」には新政府の構成要素がある程度凝縮されるかたちで埋め込まれる一方、「郭外」は民活の場、あるいは江戸の矛盾がそのまま放置されるという、ゾーニングのようなものが形成されつつあった。制度的にはひとつの都市というまとまりを維持しながらも、そこでは「郭外」は「郭内」と対等の存在ではなく、むしろ「郭内」以外として認識されうるものだったといえよう。

かくして、近代日本の首都・東京の基盤はできあがっていった。たしかにその過程では江戸の都市組織がそのまま尊重され、活用されていたわけだが、しかしその各々に課せられた意味や文脈というものは、明らかに江戸と東京のそれは異なる。たとえば後章（おもに第7章）で取りあげる地租改正を機に簇生する「新開町」などは、すでに内政レベルでは無力化・無意味化した大名華族の所有する「郭外」の武家地跡地が、新政府の方針としてそれまで無税であったものが一気に市場化された結果、普遍的に現れることとなる。一方「郭内」周辺では、時を同じくして「輦轂の下（天皇の膝元―引用者註）の町を造る」[80]という掛け声のもと、銀座煉瓦街の建設が開始されていく。これらは、いずれも本章における明治初年の「郭内」・「郭外」の論理をふまえなければ、決して解けない現象のように思われるのである。

（1）広瀬旭荘『九桂草堂随筆』巻之七。本章では『続日本随筆大成』二（吉川弘文館、一九七九年、二六二頁）所収のものを使用。
（2）石川天崖『東京学』（育成会、一九〇九年）一―二頁。
（3）なお、明治期の東京が社会・文化的な側面においても求心的な構造をはらむきっかけや過程については、本書第Ⅱ部の検討（第6章、補論）のなかで若干論じる。
（4）たとえば、横田冬彦「近世武家政権と首都」（『年報都市史研究九　東アジアの伝統都市』山川出版社、二〇〇一年所収）。
（5）佐々木克『志士と官僚』（講談社、二〇〇〇年）三九―四一頁。
（6）高木博志「東京「奠都」と留守官」（『日本史研究』第二九六号、日本史研究会、一九八七年四月）。
（7）そもそも明治初年における一連の変事については、文献史では「遷都」と呼ぶか、あるいは「奠都」（＝都を定める）とするかで長らく議論の分かれる処とされる（佐々木克『江戸が東京になった日――明治二年の東京遷都』講談社、二〇〇一年、一―五頁）。この事からもうかがえるように、これまで江戸から東京への転換問題はもっぱら政治史・制度史的な関心から扱われ、都市空間や建築の様相といった多角的視野から議論されることはほとんどなかった。なお本章ではこれらを一概に「遷都」と表現することにしたい。

（8）佐々木克「東京「遷都」の政治過程」（『人文学報』第六六号、京都大学人文科学研究所、一九九〇年、五五頁）。
（9）的野半助『江藤南白』上（原書房、一九六八年）三五三―三五四頁。
（10）前掲注7、佐々木『江戸が東京になった日』九五―九七頁。
（11）『土方伯』（菴原鉚次郎発行、一九一三年）四一三頁。
（12）拙稿「「郭内」・「郭外」の設定経緯とその意義――近世近代移行期における江戸、東京の都市空間（その五）」（『日本建築学会計画系論文集』五八〇号、二〇〇四年六月）。
（13）「府治類纂」一六、東京都公文書館所蔵（前掲注12、拙稿引用の史料1・2を参照のこと）。
（14）市野三郎編『鴻爪痕』（前島彌発行、一九二〇年）七〇―七三頁。この解釈ないし遷都論としての評価については、前掲注12の拙稿（二三二頁）、および前掲注7の佐々木『江戸が東京になった日』（九〇―九五頁）などを参照されたい。
（15）なお、当該期の武家地の処遇をめぐっては、「東京中朱引内外諸屋敷上地之分、桑茶園仕立可申」という、一般に桑茶令と呼ばれる政策がよく知られる。字義通りにとらえれば、これは市中の上地された武家地すべてを開墾対象に位置づけるものとなるが、しかし、この政策が実施された期間（明治二年八月―同四年八月）にも、「郭内」武家地はあらたに東京に来住する相対的に重職の官員の屋敷にするべき」という方針や、実際に「「桑茶植付」は見合わせるべき」との東京府の見解も確認できる。よって、筆者が本章で指摘する、武家地をめぐる「郭内」・「郭外」という区別、あるいは「郭内」武家地の重要性・優位性が、桑茶政策の期間にも反故にされたとはいえないと考える。以上の詳細については先稿（前掲注12の拙稿）を参照のこと。
（16）宮地正人「国家神道形成過程の問題点」（『宗教と国家』岩波書店、一九八八年、五六五―五六六頁）。
（17）大久保利通の大阪遷都については、佐々木克『大久保利通と明治維新』（吉川弘文館、一九九八年）にくわしい。
（18）宮内庁書陵部所蔵（函号A二一―三五）。
（19）『明治天皇紀』第二（吉川弘文館、一九六九年）八九頁。
（20）前掲注18に同じ。
（21）「明治元辰年十月西丸絵図営繕司扣」（宮内庁書陵部所蔵、函号明―一四二四）。
（22）『東京市史稿』皇城篇第四巻、二三一―二三二頁。
（23）"THE FAR EAST" VOL. 3, No. 19, March 1873.

(24)『東京市史稿』皇城篇第四巻（四一四頁）、および「帝室例規類纂」明治五年、巻二十二（宮内庁書陵部所蔵）。
(25)前掲注24「帝室例規類纂」所収。
(26)前掲注8、佐々木「東京「遷都」の政治過程」（『人文学報』六〇頁）。
(27)『東京市史稿』市街篇第五一巻、六〇四―六〇六頁。
(28)川崎房五郎『都史紀要一三　武家地処理問題』（東京都、一九六五年）一三三―一四八頁。
(29)鈴木博之『日本の近代10　都市へ』（中央公論新社、一九九九年）一一六頁。
(30)函号一七五―五四四。
(31)宮内庁書陵部所蔵（函号二五七―八三）。
(32)中沼郁『明治天皇待講中沼了三伝――隠岐の生んだ明治維新の先覚者』（中沼了三先生顕彰会、一九七六年）八九―九〇頁。
(33)平井聖監修・伊東龍一編集『江戸城Ⅰ〈城郭〉』（至文堂、一九九三年）二四一―二四二頁を参照のこと。
(34)『東京市史稿』皇城篇第四巻、三八七―三九三頁。
(35)『東京百年史』第二巻、東京都、一九七九年、七九頁。
(36)藤森照信『明治の東京計画』（岩波書店、一九八二年）二二二―二二五頁。
(37)明治三年一二月一九日『太政官日誌』。この内容に関して、前掲注35の『東京百年史』や『千代田区史』中巻（千代田区、一九六〇年）は、太政官が「甚シキハ掌管スル一庁一局ヲ以テ各自ニ一種ノ政体ヲ施設セント欲スル有リ」というような現状を前に、「一大政庁」を設けることによって早急にその下に権力が帰一することを目指したとの理解をおこなっている。ひるがえって、その具体的背景として想起されるのは前掲注28の『武家地処理問題』が指摘する、ちょうどこの頃活発化していた兵部省による大名藩邸の接収（明治二―四年、他官庁に比して膨大に蓄積、後楽園の水戸藩上屋敷跡など）の動きであろう。兵部省用地は、たとえば明治一一年「実測東京全図」を見ても「郭外」（とくに「郭内」縁の街道沿い）に位置しているものも多く、これが右記『百年史』などのいうような太政官（新政府中枢）の意向ではない、単独官庁、すなわち兵部省上層部の独走として評価できるか、あるいは東京の「軍事都市」化の嚆矢なのかについては、今後あらためて精査するべき大きな課題である。
(38)いずれも国立公文書館所蔵。

(39)「太政類典」第一編、第十六巻、官制、文官職制二。
(40)「太政類典」第一編、第百六巻、兵制、陸海運官制ほか。
(41)「太政類典」第一編、第十八巻、官制、文官職制四。
(42)前掲注41に同じ。
(43)大隈重信「東京奠都事情」(『奠都三十年』博文館、一八九八年、九八―九九頁)。
(44)東京都公文書館所蔵。なお図中、大名小路に描かれる民部官がここに移転したのは明治二年四月二二日(表1参照)のことであり、それから同七月八日に「二官六省の制」が敷かれるまでの間に作成されたものであることが比定できる。
(45)前掲注36、藤森『明治の東京計画』二二三頁。このほか『参勤交代　巨大都市江戸のなりたち』(江戸東京博物館、一九九七年、一四四―一四五頁)など。
(46)前掲注12の拙稿引用の史料3を参照されたい。
(47)明治二年「東京大絵図」(本章図6)と明治四年「東京大絵図」の比較。当時の大隈私邸としての活況に関しては、前掲注28の川崎『武家地処理問題』(四〇頁)を参照されたい。
(48)たとえば、前述の「築地梁山泊」の一方で、大隈のそもそもの「公邸」(拝領邸)はじつは「郭内」にあったことが判明する(前掲注35『東京百年史』第二巻、一八九頁)。なお、この大隈の公邸を舞台とした皇大神宮遥拝殿の設立問題については、本書第3章で論じる。
(49)なお、本章ではこの「政権の所在にまつわる東京への「人」の移動」について、公家のそれをいわば指標としたものの、以降本文中で指摘する屋敷の取得傾向などは、旧藩士層についても同様であった可能性が高い(たとえば明治六年「六大区沽券図」等からは大久保利通は麹町区三年町、大隈重信・木戸孝允も同区有楽町・富士見町に各々「公邸」を取得したことがうかがえる)。この点については機会をえて、あらためて論じることにしたい。
(50)慶応二年「掌中雲上抜錦(全)」(本章では高木博志「近世の内裏空間・近代の京都御苑」『近代日本の文化史二　コスモロジーの近世』岩波書店、二〇〇一年掲載のものを使用)。なお「内裏空間」域の囲みは筆者による。
(51)明治二八年「新撰京都古今全図」(『日本近代都市変遷地図集成』柏書房、一九八七年所収)。
(52)下山三郎『近代天皇制研究序説』(岩波書店、一九七六年)二〇七頁。
(53)「公文録」明治二年第四八―四九巻(国立公文書館所蔵)。

(54) 前掲注5、佐々木『志士と官僚』一〇一—一〇三頁。
(55) 当時の「非役」名は、前掲注53にくわしい。
(56) 前掲注53に同じ。
(57) 具体的には、前掲注53からは東園や富小路、裏松、坊城、町尻、六条、伏原、堀河、慈光寺、以上九家の上申が確認できる。
(58) 平井聖監修・波多野純編集『江戸城Ⅱ〈侍屋敷〉』(至文堂、一九九六年)。
(59) 拙稿「幕末期、幕臣屋敷の屋敷地利用と居住形態——近世近代移行期における江戸、東京の都市空間(その一)」(『日本建築学会計画系論文集』第五四五号、二〇〇一年七月)。
(60) 前掲注58、『江戸城Ⅱ』三〇三頁。
(61) 実際「植松少将」＝公家の植松雅徳は、明治元年の初の東幸行列のなかに見いだせる。『東京市史稿』皇城篇第四巻、一一四頁。
(62) 前掲注59に同じ。
(63) 東京都公文書館所蔵。
(64) ただし明治二年一一月からは東京府が府下武家地全般の管轄に当たることとなり、以後、換地に関する事務手続きは基本的に府がおこなった。明治初年に武家地の管理業務を担当した機関については、横山百合子『明治維新と近世身分制の解体』(山川出版社、二〇〇五年)のとくに第五章を参照。
(65) 「華族上地願留」(東京都公文書館所蔵)、リール番号七。
(66) 「拝領地願綴込」(東京都公文書館所蔵)、リール番号六五二。
(67) 前掲注53に同じ。以下、本段落の内容の典拠は、いずれも上記による。
(68) 前掲注53に同じ。
(69) ただし、先稿(前掲注12の拙稿)でふれたように、縮小により一転して「郭外」となった内神田・浜町・築地辺については、新政府中枢にいる人物の屋敷が一部立地し、また東京府は(元来「郭外」では許容されるはずの)家作を旧拝領主へと差戻す必要性を否定している。当該域は完全に「郭外」に同化したというよりは、なにかしら「郭内」に准じた性格をその後も維持したことがうかがえる。この点については今後さらに検討をおこないたい。

(70)　国会図書館（地図室）所蔵。
(71)　たとえば、前掲注66所収の大名華族・小笠原長国のケース（大舎人・鈴木市兵衛の表弐番町「拝領邸」を「相対ヲ以」て譲り受け）。
(72)　明治三年一一月二〇日「太政官日誌」（『東京市史稿』市街篇五〇巻、六三五―六三六頁）。
(73)　たとえば前掲注28、川崎『武家地処理問題』一〇九頁。
(74)　前掲注28に同じ。
(75)　前掲注28、川崎『武家地処理問題』二三二頁。
(76)　前掲注66のうち、大名華族の願出内容を参照のこと。
(77)　廃藩置県の前後で、各藩ないし大名家族がどのような経緯や論理のもとに屋敷を獲得、確定していったかについては具体例をもとにさらに検討を深める余地がある。なお長州藩のケースを論じたものに、山本昌宏「明治初期における長州藩東京邸の所有の仕方」（『学術講演梗概集（建築歴史・意匠）』社団法人日本建築学会、二〇〇九年）・同「明治初期における長州藩東京邸の交換経緯と持ち方」（同上、二〇一〇年）がある。
(78)　前掲注4に同じ。
(79)　本書第4章を参照。
(80)　時の東京府知事・由利公正が、太政官にて煉瓦街建設の上申をおこなった際の文言（『子爵由利公正伝』由利正通発行、一九四〇年、三九九頁）。

第2章　再考・銀座煉瓦街計画

はじめに――ふたつの前提

明治五年（一八七二）二月二六日、現在の皇居前広場の一画に当たる和田倉門内・兵部省添屋敷からの出火により、南東に拡がる京橋以南の町人地および明治新政府官員の屋敷も集中した木挽町、築地一帯は灰燼に帰す。それからわずか数日後、正院において「今度延焼ニ及候街区之位地ヲト《ぼく》シ、居宅ハ煉瓦石ヲ以建築致サスベク」との公議(1)がなされていた。日本における「西欧」の移植の代表格であり、東京の都市計画事業の先駆けとしてもあまりに名高い、銀座煉瓦街建設の始まりである。

これまで銀座煉瓦街についてはさまざまな研究分野から、数多くのアプローチが試みられてきた。なかでも藤森照信「開化の街づくり――銀座煉瓦街計画」(2)と川崎房五郎『銀座煉瓦街の建設』(3)は一次史料の渉猟のもと、発案者の比定から計画された道路や建築の内容、事業にまつわる官庁間・人物どうしの軋轢、また前者にいたっては計画の実現度合いからの総括（「成功か失敗か」）も試みるなど、今後ともこれら二氏の成果をふまえずに銀座煉瓦街を語ることは不可能であろう。(4)ほかにも、民衆史的な視点から事業の進展にともなう地域社会の変質を論じた小木新造、戦前期にかけて当該地域が大衆社会の中心へと変じていく過程を追った初田亨による一連の研究、都市計画史の立場から欧米計画技術の導入のあり方に注目した石田頼房、また近年では街路計画などへの「江戸」の影響を指摘する岡本哲志といったように枚挙にいとまがない。

ただしこのような豊富な研究蓄積のなかにあって長いあいだ論点化せず、なかば放置されてきた問題に、そもそもの開発動機があるのではないだろうか。

この点は、さきの既往研究のなかで藤森と小木は計画に対する眼差しや総合的な評価において対照的でありながらも、どちらも「防火（不燃化）」と「対外的な景観整備」のみを計画の背景と見なしているところからもうかがえよう。基本的にこれまでの研究は銀座煉瓦街の出現をある種の歴史観、たとえば世界資本主義に組み込まれた一九世紀東アジア地域にあって日本（日本列島）が植民地化をまぬがれるためには当時の列強をじかに「模倣」することが喫緊の課題だったとの前提でとらえる一方、幕末維新期日本の必然として理解する視点をほとんど欠いてきた。

しかし、「西欧」の移植が一九―二〇世紀初頭の非西欧の主要都市を席巻したことは確かなものの、結局のところその現れ方には選択された建築の様式から規模、また既往の都市空間のどこに施されたかなど、さまざまなレベルで差異が存在する。当該期の都市を研究する意義を各地域固有の近代の成立、あるいは近代都市の多様性・多元性の追究に求めるならば、そういった差異の背景、すなわち銀座煉瓦街計画においては移植がいかにどのような意味をもって進められていったのか、その背後の仕組みを正確に把握することは重要なテーマとなってこよう。

「郭内」整備＝首都化のつらなり

史料1[5]・史料2[6]を見ていただきたい（句読点・傍線筆者、以下同じ）。前者は大火の直後（明治五年三月一七日）、事業主である東京府が煉瓦街建設のいわば第一歩として道路の改正・新配置を太政官に上申した伺いであり、もう一方は府下全般を対象に明治五年（一八七二）四月四日、布達された町触となる。

［史料1］

東京府伺

今般府下ノ儀、追々一般道路ヲ改正シ家屋ノ制ヲ相定候ニ付テハ、差向キ過日類焼ノ町々ヨリ施行可致旨ヲ以実地測量ノ絵図面御下ケ相成候ニ付、不取敢当府ノ見込ヲ以別紙図面中朱引ニテ新規道敷相記シ申候、右ハ他日一般施行ノ目的ヲ以　皇居ヲ本トシ、数寄屋橋・山下御門等其外諸堀河ノ形勢ニ寄リ大道・小路ノ位置ヲ定候義ニ御座候、尚至急御評議被為在度、此段相伺候也

三月十七日

（朱書）

伺ノ通

［史料2］

東京府布達

府下道路・家屋之制御改正ニ付、差向キ過日焼失之跡ヨリ経営相始メ追々一般ニ施行可致筈之処、猶又今般
皇居を始、諸官省御取建之場所御治定相成、随而一般市街分割之測量等　被仰出候ニ付而は、此際銘々心得方も可有之候得共、万一新規之家作等ニ許多之費用を相掛候様ニ而ハ不都合之儀ニ付、無余儀場合ニ無之候ハヽ、可成丈相見合可申候、此段為念相達候事（以下略）

史料1で、東京府が「見込ヲ以」て「新規道敷」を記したとする「別紙図面」については、すでに藤森が銀座煉瓦街の道路計画図として紹介し[7]、周知のものになっている。ただし紹介の際にはふれられなかったものの、この新道路の策定には大きな外因的要素がかかわっていた。

それは、まさに史料1の傍線部の内容である。

銀座煉瓦街の道路計画はたんに西欧を模す広幅員の街路が主眼だったわけではなく、東京そのものの行く末を考慮

しながら配置においては「皇居」を中心とし、またそれを取り巻く濠のあり方にしたがうことにも重きが置かれていたのである。そして、このような府の道路計画案は「伺之通」（史料1）との太政官指令により、そのまま実行に移されていくのだった。

以上からは、さきの第1章（以下、前章と記す）の文脈上に位置づく「「郭内」を重視しながらの計画」という銀座煉瓦街のあらたな一面をうかがうことができよう。事実、史料2からは今回の道路改正・煉瓦家屋建設の取り組みを正当化し、また方向づける根拠として「皇居」の位置、および「諸官省」の建設予定地の確定が挙げられていることに気づく。

前章で論じたように、明治二年（一八六九）三月末の再幸を画期にそれまでおもに京都にあった新政府の政治的な機能やそれにまつわる人びとの屋敷などは、内濠と外濠で規定される「郭内」というエリアに明確に集約されていく。しかし事が進むにしたがい、うち政治機関（各官庁）は本来的には皇居に接して設けられるべきものが、その器たる旧江戸城・西丸御殿の狭小さによって散在を余儀なくされてしまう。このことは集権的な行政機構の確立を目指す新政府にあって早急に打開される必要があり、すでに明治三年頃から「一大政庁」の建設が盛んに論じられていく。

史料2が記す「諸官省御取建之場所御治定相成」というのはまさに西丸下、現在の皇居前広場を敷地とするこの「一大政庁」のようやくの具体化を指しているのである。ここまでの内容からして銀座煉瓦街計画の動因に「郭内」の整備があったこと、いいかえれば先行する「遷都」ないし新政府の所在に東京が定まったことに端を発す動向（＝首都化）のつらなりに、煉瓦街の出現を、積極的にとらえなおす必要があることは明らかなのだ。

計画の汎用指向性

ところで、煉瓦街建設への動きは、公式には大火から四日後（明治五年二月三〇日）の太政官指令に始まっている。

この命は東京府と大蔵省の双方を対象に、前者を事業主、後者を監督官庁に位置づけて、ひとまず事業の幕はあがった。

右の流れはすでに知られるところであるが、太政官が下知した中身そのもの（史料3）(8)についてはこれまで意外に言及されてこなかったのではないだろうか。

［史料3］

東京府へ達

府下家屋建築ノ儀ハ火災ヲ可免ノ為メ追々一般錬化石ヲ以テ取建候様可致御評決ニ相成候條、其方法見込相立、大蔵省ト可打合事

大蔵省へ達

府下家屋建築ノ儀ニ付別紙ノ通リ東京府へ　御沙汰ニ相成候條、此旨相達候事

注目したいのは「府下家屋建築ノ儀」という対象範囲、つまりこの初発の段階では数日前に類焼した地域ではなく、東京全体を煉瓦家屋化することを念頭に置く方法の立案が命ぜられていたという点である。

むろん、この指令の争点がこのたびの被災地の対処にあったことは確かだろうし、また次節で述べる井上馨（当時大蔵大輔）や大隈重信（参議、太政官の構成員）といった、すでに藤森らの指摘する大蔵省周辺からの発議が、結果的に太政官からの布達という形で表れたに過ぎないと考えるべきだろう。しかし逆にいえば、であるならばこそ、銀座煉瓦街計画の発案者の呼び声が高いこれら人物のねらい、いうなれば野心を、最初期の号令である史料3は率直に反映している可能性もあるのではないだろうか。

さきの「「郭内」整備の一環」にくわえて、銀座煉瓦街計画には府下一般への拡大や汎用といった指向性がなにかしら織り込まれていた可能性がある。この点は、たとえば事業草創期の町触（史料2）でも今回の取り組みが「差向

キ過日焼失之跡ヨリ経営相始メ追々一般ニ施行可致筈」と断られているところからもその片鱗はうかがえよう。

以上のように、本章では「防火」や「対外的な景観整備」のみならず、これまで論点化されてこなかったふたつの点（「郭内」整備＝首都化との関係／計画の汎用性）を銀座煉瓦街計画のあらたな側面として追究することにしたい。一見背反するようなこれらふたつの面が内在していた理由や時期による偏差などを見きわめることによって、はじめて、その後おこなわれた大幅な事業縮小の意味、さらには次代における都市改造の動向なども相対化できるように考えるのである。

一　新体制ないしは天皇による救済

明治五年（一八七二）二月末の大火直後から道路整備や煉瓦家屋の建設と並んで新政府周辺において活発に議論されていたことに、被災民の「救恤」があった。

大火によって四七五三戸、一五〇〇〇人以上が家を失ったとされ、その九割近くが「貧民」や「其日稼難渋者」であった(9)。旧町奉行所の長屋など二ヶ所の避難所が設けられたものの、これで十分なはずもなく、多くが路頭に迷い、焼失から一ヶ月をへても「老幼は風雨ニ頭上を晒され」るような状態が続く(10)。これまでの研究ではさほど注意されていないものの、銀座煉瓦街計画は更地に興されたものではなく、当該地の人びととの処遇は事業を進める側にとってあわせて考えていかねばならないことであった。そして、そのような救済すべき対象が存在したことは、事業の遂行においてかならずしもマイナス面ばかりではなかったように思われるのである。

制度化された募金活動

災禍から一週間が過ぎた明治五年（一八七二）三月五日、正院は三条実美や大隈重信といった構成メンバーの名をもって、東京府知事・由利公正に対し、次のような申し入れをおこなっている（史料4）[11]。

［史料4］

非常之天災ニ逢、流難之困厄ヲ蒙リ候者共之儀、政府之御救助ヲ不待人民共義之情ニ於而固ヨリ傍看スヘキ事ニ無之、既ニ去月廿六日府下火災之如キ烈風猛火ニテ延焼数十町ニ及家産ヲ失ヒ俄ニ路頭ニ迷ヒ候者モ不少、誠ニ憫然之至ニ候、依而窮民救助之為、拙者共始本院官員有志之者ハ施金左之割合（官員の等級に応じた金高―引用者註）ノ通差出候積ニ有之（以下略）

天災に見舞われた人びとを助けることは人間として当然の情けであり、今回被災した憐れむべき「窮民」を「救助」するため、三条ら新政府高官を筆頭に正院の官員有志がそれぞれの等級（一―一五等）に応じた一定額の「施金」をおこなう考えが、ここでは表明されている。

このいわば新政府中枢あげての募金活動はまもなく他の官庁にも及んだようで、また史料4では「有志之者」とされてはいるものの、実態は強制に近かったと見てよい。現在でも陸軍省や海軍省など官庁ごとにおおむね数百人分の「火災救助人名帳」の類が現存しており[12]、それを見ると、一人ひとりの氏名にくわえて、いくら出金したかが一目でわかるようになっている。さらに式部寮のケースからは、これらのリストは少なくとも正院と東京府の双方に提出されていたと判断でき、正院が一部のリストを紛失した際には府にその「借用」を求めるなど把握の徹底ぶりが浮き彫りとなる[13]。

このような新政府官員による募金活動はその後、またさらなる展開をみせていく。差し当たり活動にくわわっていった主体名のみを紹介すると（後掲史料5・6参照）、正院と同じ三月中に東京府が各官員の「等級ニ応」じた出金をおこなったのをはじめ、民間からも為替三井組や横浜商人、居留外国人の横浜東洋銀行ロッセル、また大学南校の外国人教師などもかかわっている。また相前後して天皇および皇后がその名を連ねたことも注目される点といえよう。

町触をつうじた新体制の存在誇示

ところで、たとえば右の横浜商人は「当港居留外国人（前述ロッセルのこと―引用者註）ゟ町々類焼致候者共へ夫々救助筋取斗候趣も承知仕、況や内地人民之義傍観候は不本意」であることから醵金を決めていた。(14) このように当時、被災地に誰が、どのような救援をおこなっているかは広く関心の寄せられるところだった。いや、むしろそのような状況が公権力の手によって創りだされていたと見た方が正しい。

正院からの申し入れ（史料4）を受けた東京府は、翌日（明治五年三月六日）には東京中の正・副戸長にその内容を知らせるとともに、施金の「所置《ママ》方之儀は尚可申達候得共、不取敢此旨類焼場ハ勿論、区々不残様為心得可触知事」との下知をおこなっていた。(15) 史料的な制約からこの内容自体が実際に「区々不残」達せられたかどうかまではたどれないものの、新政府官員を中心とする募金が順調に進むにしたがい、その途中経過は「被災地に」ではなく、それを含めた「東京全体へ」等しく周知させるように、たびたび町触が張りだされていったことは確実である（史料5（明治五年三月中）(16)、史料6（明治五年五月晦日）(17)）。

［史料5］

張出町触

去月廿六日之火災ニ付正院之外、尚又官員其外ゟ救助として左之通出金相成候付、追テ一種之方法相設ケ出金之分取束、困窮之者之救助ニ取賄可申筈ニ候間、此旨可相心得事

一、金三千八百五十八円　　大蔵省官員

一、金弐千三百七十四円　　開拓使官員

一、同千四百十四円　東京府右同
一、同弐千円　為替座三井組
一、同五百円　横浜為替会社頭取原善三郎外四人
一、米金一千弗　横浜東洋銀行ロッセル

［史料６］
（前略）
一、金弐千円　主上
一、金千円　皇后
一、金千七百七拾六円　正院官員
一、金弐百八拾六円七十五銭　式部寮官員
一、金三千五百七十八円　陸軍省官員
一、金百円　大蔵省三等出仕渋沢栄一
一、金九百八拾一円五十銭　東京府官員
一、金弐千円　為替三井組
一、金弐百円　協救社
一、金三千円　横浜商人
一、金五拾七円九十三銭七厘　南校教師クリフヒス
合金壱万四千九百八拾円拾八銭七厘

以上のように、銀座煉瓦街計画では厖大な数におよぶ被災民をどのように扱うかは見過ごせない要件であった。そ

してそれは当初、被災者救援のための募金という行為をつうじて、数百年もの統治が続いた江戸幕府にくらべ一般の人びとには遠い存在となっていた天皇およびそれを前面に掲げる新政府、さらには成立まもない新体制全体をアピールする絶好の機会＝手段ととらえられていた節がある。

史料7は同じく煉瓦街建設に向けた明治五年（一八七二）三月の町触であって、ここからは近年、江戸幕府の中心都市だった当地が天皇の在所へとその性格を変じたことが、計画を進める根本的かつ説得的な理由として語られていた事実が明らかとなる(18)（傍線部）。

［史料7］

今般府下家屋建築之儀は火災を可免之ため追々一般煉化石を以而取建候様可致と被　仰出候ニ付而は、何れも篤と其御趣意を相弁可申候……就中、去月廿六日類焼町々之如キハ巳年（銀座一帯は明治二年にも大火が発生―引用者註）火災後間も無之又々現今之姿ニ相成、実以不容易事ニ候、抑、今日之府下は以前ニ換り輦轂之下（天皇の膝元―引用者註）と相成候処、是迄之如ク毎度之大火ニ而は上は奉悩宸襟甚以恐入候は勿論、下た方ニ取候而ハ家作之制其宜を不得候而家財等しばしば焼失いたし候而は第一家産之目的も不相立……此程類焼之町々道幅取広ケ家屋は渾而煉化石を以而早速建築取掛り候様可致、尤尋常之家作よりは入費一層相増可申ニ付、夫等之処は銘々之迷惑ニ不相成様、御取調之上別段之仕法相設不日御施行可相成筈

（以下略）

さて、これらの町触類（史料5―7）は、むろん東京府が市中に触れたものであるが、史料5傍線部の表現からもわかるように府は募金活動の中心にいたわけではなく、この時点では正院からの申し入れ（史料4）を一般に伝えるぐらいの役割しか担えていない。さらにいえばこの正院の申し入れについても、「窮民救助」を掲げつつも、ただ「施金」に取り組んでいく方針を伝えるばかりで、ここから具体的なねらいを読み取ることは難しい。

募金活動の背景

私見では、正院もまた周囲から発声されたプランの音頭を取ったに過ぎなかったと考えられる。結論からいえば史料4の前日、大蔵大輔の井上馨は正院へ、次のような国内外を挙げた「助成」（募金）の考えを披露、提案していたのだった（史料8）(19)。

［史料8］

去ル廿六日之火災は実ニ非常之厄運ニシテ……此災厄之衆庶ヲ助成・保護セン為ニ人間相憐之協議ニ基キ本省中之職員ゟ別紙計算之金額（各等級に応じた金高—引用者註）ヲ給助致シ度、抑、A這回ノ如キ一陣烈風之為火災ヲ延蔓スル原由ハ、畢竟家屋建築之制粗悪ニシテ平素防火之予備無之は勿論、貸家会社又ハ火災請負等之方法未タ不相立ヨリ斯ル厄運ヲ波及シ奇ナル変害ヲ醸シ成候儀ニ而、B今後之予備法深ク杞憂之折柄幸ヒ正院之公議トシテ今後延焼ニ及候街区之位地ヲト《ぼく》シ、居宅ハ練瓦《ママ》石ヲ以建築致サスベク旨当省幷東京府江御達相成、実ニ開明之捷径ニシテ今ヨリ市民之火災ヲ免レ候者此御盛挙之時日ヲ以人々之目標ニ可致程ノ御儀と不堪感慨、就而は別紙記載之C通助成之為差出候金子ハ素ゟ済貧恤窮之主旨ナレト火災之市民不残窘窮之者のみニモ無之……災厄ニ罹候戸口之内困乏無告ニシテ居宅難営者共江夫々築造之上相渡候ハ、銘々其家産ニ復シ可申ハ勿論、心ナラスシテ乞丐之徒ニ陥リ候者モ無之、実ニ隆盛之美事ニシテ将来良法振興之開導ニモ相成可申、D加之、横浜居留之各国人ニ於テモ今般之火災ニ罹り候場所江チカコー府之先蹤之如ク夫々助成等之企望モ有之哉ニ相聞候間、自然右様之儀モ候ハ、中外之助成ヲ合併シ前条居宅築造之実費ニ資用《ママ》仕候ハ、、実ニ協会相憐之本意ヲ尽シ候事ニ可有之ト存候

（以下略）

概要は以下のようになろう。

すでに大蔵省内では正院の取り組み（史料4）に先んじて等級に応じた被災民の「助成保護」のための醵金が企図されていた。ただし、その関心は災禍を生んだ土壌に向けられており、具体的には「家屋建築之制（の）粗悪」や「貸家会社又ハ火災請負（火災保険のことか―引用者註）等之方法」が確立していないことなどが従前の問題点に分析、列挙されている（傍線部A）。

一方で、このたび正院が被災地に煉瓦家屋を建てさせることなどを大蔵省と東京府に指示した点については「開明之捷径」・「御盛挙」と評価したうえで（傍線部B）、省内の醵金もおもには貧しく寄る辺のない被災者に煉瓦家屋を「築造之上相渡」す費用とし、今後の家屋建築の「良法振興」にもつなげていくことが意図されている（傍線部C）。

さらにこの考えを発展させるかたちで、横浜居留地の諸外国人など、シカゴの先例（前年の一八七一年暮れに起きた大火、後述）のように国外からの「助成」も期待できそうなことから、内外の醵金とも煉瓦家屋の築造費用に充て、煉瓦街の建設自体を日本と海外が協力し思いを一致させる場として位置づけていくことなども目論まれている（傍線部D）。

なお、最後のシカゴ復興を参照するくだりについては、じつはこの二ヶ月前（明治五年一月一九日）、大火に見舞われて間もないシカゴを岩倉使節団は訪問しており、内外の募金による復興というのは、そこで彼らが目の当たりにした新知識をほぼそのまま援用したものと見ておそらく間違いない。[20] これまで銀座煉瓦街計画をはじめとする日本の都市計画一般の原型をめぐっては、「欧米」といった括りのなかで西ヨーロッパ世界と北米大陸とが必ずしも明確には区別されず、またくわしい影響関係が考察されるにしても国家間レベルの分析にとどまることが多かった。しかし、都市の発達や拡大の時期からみれば日本とむしろ近似的な状況にあったアメリカ諸都市との関係を今後はより積極的に、また個別の地域間や人的な交流にまで立ち入って位置づけていく必要がある。史料8はその点でも示唆に富む。

統一された見解なき事業開始

以上のように、被災後まもなく新政府あげて展開されていく募金は、少なくとも大蔵省内における初発の段階では、おもに煉瓦家屋の建設費用に充てることがあらかじめ目論まれていたのである。この建白（史料8）を主唱した井上が、そもそも銀座煉瓦街計画（とくに煉瓦造化）の発案者と見なされていることを思えば、募金活動は自らがみずからを後押しするための策であったといえるだろう。建白から四日後（明治五年三月八日）、大蔵省内では三八五八円、同省内における募金最終額の半分あまりに相当する額がすでに集められていた[21]。

井上の申し立てが横滑りするかたちで翌日の正院における発議（史料4）に結びついていたことは、等級ごとに定められた官員の醵金目安が双方同じ値[22]であるところからも間違いないだろう。ただしこの時点で、井上あるいは大蔵省内で発案されたねらいが、正院、さらには東京府まで等しく共有されていたかどうかはきわめて疑わしい。

史料8に明らかなように、井上らの目論見もあらゆる理想がない交ぜになったような状態であった。募金活動の先に思い描かれるのは「醵金そのものを建設費に充てること」にはじまり、「煉瓦家屋を被災民への施しとすること」や、「今後に向けた建築システムの構築」、さらには「日本と海外との友好の証しづくり」まで、ほとんど夢語りに近い。しかし、これが正院では抽象的ながらも「人民共義之情」にのっとった「窮民救助」となり（史料4）、また町触をつうじて一般に知られる段階では新政府や天皇というあらたな権威の存在、またその力強さや優しさの面が誇示されている。そこでは井上らの思惑のうち、一般の人びと、あるいは東京府あたりにも正確に伝わっていたのは、最初期の町触に「尋常之家作よりは入費一層相増可申ニ付、夫等之処は銘々之迷惑ニ不相成様、御取調之上別段之仕法相設不日御施行可相成筈」（史料7）とあるように、新体制のもたらす恩恵面、つまり「煉瓦家屋を被災民への施しとすること」くらいだったのではないだろうか。

実際、煉瓦街建設に要する費用の見積が出始めるのは早くても明治五年（一八七二）四月初旬からである（後述）。

募金活動がすでに三月初めから大変な盛りあがりを見せていることを思えば、大蔵省、場合によれば東京府までもが募金によってある程度のところまでは建設をまかなえると甘い幻想を抱いてしまっていたきらいがある。(23)

小括——銀座煉瓦街計画の理念とそのゆくえ

これまで指摘されてこなかったものの、銀座煉瓦街計画の基本的な理念は、新体制による恩恵と示威にあった。具体的には、募金やそれを元手とした目新しい素材・技術にもとづく都市改造を主体的に講じながら、天皇を頂点とする新しい政体の到来とその力量を示すことが目指された。のちに大幅な事業見直しを唱えることとなる東京府知事・由利公正も立案時には「輦轂の下（天皇の膝元―引用者註）の町を造る」のを率先していたと述べるように、(24)明治初頭の東京では「西欧」の移植が内政的な要求にもとづく都市空間の権威化と深いつながりを有していた点は注目に値しよう。

もっとも、一連の募金活動はこの後まもなく行き詰まりをみせることとなる。銀座煉瓦街をめぐる財政的な限界は、それまで公権力の側でも十分には伝わっていなかった大蔵省関係者の思惑を先鋭化させると同時に、新体制の権威にもかかわる都市空間の改造をその場しのぎではない方法でいかに進めていけるかという問題、すなわち（都市の物的構造や環境を総体的にコントロールする社会的技術としての）(25)都市計画ないし都市一般の公共という概念が、工業化による都市問題などからではなく、東京固有の課題に影響されながら明治日本であらたに芽生える動因となっていく。

二　建築を手段とした公権力の都市への介入

ところで、なぜ銀座煉瓦街はもっぱら長屋形式（「連屋」）で構成されることになったのだろうか。素朴な問いながら東京都編纂の『都史紀要』でも明言が避けられているように(26)、かならずしも明確でない。「防火」や「景観整備」だけが目的であったならば、別段、長屋でなくてもよかったはずだ。

（1） なぜ「連屋」なのか

右の問題について藤森は、「実際上は、ウォートルス得意のジョージアン・スタイルが採用」されたものととらえて、御雇い外国人たる設計者自身の能力、あるいは一九世紀における「植民地様式」の世界的な伝播のなかに解を求めている(27)。

ただし現存する史料に依拠すれば、ウォートルスがみずから「連屋」を強く主張したとは考えにくい。東京府がウォートルスの提案をそのまま翻訳した明治五年（一八七二）三月一三日の布達(28)をみると、それは明らかである。内容の半分が煉瓦の作成方法や寸法などに割かれて建築の姿に関する指摘は多くはないなか、むしろ彼が煉瓦家屋を高さの別で四等級に分ける考えをもっていたことが目を引く。添えられた煉瓦家屋の図面をみても軒先や煉瓦の積み方のディテールが示されるばかりで、とくに「連屋」を意識させるものとはなっていない（これら図面類はすでに方々で紹介されており、ここでは割愛する）。

ウォートルスの設計方針がまとまったかたちで知れる史料というのは、じつは右記のみである。彼が残した内容からは、二層で揃えられた後日の光景を思い描くことはかなり難しい。一方、ウォートルスが主任技師に採用される以前、四名の工部省雇用の外国人たちの意見もおなじく聴取されていた。うち、灯台建設で実績を誇るブラントンの提案には「連屋二階建」をふくむ街区構成図なども添えられており、また横須賀製鉄所建設のフロラン（フローレン）は人道と車道の区別を設ける広幅員の道路や街区整備の必要性を強調するなど、むしろこちらの方が現実のプランに近いようにさえ思えてくる(29)。

ウォートルスが選ばれるうえで、監督官庁の大蔵省が以前から彼を重用していた事実は大きかったろう。ただし、現存する史料の内容にもとづくと、煉瓦街計画の方針ほとんどをウォートルスが立案したと判断するのも、やや早計なように思えてくる。選択された「連屋」という形式からは、ウォートルス以外の主体が当初計画の策定に積極的にかかわっていたことを読み取る余地がある。

（2）都市か首都か――ふたつの煉瓦街像の相克

すでに指摘したように、大火直後の布達において太政官は類焼場のみならず、東京全体も見すえた不燃化対策を講じるよう下知していた。この命をともに受けた東京府と大蔵省は、しかし当初からその方法をめぐり鋭く意見が対立する。そしてわずか数ヶ月後（明治五年六月）には東京府は建築工事から手を引き、大蔵省が煉瓦家屋一切の施工をおこなって事実上の主導権を握るまでにいたる。(30)

この間の抗争については、これまで東京府知事の由利公正と大蔵省官僚の井上馨・渋沢栄一の政治的かつ財政上の意見相違にちなむ不和という点から論じられてきた。しかし井上の企てとされる由利の突然の洋行（明治五年五月一七日―）によって対立にピリオドが打たれる間際、なにも東京府と大蔵省のあいだで争点となっていたのは財政に起因する事柄ばかりではなかったのである。

東京府による大幅な方針転換案

明治五年（一八七二）四月二四日、正院は史官に命じ、二日前に東京府から提出された「家屋差等之儀」に関する上申について「大蔵省へ打合之上御伺出之儀ニ候哉、若其儀無之候ハ、打合之上、猶御申立有之候様致度、書面返戻」との申し入れをおこなわせていた。(31)

東京府から正院への提案内容はさておき、それを差し戻された府のその後の対応から押さえると、正院の見込みどおり大蔵省との事前折衝はおこなっておらず、まもなく正院とほぼ同様の提案を大蔵省へと伝えている。(32) しかし「至急御答有之度」としたにもかかわらず、なかなか大蔵省から返事が返ってこない。五月に入り「正院え伺手順も有之候間、至急御決議・御回報有之度、此段再応御掛合およひ候」（同月二七日）と重ねて要求するも、(33) 結局なんの返答すらないまま、先述の、大蔵省に対して事業主体の職掌を移譲する時を迎えていた。

一連の動きのなかで、東京府が正院ならびに大蔵省へと提案したものの具体化しなかった「家屋差等之儀」というのは、じつは煉瓦街建設工事がすでに銀座大通り北端に取りかかっていたにもかかわらず大胆な計画変更を目論むものであった。なお、先行研究のなかにはこの内容をもって当初決定していた「銀座煉瓦街に対する具体的な案」とし、「政府が……いかに統一のとれた町並みをつくろうとしていたかを示」す論拠とする向きもあるが、(34) これは府が独自に、しかも計画をなかば後退させるような提案をしたものであって、誤った見解というべきだろう。

東京府が提出した中身について、正院への上申（史料9）(35) を例にみていくと、道路の広狭に応じ「建築之差等」が生じるのは当然という考えのもと、ウォートルスへもくわしく尋ねたうえで現状の「市民之身分ニ」釣り合うような建築規準をあらたに定めるものだったことがわかる。つまり、すでに四種の幅（一五・一〇・八・三間）で設定済みの道路を、まずは南北に貫く一五間の「大道」（銀座大通り）とそれ以外のふたつに大別する。そして「大道」は「家作モ適宜之制可有之」と位置づけ、基本的には従来の通り「一ケ町毎ニ連屋」を建築する仕方で煉瓦家屋を並べていく。しかし残りの道路沿いについてはひと括りに、次の改築までとの条件ながらも既存の堅固な土蔵類はそのまま住民らに差し置かせ、さらに煉瓦家屋を普請する際も「全ク自費」であるならば目下は一定に決められている高さや梁間をそれぞれの自由に任せていくことまで提案している。

このように、東京全体の不燃化にも取り組むよう指示された東京府であったが、早くもその二ヶ月後には被災地だけでも煉瓦家屋の普及を一部断念し、事実上、計画の後退を企てていたのである。

［史料9］

今般家屋之制御改正ニ付而は道路之広狭ニ応し自ラ建築之差等モ相生し候儀ニ而、夫々ウオトルス江も取調、猶又現今市民之身分ニ見合取捨斟酌之上別帋之通取極候ニ附、末々迄疑惑不致様此際布告致し度存候、至急御差図相成度、此段奉伺候也

壬申四月二十二日　東京府

正院御中

〈別帋〉

一、京橋ヨリ芝口橋迄は府下第一之大道ニテ既ニ道幅モ拾五間ニ御改正之上ハ自ラ家作モ適宜之制可有之処、万一各種之家作入交り候而ハ不都合ニ附、仮令堅固之土蔵タリ共総而裏地江引移方被成下候、尤一ケ町毎ニ連屋建築之御仕法ニ候得共、全ク自費ヲ以規則之通建築し連屋之間ニ入交候而も不苦候分ハ検査之上許可相成候事（中略）

一、右大道を除之外、見世蔵・袖土蔵等堅固ニシテ火災を可免見込有之候得は、検査之上追而改築迄其儘差置不苦候（中略）

一、大道を除之外、尚家屋之差等ニヨリ高サ幷梁間共普通之規則有之候得共、全ク自費ヲ以取建候者ハ当人之望ニ応シ差支無之分は勝手ニ相任セ候儀も可有之候（以下略）

ところで、この史料9からはいまだつまびらかでない銀座煉瓦街の初期基本計画について二点ほど、あらたな知見を得ることができる。

まず〈別帋〉一条目からは、少なくともこの上申が正院に提出されるまでは「一ケ町」単位で「連屋」を隙間なく

建築していく方針だったことが確認できる。第二に、ウォートルスという御雇い外国人技師の位置づけに関して、本文の「夫々ウオトルスえも取調……別帋之通取極」からは、彼の設計内容というものが上に立つ主体の意向によって大きく左右されうるものであったことがうかがえる。いいかえれば、彼（御雇い外国人）を使役する立場にある人びとの別種の意図が、初期の基本計画、たとえば「一ケ町毎ニ連屋建築之御仕法」には深くかかわっていた可能性がある。

煉瓦街像をめぐる対立の構図

東京府の方針転換案（史料9）について大蔵省はどのような考えをもっていたのだろうか。残念ながら、それは文献史料からは必ずしも明らかでない。しかし再三の返答要求にも応じず、また間もなく建築工事一切の権限を握ってからは「建築場之義追々御取掛、当今（明治五年一〇月—引用者註）別而至急之御運ヒニ相成」と類焼場の戸長が述べていたように[36]、大蔵省は工事のスピードをあげていく。そのうえ、最終的には銀座大通り沿い以外にまで「連屋」の煉瓦家屋が無数に建ちならんでいったことを思えば、大蔵省にとって府の提案内容はまったく相容れないものだったことは間違いない。事業主体の交替にまで発展する両者の対立の背後には、由利と井上らの覇権争いばかりでなく、煉瓦街の具体相をめぐる思惑のずれがあったのである。

さて、ここまでの分析を総合すれば、「連屋」という形式の選択や具体化には大蔵省内部の意向が強くからんでいた可能性が高い。

東京府も被災翌月には「此程類焼之町々……家屋は渾而煉化石を以而早速建築取掛り候様可致」（史料7）と煉瓦家屋の普及に賛同しており、いったんは「一ケ町毎ニ連屋建築之御仕法」も受け入れたものと思われる。しかし注目されるのは、やはり財源の問題である。被災から一ヶ月あまりを過ぎて起工も済んだ頃からようやく町会所（明治五年四月）、つづいて府の建築掛（同五月一七日）と、東京府の身内からかなり正確な事業費の見積が算出されはじめる。[37]たとえば前者の弾いた額は二〇〇万円を超えたように、府はそのあまりの莫大さに目が覚めたのではあるまいか。建設費の捻出などを目的に大蔵省から立ちあがったさきの募金が最終でも四万円に満たなかったことを思えば、身内の算出額を前にそのまま事業を推進していく明らかな無理をさとったに違いない。またこの事業費算出の時期を機に、東京府および煉瓦街建設を実質両者で経営・分掌する大蔵省は、なにかしらの事業見直しをおこなわねばならなくなったものと考えられる。

このような観点にもとづくと、ちょうど右の時期に重なるさきの東京府の方針転換案（史料9）には、計画実現に対して府が最も重視していた内容が抜きだされていることになる。

具体的には、現在の境遇が斟酌基準となる「市民」の庇護、くわえてこれからの建築行為をその広狭によって規定する「道路」、なかでも「府下第一之大道」の姿に重点が置かれていることは明らかである。「道路」についていえば、そもそもこれを策定したのは東京府であって、その際の計画背景をふり返れば（史料1）、府は東京のなかでも「郭内」の具体相を優先的に、より特権化すべきものとしてとらえていた感がある。府の本来的な意図は道路を基軸に「郭内」を中心とした物的改造をおこなっていくことであり、[38]しかもそれは絶えず都市の実情にかんがみながら進められるべきものだった。

他方、大蔵省の主眼はどこにあったのか。被災直後、井上はあらゆる目論見を語っていたものの（史料8）、現状を汲む東京府の方針転換を前に、大蔵省も次第にそのねらいを明確なものとしていく。

史料10[39]はちょうど対立が本格化しだす明治五年（一八七二）五月上旬、例の募金の使用法について東京府へと返答した内容の一部となる。大火から二ヶ月をへて離散する被災住民への「分賦」・「施行」を府が求めたのに対し、大蔵省はあくまでも「粗悪ノ旧套ヲ変シ」煉瓦建築を普及させていくことが「素意」と答える。また間接的ながら、「開化進歩」の時を迎えた以上、それは当然のこととも説く。なにを差し置いても「旧套」の刷新が果たされねばならず、その過程で地域社会がどのような状態に陥ろうとも必ずしも問題ではなかったのである。

［史料10］

抑、火災ヲ延蔓スル原由ハ、畢竟家屋建築之制粗悪ニシテ平素防火之予防無之ヨリ欺ル厄運ヲ波及シ候間、今後之予備法方《ママ》ヲ設ルニハ第一家屋制様ヲ改正シ、粗悪ノ旧套ヲ変シ、専ラ練《ママ》瓦或ハ角石土（コンクリート─引用者註）ヲ以建築為致度素意ニ付……一体焼失人民便宜他処ニ転住シ此新築家屋ニ復住不致モノハ、全ク錬石ノ得益ヲ知ルノ晩キモノニテ所謂開化進歩ノ未其時ヲ得サルノ不幸ト申ヘク（以下略）

以上の東京府と大蔵省の対立は、突き詰めれば東京は「都市」なのか、それとも「首都」なのか、という構想上の相違に行きつこう。

東京府が方針転換を申し入れたのは、被災から間もなく建設中止の風説も流れ、騒擾も起きかねない市中の張りつめた空気（「いよいよ方向を失ひ候折柄に付、瞬時も御猶予難相成時機[40]」）を肌で感じ取っていたからにほかならない。近年の研究[41]が徐々に明らかにするように、この当時、東京府の実務を担っていた者の多くは旧町奉行所の流れをくむ幕臣層であって、彼らはこの近世来の巨大都市を把握する技術にとりわけ長けていた。いち早く財政的な限界も見きわめるなど、むしろ事業の建て直しを冷静に思い描ける知的基盤を有していたからこそディテールの変更（史料9）も図ったのだろう。

一方の大蔵省はというと、井上はのちに一連の欧化事業を評して「迚も明日の命がどうなるやら分かりはせないもの、身命はどうなっても宜い、今日ある命が明日は無くなるかも知れぬから、思い切ったことは端からやる[42]」とふり返ったように、煉瓦街建設をつうじ一か八かの賭けに出ていた印象がある。この発言は、いまだ東京でも過激攘夷派による新政府首脳（多くは薩長土の藩士層）の暗殺がつづき、体制の命運をかけた廃藩置県の断行（明治四年七月）からもわずか半年と安定にはほど遠い内政状況のなか、井上らがこの計画に、本章前半で指摘したような新政府の権威化に役立つ側面を見いだしていたがゆえの内容と考えられよう。新体制そのものの基盤としての首都を整えることが先決であって、府とは対称的に、長期的な視野に立って都市整備を構想したり、また数多くの人びとが共に生活を営む東京の現実に目を向ける姿勢はまったく見いだせない。

（3）　銀座煉瓦街計画の先進性

では、現実を見ずに、具体的にはなにを目指していたのだろうか。それはやはり煉瓦家屋の普及に固執（史料10）しているところからも欧米の諸都市であったことは確かだろう。史料8では前年被災したシカゴにつづき、東京も諸外国から同様の扱いを受けながら復興することが目指されていた。都市の外観を近似させることをつうじ、列強への仲間入りを果たそうとする対外的な意図があったことは間違いない。

しかしながら、これでは十分には解けないのが、さきに掲げたなぜ「連屋」なのかという問題だろう。しかもこの形式の採用や実現には大蔵省は当初から積極的だったのである。

東京全体にも達せられた新築停止

素直に考えて、長屋形式のメリットは壁が二枚いるところが一枚で済むといった経済性にあり、また一時に建てねばならない。「一ケ町毎ニ連屋建築」を実現するには、通常ならば少なくとも「町」の通り沿い一面の権利関係を清算する必要がでてくる。

しかし、一般に誤解されている向きもあるが(43)、銀座煉瓦街計画において面的な土地の取得を公権力が目指したことはない。道路の拡幅整備をおこなうにあたり「道中之内え相係り候地所も多、旁焼失場地所一般買上」を記してはいるものの、つづけて道割が済み次第「元地主え差戻、新地券相渡可申」と断っており、(44)土地買収の意志はなかったといってよい。というよりもくわしくはのちに例を挙げて述べるように、新政府周辺では貧弱な財政基盤のもと、「沽券地」買収をせずにいかに都市の改造を進めていけるかという問題が、すでに煉瓦街計画以前から争点化されていたのである。

一方、建築(煉瓦家屋)については史料7・8からもわかるように公権力がある程度出費ないし助成してでも更新する構えなのであり、たとえ民間がまかなうにしても具体相は布告の「規則」にすべてしたがう必要があった。さらに建築行為への規制という点から町触類を見なおすと、じつは大変興味深いことに、この計画では「東京全体の新築停止」も達せられていた。前掲の史料2に「府下道路・家屋之制御改正……一般ニ施行可致筈」、「新規之家作等ニ許多之費用を相掛候様ニ而ハ不都合……無余儀場合ニ無之候ハヽ、可成丈相見合可申候」と見えるのがそれである。規制の実質については精査を要するものの、明治六年(一八七三)一二月、太政官にこの件の「達替」を願う上申がわざわざだされていることから、(45)この間二年近くにわたって一定の効力を発揮していたことは確かなようだ。

このように、銀座煉瓦街計画においては土地は統一されないまま各地主が所有するにもかかわらず、現象面では公権力の意に沿う「連屋」の町並みが速やかに、しかも東京全体に普及させていくことも見越した計画策定がおこなわれていたのである。

明治初年における都市改造の特徴とその限界——明治三年「大僑舎」計画

以上の点はこれまでほとんど検討されてこなかったものの、次に紹介する少し前の時期の事例にかんがみると、この計画が土地や建築のマネージメントにおいていかによく練られ、先進的な内容を含んでいたかが明らかとなろう。

明治三年(一八七〇)四月、東京全体の改造にも意欲をみせる「大僑舎」(大宿屋の意)という計画が企図されていた(46)。簡単に説明すると、これは防火には「西洋市街」への「改変」が必要であるとして「長三町・幅二町程」の所に「焼キ土」などを用いた「洋館に擬するの二階家、三棟」を建てさせ、「士農工商、勝手にこれを賃借」させるものである（図1・図2）。一棟は、月極で貸し出される五十六の「家」（図1無色の区画）と四十八の「庫」（同塗りつぶし）から成り、「家」は「店」や「工業」場としての利用も可能で、またこれらの間を走る「小路ノ天井ハ、鉄ノ格子ニ玻璃（ガラスのこと―引用者註）ヲ張」ることが計画されている。「大僑舎」を普及させていくため、土地と建設費の半分は「官から渡す」ことも検討されていた。

ただしこの計画の真のねらいは、本来ならば「東京市街の沽券地は漸を以これを官に買ひ、市街大道は幅五十間、小道は巾三十間乃至弐十間程に改め替へ……パリー（仏都）・ロンドン（英都）・ニウヨルク（米府）等の結構にも譲らざる様着目して周旋尽力」したいものの「急速難行」きことから、「大僑舎建築人ニ其便を仰かしむる処より全府の地割を定め、大成の基礎を開んを期す」ところにあった。要するに、これは新政府の「僅か十万にたらざる楮幣」を元手としながら府下全体の改造に取り組んでいくためのエスキスなのである。

この「大僑舎」起案はさきのブラントンやフローランといった銀座煉瓦街のものと並ぶかたちで『大隈文書』に所収されている。すでに明治三年（一八七〇）初頭には、煉瓦街計画も築地の私邸を根城に練ったとされる大隈を中心とした財政畑の維新官僚のあいだでは、欧米の「首府」をモデルとした新しい素材の建築による東京全体の改造が議論されていたことになろう。一見すると図2などは余地も多く閑散とした印象を受けかねないが、市中人口も大幅に減少する明治初年東京にあって二層の建築がこれだけの密度と規模で整然と配置される「大僑舎」は、むしろ都市の高層化や効率的利用の先駆けに数えるべきものなのかもしれない。さらに、「官」は一定の助成をおこないつつも実際の作業一切は民活に負うというやり方は並行した開墾事業（いわゆる桑茶令、明治二年八月―）と同じであり、明治初年における都市改造手法の特徴をここに認めることができるように思う。

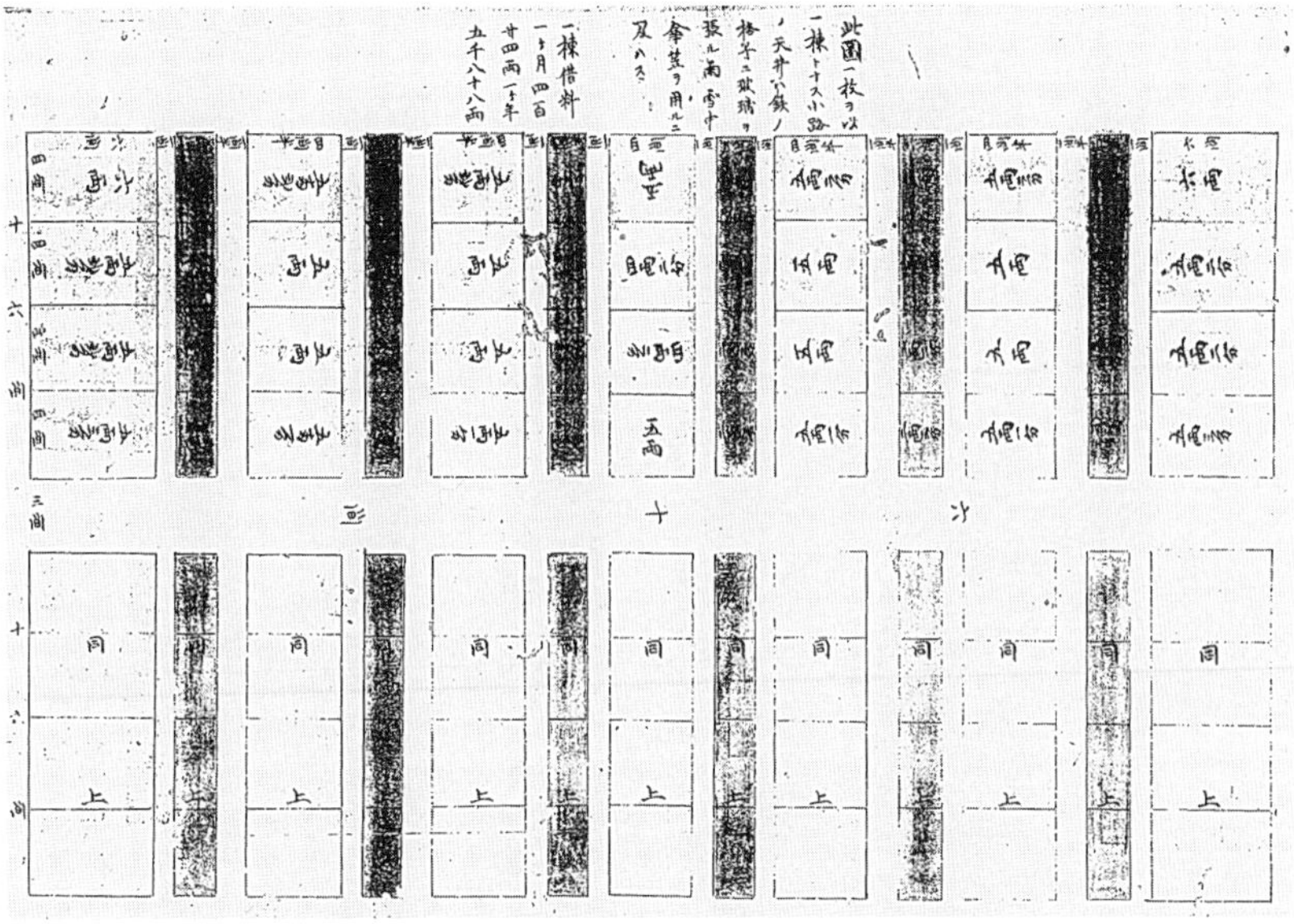

図１「洋館に擬するの二階家」１棟の平面図

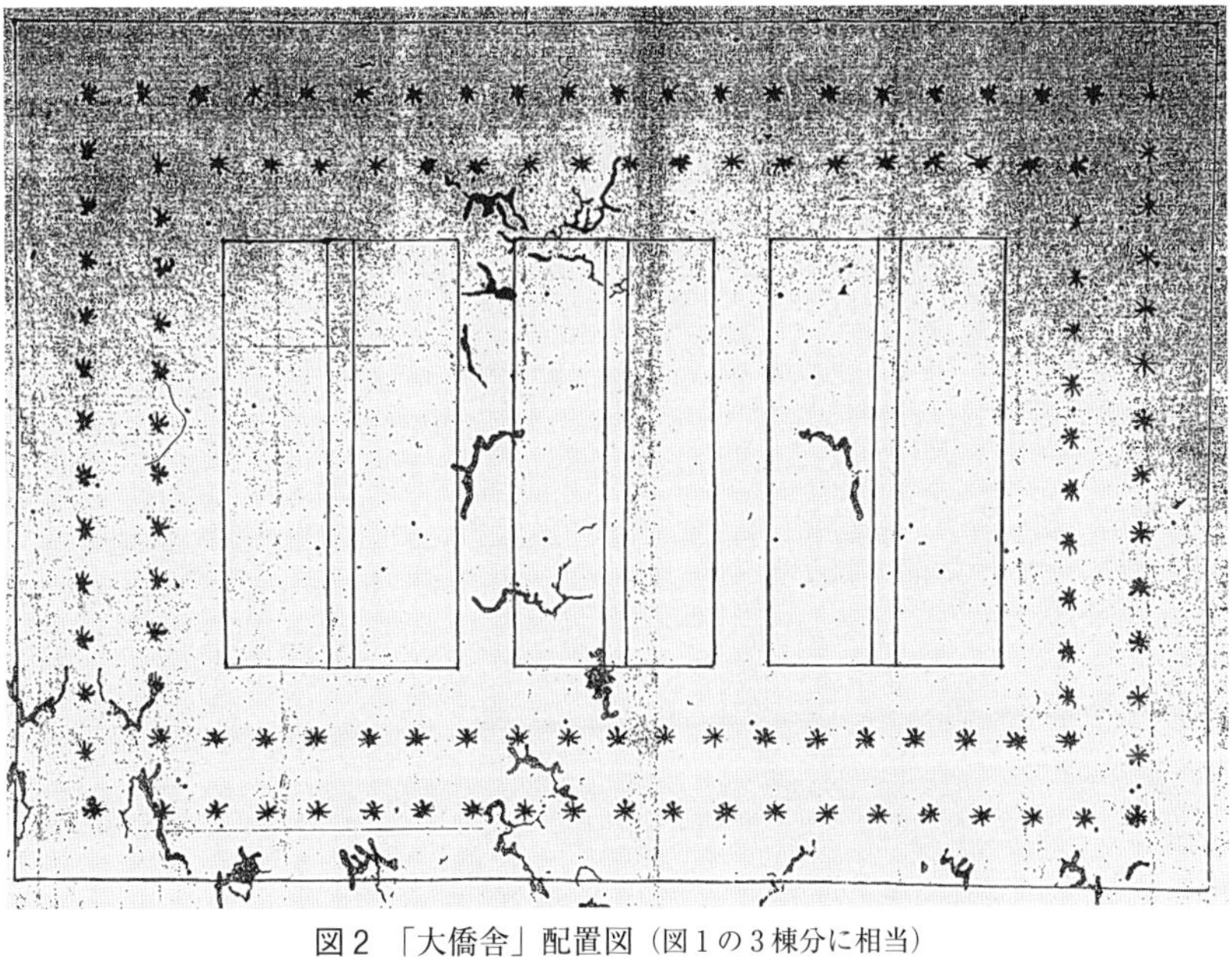

図２「大僑舎」配置図（図１の３棟分に相当）

当時の人びと（維新官僚あたり）が「西洋市街」をいかにとらえ、翻訳したかを知るうえでも興味深い「大僑舎」であるが、残念ながら起案主などは未詳で、また実行に移された形跡も確認できておらず、筆者の今後の課題とするほかない。ただし仮に具体化していたとしても、思うように「大僑舎建築人」を集めて建設費をださせ、速やかに「全府の地割」へとつなげていくことは難しかったろう。桑茶令も貸長屋の建設など不法な開発・占有を進ませるばかりで、この翌年（明治四年）には打ち切られている。

（4）「連屋」のゆえん

すでに明治三年（一八七〇）初頭には、新政府は多くを負担せずに欧米の「首府」をモデルとした東京全域の改造をすすめるための起案が大蔵官僚のあいだで成されていたと考えられる。ただしそれは実現や普及のほどがひとえに受け手（民間）の自由意志に任されている点で、いち早く首都の相貌を整えたい大蔵省本来の願望を満足させられるものではない。

このような、先行した都市改造（案）の限界をふまえると、銀座煉瓦街計画が「東京全体への新築停止」など、土地や建築の利用を広く制限するような動きをともなっていた事実はよく理解できる。と同時に、煉瓦家屋の建設ばかりでなく、そうした新建築をいかに速やかに、より広域へと低予算で普及させていけるかというシステム構築もまた、この計画では併せて、場合によればより肝要なテーマとしてあらかじめ位置づけられていたように推測できるのである。

「東京借家造営会社」の位置

そもそも、建築行為が戸口ごとに任されている限り、その造りは個々の経済状態によって左右される。江戸期から防火家屋の普請に関する布令は頻繁にだされながらも、そこには「余力有之者」にしか結局は強いられないという暗黙の了解が垣間みえていた(47)。このような問題は新体制にとって看過できるものではないが、土地を買いあげて一括開発するほど彼らに資力はない。

このきわめて困難な事態を、銀座煉瓦街計画は上物のみを開発し、また管轄することを狙う「東京借家造営会社」の誕生、運用を前提とすることによって乗り越えようとしたと考えられる。

この新しい組織の設立もまた、大蔵省内から被災後すぐに発声されたものだった。「東京借家造営会社」(「東京貸家造営会社」などとも。以下「借家会社」と記す)と銘打たれた機構は、藤森によれば当時、大蔵省に出仕していた渋沢栄一の発案によって「従来の大工棟梁によるばらばらな家屋造営に代え、新しい建設組織による街造りを企てる」ことを目的とした「一種の株式会社」であった(48)。これは募金に関する井上の建白(史料8)のなかで火災が起こるたび被害が広域に及んでしまう要因に挙げられた「貸家会社……未タ不相立」のそれであり、今後募金をつうじて取り組むべき「煉瓦家屋を被災民への施しとすること」を請け負い、また「将来良法振興之開導」も期待されるところの組織だったと考えられる。

これまで「借家会社」については早期に運営が失敗し、実際の煉瓦街建設にはほとんど影響を与えなかったとみられることから(ただしどの段階で破綻したかなどは未詳)、さほど深くは検討されてこなかった。しかし、銀座煉瓦街をたんなる「西欧」の移植と見るのではなく内発的な意義をそこに問い、また「連屋」の理由を追究するうえで、大蔵省が設立に向けて積極的に取り組んだ「借家会社」構想の中身はたいへん重要な手がかりとなろう。

「借家会社」に想定された機能

現在、渋沢の手によると見られる「借家会社」の定款類(案)は八種類、確認されている(49)。これらをもとに、以下しばらく事業推進のあらましを述べると、「借家会社」は新政府が与える「殊恩・特許之権利」により「煉瓦石を以て東京市中之借家を建築造営するを本業」とし、社中の株金を一株五〇〇円で民間に株主を募り、そのなかから差配役なども選ぶ。「借家」を建設する際は、はじめに詳細な見積を大蔵省へと提出し、その半額を新政府から貸下金として「起工之初と半成ノ時」に分けて受け取ることができる。一方、会社の運営資金については借家人から取りたてた家賃を充てるとともに社債（「会社基金切手」）も発行する計画で、「上は華族より農工商ニ至る迄、此会社を助ケこの業を拡め……今日国化《ママ》之歩を進めいく御趣意を奉認致し候人々」からの資金調達が予定されている。この運用をつうじて建設時に政府から得た貸下金なども順次返済し、また事業を継続することによって東京全般の「煉瓦石」化を民間組織として目指す。

　ところで、そもそも「借家会社」はどのようにして仕事を得るのだろうか。この点について先行研究はつぎのように指摘している[50]。

「たとえばA氏が……土地を銀座二丁目に借り、奥行五間の新店舗を作りたいと考えたとしよう。すると会社は、これを受けてウォートルスの建築規則にしたがい一等煉瓦家屋を建て、A氏に貸し渡す。A氏は、地主に地代を払う一方、……（一五年償還の家賃を―引用者註）月々会社に納め……払い終えた時点で、家屋の所有権を会社から譲られる。借家会社とはいえ恒久的な貸家経営をしようというのではなく、ねらいは煉瓦造化を民間会社ベースにのせて進める点にあった」。

　しかし、この指摘では「A氏」や「地主」との関係性が曖昧で「借家会社」はあたかも純粋な建築仲介業のような印象を受けるが、少なくとも起案時点での位置づけはそうではあるまい。

　さきに指摘したように、類焼直後の町触（史料2）では実際に東京全域にも新築の停止が達せられ、また不燃建築以外の普請が今後は難しくなるという気運が事業開始後もしばらくにわたって市中に醸成されていたことは確かである。[51]

そのような状況をもとより想定のうえで、「借家会社」は新政府の「殊恩・特許」のもと不燃建築の造営をあらたに担おうとしているのであり、起案通りに具体化したならば「A氏」をはじめ、一般の人びとが建物を更新する際にはほぼ選択の余地なく「借家会社」が介入してくることになろう。さらに、定款類のうち「借家造営会社え特許之条例」からは（部分、史料11[52]）、「地主」は不燃建築や「衆人ニ益ある植物園等を作る先約」がない以上、みずからの所有地に「借家会社」の煉瓦家屋が建つことを拒む権利はない。しかも「借家会社」がいくら工事を延引しようとも地代は支払われず、また煉瓦家屋に借家人が長期間入らなくても会社が地主に金銭的な補償をおこなうということもない（「会社と地主との条約之例」部分、史料12[53]）。

[史料11]

一、市街之制ニ不違、衆人之利益を不損、且当然之価を以買受候歟、或は会社ニ借り受候歟、又は借家人ゟ借受候歟、其時之都合により公平之条約を以、或は一区之地上ニ会社之家屋を造立之事を謀る時は其区之地主、自分或ハ他人をして既に石或ハ煉瓦を以家屋等を造営する歟、或ハ市街幷衆人ニ益ある植物園等を作る先約無之上は之を□□（拒む）へからす、若し之を拒む時は会社より政府へ訴、条理ヲ述へ、其目的を達するの権有之候事

[史料12]

第四條

一、当会社にて其地上ニ建築を始し月より成工之上其家を他人ニ貸渡候迄は、幾月建築造営之ために費し何月借受人無之空家ニ相成候共、当会社より一切借地料を不相払（中略）

第五條

一、借家人、借家条約期限中事故有之、自分ゟ他ニ転移致候歟、或ハ会社ゟ移転為致候而其家空虚ニ相成候節ハ、何ヶ月空虚相成候共、当会社ゟ借地料を不払事

このほか、「借家会社」がみずから欲して「家屋を造営し或ハ造営したる家屋を防護すへき目的を以、地面を借受」るケースすら想定されている。[54] 要するに、「借家会社」は一般からの要請がなくても、あらゆる民有地を大した補償をせずに煉瓦家屋によって占めさせることが原理的には可能なのである。

「借家会社」構想がもたらす空間と社会

以上のように、大蔵省（渋沢）の起草内容にしたがえば「借家会社」は単なる建築請負業でもなければ、借地料の負担条件などからすると通常の地借（借地人）にも当てはまらない。この革新的な組織に期待される役割は、ほぼ同時期に進んでいた戸籍制度（町屋敷を単位とした人別帳に替わり地番・戸ごとの編成へ）[55] などと同様、近世の町屋敷システムを反故にし、地主や店借（借家人）らにあらたな社会的位置を与えることにも及んでいる。

残された定款類を見渡して第一に気づくのは、煉瓦家屋の造営や貸借にまつわる当事者に想定されているのが「借家会社」、煉瓦家屋の「借受人」（借家人）、「地主」の三者のみであるという点である。

日本近世社会において「村」と並ぶ共同体だった都市の「町」は、基本的に道路を軸として両側に短冊状の敷地が列なる構成をとり、また各敷地とその上に建つ建築はこれをあわせて「町屋敷」と呼んだ。町屋敷は土地家屋の所有から人身の把握・触の周知といった都市のあらゆる経済的、社会的関係の最小単位に位置づけられていた。これらの実務は幕府の命により、本来的には家持（町屋敷を所持する居住者）が負うべきものであったが、時代が下るにつれ、家持に代わって町屋敷の維持管理に当たる家守が中間支配の役目も担うようになる。

幕末にはその数は二万人を超えたといわれるように、[56] つまり少なくとも市中の二万筆以上の人びとが町屋敷を単位

とする家守の管轄のもとに生活を営んでいたわけであるが、この「借家会社」構想（明治五年）にはそれに相当する存在がまったく見あたらない。くわえて、定款類にある「地主」も、前述のようにほぼ地所を提供するだけの実体であって、この時点で町屋敷という単位は失われているといえる。このことを裏づけるかのように[57]、それまで家持のみが町の正式な構成員と認められる背景となっていた納税（公役・町入用等）が「用水幷市街燈、其外町内之諸入用一切・公然之諸入費ハ借受人より可差出事」と、「借受人」にも求められるようになっている。また、家守の任務であった建築などの維持管理も、基本的にそれぞれの「借受人」が受けもつよう定められている。このほか、町屋敷ごとに把握されていた「借受人」の身元保証人（「証人」）については、すべて「借家会社」が直接あらためる方針が打ちだされている。

このような「借家会社」の設置をめぐる動きを、空間のありように則してとらえなおせば、以下のようになろう。「借家会社」は「借受人」に納税を含むさまざまな権利・義務を要求することによって家守という中間支配の層を取り除き、すべての「借受人」を一括して管理できるようにする。このことは土地所有の区画を重んじる意味を失わせ、代わって単体の建築、さらには個々の貸借が社会的な単位となることを可能にする。現に、定款上の構想では「当会社借家番号帳」なる台帳を整備し、将来「軒別何千戸、惣建坪何万坪」に達するであろう「借家」を、あまねく番号によって把握していく考えであったことがわかる[58]。そして、ここでの「借家」とは「何町何丁目第何区何地ニ造営する何号何番之家[59]」という具合に表されるものであり、一棟の建築ではなく、それに内包される各戸を指すものだったと判断できる。

ところで、右の「借家」の表記方法などからは、民間主体で組織されるはずの「借家会社」が将来にわたって「長屋形式の」煉瓦家屋建設に従事することを、大蔵省（渋沢）が見越していることに気づく。この点について、ほぼ同時期の大蔵省の方針内容（太政官への上申、史料13[60]）もふまえると、「借家会社」とは煉瓦家屋の普及を「衆力ヲ協同」

して達成しようとする組織（株式会社）ではあるものの、同時に「官府ノ保護」がしっかりとくわえられることがあらかじめ決められていたといってよい。つまり、大蔵省は運営面での民費の集積には大いに期待しながらも、煉瓦家屋を建設していくことについては「所詮町人共軒別・自力ヲ以テ可行届事ニ無之」（史料13）と配慮、熟考したうえで計画立案をおこなっていた。あるいは、民間では達成し難いことを口実に公権力の息の掛かった「借家会社」というあらたな組織をつくり、そこに都市の具体相にかかわる一切の権限を取りあげることを企図していたと評する方が適切だろうか。

［史料13］

昨日渋沢従五位（渋沢栄一のこと─引用者註）参朝ノ節御説諭有之候東京府下ノ家屋建築ノ方法、火災ヲ可免タメ往来ヲ広クシ煉化石ヲ以取立候様為致候ハヽ、必此程ノ如キ火災ノ憂有之間敷実ニ至要ノ儀ニ付、東京府トモ申合、早々見込可申出趣拝承仕、尚勘考仕候処、右ハ所詮町人共軒別・自力ヲ以テ可行届事ニ無之候間、貸家会社ノ方法ヲ設ケ、衆力ヲ協同シ築造可為致候外無之ト夫是勘弁（中略）追而前書家屋ノ建築法取設無之上ハ、唯道路ノミ取広仕候共其効ハ有之間敷哉ト存候間……将右貸家会社ヲ設ケ、官府ノ保護ヲ加へ、真成ノ家屋建築為致候儀ハ当省ニ於テハ夫々見込モ有之候（以下略）

いずれにしろ「借家会社」とは、新体制が建築のあり方一般を統制し、また建設作業にかかわる問題に相対・介入するだけで都市改造を進めていくための機構にほかならなかったのである。公権力の積極的なかかわりのもと建築行為が民間の要請とは無関係に「借家会社」によって強引に進められ、また「戸」によって一様に編成されるという定款類の内容をそのまま具体化するとき、おのずと導かれてくるのは「連屋」であったように考えられるのである。

このように、土地（町屋敷）の区画をふみ越える煉瓦街のありようは、大蔵省内から発声された「借家会社」構想に裏打ちされるものだった。さきに述べた定款類で想定されている空間や社会は既存の行政機構なども否定する考えなしには策定できない内容を含んでおり、その意味で銀座煉瓦街計画は日本近世都市から確かに一線を画す実体を備えていたといえる。

ただし総体として見た場合、この計画が江戸とはまったく無関係に構想されたかというと、たとえば煉瓦家屋の規模に関しては検討の余地があるように思う。

すでに煉瓦家屋の平面や配置などについては藤森が多くを明らかにしており本稿もその成果に負うものであるが、若干ながらここで補足したいのは、実例平面図などに示された計画のどこまでが事業として遂行されたものだったか、という点である。

結論からいえば、「道路沿ヒ」に位置する煉瓦家屋以外の建物、つまり「建継火焚所、雪隠等」（藤森の実例平面図・配置図では台所と物置が配される下家部分、風呂や蔵などの付属屋）はいずれも事業主体が建てたものではなかった。[61] この事実にくわえて、明治初頭の煉瓦街を活写する『東京新繁昌記』が「室内戸主の造営に任せ、戸々各々其の店を異にす」[62] と記すように、煉瓦家屋内の間取りや設えも、おもに利用者の側が考えるべきものだった可能性が高い。以上をふまえると、重要な基礎資料である『東京府史料』（国立公文書館内閣文庫所蔵）所収の家屋平面図群が、なぜ壁面と列柱だけしか描いていないのかも理解できてこよう。銀座煉瓦街計画は近年のいい方をすればスケルトン（建物の骨組み）のみの建設、提供を狙うものであった。

さて、計画の実質をこのようにとらえると、従前は敷地の裏の方にまで家屋が建て込んでいた旧町人地の銀座地域において（図3）[63]、この計画は通り沿いの比較的奥行きの浅い部分・エリアばかりを対象とし、もっぱらそこの強化（不燃化）を図る特徴をもっていたことに気づく。

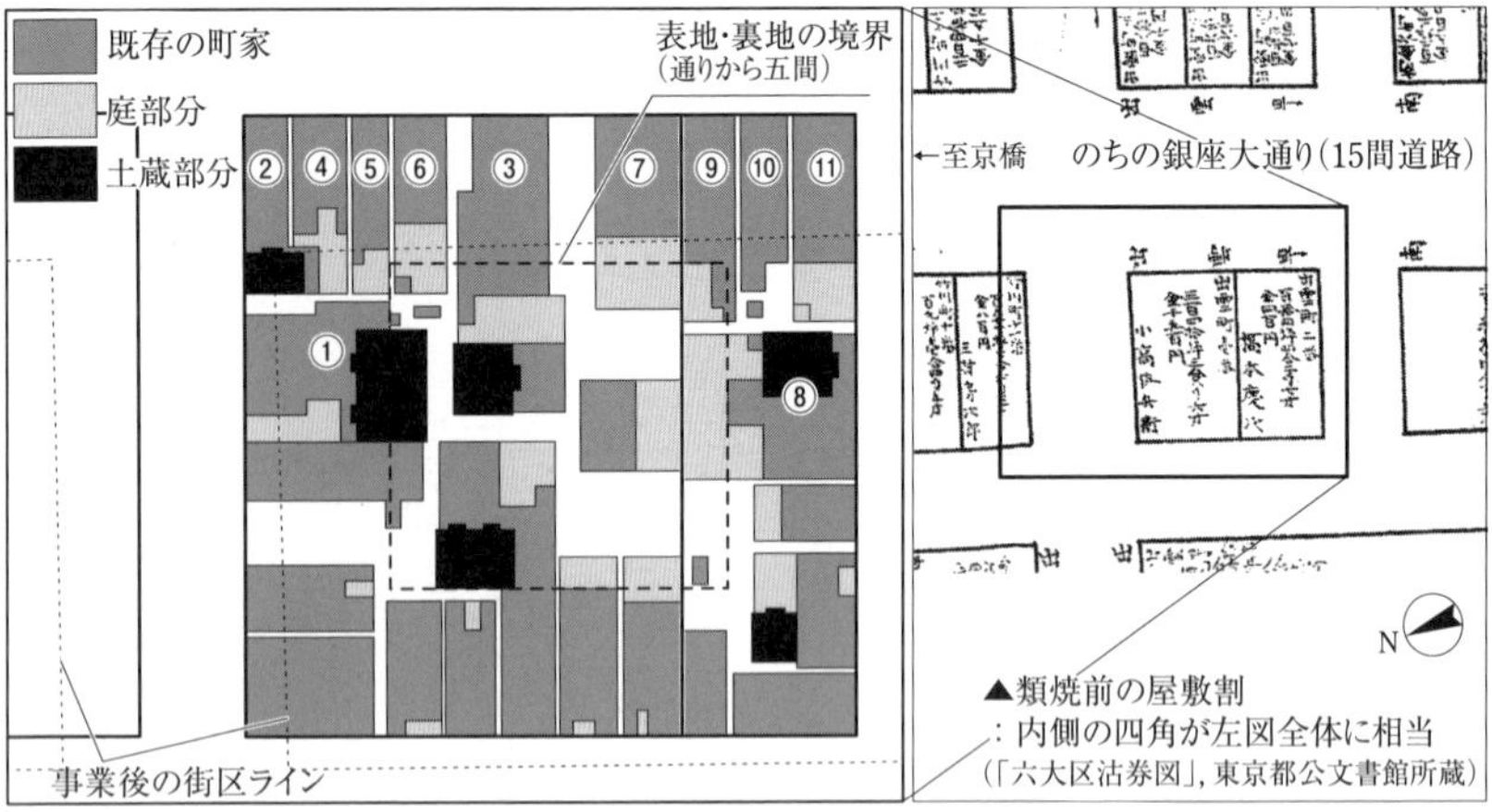

図3　道路拡幅直前の出雲町１・２番地（焼け残った地域）

注）「大通り住居之者」（図中①―⑪）については生業や居住年などの記録が残されており，それによるとこれらはすべて「地借」で，生業は下記のようになる．
①：「賃渡世」／②と③：どちらか一方が「小間物商」，他方が「桝酒商」／④―⑦：「医師」・「手遊物商」・「鉄物商」・「船来物商」のいずれか／⑧：「舂米商」／⑨―⑪：いずれかが「古道具商」，残りは生業にかんする付記なし．

私見の限りではこの理由を明示する文献史料は残されておらず、状況証拠的に論じるほかないものの、ひとつには江戸町人地の空間構成、なかでも「表店」と呼ばれる部分の社会的基盤がかかわっていたように考えられる(64)。

幕末の江戸町方は大店による町屋敷の集積などにともない、本来、主人公であるはずの家持（居付地主）の比重が三％以下にまで低下し町屋敷の多くが「表地借裏店借」の二元構造を呈していた(65)。具体的には通りから五間までの「表地」部分は借地にだされ、そこには常設的な売り場をもつ町家の商人社会が展開した一方（図3参照）、それより裏側（「裏地」）には売り場の所有などの叶わない、手間取りや出商いをする人びとの生活に特化した空間が形成された。そして、こういった対蹠的な空間＝社会のあり方を、当時「表店」「裏店」と呼んだ。

計画で構想され、また実際に多くの完成をみた煉瓦家屋（一等）の奥行きは、じつは右に述べた「表地」と同一の五間である。そして、たとえば山下御門通り（八間道路）沿いの南鍋町二丁目では「今般煉化石を以て普請可致旨被仰渡……高さ三丈・奥行五間ニ可致旨被仰聞」たのに対して「表店之一同」一三名が連名で建築条件の緩和を嘆願し、またそれが認められれば「一同之者ニ而普請致度」との申し出をおこなうなど、(66)当時の受け手側の反応からも、煉瓦家屋＝「表店」の再興という構図が垣間みえるのである。

現時点ではこれ以上の材料をえず検討の余地が残るものの、渋沢主唱の「借家会社」構想が形式（「連屋」）に作用していたのと同様に、この五間という規模の選択にも彼がなんらかのかたちでかかわっていたとすれば、銀座煉瓦街計画が江戸町人地における「表店」の基盤を自然のうちに受け継いでいた可能性は十分あるように思う。

田口卯吉の自由主義経済思想に共鳴し、明治一〇年代（一八七七―）初頭には築港の整備や兜町ビジネス街建設といった、いわゆる商都構想を打ちだしていくことの知られる渋沢にとって、民間商工業者の自由な活動を盛り立てることは一貫した課題であった。彼が中心に期待していたのは既存の商人社会というよりも新興の企業家達だったとはいえ、その育成にかなう土台＝煉瓦家屋の着地先を、いまだ身分制ゾーニングの影響の色濃い明治初年東京において見立てるなら、旧町人地の「表店」はほぼ唯一の選択肢であったに違いないのである。(67)

「西欧」の移植の多様さをめぐって

明治初頭の横浜で発行された英字新聞では、初期の基本方針「一ケ町毎ニ連屋」がほぼ実現した銀座大通りでさえ「ロンドン郊外の裏通り」（"such as would be thought little of as a back street of a London suburb"）(68)と揶揄されるなど、つまりこれまで強調されてきた「対外的な景観整備」の面において銀座煉瓦街計画はとても成功とはいいがたい評価を受けていた。しかしながら、その精彩を欠くこぢんまりとした煉瓦街のあり方自体が、じつは欧米の建築スタイルを新政府の治政や経済の状況に応じて変形させる大蔵省、とくに井上や渋沢らの主体的な動きの結果でもあったのである。

おそらくこういった「西欧」の移植と既存の都市構造との衝突、あるいは内政との関係性などがせめぎ合う、ある種属地主義的な展開は、冒頭で述べた非西欧の主要都市にも共通する論点なのではないだろうか。銀座煉瓦街をはじめとする明治東京の都市空間の経験をつぶさに考察することは、ほかの地域における近代化の問題とも共有されるべき普遍的な問題意識へと接続する作業でもある。

三　理論と実践

ここからは、事業主体が大蔵省に代わり、煉瓦街の建設が急ピッチで進捗しはじめてからの実状を追う。あらかじめ概略を述べると、大蔵省が専心した道具立て（借家会社など）はほとんど通用せずに計画は頓挫していく一方、その葛藤のなかでは今回の事業にまつわる、またあらたな意義や課題も見いだされていくことになる。

「民費」取りこみの失敗

類焼場にくわえて、その先の「府下煉化石家屋建築工事」も大蔵省が主導することになり、早速、明治五年（一八七二）六月、東京府とのあいだで一五条にわたる事務分掌の規則が定められた[69]。府に残されたのは完成後の家屋管理や、「人民苦情ヲ唱フルアリトモ……改正ノ御趣意・家屋ノ有益ヲ巨細説諭、承服セシム」、あるいは「買上ル沽券地（道路にかかる沽券地―引用者註）、従前高価ナルモノアレハ、是ヲ至当ノ価ニスル」といった下回りに近いものばかりであった。

大蔵省の建築工事一切は細かくは土木寮建築局が任に当たり、ほとんどの権限がその手中に収められたいま、当然「借家会社」を中心に煉瓦家屋の量産が目指されていく。さきの分掌規則によると（一部、史料14）、「悉皆民費」で建設に当たる姿勢に変わりはないものの一時的に大蔵省が建設費用を立て替え、年賦で居住予定者など（「拝借」主）から回収する方法も示されているのがわかる。これは二条目の「官ヨリ貸付金ヲ以テ建築」を指しているといえ、ここで「会社ヨリ創立セシ分」と併記されていることをふまえると、「借家会社」の体制が確立するにはある程度時間を要するので、大蔵省がしばらくはみずからも乗りだしながら、事業の急進を図ったのだろう。

［史料14］

一、煉瓦石家屋建築　但、悉皆民費ト雖トモ大蔵省ヨリ一時取替置、家屋ノ等級ヲ分ケ自費ト拝借ノ部分ヲ定メ、拝借ニ属スル分ハ年賦ニテ元利返納シ、自ラ建築ノ分ハ官ヨリ立替ルニ及ス、併自費ノ分モ建築方法頼候分ハ月々入費丈ケ上納致サスヘシ

一、人民此ノ家屋ニ住スルヲ嫌ヒ此ノ地ヲ去ルニ於テハ官ヨリ其持地ヲ収メ、其地所代（土地の収用費用―引用者註）ハ大蔵省ノ見込ヲ以テ下渡シ、自ラ建築セシ分ハ売払候トモ勝手次第タルベシ、尤モ官ヨリ貸付金ヲ以テ建築スルカ、又ハ会社ヨリ創立セシ分ハ無論引揚グベシ（以下略）

事業を主導しはじめてからも大蔵省は民費の集積を念頭に、省内から編みだされた事業推進の方法を実践に移すべく懸命に取り組んでいたのである。

しかしながら、完成間際（明治一〇年頃）の煉瓦街について当時の東京府知事・楠本正隆は「全官築工業」[70]と評したように、その後「借家会社」が軌道に乗ることはなく「経費弁償ノ目途ハ勿論、卒業ノ期モ亦難見据候」[71]との理由から東京全域に拡大する計画は頓挫してしまう。また銀座一帯に関しても「立替」どころか、ひとえに官費による煉瓦家屋ばかりが建設される状態に陥っていく（後述）。

この間の事情はこれまでほとんど明らかにされておらず、唯一、官費が注ぎ込まれた結果については、竣工時の煉瓦家屋の立地を施工主体（官築か否か）や平面に関する情報も一部盛りこみながら復原した藤森の成果（「銀座煉瓦街復原図」[72]）が参考となる。ただしここでは主軸である銀座大通りの状況が把握されておらず、そもそもなぜこのように

多くの官築家屋が造られたのか、またそれらの性質（誰の依頼による「官築」だったのか）についての言及がみられない。

あらためて史料14から予定されていた煉瓦家屋の種類に注目すると、まず当座の費用を誰が工面するかで「自費」か「拝借」に大別できる。このうち「自費」には「建築方法頼候分」、つまり工事は「官」が担う場合と、それらもすべて民間が執行する場合の、ふたつのタイプがある。一方「拝借」は、文字どおりにとらえるなら建設費を借用する民間側の存在が前提となって（大蔵省が）立て替えるケースといえようが、現実は大きく異なっていた。

史料15は半年をへて（明治五年一一月末）、煉瓦街の体を現しつつある銀座大通り沿いすべての建築（建築内各戸）の内訳である。[73] これによると「自費」は二タイプあわせても一三三戸と、一割にも満たないものだったことがわかる。しかしここで最も注目されるのは、「自費」を除く三〇一戸は大蔵省の立て替え分、つまり当初の枠組みでいえば「拝借」となるが、そのうち「願人」が決まっているのは六一戸のみであって、じつに全体の四分の三に当たる二四〇戸は、大蔵省は「空屋（を）取建」ていると自覚のうえで、みずから建設を強行していた事実である。

［史料15］
京橋已南芝口迄大通り物戸数
一、凡三百廿四戸　建築之分
　内
六拾壱戸　願人有之取建中之分
九戸　自費官築之分
拾四戸　自費自築之分
四拾九戸　願人無之空屋取建中之分
百九拾壱戸　同断、追々可取建候分

以上

じつのところ、大蔵省からの「拝借」はかなり早い段階から完全な立て替えとはなっておらず、あらかじめ「差加金ヲ以、連屋住居相願」う必要があった[74]。この「差加金」というのが最低でも建設費（連屋の各戸分）の三割以上におよび、残りも七年で返済せねばならなかった[75]。これは、すでに大火で財を失う住民達には過酷な条件であって、戸長の言を借りれば「素より其地ヲ離れ他え移転いたし度ものは無之候得共、薄力ニ而出金高（差加金のこと―引用者註）も不相進、無余義立退候様之運ひ[76]」となるケースを数多く生みだす。彼らはなにも「（煉瓦）家屋ニ住スルヲ嫌ヒ此ノ地ヲ去」（史料14）るのではなく住みたくても住めない状態に追い込まれていき、そのひとつの帰結がさきの銀座大通りの過半が「空屋」という事態だったのである。大通り以外に関する記録は未見なものの、住民の経済的地位の高いこの通りでさえ「差加金」が儘ならなかったことを思えば、竣工時の銀座煉瓦街のほとんどが官費による「空屋」とみて、おそらく間違いないのではないだろうか[77]。

「官之御貸家作」による民有地の占拠

空屋の発生についてはこれまでにもふれられてきたが、多くは完成した煉瓦家屋の質（雨漏り問題）や当時のライフスタイルとの齟齬からくる結果論としてであった。しかしながら、それは取っ掛かりの、銀座大通りに対する建築工事の段階から顕在化しており、その意味はもう少し深く考えられる必要があるように思う。

まず精査すべきは「空屋」建設への地主のかかわりの程度であろう。すでに指摘したように当該地域（旧町人地）の地主の多くは不在地主で、実際の居住者は地借・店借だったと考えてよい。つまり史料15の「願人」の実質は地借層であり、この内容（史料15）だけでは地主がみずからの所有地に「空屋」の煉瓦家屋が建設されることにどのようなかかわりをもっていたかまでは正確には判断がつかない。

しかしこの問題は、ほぼ同じ頃（明治五年一〇月）に類焼場の戸長四名が連名で東京府に宛てた嘆願書（一部、史料16[78]）を見ることで解決できる。

［史料16］

当類焼場之義は本家作見合被仰出、当三月二日道幅取広ケ、家屋ハ渾而煉化石を以築造可致、尤尋常之家作ゟは入費相増可申ニ付、夫等之所は銘々迷惑不相成様、別段御法方御取設不日施行可有之旨被仰出……然ルニ今般右等之もの共（差加金のままならない住民―引用者註）至急引払候ハ、……地代上り高皆無同様ニ相成……地主手元ゟ町入費差出候義ニ付迷惑申立候も有之……素より空屋ハ官之御貸家作同様之訳ニ付、普通之家作人より地代相払候仕来ヲ以考候得ハ建築中之地代ハ官ゟ地主江御下ケ渡被為在至当之義と奉存候

まず傍線部前半からは、店子が離散してしまえば当該地の税金（町入費）などもみずからの蓄えから納めねばならなくなるとして、地主のなかには今回の事業の「迷惑」を訴え出る者もあったことがわかる。さらに注目されるのは終わりの方で、戸長が「空屋ハ官之御貸家作同様」と喝破し、「建築中之地代ハ官ゟ地主え御下ケ渡」すべきと主張しているくだりである。

要するに、銀座大通り沿いで四分の三を占め、煉瓦街全体でも同じかそれ以上の割合に及んだとみられる「空屋」は、大蔵省がだれからの依頼にもよらず、事実上、民有地を占有しながら官費のみで建設したものであった。また地主には地代はもちろん、なんの金銭的補償もないまま[79]、高額に設定された売却代金に見あう新住民が現れるまで、ただ待つほかなかった。

考えてみれば、このやり方はかつて「借家会社」に目論まれていたのと同じといえる（史料11・12参照）。都市改造を急進させる手段の「借家会社」をうまく確立できないなか、それでもなおしばらくは当初の構想に縛られていた、というのが実情だったのではないだろうか。

付言すると、史料16の冒頭でふれられているのは大火直後の町触（前掲史料7）である。今回の事業について「銘々迷惑不相成様、別段御法方御取設」を達したその内容が履行されるよう、戸長達はあらためて喚起したかったのだろう。この一年にも満たないあいだに当初唱えられていた恩恵面はほぼすべて抜け落ち、市中には「猥ニ新規之建築ヲ誹謗シ、或ハ無根之説（事業の中止―引用者註）ヲ唱へ、衆人ヲモ煽動候様之者[80]」さえ現れはじめていた。

おわりに――経験としての銀座煉瓦街

銀座一帯の工事は明治一〇年（一八七七）まで続けられたものの、すでに銀座大通りが竣工するかしないかの時点で、大蔵卿・大隈重信はこのまま「空屋」を建築するばかりでは事業に費やされる官費還付の目処も立たないとの理由から、これ以上の拡大は「当分見合」わせる旨を達し（明治六年一二月二七日[81]）、事実上、計画は頓挫した。

銀座煉瓦街の建設は、大蔵省周辺にはもちろん、都市イメージなどに隔たりがあるにせよ東京の改造を権威化の手段ととらえる新体制全体に、財源を安定的に確保する方策と、当面の限られた予算のなかで取り組むべき改造という、ふたつの大きな課題を以後突きつける結果になったといえる。なお後者の問題ついては次章（第3章）で、煉瓦街のほど近くにこの後まもなく誕生する「皇大神宮遥拝殿」の成立経緯や空間の分析をつうじて論じる。

本章を終えるにあたり、起工からたった一年半あまりで迎えられた事業見合わせに関する検討をおこない、今後の展望としたい。筆者はこの判断に、のちの東京のあり方をも左右した、積極的な意義を見いだす必要があるように感じている。

地租改正との並走

これまでさほど注意されてこなかったものの、煉瓦街計画の策定・事業化は、キーパーソンといえる井上馨と渋沢栄一が地租改正の実現にも全力で取り組んでいた時期に重なる。前者は大久保利通とともに改正への口火を切り、また後者などは租税改革全般の実務上の責任者といってよい立場にあった。(82) さらに銀座一帯が類焼したのは、府下の手始めとして当該エリア（第一大区）が地券発行への準備にようやく入った頃のことである。(83) 実際、大蔵省周辺が煉瓦街の建設を、全国で明治一〇年代半ばまで展開される地租改正事業の（起点だった東京のなかでも）出発地と見なしていた可能性は高い。

それは一連の建設過程のなかでも、とくに河岸地への対応に顕著である。明治五年（一八七二）六月以降、大蔵省主導のもと工事がはかどりだすと、銀座一帯のすべての河岸地建築に「引払」が命ぜられていく。(84) これは当面には資材搬入をスムーズに進めるためであったが、より本質的なねらいは煉瓦家屋の普及とともに計画の基調をなす「道路改正」を今日的な課題に照らして達成することにあった。つまり、拡幅に向けた大火直後の土地境界画定のための杭打ちにくわえて、まさにこの時期（明治五年六月）に始まる地券発行で確定した民有地からはみだす利用を「無税之地」（官有地）への占拠と見なし、それらすべてを賠償なしに撤去の対象としたのである。

この過程では、東京府は雑税（冥加金）を納めることで従前許可を得ている土蔵の処遇については強い難色を見せたものの、(85) 結局、大蔵省は「明地相成居候節ハ不用ニ付土蔵建築差許置候得共、全私有ニ無之間、官ニ於テ入用之節は自費ヲ以引払」うべきであり「当月中（明治五年一〇月—引用者註）ニ無遅滞取払」うよう、府に人びとへの指導を迫った。(86) 史料17(87)は以上を受けた明治五年（一八七二）一〇月二五日の町触となる。

［史料17］

府下河岸地無税之地江聊之冥加金ヲ相納土蔵建築差許置候分……自今、従前許可之上取建候者タリ共一切引料之儀は相廃止可申、尤京橋以南類焼場河岸地は即今建築局（大蔵省建築局―引用者註）物揚場ニ差支候間、当月限無遅滞引払可申旨大蔵省ゟ被相達候条、此段相達候事、右之趣無漏可触知者也

壬申十月　東京府知事大久保一翁

この布達が興味深いのは影響面の広さである。本章前半で論じた募金と同様、これが東京全体へ触れられたことはいうまでもなく、また冒頭部（今後の「引料」廃止）は一般の問題として達せられてもいる。ただし、じつはこれと同日にはあわせて、府下の河岸地は「追テ一般道敷可相成場所」であり、許可を得ていない建築の三〇日以内の撤去、および土蔵類の新築禁止も命ぜられていた(88)。銀座における改変が、当初は、これから進められる地租改正を始めとした新体制の治政方針を府下全体、さらには日本各地(89)にも知らしめる役割を果たしていたといってよい。

転換する都市への視点——土地と建築の関係

以上をふまえると、「空屋」の建設をつうじ最終的には地租の減免までを容認せざるをえない状況(90)に陥っていくことは、国家税収の大半を担う農民側の不平等感をいち早く和らげるねらいのあった地租改正の進捗を遅らせ(91)、ひいては新政府の内治を混乱させる最悪の事態となりかねない(92)。煉瓦街事業の打ち切りは、こういった意味合いから積極的に選択されたものだったのではないだろうか。

ところで、右のような経過がたどられてしまう兆しはすでに煉瓦街計画のなかに内在していたようにも考えられる。たとえば土地の区画をふみ越える「連屋」のデザインは、地租は地主からその店子（煉瓦家屋の所有者・利用者）の地代などをもとに納められるという体系からすると収受に混乱を来しかねず、決してふさわしいものではない。

この点をどのように理解するかは、「連屋」を主張した大蔵省の計画主体としての未熟さを指摘することも可能だろうが、より根本的には当該期における都市イデア(93)の転換の意味を問う必要があるように思う。

すでに論じたように明治初年以来、大蔵省周辺の関心はいかに土地の買収や再編をせずに物的改造を進めていけるかにあった。それはいいかえれば土地と建築の用益を分離できるものと見なし、地主の所有地への自由裁量をある程度阻むスタンスでもある。

右の発想は地主のほとんどが不在で「表店」の借地のうえに商人社会が安定的に形づくられる幕末江戸町人地の実体にもとづくかぎり、自然なものといえる。煉瓦街計画の支柱を成した「借家会社」構想は租税改革を担う渋沢が立案したものであったが、支配体系などの再編には積極的な一方、計画の軸足は依然として地借の商人らの側に置かれていたと考えてよい。

しかしいうまでもなく、このような都市の利用は地子免除や地代店賃の公定、「恩恵」的な土地貸借といった江戸（近世城下町）の理念のもとで初めて成り立ちうる。この時期並行して国税の中心が地租に定められ、また租税改革の成功が内治の安定、さらには集権的な国家建設の前提となった以上、それまでの関係は根底から揺さぶられざるをえない。

銀座煉瓦街の建設を境に、東京の都市的改変は実際の居住者よりも資産として所有する立場を重んじる方向へと転換を遂げたものの、事業を興し、また都市の物的環境を創りだす主体の多くは地主層ではないという矛盾した構造をはらむことになるのである。

（1）「京橋以南類焼一件」東京都公文書館所蔵（以降「類焼一件」と記す）、リール番号一七―二一。

（2）藤森照信『明治の東京計画』（岩波書店、一九八二年）第一章。

（3）川崎房五郎『都史紀要三　銀座煉瓦街の建設』（東京都、一九五五年）。

（4）小木新造「銀座煉瓦地考」（林屋辰三郎編『文明開化の研究』（岩波書店、一九七九年所収）、初田亨『繁華街にみる都市の近代―東京』(中央公論美術出版、二〇〇一年)他、石田頼房『日本近現代都市計画の展開――1868-2003』(自治体研究社、二〇〇四年)他、岡本哲志『銀座――土地と建物が語る街の歴史』(法政大学出版局、二〇〇三年)他。
(5)「太政類典」二―一一四地方二〇土地処分七。
(6)「建築事務御用留」甲、東京都公文書館所蔵(以降「御用留」と記す)、リール番号一〇六。
(7)前掲注2、藤森『明治の東京計画』巻末所収の図1。
(8)前掲注5に同じ。
(9)「類焼一件」リール番号一二八、一六五。ここでいう「貧民」・「其日稼難渋者」とは、物置・土蔵を所持していないことがひとつの基準となっていた(「類焼一件」リール番号一八七)。
(10)「御用留」リール番号七三〇―七三二。
(11)「類焼一件」リール番号六一―九。
(12)「類焼一件」リール番号四九―七〇、一〇〇―一一二。
(13)「類焼一件」リール番号一五五。
(14)「類焼一件」リール番号三七―三九。
(15)「類焼一件」リール番号六。
(16)「類焼一件」リール番号三一。
(17)「類焼一件」リール番号一三〇―一三五。なおここでは「主上御始諸官省など𛀁救助金」を「類焼町々中以下之者共江人別ニ分賦、夫々施行可致」予定であることもふれられている。
(18)「御用留」リール番号一九二―一九四。これは前掲注5でも「東京府布達」として確認でき、「(明治)五年三月一日」の日付となっている。
(19)「類焼一件」リール番号一七―二一。
(20)石田頼房氏のご教示によると、銀座一帯が類焼する二ヶ月前(明治五年一月一九日)、岩倉使節団は大火(明治四年一〇月に相当)に見舞われたばかりのシカゴで実際に被災エリアを訪れ、また諸外国が復興資金を援助しあう寄附のシステムを目の当たりにし、新政府も五〇〇〇ドルの援助をおこなっていた(『米欧回覧実記』一、岩波文庫、二〇〇三年、一七二―一七三頁)。

(21)「類焼一件」リール番号一五。
(22)大蔵省における醵金目安額は「類焼一件」リール番号二一。正院の方は前掲注11に同じ。
(23)たとえば澤田章編『世外侯事歴維新財政談』下巻（岡百世、一九二一年、一九〇頁）には後日、井上がこの募金活動をふり返り、それが思いのほか期待外れに終わったことを言外に匂わしている箇所がある。また渋沢栄一は、「先生（渋沢のこと―引用者註）・井上等相図り、省中官員一等官二百両より一五等官二両まで、各々分に応じて義損し……乃ち之を資金として、かの煉瓦家屋を営み、災民中の貧困者に交付せんことを思い立」ったと述べている（『渋沢栄一伝記資料』三、渋沢栄一伝記資料刊行会、一九五五年）。
(24)『子爵由利公正伝』（由利正通発行、一九四〇年）三九九頁。
(25)渡辺俊一『「都市計画」の誕生』（柏書房、一九九三年）八頁。
(26)前掲注3、川崎『銀座煉瓦街の建設』一三四頁。
(27)前掲注2、藤森『明治の東京計画』一四、三〇頁。
(28)「御用留」リール番号一九五―二〇〇。この布達は前掲注5などにも所収されている。
(29)なお石田頼房は、「ウォートルスのやったことは煉瓦建造物の設計・建設であって都市計画ではないように思え、誰か都市計画をやった人物が別にいるのではないか」と指摘したうえで、ウォートルスと同じく工部省雇用外国人だったマコビーンのかかわりに注目している（石田『展望と計画のための都市農村計画史研究』南風舎、二〇〇四年、五一―五三頁）。
(30)前掲注5に同じ。
(31)「御用留」リール番号二〇四。
(32)「御用留」リール番号二〇二―二〇三。
(33)「御用留」リール番号二〇九。
(34)初田亨『繁華街の近代――都市・東京の消費空間』（東京大学出版会、二〇〇四年）二五―二六頁。
(35)「御用留」リール番号二〇五―二〇八。
(36)第一大区八・九小区戸長による東京府への上申（「御用留」リール番号三七三）。
(37)「御用留」リール番号一四六―一四八。
(38)東京府はすでに廃藩置県の実現（ちなみにこの直後に由利公正は府知事に就任）の頃から「東京の地方街位を一定する」

ことに向けた道路整備に積極的であり、明治四年（一八七一）八月一〇日には正院に「府下道路ノ儀ニ付申上候書付」を提出するなどしていた（滝島功『都市と地租改正』吉川弘文館、二〇〇三年、三八―三九頁）。
(39)「類焼一件」リール番号八二。
(40)「御用留」リール番号七三〇―七三一。
(41) 横山百合子『明治維新と近世身分制の解体』（山川出版社、二〇〇五年）第五章を参照。
(42) 前掲注23、澤田『維新財政談』一九〇頁。
(43) たとえば岡本哲志は「全面的に銀座の土地を取得するという最初の新政府の目論見が頓挫」との表現をおこなっている（『日本建築学会計画系論文集』第五七九号、二〇〇四年五月）。
(44) 前掲注5に同じ。
(45) 前掲注5に同じ。
(46)「防火家屋ヲ建テ庶民へ貸渡スベキ方法」（『大隈文書』早稲田大学図書館所蔵、史料番号A三九二四）。本文中、以下しばらく断りのない限り、引用部分（「　」内）は当史料による。
(47) たとえば明治三年（一八七〇）正月には、少しでも「余力有之者、可成丈土蔵造・塗屋等に致」すよう、東京全域に達せられていたことが知れる。前掲注3、川崎『銀座煉瓦街の建設』二三―二四頁。
(48) 前掲注2、藤森『明治の東京計画』一四頁。
(49)「建築事務雑書留」東京都公文書館所蔵（以降、「雑書留」と略記）リール番号六八一―七四七。本文中、以下しばらく断りのない限り、引用部分（「　」内）は当史料による。
(50) 前掲注2、藤森『明治の東京計画』一四―一五頁。
(51) 第一大区八・九・一〇小区の「嶌頭一同」は、「今般市中一般火災消防之御趣意ヲ以煉化石御建築御布告之趣」に接し、「私共年来職業之儀、追々手薄ニ可相成」ことから「区内煉化石御建築之御用向被仰付被下置度」との願書を第一大区役所に提出している（「雑書留」リール番号七三―七四）。
(52)「雑書留」リール番号六八一―六九〇。
(53)「雑書留」リール番号七〇八―七一五。
(54)「雑書留」リール番号六八八。

(55) 北原糸子「都市の戸籍編制――空間と身分の統合化」(北原『都市と貧困の社会史』吉川弘文館、一九九五年所収)。
(56) 吉田伸之『二一世紀の「江戸」』(山川出版社、二〇〇四年) 一九頁。
(57) 以下しばらく、引用部分(「　」内)は「雑書留」リール番号六九五・六九七・六九三による。
(58) 「雑書留」リール番号七三一。
(59) 「雑書留」リール番号六九一。
(60) 前掲注5「太政類典」に同じ。
(61) 前掲注3、川崎『銀座煉瓦街の建設』一六七―一六八頁。
(62) 『明治文学全集』四(筑摩書房、一九六九年)一六四頁。
(63) 基図は「雑書留」(リール番号三三九)による。なお前掲注2、藤森『明治の東京計画』ですでに建築配置などは図化されており(巻末図3)、本図の「事業後の街区ライン」もそれに負う。ただし上記では「竹川町」とされているものの正しくは「出雲町」であって、また住民に関する言及もなかったため、これを付記するなどした。
(64) なお、本章の「表店」に関する検討は、吉田伸之氏のご指摘をきっかけとするものである。
(65) 家持の比重については吉田伸之「表店と裏店」(『日本の近世九都市の時代』中央公論社、一九九二年、三〇五頁)。町屋敷内の利用構造は、玉井哲雄『江戸町人地に関する研究』(近世風俗研究会、一九七七年)、第一篇・第四章以降にくわしい。
(66) 「雑書留」リール番号六〇―六一。
(67) 一方で、本章の「表店」に関する検討が的を射ているとすれば、銀座煉瓦街計画は「裏店」の排除を含意していた可能性がでてくる。この点については明治一〇年代の貧富分離論との関係性などから、また別の機会に論じることにしたい。
(68) “THE FAR EAST” VOL. 5, No. 6, June 1874.
(69) 前掲注5に同じ。以下しばらく、引用は当史料による。
(70) 『東京府史料』五、国立公文書館内閣文庫所蔵。
(71) 前掲注3、川崎『銀座煉瓦街の建設』一六一頁。
(72) 前掲注2、藤森『明治の東京計画』巻末図4。
(73) 「御用留」リール番号四七八。
(74) 「御用留」リール番号三七四。

(75) ほかに、「四割以上」だと八年賦、「五割已上」では一〇年賦とされていた（「御用留」リール番号四六六―四六七）。

(76) 明治五年（一八七二）一〇月、第一大区八小区戸長から東京府への陳情書（「雑書留」リール番号四二五）。なお立ち退いた住民の行方をたどることは史料的に難しいものの、明治九年（一八七六）八月時点の情報として三三名分が確認でき、内訳は木挽町一―三丁目に七世帯、南飯田町三世帯、大富町・南小田原町二丁目各二世帯となり（「類焼一件」リール番号二一七）、いずれも比較的近隣（東方の木挽町・築地エリア）の開発から逃れた地域であった。さらに前掲注5からは明治七年（一八七四）四月二九日、「京橋以南住居人移転地」として「木挽町元鉄道局用地」残地をあらたに宛がうことが決定されていたことが知れる。詳細は今後の課題だが、着工から二年をへて、住民らの反発が無視できないレベルにまで達し（後掲注80参照）、また工事進捗の都合上、事業主体の側も当初の方針を転換せざるを得なくなったものと考えられる。

(77) 少々時代が下り、煉瓦家屋の払い下げが始まってからの空屋状況は『東京市史稿』市街篇五四巻（七七三―七九一頁）にくわしい。

(78) 「御用留」リール番号三六九―三七六。

(79) およそ一年後の明治六年（一八七三）一二月になり初めて普請中の地租免除が許されている（前掲注70に同じ）。また規模は未詳なものの、すでに事業打ち切りが決まり、銀座大通り沿いの買い手募集なども済む明治九年（一八七六）頃からは「空屋」分の地代補塡もおこなわれていたようである（前掲注3、川崎『銀座煉瓦街の建設』一七八頁）。

(80) 前掲注70、『東京府史料』三。

(81) 前掲注72に同じ。

(82) 前掲注38、滝島『都市と地租改正』一一、二四―二六頁。

(83) 前掲注38、滝島『都市と地租改正』六五頁。

(84) 「御用留」リール番号三五七、三六二。

(85) 「御用留」リール番号三八九―三九〇。府は、「土蔵之儀は……相当之代之価を以、建築局（大蔵省建築局―引用者註）え買上相成候条、其旨可相心得事」という布達案まで用意していた（「御用留」リール番号三五八）。

(86) 「御用留」リール番号六〇九―六一〇。

(87) 「御用留」リール番号六三六。

(88) 前掲注38、滝島『都市と地租改正』二四八―二四九頁。

(89) たとえば事業化当初、大阪・兵庫・堺の三府県では町触をつうじ、「今般東京市街総て赤瓦を以家宅築造相成候」ことが報じられ、また市中職人に対して煉瓦を供出するよう度々求められていた（「御用留」リール番号二二一―二二五、七二四）。
(90) 前掲注79を参照。
(91) 前掲注38、滝島『都市と地租改正』五九―六〇頁。
(92) 津田真道の以下の描写（明治七年六月頃）からは煉瓦街に対する世論の一端が知れる。「大路広闊、人馬路を異にし、あたかも巴黎大街のごとく然り。しかるにこれ官の造るところにして、民力の致すところにあらず。そもそも政府数十万金を京外の民に徴してこの大土木を興し、特恩を輦下の一区に施す。これはたして何の義ぞ。……当時該区民の苦情を鳴らす声、街衢に満てり。しかりしかして、政府、人民の権義を問ず、好悪を顧ず、断然としてこれを行う。チラン（暴政―引用者註）にあらずして何んぞ」。（『明六雑誌』上巻、岩波文庫、一九九九年、三六四頁）。
(93) 都市イデアという概念については、伊藤毅「移行期の都市イデア」（吉田伸之・伊藤毅編『伝統都市1　イデア』東京大学出版会、二〇一〇年）を参照。

第3章「皇大神宮遥拝殿」試論

はじめに

東京府下一般への拡張も検討されていた銀座煉瓦街計画が、結局その場かぎり——正確には当初着手した事業範囲のそのまた一部——で完結してしまったことは、明治期の東京において都市改造をめぐるあらたな局面をもたらすことになる。銀座の経験によって露呈した財政的な限界、あるいは多くの人びとがひしめき合っているという都市の現実は、いやおうなく大規模な面的開発の困難さを公権力側に思い知らせた。そのため、東京市区改正（第Ⅲ部参照）に向けた議論が本格化する明治一〇年代なかばまでの以後しばらくの間は、一定の地域や建築を対象とする局所的な開発が試みられていくことになる。

（1）起点としての皇居、および諸官省の建設

さきの第2章（以下前章と記す）をあらかじめ振り返るところから、本章を起こすことにしたい。[1]

銀座煉瓦街計画が和田倉門内（西丸下、現・皇居前広場の北東角）からの大火をきっかけに開始されたことは確かであるが、もし仮に、その類焼場が銀座や築地一帯でなかったとしても、東京府下全域までも視野におさめるような大事業へと展開していっただろうか。たとえば芝や下谷、牛込といった地域の出来事であっても同様のインパクトを与

えていただろうか。

答えが「否」であることは、誰もが考えるところであろう。ただしこの点について、既往研究では類焼場一円が漠然と「天皇のおひざもとの町」であることや、「鉄道を通して横浜と築地居留地、さらには横浜の開港場を通して外国とも結びつく地」であることが状況証拠的に語られることはあっても、(2)その意味が追究されることはなかった。

これらの推測はかならずしも的はずれではない。しかしながら冒頭で述べたような以後の展開（銀座煉瓦街後の開発のゆくえ）を意識するならば、銀座や築地といった類焼場の性格を、それらの地域内部での差異も含め、できる限り厳密に把握しておく必要があろう。

この問題について、前章ではふたつの史料を掲げ、簡単な見通しは述べた。要点のみを記すと、それは第一に、道路プランが「皇居ヲ本トシ、数寄屋橋・山下御門等其外諸堀河ノ形勢ニ寄リ」策定されていたように（前章史料1）、銀座煉瓦街計画の重心は、明らかに「皇居」やそれを取り巻く濠近傍の都市空間に置かれていた。具体的には、明治初年の「遷都」にともない明治新政府がみずからの拠点に定めた「郭内」、なかでもこの大火の直前に「諸官省御取建之場所」（同史料2）として決まった西丸下一帯における動勢をふまえるものだった。さらに、道路プラン策定に関する東京府から太政官への上申（同史料1）では、この配置が府下一般を対象にこれから取り組まれていく道路改正・家屋改良事業への連結を意識しながら決められた旨（「右ハ他日一般施行ノ目的ヲ以……位置ヲ定」）も述べられていた。

つまり、これまでは「西欧」を模倣する側面（車歩道の分離や広幅員などの点）ばかりが注目されてきた銀座煉瓦街の道路について、当時はむしろ、府下一般の将来も見据えるその配置計画こそ争点だったのであるまいか。さらにいえば、このフィジカルプラン策定のなかで最も重視された類焼場の西北エリアが、災禍の少し前から新政府の空間的中枢として、また東京一般のあり方を構想するうえでの起点としても浮上していた可能性が高い。

（2）銀座という場所の両義性

以上にくわえて、もし既往研究で強調されるように「築地居留地」とのつながり、いいかえれば対外的な景観整備が類焼場への対処のなかで最優先される条件であったならば、銀座が先に着工され、また結局築地一帯には煉瓦家屋が建たなかった事実は理解しがたいものとなってしまう。

たしかに開国以来、築地は東京における海外との接点として築地ホテル館の建設をはじめ、さまざまな開発・改変が先行しておこなわれる地であった。しかし明治二年（一八六九）三月の天皇再幸を機に、次第に東京が新政府の拠点という性格を強く帯びだすと、そのような小規模な改変ばかりでなく、都市そのものの実質を調える必要がでてくる。西丸下における「諸官省」建設（前述）への動きなどは、その最たるものといえよう。銀座は、開国からこの「遷都」にかけての政治社会的な動勢と並行し、築地にくわえて皇居および西丸下にも相当な比重が置かれていく、ちょうどこの双方の中間に位置していた。両所の結節点としての性格が、類焼場のなかでも銀座が重要視され、先だって着工されることへと結びついていたと考えうるのではないだろうか。

この点は、実現した道路の様子からも、ある程度裏づけられるように思う。

図1[3]は、東京府の主導により策定された道路プランである。なお、この形状そのものについては、すでに藤森照信が銀座煉瓦街計画の道路計画図（明治五年三月一八日公布）として紹介している[4]。

一見して、類焼場の道路は、銀座の現況を基本とし、残りの木挽町や築地（双方とも、多くが旧武家地）などはそれを延長しながらあらたに敷設されるように計画されていたことは明らかである。一方、銀座内部はおおむね従前の江戸町人地以来のものを受け継ぐが、じつは数寄屋橋と山下御門に囲まれるあたりについては、当初、東西方向の街路

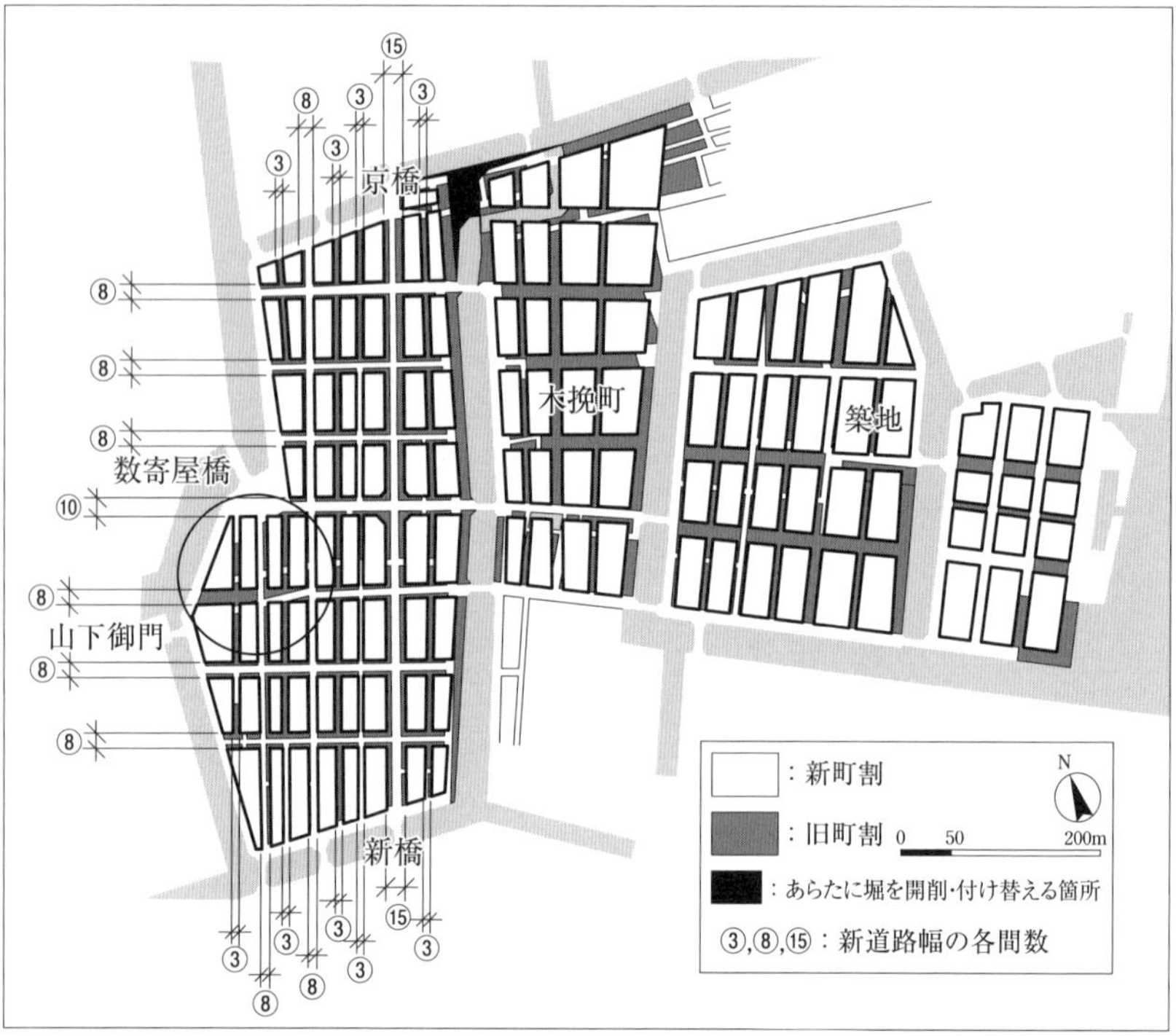

図1　銀座煉瓦街計画における新旧町割

が直行していなかったものの、改正によってそれが西方に向かって真っ直ぐに正されたことに気づく（図1の円内）。

もちろん、銀座煉瓦街のなかで最も広い道路は、新橋と京橋、さらには日本橋へとつづく南北をつらぬく一五間の銀座大通りである。これは鉄道によって横浜とつながった新橋と、江戸以来の経済的中心地である日本橋・京橋地域とを結ぶ、実質的にも「府下第一之大道」[5]であった。ただしこの大通りを除けば、ほかの南北方向の多くは三間と狭小なままであったのに対し、東西方向は一〇間に拡幅された数寄屋橋通りをはじめ、この時の改正によって残りもすべて八間に拡幅、統一されている（図1参照）。近世段階の銀座は、基本的に南北の街路を規準として町割・屋敷割がなされていたことをふまえれば[6]、従前大名屋敷（跡地）どうしを結ぶに過ぎない狭隘な東西街

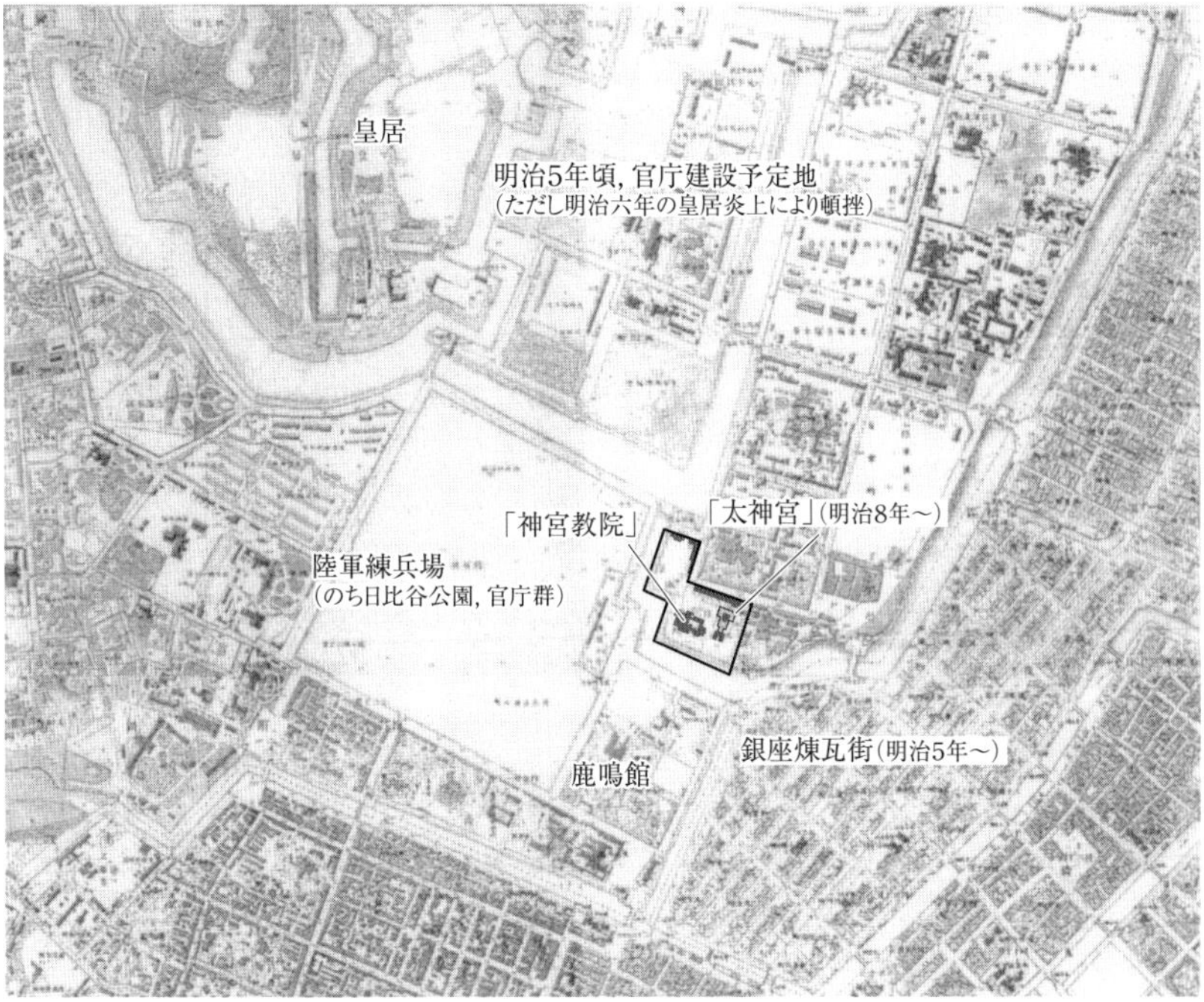

図2　明治16年陸軍実測図より銀座・西丸下一帯の様子

路に対するこのような改変は、新道路計画のなかで明確に意図された行為だったと考えてよい。(7)銀座煉瓦街計画は東京府下への拡大が目指されながらも、その具体的な中身には、西北方向に展開する「皇居」および建設予定の「諸官省」用地一帯を核とする局所的な空間が出現する兆しがすでに表れていたのである。

一　皇大神宮遥拝殿とは

図2は、明治一六年（一八八三）の陸軍実測図(8)から銀座一円を抜きだしたものである。

さきほど指摘したとおり、銀座煉瓦街の西方、東西道路の軸線の先には新政府と密接なかかわりのある施設がこの一〇年足らずの間につぎつぎと生みだされていった様子がみてとれる。前述の西丸下の諸官庁建設は明治六年（一八七三）五月五日の皇居炎上によって実現にはいたらなかったものの、当該地域には応急の「太政官代」がしばらく置かれていた(9)。また、山下御門の内側には、周知のように、内外人交歓のための社交場である鹿鳴館が誕生している。図では更地のままとなっている皇居宮殿（西丸）も、すでに明治一〇年には同所での再建が決定し、この数年後には完成をみる(10)。以上の他にも、鹿鳴館と隣り合う広大な陸軍練兵場を中心として、のちに官庁集中計画が盛んに議論されていったことはすでによく知られるところである。

（1）本章の目的と位置

さて、銀座煉瓦街の西北端（数寄屋橋・山下御門との接合部あたり）および鹿鳴館と、内濠を介してちょうど三角形を描くような所に「太神宮」、またその西隣に「神宮教院」と記された一角がみてとれる（図2）。これらの施設については、これまでその立地をふくめ、具体的様相についてはほとんど注目されてこなかったものの、一方でその機関としての働きについては明治初頭の東京、さらには日本のあり方を考える際、きわめてよく知られるものである。

皇大神宮遥拝殿とは

正確には、「太神宮」とは皇大神宮遥拝殿（以降「遥拝殿」と略す）、そして「神宮教院」は明治八年（一八七五）に設立された日本全国の神道布教をつかさどる国民教化のための半公的な機関であった神道事務局（図2の段階では神宮教院と併設状態にある、後述）のことを指す。なお前者は、当時、一般には日比谷大神宮と呼ばれており、また現在は靖国神社にもほど近い飯田橋（東京都千代田区富士見町一丁目）に座す東京大神宮の前身となるものである。

これらの成立経緯については後でくわしく検討することにして、はじめに大まかな時代背景をつかむことにしよう。図3は(11)、明治八―一〇年（一八七五―七七）の作成と判断される、さきの図2の「太神宮」など一帯をとらえた銅版画である。「……新築図」と題されるように、そもそも幕府の庇護のもと仏教が隆盛を誇った江戸期にこのようなも

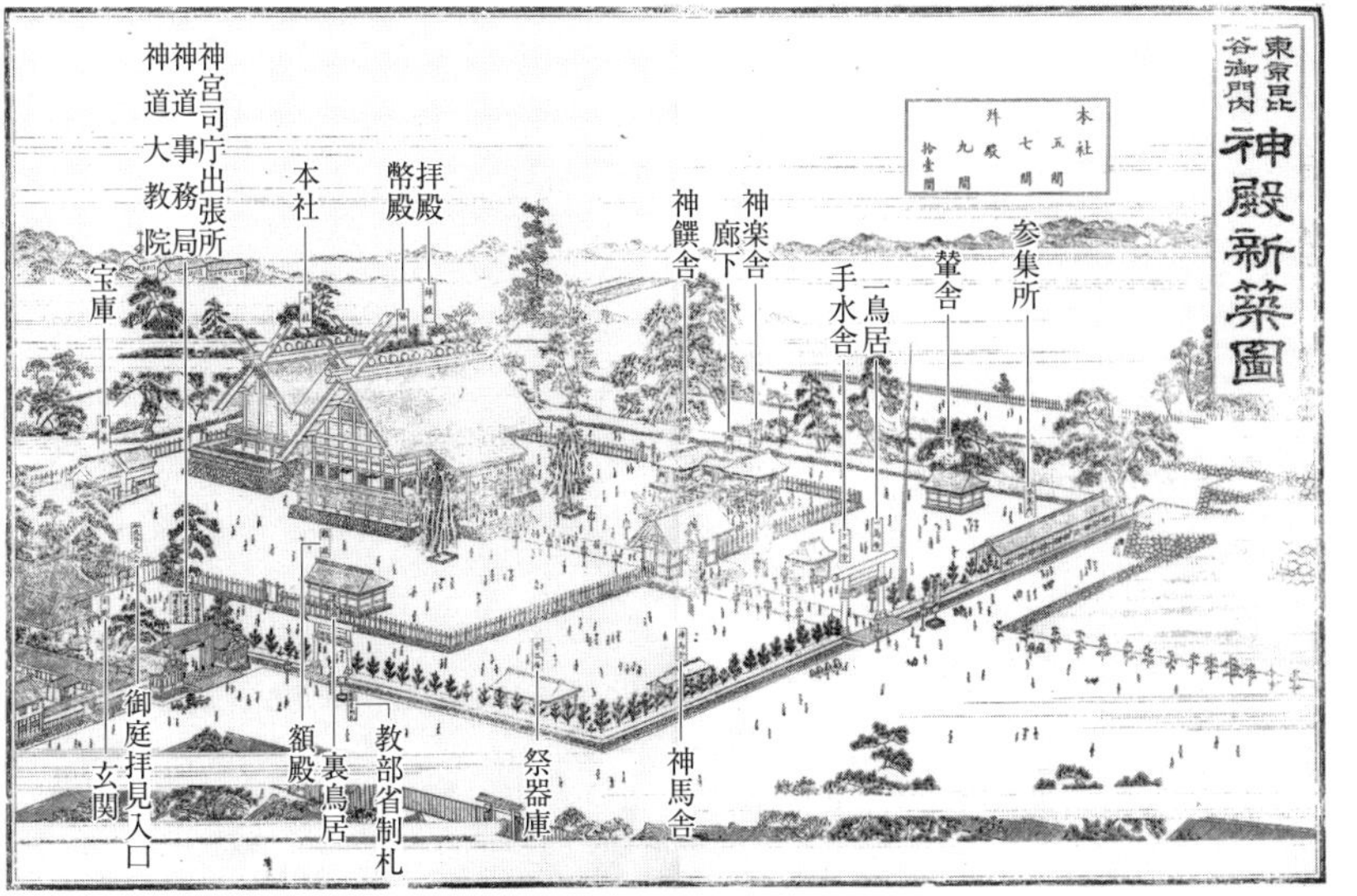

図3　皇大神宮遥拝殿（完成予想図）

のは存在しない。ここは、江戸城・内濠のさらに内側、大身の大名たちの屋敷が集中したいわゆる「大名小路」南端の常陸笠間藩上屋敷（幕末当時）の場所に当たり、明治に入ってからは、その大名藩邸跡地としての広さをいかしながら「遥拝殿」などが計画されていったことになる。なお、左隅の「神道事務局」他の描写からは、藩邸建築が一部転用された可能性も認められる。

　幕末維新期、尊王論は三〇〇年間にわたった幕藩体制を否定するいわば革命的イデオロギーであった。王政復古をなしとげた明治新政府の正統性は、たとえば宮地正人の理解によれば、「なによりもまず記紀神話での天壌無窮の神勅や三種の神器、天照皇大神と血統的に結びついているというミカド（天皇）の宗教的権威」に依拠するものであり、人びとの間に「天皇をそれら神話等と結びつけ、宗教的にとらえる意識を再生産させる全国的組織」を早急に作りあげる必要があった[12]。かくして明治一〇年（一八七七）までの間、天皇を中心とする祭政一致（政教一致）が新政府の政策として曲がりなりにも追求されていくこととなる。

　その一方で、神道はもともと特定の教義や宣教システムをもっておらず、その脆弱さを補うために明治五年（一八七二）には新政府の中央官庁のひとつに教部省が設置されて、仏教を取り込みながらの国民教化運動（大教宣布）が図られる。具体的には、東京・増上寺の本堂を大教院と位置づけ、全国各県下に中教院、さらにはあらゆる神社や各宗の僧侶の住房までをも小教院に、天皇崇拝中心の神道教義布教が取り組まれていった。しかし、これはまもなく仏教勢力の離脱も招いて破綻をきたし、明治八年三月末には教部省の認可のもと、あらたに神道側が大教院に代わる布教機関を東京に設けることになる。それが、ちょうど図3に見える「神道事務局」であり、かつその祭神を祀ることなどを目的として新造されたのが「遥拝殿」だったのである。

いわゆる「祭神論争」をふまえて

ところで、近現代日本の宗教史のなかで「祭神論争」といえば、公的な神道布教の主体として天御中主神・高皇産霊神・神皇産霊神・天照大神の四柱神に、大国主神をここにくわえるかどうかという点で、神道界を皇室と深いつながりのある伊勢派（神宮教会派）と出雲派（出雲大社教会）に二分し、最終的には明治天皇の勅裁（明治一四年二月）によって大国主神をまつる出雲派の主張が公的に斥けられた事件として知られる。[13] またこの過程と並行して、神道全般が皇室神道にもとづきながら狭い意味の「祭祀」と「宗教」に峻別され、前者は戦後までつづく、宗教ではなく国民道徳と同一なものだとする国家神道へと結実していく。なお後者からは天理教、金光教、黒住教などの教派神道一四派（のち一三派）の誕生をみる。

この「祭神論争」における対象そのものとなったのが、まさしく「遥拝殿」であった。

これまで「祭神論争」についての一般的な理解は、以下のようなものである。ここには大教院の祭神（四柱神）が遷されたが、神道事務局の設置をつうじ、神道界独自の布教体制の確立、さらには各派の宗教的な発展も進むにつれ、その多神教という性格からしても内部衝突・分裂は避けられなかった、とされる。

もちろん、筆者はここで「遥拝殿」をめぐり宗教史・思想史の領域にふみこむつもりはなく、またその能力ももたない。ただし以上のように既往研究を概観してみても、すでに相当数の議論が重ねられているにもかかわらず、教義の差異や人的な組織のあり方ばかりに焦点が絞られ、たとえば「遥拝殿」や神道事務局がどのような相貌を備えていたかにほとんど注意が払われてこなかったことには疑問を感じる。

そもそも神道事務局は、新政府主導の国民教化を受けつぐ唯一の機関ではあったものの、大教院時代と変わらずその経営維持は全国の神社・講社・教会の負担にまち、公権力はこれに出費しなかった(14)。一般に「半公的機関」と称されるゆえんである。つまりこれらの施設の地所、および造営費用は下賜されたのではなく、もっぱら神道側が当時まかなっていたことが推察されるのである。

しかしながら現実の都市のありさまに則してみれば、東京のなかでも新政府の拠点とされた「郭内」、とりわけ銀座煉瓦街の建設以後、新政府の物理的な中枢として浮上していたエリアに、すでに地券発行も済む明治八年(一八七五)からどのようにしてあらたな空間を獲得することができたのだろうか。さらにいえば、その後、衝突や分裂を招いていくにしろ、いったんは何よりも人びとを「教化」せねばならないという喫緊の共通課題をまえに、明治初頭の宗教・神道界は「遥拝殿」をいかに都市に対して表出させていったのだろうか。

これらの論点の解明は、第一義には筆者にとっての近代東京の都市空間の特質をさぐるための素材として、ただし結果的には、のちに訪れた神道界分裂への道程をうらなう材料を提供することにもなろう。後者については今後の研究による批判をまつことにしたい。

（2）「遥拝殿」の成立基盤

できあがったばかりの「遥拝殿」について、当時の新聞記事（明治一三年三月二二日付）は次のような文章で伝えていた（史料1、傍線筆者・以下同じ）。[15]

［史料1］

日比谷門内有楽町なる皇太神宮の神殿は、神宮司庁・神道事務局合併の建築にて、明治八年六月二日その立願を許可せられ、本年三月始めて落成を告げ、来る四月十六日より十八日迄三日間、正遷宮祭典式を執行せらるゝと云、抑々神殿の営繕費は宮内省よりの寄附を始め、有栖川、東伏見、華頂……久邇の宮方よりの寄附、其他神宮及び官国弊社、府県社及び神道教導職並に全国敬神者等の協和尽力にて成立たるものの由にて、其場処を西北は皇城に近く、東西は市街に接する府下中央の地に定められしも諸人の参拝に便ならしめんが為めなりといふ、されば神徳はいよいよ光りを添へ更に士民が敬崇の念を深からしむるに至るべし。

ここからは、「遥拝殿」の成り立ちについて、出資主体や並行して進んだ都市的改変との関係など、いくつか重要な知見が得られるように思うが、まずは「遥拝殿」という呼称にまつわる点から検証していくことにしたい。

誰が場所を用意したか

「遥拝殿」、すなわち皇大神宮遥拝殿とは、伊勢神宮・内宮を拝むための殿舎を意味する。すなわち明治八年（一八七五）五月の大教院の解散後、それを受けつぐ「神殿」として出発していたはずが、いつからか、おもに天照大神を崇拝する場へと転換していたことになる。これは、史料1で「皇太神宮の神殿は、神宮司庁（伊勢神宮の運営本体―引用者註）・神道事務局合併の建築」とあるように、すでに落成までには顕在化していたとみられる。いいかえれば、

「神殿」造営の過程で、伊勢神宮を体現する側面が拡大していたとの予測が立つ。

この点について、明治初頭の公権力による国民教導政策に明るい『神教組織物語』（明治一八年）は、施設所有者の影響を示唆する。少々引用すると、そもそも神道事務局の「地所建物ノ所有主」は「神宮」であって、「各府県下ノ分局長及官国弊社教導職ノ会議」において「神殿ヲ造営スルニ就テハ、神宮所有ノ地ニ建テ、主神（大教院来の祭神―引用者註）ヲ借地ニ鎮メ奉ル事ハ、全国教職ノ体面ニ関スルヲ以テ、全体ノ地所半分ヲ事務局（神道事務局―引用者註）ニ献備セヨ」との申し入れが「神宮」に対してなされたが、「然レドモ天下ニ金力ノアル神社トテハ、神宮ニ及ブベキモノナク」、そのまま神宮の意向にそって献備されぬまま造営は進められていった[16]。つまり大教院が解体して神道事務局が設けられる際、事前に場所を確保したのはひとえに伊勢神宮だったのであり、またそのことに由来する神宮の発言力の大きさがここからはみてとれる。

一方で、伊勢側の史料にしたがえば、右記の経緯は微妙に異なる意味合いをもつ。現在、神宮司庁に所蔵される「東京遥拝殿設立始末」[17]からは、明治八年（一八七五）四月から同一〇年一〇月までの「遥拝殿」設立の過程を事細かにたどることができる。これによれば、伊勢側が「場所を確保した」のは本来的には神道事務局の受け皿としてではなく、みずからの布教のためであったことが明らかとなる（以下しばらく断りがない限り、典拠は当史料）。

それは、当時神宮少宮司で教部省七等出仕だった浦田長民が主張する「大教宣布ニ付テハ、各府県人烟稠密之地ニハ必　皇大神宮遥拝殿可取設見込ニ而、既ニ京都・大坂両府下ヘハ設立御聞届・着手候処、方今輦轂下（天皇の膝元―引用者註）其設無之候而は人心帰向ニモ関係シ、甚不都合」（明治八年四月、教部省への上申）という、すでに神道事務局の設立以前から伊勢神宮が独自に東京（「輦轂下」）への布教を目指していたことの、あくまでも結果だったのである。浦田は「全国ヲ挙テ我神宮一教ノ下ニ収拾」を目論む「熱烈な伊勢神宮の信仰者」であり、また教部省廃止（明治一〇年）の頃まで伊勢神宮の教化運動の主導権を握る人物であった[18]。つまり、伊勢側にとって神道事務局の「神殿」は、事実先行して教部省の認可も得ていた「遥拝殿」に、後から合流・併設（「合併建築」）する副次的な存在に過ぎなかったのである[19]。

付言すると、浦田を筆頭に神宮側の「遥拝殿」にかける思いは、ただならぬものがあった。公権力あげた神道布教推進の一方で、市井にはたんに営利目的の宗教施設も数多く誕生したことから[20]、明治九年（一八七六）三月、教部省はその取締りに向けて、あまねく「諸神社・分社・遥拝所ノ区別ヲ明瞭ニシ……建物模様幷地面坪数等ニ至迄、詳細絵図面相添」えて出願するよう布達する（教部省布達第八号[21]）。この布達の直後、浦田は、すでに「神道事務局神殿、合併奉祀」も検討されていた時期であったにもかかわらず、祭主・久邇宮の代理として「神宮御儀は他之神社トハ格別」と教部省に主張し、京都や大坂のものも含め、太古からの事例に照らし、「遥拝殿」に対してあらたに「宮」号を要求するのである（史料2[22]）。

［史料2］

御省本年第八号（上述の教部省布達第八号のこと—引用者註）ヲ以諸神社・分社・遥拝所之別、府県へ御達有之承知致候、右御達之旨ニ拠候得は、兼テ三府へ建設願済相成

皇大神宮遥拝殿は分社ニ相当リ候処、

神宮ニ於テハ上世ヨリ　瀧原宮・同並宮・伊雑宮等へ分霊ヲ奉祀シ遥宮ト称シ来候ニ付、右ニ準拠シ前書之遥拝殿ハ今後

皇大神宮遥宮ト称シ候様致度存候、神宮御儀は他之神社トハ格別ニ候条、特殊之御詮議ヲ以右之旨御聞届被下度

（以下略）

教部省はこれを認めなかったものの、その後も「皇大神宮遥殿」や「皇大神宮分社」などの名称申請が繰り返された。ただし結局のところは、以前に認可を受けたままの「皇大神宮遥拝殿」に落ちつく。

このような改称への試みは、伊勢側が教部省の一斉取り締まりをむしろ好機ととらえて、あらたに「遥拝殿」を内宮の「別宮」並みに積極的に位置づけることによって、「他之神社」との差異、ひいてはみずからの優位性を示し、人びとの信仰を広く集めようとしたものと理解できよう。

他方、教部省がこれを拒んだ理由は文献史料からはつまびらかでなく、またかならずしも本章の課題とするところではない。ただし名称そのものはこの時認められなかったものの、後述のようにすでに最初の認可時点で神宮が提出していた図面類からは、「遥拝殿」には伊勢神宮に対してしか用いられない形式である神明造の神殿設備などが調えられる予定であることは一目瞭然といえる。つまり実態としては、却下された「皇大神宮分社」などと大差はなかったのである。この件について、教部省は建築にまつわる注文は一切付けていないことから、「遥拝殿」ないし伊勢神宮に対し、名称を認めないこと以上の規制をかける意図はなかったように思われる。

二　表出する「輦轂の下」の光景

以上のように、大教院に代わり全国の神道界を束ねる機関であったはずの神道事務局は、当初から、その物的基盤を所持する伊勢神宮の影響を強く受けずにはいられなかった。これは伊勢側が大教院の瓦解前後から単独での信仰収拾をすでに目指していたことも相まって、おのずと具体的な様相も神宮をもっぱら象徴する方向へと流れていく。

（1）　建築的特徴

さて、前述の銅版画（図3）に立ち返ることにしよう。

門前の標木に「教部省制札」とある点などから、神道事務局の設置（明治八年三月末）から教部省廃止（明治一〇年一月）までの二年弱の間に作成されたものであることがわかる。つまり、これは落成（明治一三年三月、史料1参照）のはるか以前に、いわば完成予想図として表されたものと考えてよい。一見して「拝殿」のみならず「本社」も調えられ、遥拝所以上の存在であることは明らかといえる。[23] いずれも殿舎形式は切妻・平入りで、屋根に反りはなく、かつ千木や堅魚木、円柱といった神明造の特徴、すなわち伊勢神宮正殿にまつわる要素が多用されている。とくに「本社」の方は、正殿そのまま、棟持柱を有しているように描き分けられていることにも気づく。

その一方で、「皇大神宮……」ではなく「神殿新築図」と題され、また画面隅の社務エリアに対しては「神道事務局」を中心とした名称説明も付されていることから、「神道界全般の「神殿」」であることを示すために作られた側面も否めない。作者名（東京本所・松浦宏浴刀）も判明するものの、画面に描かれた内容だけからははっきりとした作画の背景をつかむことは難しい。

しかしながら、じつは、ここに描かれる殿舎群には既存の雛形を認めることができるのである。図4は、[24] 明治八年（一八七五）七月、伊勢神宮が「遥拝殿」の造営を教部省に申請した際に付した図面類である。この時点では少なくとも「神道事務局神殿」の「合併建築」は未確定な段階にあり、[25] これらはひとえに皇大神宮を崇拝する「遥拝殿」のために計画されたものとして考えてよい。巨大な拝殿部分を備えた殿舎といい、その正面や側面の様子もさきの銅版画のそれと酷似する。さらに境内に目を転じても、神楽舎や鳥居の様相、およびそれらの位置関係もよく当てはまっており、銅版画は図4の内容をふまえて作成されたものであることは確実といえよう。

それというのも、これらの図面類はこれまでまったく存在を知られてこなかったため、先行研究では「遥拝殿」の姿について、三府への布教という「同様の主旨」によるものとして相対的に史料が豊富な大阪の事例をもって「東京のそれ（「遥拝殿」―引用者註）も、これと殆んど相違がなかったと考えてよい」と推察してきた。[26] しかし実際には、大阪における境内・殿舎（図5）[27] は、ここ東京の「遥拝殿」に比して狭小で、かつ、旧町人地のエリアに位置する既

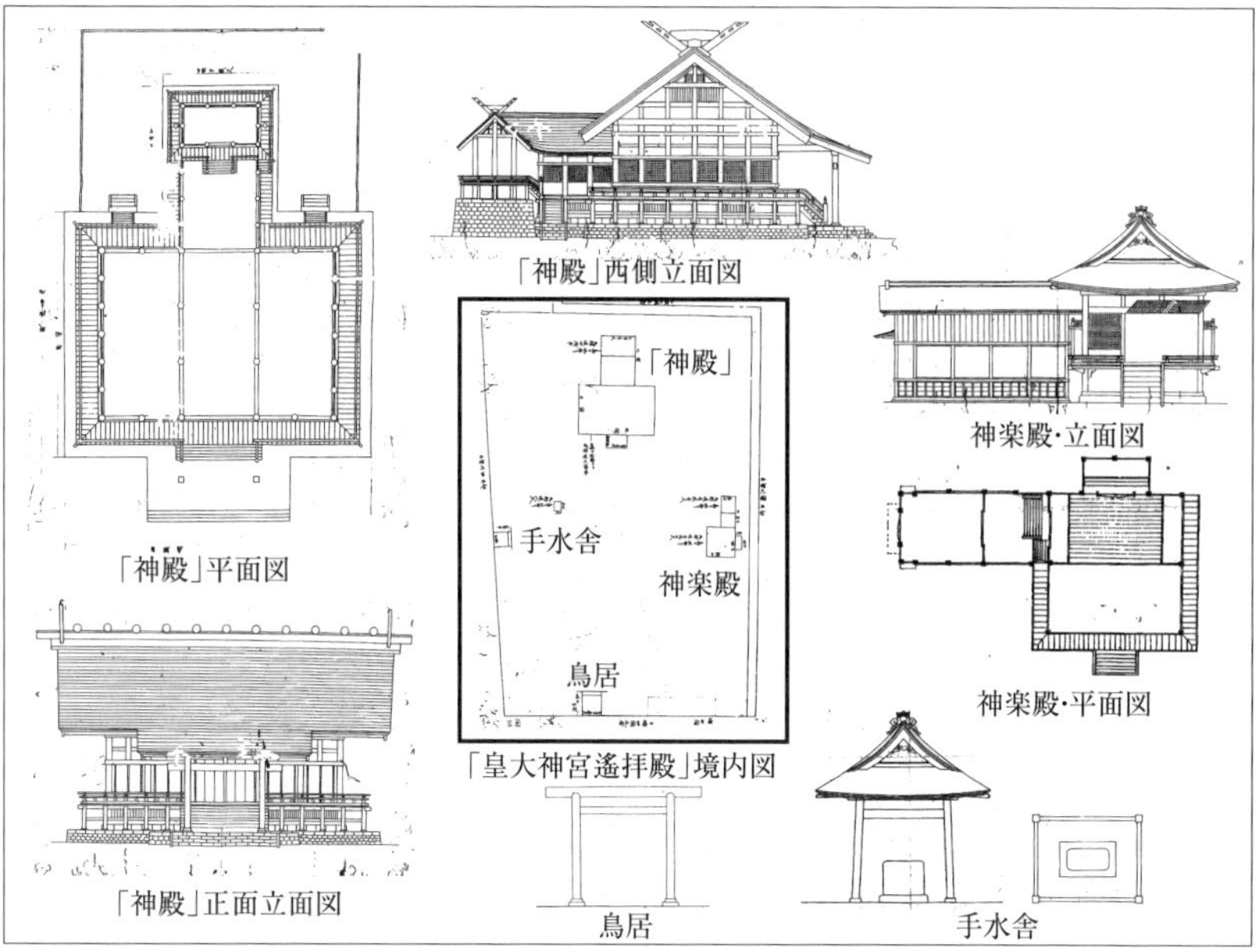

図４　神宮側が先行して申請していた図面類

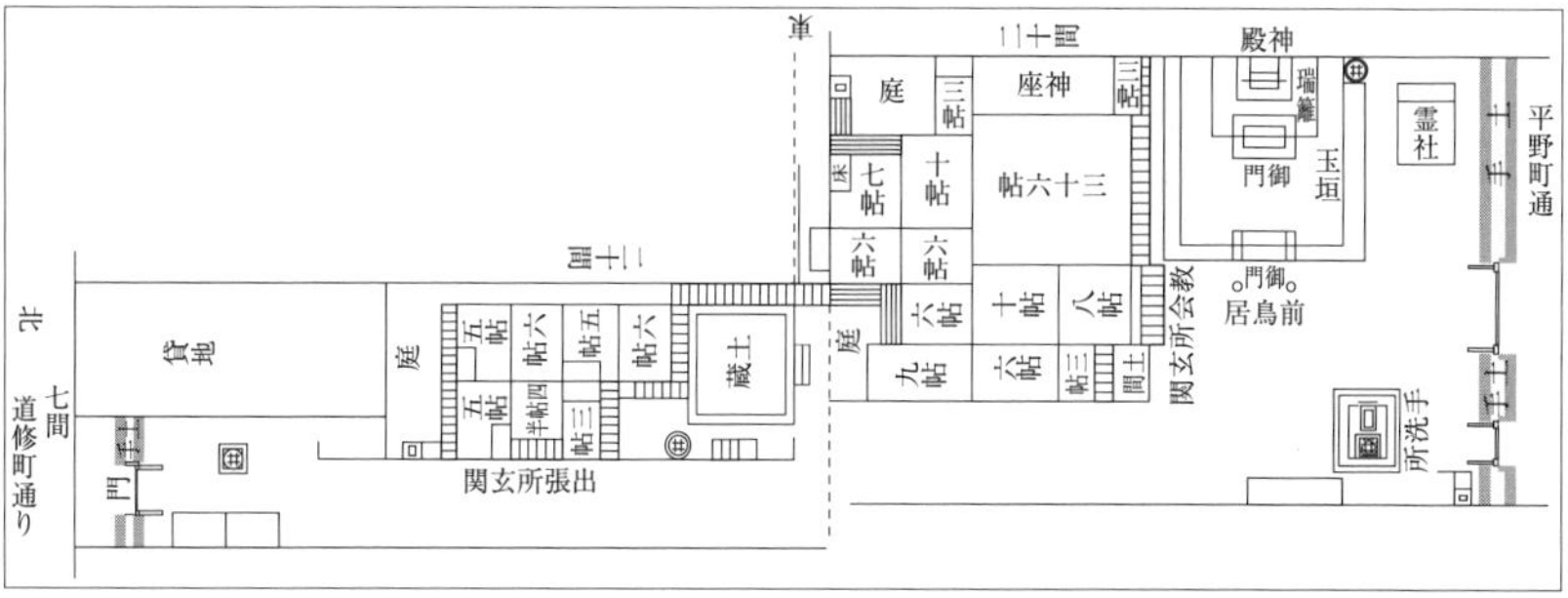

図５　大阪における皇大神宮遥拝殿（図中右上方）とその立地環境

注）平野町と道修町の二筆分を，町境をまたいで利用．前者には神宮教会所，後者には同出張所が置かれていた．なお，前者はかつての北組惣会所の位置に当たり，教会所の建物はその転用である可能性が高い．

存の町家を転用しながら「出張所」や「教会所」なども併設したものと考えられ、かなり異質なものであった。

ひるがえって、この事実を当該期の作図環境に当てはめて考えてみても、あらかじめ図4をふまえない限り、先だって着工されて、ある程度世にも認められていた大阪のそれと大きく異なる姿が落成をまたずに銅版画（図3）に刻まれること自体、不自然といえる。そしてこのことは同時に、銅版画が伊勢神宮の考えに近いところで作られたものであること、くわえて三府のなかでも東京の「遥拝殿」がきわめて特殊な位置づけにあったことを示す。東京の「遥拝殿」では、たとえば銅版画において参詣人が境内へと進入して描かれるように、かならずしも「上世」に照らすばかりでない、都市に対して宗教（神宮）が介入するあらたな局面の到来を感じとれよう。

銅板画の作成背景

ここで、銅版画（図3）が作成された背景について一応の見解を述べておく。

神道側が「遥拝殿」の造営費をもっぱらまかなっていたであろうことはすでに指摘したが、具体的には以下のような方法が用いられていた。当初、伊勢神宮がみずからの布教のために申請した時点（明治八年六―七月）では「遥拝殿建築入費ハ、神風講社中積金ヲ以テ出費」(28)と、当然ながら神宮の教徒による組織（神風講社）が出資主体に想定されていた。しかしその後まもなく、神道事務局の「神殿合併奉祀」が教部省に申請され（ただし当初、教部省は「聞置」と返答）、翌明治九年（一八七六）九月になって正式に「聞届」られると、「神殿建築入費ハ、神官以下官国幣社全国神道教導職集金ヲ以テ営立」することへと転ずる(29)。

要するに、大教院来の祭神が「遥拝殿」に合祀される運びとなり、それにともなって造営費の集金先も神道界全般、日本全国の神官たちへと拡げられることとなった。むろんこの集金にあたっては、どのような「神殿」を建築するのか、くわしく説明される必要があったろう。懸案の銅版画はこの際の道具とされていた可能性がある。

この比定が正しいとすると、銅版画が描く「神殿」が伊勢神宮をもっぱら体現するものであることを全国の神官たち、とくに他派の人びとは当時どのように受け止めたのだろうか。[30] 以前引用した『神教組織物語』における「神宮」への造営用地「献備」の要求などは一種の（反発の）表れといえるのかもしれないが、現在のところ目ぼしい材料を得ない。しかし銅版画の作成側と判断してよい伊勢神宮がその影響力を念頭に置いていたとするならば、みずからを神道界の中心に認知せしめた巧みな手段であったと評価せねばならないだろう。

一般に「遥拝殿」の落成前後に最も加熱したとされる「祭神論争」の前哨戦には、「神道事務局神殿」を取り込む「遥拝殿」のあり方、そのイメージをめぐる作為があったように考えられるのである。

（2）「遥拝殿」の立地環境

ところで、「遥拝殿」の表出をめぐり、伊勢神宮が仕掛けたのは神明造といった建築形式ばかりではなかった。図6[31]は、「遥拝殿」の落成時における、その周囲一帯との配置関係を示す。ここからは、北方に門をひらく敷地条件に対し、ことさらに進入路を延ばすことによって「遥拝殿」（図中では「神殿」）を南面させていることに気づこう。そしてこれは、ある明確な意図のもと、定められるものであったことが明らかとなる。

［史料3］

昨明治八年四月当府下第一大区三小区有楽町三丁目弐番地当庁（神宮司庁―引用者註）出張所構内江　神殿（「遥拝殿」のこと―引用者註）御許可相成候ニ付、本年五月ヨリ着手仕度、然ル処　神殿南面ニ営築候ニ付、諸人参拝甚タ不便宜候間、別紙図面（後掲の図7―引用者註）之通、元山下門内ヨリ当出張所構内へ木製ニテ橋梁ヲ架シ、諸人参拝之便宜ニ取設度、尤架梁以後、破損及造替其外共、悉皆当出張所ニテ引受、聊不都合筋無之様可仕候間、特別之義ヲ以前件御許可相成候様（以下略）

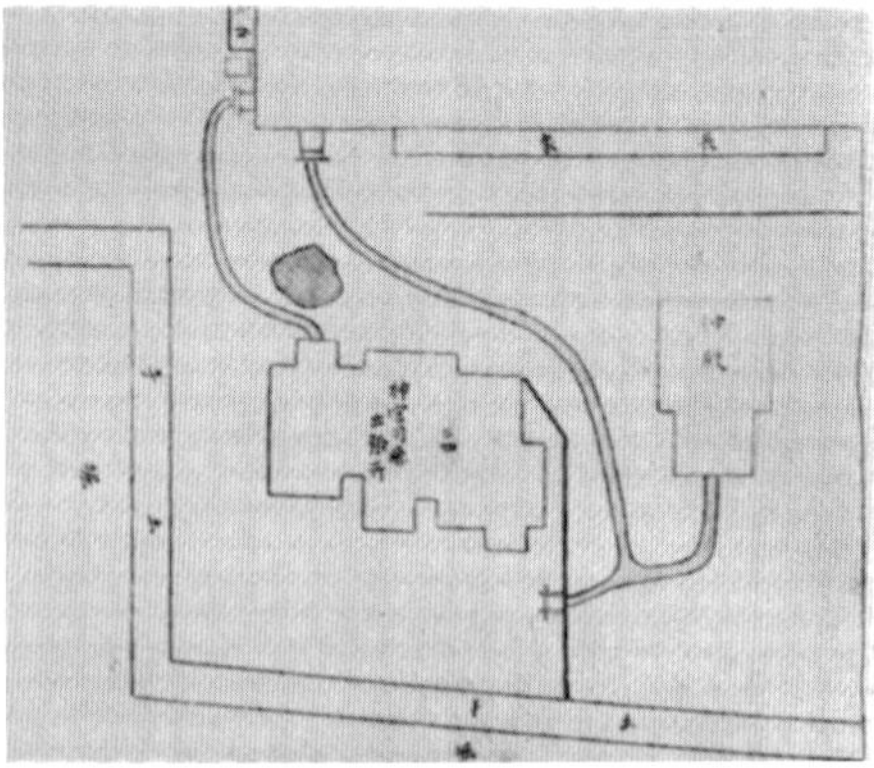

図6　落成時の配置関係

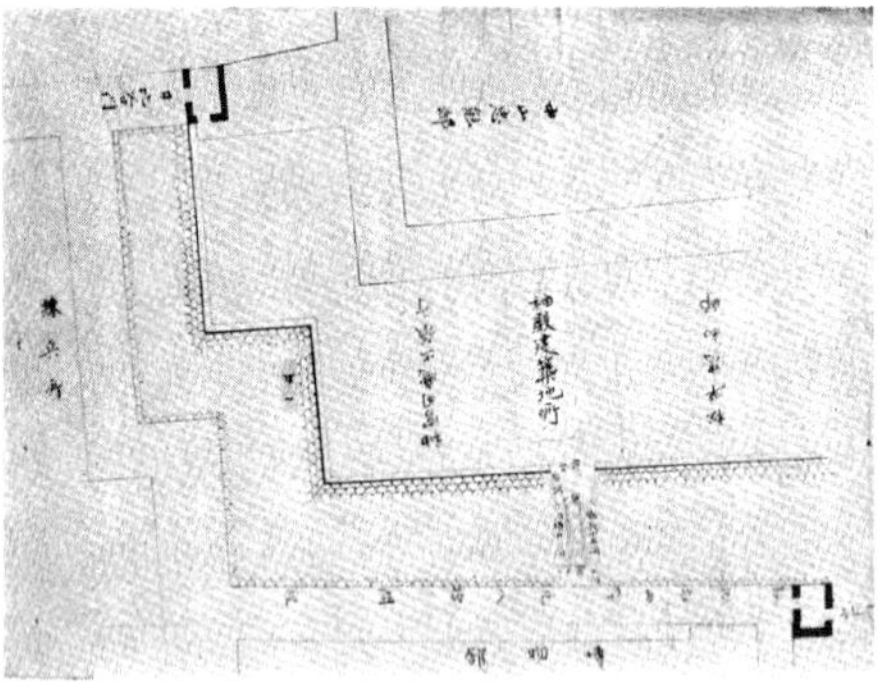

図7　計画された架橋の様子

この史料3[32]は、神道事務局の「神殿合併」が依然正式には決まっていない明治九年（一八七六）四月、神宮大宮司の田中頼庸が東京府（府知事・楠本正隆宛）に出願した文書の一部となる。「遥拝殿」着工を翌月に控えながら、神宮側は「神殿南面」を理由に、敷地南方をふさぐ内濠への架橋をねらっているのがわかる（図7）[33]。そして、これは具体的には「諸人参拝」のため、かつて山下御門が位置した方面、すなわち銀座からのアプローチを確保しようとするものであった。

むろん、建築を南面させるというのは、とくに近代以降の宗教施設では一般的なことではある。しかし「遥拝殿」に関していえば、いったんは敷地の「東の方の明地へ西向に建築する事に定まった」[34]ことも伝えられていたように、どうも西方の皇居あたりへと向けさせる計画も有力であったらしい。さらに、この「遥拝殿」の立地をめぐってはさきの『神教組織物語』にも「神殿造営ノ位置ヲ定テ、土ヲ運テ地平セシハ……折田年秀、戸田玄成ラ来テ、東ノ方ニ南向ニ建ントテ、忽ニ位置ヲ改メタリ[35]」とあるように、かなり革新的な意志ないし判断のもと、旧山下御門エリアとのつながりが画策されたとみて間違いない。

結局のところ、東京府は史料3の時点において架橋申請を聞き届けなかったものの、「遥拝殿」の「南面」はそのまま尊重され（前掲図2・図6参照）、また後年ふたたび神宮側は「日比谷太神宮の傍より山下町の方へ橋を架たき旨出願」し、この際には「許可」が下りて「来月早々着手」されるとの報道も一時は流れていたことが確認できるのである。[36]

（3）　大隈重信との結びつき

このような伊勢神宮の「遥拝殿」に対する強硬な態度や計画への自信は、いったい何に裏打ちされるものだったのだろうか。

ここで、もう一度、落成当時の新聞記事（史料1）を振り返っておこう。

すでに神道事務局の経営維持が公費に依たなかった点については指摘した。しかしながら、このことは「遥拝殿」造営をめぐる公権力側の関与を否定するものではない。たとえば「神殿の営繕費は宮内省よりの寄附をはじめ、有栖川、東伏見、華頂……久邇の宮方よりの寄附、其他神宮及び官国弊社、府県社及び神道教導職並に全国敬神者等の協和尽力にて成立たるものの由」とあるように、一般にはむしろ宮内省あるいは宮家など天皇周辺からの出金が強調され、また「遥拝殿」はそれらと深く結びつく存在として認知されていた。

そして、これはある程度実情を反映するものでもあった。明治一〇年（一八七七）七月、祭主・久邇宮が金三〇〇円を寄附したのを皮切りに、その二ヶ月後には天聴のもと、宮内省が金一〇〇〇円を下賜していたことも確認できる。[37]なお後者の金一〇〇〇円という額は、多少時期はずれるが、銀座煉瓦街計画における天皇の「施金」（大火直後の被災民救助）の半額に達するものであった。

さらに、神道界以外からの「遥拝殿」に対する働きかけは、このような金銭面ばかりに留まるものではない。

史料4[38]は、明治九年八月八日に神道事務局が東京府に対して提出した願書の案文である。これは、前述の、先行する伊勢神宮の「遥拝殿」へ「神道事務局神殿合併」を早急に認可するよう、かさねて神道事務局が願い出るにあたり作成されたものである。

［史料4］

神殿新築之件東京府江願案

御府下第壱大区三小区有楽町三丁目二番地神宮司庁出張所構内江皇大神宮遥拝殿建築之儀、昨明治八年該庁（神宮司庁―引用者註）ヨリ教部省江相伺、正院ニ於テ御許可ニ相成候旨御指令有之候ニ付、尚神道事務局神殿合併設立致度旨同年教部省江相伺候処聞置相成候間、右神殿新築仕度候条、至急御許可有之度（以下略）

ここで注目されるのは、神道事務局が先に認可が進む「遥拝殿」に関して明かす、それがわざわざ「正院ニ於テ御許可」になっていた、という事実である。この時期「諸神社（の）遥拝所建設」の認可体制は、各地方庁（つまり「遥拝殿」の場合は東京府となる）への連絡をへて教部省が認可を下すというものであって[39]、新政府の最高官庁である正院において議題とされること自体、きわめて異例のことといえる。そのうえ「御許可」を与えていた先が神道界全体のものではなく、史料2に記されるような伊勢神宮単独のねらいにもとづく、いまだ大教院来の祭神の「合併建築」が決まらない当初段階の「遥拝殿」であったことは見逃せない。

ひるがえって、以上のように新政府中枢が伊勢側独自の「遥拝殿」造営についてあらかじめその動きを把握し、かつ「許可」も与えていたという理解に立つ時、にわかに重要な意味を帯びてくるのが正院の構成メンバーであり、当時大蔵卿の位置にあった大隈重信の発言であろう（史料5）[40]。

［史料5］

神祇官の国学者連中が、一つ神道を基礎とした新宗教を作ろうと云うことになった。それはこのままにしておけば耶蘇教が入って来るから、特に仏教に代わるべき、わが国固有の新宗教を作らねばならぬ。そうして勅命に

> よって国民の信仰を定めようと云うのであったが、実はその時はわが輩も同感の方で……今、正直に白状すると、最初は一つやって見ようと思うたのである。大神宮を中心として皇祖皇宗の神霊を祀り、学校もそれを中心に教育して、一朝事有る際には大神宮の信仰によって民心―今の政府あたりの言葉を借りて云えば―を統一しよう等と考えていたのである。維新後列国がわが国を苦しめた際に、わが輩がその衝に当たり、また長崎あたりで宗教の事にも関係したこともあって、木戸、大久保等もわが輩の議論には敬服していた（以下略）

これは、まさに神仏合同布教をめざした大教院が瓦解し、相前後して「遥拝殿」や神道事務局が設立されていく時期（明治八年前後）について語ったものとなる。大隈が語るところは、いまだ「一朝事有る」ことも予想されるなか、新政府を支えていく手段として神道界を中心とする「新宗教」の創造、とりわけ「皇祖皇宗」を祀って「民心……を統一」させようという、ほとんど既述の伊勢派の浦田長民に近い構想であったことがわかる。そして、これは同じく正院を構成する「木戸、大久保」といった、事実上、当時おなじく新政府を主導していた木戸孝允や大久保利通らの賛同も得ていた、というのである。

じつのところ、この大隈の発言（史料5）は大正期に入ってからの述懐であることもあり、これまでは「後年……政治的配慮が働い[41]」た結果ぐらいにしか受け止められてこなかった。しかしながら、史料4で確認された、正院における「遥拝殿」造営の事前協議のほかにも、大隈と「遥拝殿」誕生とを取りむすぶ接点は見いだせるのである。

図8は、地租改正・地券発行にともない作成された明治六年（一八七三）「六大区沽券図[42]」より、まもなく「遥拝殿」などが位置することになる一帯を抜きだしたものとなる。一見して明らかなように、陸軍省や旧公卿・中山忠能（明治天皇の外祖父）の邸など、新政府関係の施設が集中する「大名小路」の南端、当該地の土地所有者として大隈重信の名を見いだすことができる。すなわち、本章でここまで述べてきた一連の事柄の「舞台」をもともと所持していたのは、大隈その人だったのである。『神教組織物語』では「当春（明治八年―引用者註）神宮ニテ二万余千円ヲ以テ、

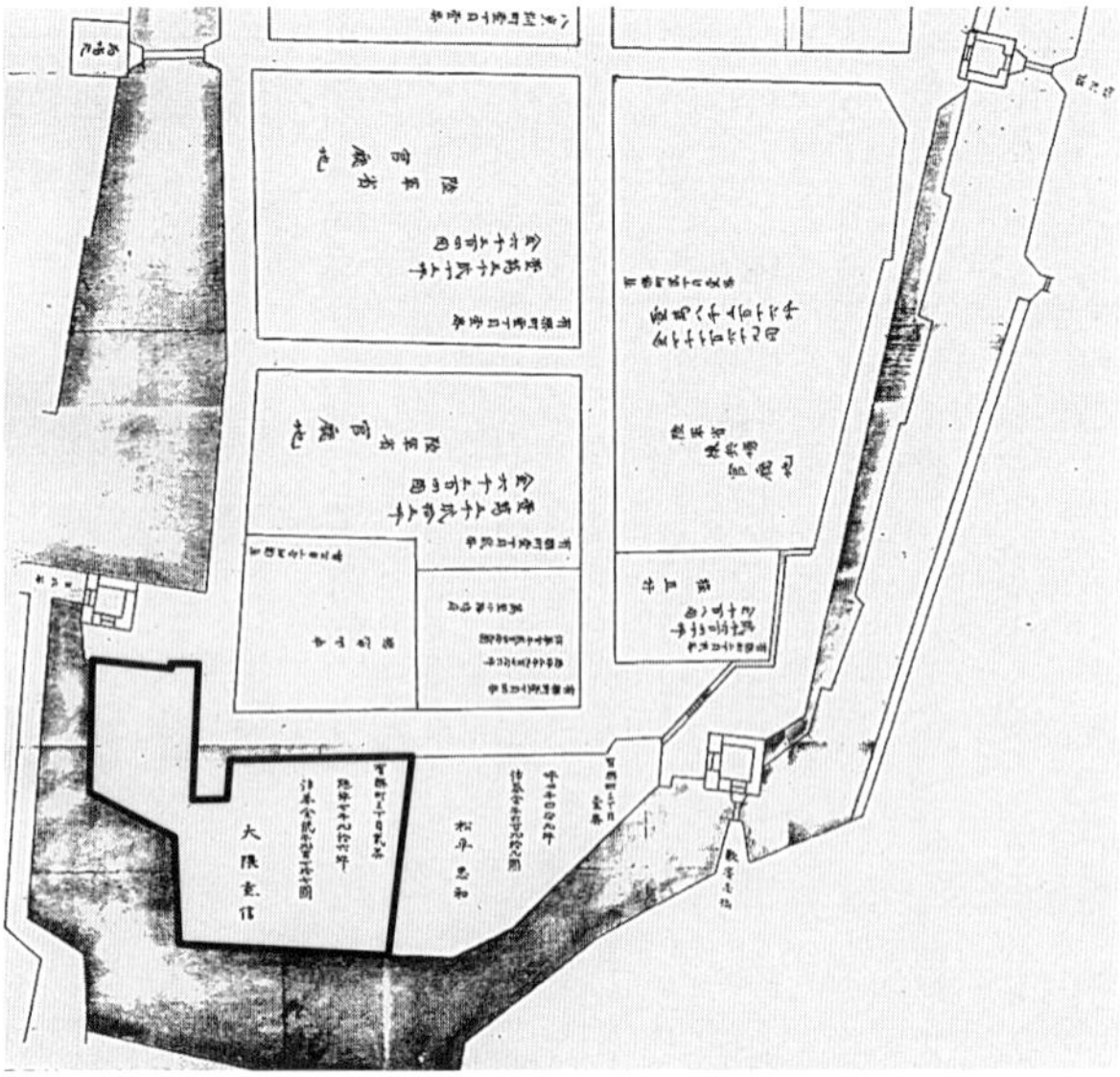

図8 明治6年作成「六大区沽券図」(一部)

注) 当該地の前土地所有者が大隈重信であることがみてとれる.

大隈参議ノ私邸ヲ買受」(43)けとの記載もあり、当初、伊勢神宮がみずからの東京における布教拠点を求めた際、この地を彼が相対で売却していたことは間違いない。

冒頭に立ち返れば、この場所は、まさに銀座煉瓦街計画の前後から新政府の物的中枢として浮上していたエリアに当たっていた。そもそも銀座煉瓦街計画の発案者の一人とされ(44)、そして、のちに財政的な限界から計画の縮小（明治六年一二月）を決断したのも大隈であったことを思えば(45)、みずからが所有する土地の重要性について、彼は十二分に認識していたはずである。

それからわずか一年あまりののち、大隈が回顧録（史料5）で述べたような「遥拝殿」が、実際ここに造営される運びとなる。

以上を総合すれば、新政府の主流を成す大隈の構想として、これから進められるべき都市改造、その計画の一環に、「遥拝殿」がいったん組み込まれていた可能性は高いように考えられるのである。

おわりに

このように、「遥拝殿」誕生をめぐる新政府中枢とのかかわり、とりわけ大隈の陰の立て役者としての働きが認められるとするならば、つぎに問題となってくるのは「遥拝殿」の計画性、その特質であろう。つまり、銀座煉瓦街計画以後の東京の都市改造のなかで、「遥拝殿」はどのような役割を期待されていたのだろうか。

これにひとつのヒントを与えてくれるのは、「遥拝殿」の姿である。そもそも、この造営は「立川小兵衛が棟梁と成ッて普請にかゝり」と伝えられるように[46]、明治に入ってからは銀座煉瓦街など大蔵省建築局の技術者として登用され、のちに明治宮殿の設計にもかかわる立川小兵衛知方が任に当たっていた。この事からも「遥拝殿」のあり方に対する公権力の影響を垣間見ることはできるだろうし、また計画当初、伊勢側は神宮の「別宮」並みと位置づけながらも（史料2）、古式に忠実にのっとるのはじつは殿内装束ぐらいであった、という事実を理解できてくるように思う。

すでに指摘したように、完成予想図である前掲の銅版画など（図3・4）からは、建築の各要素は伊勢神宮を体現するものの、総体としては巨大な拝殿部分の付加や参拝人の進入許容など、一般の人びとに対する強い働きかけを感じさせるものだった。これらは純粋な天皇崇拝というよりは、むしろ「士民が敬崇の念を深からしむる」（史料1）ための作為に近い。そこには、南に位置する銀座煉瓦街、さらには鹿鳴館といった「西欧」の移植と対置させることによって（図2参照）、三〇〇年間にわたる幕府統治のなかで遊離した天皇という存在を人びとに知らしめ、高めようとする計略が読みとれる。

現在のところ、本章中でふれた内濠を隔てた市街を意識した「南面」性や架橋の試みなども含めて、どの程度まで新政府、ないし大隈の意図が絡むものであったかは、ひとえに史料的な限界からつまびらかでなく、今後とも精査を要する。

しかし、大隈が語るように「一朝事有る」可能性もいまだ拭えず、かつ公権力の正統性が「ミカド（天皇）の宗教的権威」に依拠する明治初頭にあって、新政府にとって「遥拝殿」がみずからの存続を支える具体的手段となりえたことだけは確かといえよう。

（1）本章の主題である皇大神宮遥拝殿については、拙稿「都市空間のなかの「宗教」――近世近代移行期における江戸、東京を素材に」（『日本建築学会大会学術講演梗概集』二〇〇三年、四六三―四六四頁）において、ごく簡単にではあるが取りあげたことがある。
（2）たとえば初田亨『繁華街の近代――都市・東京の消費空間』東京大学出版会、二〇〇四年（括弧内の引用は、同書一二頁）。
（3）『東京府史料』三（国立公文書館所蔵）所収。
（4）藤森照信『明治の東京計画』（岩波書店、一九八三年）巻末所収の図1。
（5）「建築事務御用留」甲（東京都公文書館所蔵）、リール番号七〇六。
（6）玉井哲雄『江戸　失われた都市空間を読む』（平凡社、一九八六年）一一二―一一三、および一六七頁。
（7）なお銀座煉瓦街計画の道路配置については、近年岡本哲志により詳細な分析がおこなわれたが（岡本哲志「明治初期の銀座煉瓦街建設における江戸の都市構造の影響に関する研究」、『日本建築学会計画系論文集』第五七九号、二〇〇四年五月）、その関心が江戸からの継承面に向けられていることもあり、本章が指摘する東西方向への改変意図などの点はまったくふれていない。
（8）参謀本部陸軍部測量局『五千分一東京図測量原図』日本地図センター、一九八四年（明治一六―一七年作成のものの複製）。
（9）たとえば「明治八年東京大区小区分絵図」を参照されたい。なお本章では『江戸から東京へ　明治の東京』（人文社、一九九六年）所収のものを参照した。
（10）明治宮殿の造営については、山崎鯛介「明治宮殿の建設経緯に見る表宮殿の設計経緯」（『日本建築学会計画系論文集』第五七二号、二〇〇三年一〇月）にくわしい。
（11）千代田区立千代田図書館所蔵。
（12）安丸良夫・宮地正人『日本近代思想大系五　宗教と国家』（岩波書店、一九八八年）五六五―五六六頁。

(13) 祭神論争については、藤井貞文『明治国学発生史の研究』(吉川弘文館、一九七七年)、原武史『〈出雲〉という思想――近代日本の抹殺された神々』(講談社、二〇〇一年)他。
(14) 『明治百年史叢書　明治以降宗教制度百年史』(原書房、一九八三年)六二―七四頁。
(15) 『東京曙新聞』、明治一三年三月二一日号。
(16) 前掲注12、安丸・宮地『宗教と国家』三九四―三九五頁(ただし國學院大学図書館所蔵の『神教組織物語』を収載の箇所)。
(17) 『神宮公文類纂』教導篇に別冊として保存される「東京遥拝殿設立始末」。この閲覧に際しては、音羽悟氏(神宮司庁)にご配慮いただいた。ここに記して深謝申しあげる次第である。
(18) 前掲注14、『明治以降宗教制度百年史』七二頁。
(19) 少なくとも明治八年四月までに神宮は教部省にみずからの布教のための「遥拝殿」設立を上申し、同六月二日には認可を得ている(前掲注17、「東京遥拝殿設立始末」)。一方、神道事務局の「神殿合併奉祀」が教部省に正式に認められるのは、翌明治九年九月になってからのことであった(同上)。
(20) なお、この点については本書第6章で論じる。
(21) 「太政類典」第二編、自明治四年至明治十年、第二五九巻、教法十、神社八。
(22) 前掲注17、「東京遥拝殿設立始末」。読点は筆者による。
(23) 当該期における遥拝所(遥拝殿)の定義については、本書第6章を参照。
(24) 「神宮司庁出張所内へ大神宮之遥拝処造営之願」(「明治九年講社教院邸内社堂」東京都公文書館所蔵所収)。
(25) 前掲注19を参照のこと。
(26) 岡田米夫『東京大神宮沿革史』(東京大神宮、一九六〇年)三三―三四頁。
(27) 前掲注17、「東京遥拝殿設立始末」所収の「大坂府下分社図面」。なお、当遥拝殿が北組惣会所の位置に当たることなどについては、熊田司・伊藤純編『森琴石と歩く大阪』(東方出版、二〇〇九年)一四―一五頁。同書には、明治十年代なかばの様子を描いた銅版画が掲載されており、それによると平野町通りに面して鳥居なども建てられていたことがわかる。
(28) 前掲注24に同じ。
(29) 前掲注17、「東京遥拝殿設立始末」。

(30)　神明造をはじめとした伊勢神宮の殿舎に関する当時の人びとの知識体系については、加藤悠希「近世中期の伊勢神宮における殿舎の考証とその意義」(『日本建築学会計画系論文集』第六四一号、二〇〇九年七月)にくわしい。
(31)　前掲注26、岡田『東京大神宮沿革史』所収の「第二十図」。
(32)　前掲注22に同じ。
(33)　前掲注26、岡田『東京大神宮沿革史』所収の「第十三図」。
(34)　『読売新聞』明治一二年一二月二五日号。
(35)　前掲注12、安丸・宮地『宗教と国家』三九五―三九六頁。
(36)　『読売新聞』明治一一年一月一五日号。
(37)　前掲注17、「東京遥拝殿設立始末」。
(38)　前掲注22に同じ。
(39)　前掲注21に同じ。
(40)　『大隈侯昔日譚』大隈重信叢書第三巻(早稲田大学出版部、一九六九年)一〇四―一〇六頁。
(41)　前掲注13、原『〈出雲〉という思想』一九一―一九三頁。
(42)　東京都公文書館所蔵。
(43)　前掲注12、安丸・宮地『宗教と国家』三九二頁。
(44)　前掲注4、藤森『明治の東京計画』七頁。
(45)　川崎房五郎『都史紀要三　銀座煉瓦街の建設』(東京都、一九五五年)一五八―一六九頁。
(46)　『読売新聞』明治一一年五月三一日号。

[追記]　本章の成稿後、藤本頼生「帝都東京の枢要部における宗教性と公共性――神宮司庁皇大神宮遥拝殿の設立をめぐって」(『帝都東京における神社境内と「公共空間」に関する基礎的研究』平成二二―二四年度科学研究費補助金基盤研究(C)研究成果報告、研究代表者・藤田大誠、二〇一三年)が発表された。右記では、近代神道史の立場から遥拝殿設立の経緯がくわしく明らかにされるとともに、当該地域(日比谷)に設立された意味についてもふれられている。もっとも、遷都にともなう「郭内」一帯における動向とのつながりや、遥拝殿の空間的特徴とその意義などについては言及されておらず、本章は成稿のまま公表することとした。

第Ⅱ部　明治東京、もうひとつの原景——「郭外」の諸相

第4章　明治初年の場末町々移住計画をめぐって

――交錯する都市変容の論理

はじめに

第II部では、東京遷都の過程で「郭外」という位置づけがなされた都市周辺部の問題をおもに取りあげる。とくに産業化・工業化の波が席巻するまでの時期（幕末―明治二〇年代）については未詳な点が多く、ここでは当該期にこれらの地域がどのような主体の施策ないし論理のもとに変容を遂げ、またそのことが近現代の東京の都市空間や社会にいかなる性格を付与したかなどの点を具体的に追究していく。本章と次章（第5章）ではおもに明治初年（元―四年）の状況、つづく第6・7章、補論ではそれ以後を論じる。

本章のねらい

はじめの足がかりとして、本章では『東京市史稿』に「山ノ手衰微地移転計画」[1]として紹介される都市改造事業を取りあげたい。これは明治三年（一八七〇）六月に東京府が明治新政府へと提出した「新開町取建」の伺い[2]を発端に、零落する場末の町人地を、より中心部に近い武家地へ移転させて、都市域の縮小などをはかる計画である。また、その後、実際に複数の町々がそうした府の計画をきっかけとして移転していったことが確認できるものでもある。

この事業をめぐる本章の課題は大きくふたつある。

ひとつ目は、当時の都市周辺部に対して公権力のおこなった施策やその背景を具体的に解明することである。従来、明治初年の東京については、第Ⅰ部で取りあげたような中心部における出来事を除けば、ややもすると単純な「江戸」の連続性のもとにとらえられがちであった。(3) この事業についてもほとんど知られてこなかったものの、(4) 本章の検討からは、たとえば東京府が近世とは異質な新しい都市像をいだきながら事業にあたっていたことなども明らかとなる。

他方、これとは視点を変えて、当該事業を受け手側はどのように理解し、また関与していたのかについても追究したい。論点をわかりやすくするため内容を少しさきどりして述べると、場末の町々ないしそこに暮らす人びとの側は、じつのところそうした東京府の思惑をこえて、自分たちにとってより良い生活環境の獲得の見込める好機としてこの事業を利用しようと試み、実際ある程度それに成功していく。

考えてみれば、幕府瓦解にともない身分制にもとづく絶対的な規範（町人地・武家地・寺社地といった住み分け）が再論されつつあるなか、(5) このような一般の人びとの欲求、たとえば彼らの理想とする「より良い生活環境」がいかなるものであったのかは、その後の都市の変容を把握するうえで重要な指標となろう。以上をできるかぎり具体的に抽出することを、本章のふたつめの課題としたい。

一　東京府による場末町々移住計画

東京府が新政府へと提出した「新開町取建」の伺い（前述）の検討をはじめる前に、あらかじめこの「新開町」という用語について簡単な説明をおこなう。

（1）明治初年における新開町

新開町とは、たとえば『明治事物起源』に「旗下及び帰国せし大名屋敷など……武家地の新開町（明治）二年より開く」とあるように、[6]幕府瓦解後の武家地が民間の手によって繁華な町場へと様変わりする現象一般を意味し、私見では明治三〇年（一八九七）頃まで盛んに使われた言葉である。[7]

江戸の約七割は武家地によって占められ、このうち遷都で官有に供されたのは「郭内」一帯が中心であったことを思えば（本書第1章）、この新開町という現象が近代移行期の東京、なかでも周辺部（「郭外」）の変容を考える際、重要なキーワードとなることは間違いない。第Ⅱ部をつうじてこの新開町をおもな検討対象として注目していく。

新開町の全体像については後章（第7章）で詳細な検討をおこなうのでそれに譲るものの、本章および次章（第5章）で論じる明治初年（元―四年）の事例は以後のものと比べて、制度上の意味合いが若干異なる。

さきほどふれたように新開町は民活による武家地の町場化を意味するが、武家地や町人地などの身分制ゾーニングは明治四年（一八七一）の統一戸籍法まで存続し、また翌年の壬申地券発行を迎えるまでは民間が武家地を思いのままに所有したり、開発することは難しかった。つまり、この間の事例では官許を得ながら、武家地を町（町人地）に変換する手続きをふむ必要があった。当該期の新開町は、まさに本章冒頭で述べたような公権力と民間の思惑が交錯するところに生成した空間であったといえる。

（2）場末町々移住計画について

早速、史料1[8]をみることにしよう（句読点・傍線筆者）。これは明治三年（一八七〇）六月、東京府が「新開町取建」について明治新政府（弁官局）へと尋ねたものとなる。この伺いに対し、その後新政府は「伺ノ通」という「指令」

をおこなっていたことも確認することができる。(9)

［史料1］

麻布・青山・市ヶ谷・牛込・小石川・白山辺ノ市街次第ニ零落、産業ヲ失、及困迫候者不少……就而ハ往来群集ノ地へ引移し、成丈商業ニも為基付候半而ハ不相済候処、下谷・浅草・本所・深川・両国・浜町・矢ノ倉・霊岸嶋・八丁堀・内外神田・湯島・四谷御門外、或ハ川付キ等ニ而街上輻輳いたし候場処ハ、商店稠密寸尺ノ除地も無之、然ルニ右街衢へ接シ候諸藩邸幷諸官員士卒族等ノ邸舎有之……右場所々ノ内、町地ニ致候て都合宜場所ハ断然町地と相定、夫々替地等相渡シ、御用地ニ引揚ノ上新開町取建、前書衰弊ノ貧町ヲ移住申付候えは、散布ノ町地片端ヨリ切縮リ、後来府民保護ノ目的も相立可申ト見込申候、全体御一新已来、当府ノ儀、種々手ヲ付候儀不少候得共、未武士地・町地ノ区別等不相立、右は早急難被行次第も在之候得共……少々之苦情ハ可有之候得共、右ニ相拘り致猶予候而ハ府治之体裁も相立候期も無之候ニ付、右之取斗致し度奉存候、依之此段奉伺候也

庚午六月九日　　　東京府

弁官御中

この東京府の提案の概要は、「場末」の「衰弊ノ貧町」（「麻布・青山……白山辺ノ市街」）を「街上輻輳いたし候場処」（「下谷・浅草……或ハ川付キ等」）に接する武家地へと「移住」させ、新開町をあらたに取り立てる内容となる（以下、東京府主導のこの計画を「新開町計画」と記す）。ここで注目されるのは、町人地を遠隔の武家地へと移転させるという計画の大規模さばかりでなく、そのねらいであろう。すなわち、将来の「府民保護」、およびいろいろと着手するもいまだに実現されない「府治之体裁」をととのえることであって、その実現の手段としてこの「新開町計画」は目されていた。この計画には、東京府による都市改造に向けた新しい試みが含まれていたことになる。

以下しばらく、この府が目指した都市像について、当該期の他の史料も参照しながら明らかにしていきたい。そもそも実現されるべき「府民保護」や「府治之体裁」とはなにを意味するのか。また、なぜ新開町はそれらの手段として位置づけられたのであろうか。

これらの問いの手がかりとなるのは、史料1で「府民保護」・「府治之体裁」に対置する「「散布ノ町地」が「片端ヨリ切縮」ること」、および「「武士地・町地ノ区別」がつくこと」という、都市の現状に対して設定された具体的な目標である。

まず前者の「「散布ノ町地」が「片端ヨリ切縮」ること」について。これは、既存の都市の規模（巨大さ）が何かしら問題とされ、その縮小をはかろうとするものであることは間違いない。ただし史料1においてその具体的背景までは言及されていないものの、約半年前の明治二年（一八六九）一〇月、おなじく東京府から新政府への伺いからは一定の比定が可能となる。

右記の伺いからは、「全体当府下ノ儀ハ近世希有ノ隆府ニシテ地勢発達、依之四方ノ民皆其本ヲ棄、末利ヲ逐、当所（武家地─引用者註）ニ輻輳スルモノ不可勝数、大抵軽薄無頼ノ徒ニシテ、居住不定、戸籍人別外ノモノ多分ニ有之(10)」とあり、東京府が江戸の地勢から派生する問題について苦慮していたことがわかる。それは、武家地への「四方ノ民」の流入によって顕在化した問題であって、またそのような流入民の多くが無籍無産者とおぼしきことは、当時の戸籍法制定に向けた流れのなか、事の深刻さを増したと考えられる。すなわち、「「散布ノ町地」が「片端ヨリ切縮」ること」にはたんなる都市域の縮小にくわえて、その実施をつうじて、移転先の武家地における問題＝無籍無産者対策という側面も何かしら含意されていたととらえる必要がある。

この点は、同じく目標とされた「「武士地・町地ノ区別」がつくこと」からもうかがえる。武家地への町人らの流入は早くから問題視されており、明治元年（慶応四、一八六八）七月には「武家屋敷ヲ商人江借《ママ》候義は前々より厳禁ニ有之候処、当春以来相弛ミ、猥ニ町人江借置《(ママ)》候様ニ相聞候、右は人別調并支配所自他之差別を失ひ不取締之筋ニ付……早々町地江引移候様」との触れがだされている[11]。つまり「「武士地・町地ノ区別」がつくこと」とは、東京府がみずからの考えにもとづいて府下の人びとを都市空間に（再）配置し、かつそれをしっかりと把握した状態を意味するのである。

（3）　居住形態や貧富による分離

ふたたび史料1に戻ることにしよう。

後半の「御一新已来、当府ノ儀、種々手ヲ付候儀不少候得共、未武士地・町地ノ区別など不相立」は、さきに述べた瓦解直後の武家地への町人らの流入などの動きを指していると考えてよいだろう。つまり、この「新開町計画」には、あらたな都市の創造に向けた、東京府独自の手法が読みとれるはずである[12]。

方法としての新開町の斬新さを考えた場合、第一に「移住」をともなう点があげられよう。「移住」には、対象となる人や場所を選ぶ作業が不可欠となる。とりわけ、この「新開町計画」においては、目的とされた「将来の「府民保護」」という言葉、およびその背後にある無籍無産者対策という側面を考慮すれば、東京府の考える「保護」すべき人びととそれ以外の者との峻別・分離がはかられたであろうことは容易に想像がつく。実際、この計画の対象となった町々は、朱引近くの場末から、何のゆかりもない都市中心部寄りの武家地へと、住民構成などの諸条件を大幅に変更しながら移転し、新開町を形成していった様子が明らかとなる。

それらの実態については後で述べることにして、右記の、東京府が計画に際して考えていたであろう峻別・分離の中身に少々こだわりたい。

参照するのはこの計画とほぼ同時期の、明治三年（一八七〇）一〇月におこなわれた中・添年寄会議における「評論」[13]である。これは牛米努の研究[14]によれば、東京府が府政の参考とするためにおこなった諮問（「下問」）に対する旧名主層たちの回答となる。諮問の内容は多岐にわたっており、本章の内容にかかわる「武士地・町地境界」や「場末町々救育仕法」などについても盛んに議論が交わされていた。

たとえば、「場末町々救育仕法」について、東京全域の中・添年寄のほとんどが「地主江は可然場所ニて替地相致、小民ニて旧住居難離もの江は無税ニて開墾為致、又は土地相応授産可為致[15]」と回答し、またなかには「下谷・本所・深川荒蕪之地を地所、或は貸長屋取建、貧民え貸致、活計之助成ニ為致度論[16]」を主張する者さえいた。要するに、「場末」の町人地に対して、「地主」層には適当なところへの換地がなされても、「小民」、つまり地借・店借（借地人・借家人）らにはそれを許さず、そのまま当地における「開墾」などが想定されているのである。これは、つづく周辺部の「荒蕪之地」を「貧民」の活計の場とする案からも、相対的に富裕な人びとを都市の中心部へ、それ以外は「場末」へという、居住形態や貧富を判断基準とした「場末」住民の峻別・分離の志向を読みとることができる。

これらの「評論」はあくまでも旧名主層の見解であって、どの程度府政や実際の計画へと反映されたかについては、もはや史料的限界から明らかでない。しかしながら、民間の側にこのような見解をはっきりと読みとれることは、それが当時を代表する思想であったことだけは確かといえよう。

（4）小　括

東京府が主導する場末町々移住の「新開町計画」は、衰微した東京周辺部のたんなる取り込みや都市域の縮小を目的とするものではなかった。実現されるべき「府民保護」・「府治之体裁」の前提には、近世来、とりわけ幕府瓦解によって急増した無籍無産者問題があったと考えられる。そこにあらたに打ちだされたこの計画では、「移住」が、対象とされた武家地におけるそうした問題を打開するとともに、「場末」住民の峻別を可能にした。後者については当時の風潮にかんがみれば、都市空間における貧富の住み分けを志向するものでもあったと判断できよう。いいかえれば、当該期に東京府が目指したのは、府下の人びとを対象に、その存在をしっかりと把握したうえで、経済的な基盤をもとに配置しなおす都市であった。

ひるがえって考えてみると、ここに認められるのは、東京府あるいは新政府による他の計画との方法上のアナロジーであろう。

たとえば「新開町計画」と時を同じくして、都市下層の「無職無産ノ窮民」が下総の開墾地などへと数千人規模で送られたことは、すでにいくつかの先行研究(17)によって知られるところである。松本四郎の理解(18)によれば、これは「府下商人たちが安穏に営業ができることを期待」し、「新政府、大商人たちによって東京から強制移住、追放され」た結果であった。

しかしながら、以上で明らかにしたように、人びとの分離はこのような都市下層のみを対象とするものではなく、また中心部をふくめた都市全域を視野におさめながら実行がはかられるものであった点は見逃せない。さらに、明治の東京において、この種の「住み分け」計画は以後も散見されるものである。明治一三年（一八八〇）に議論がはじまる東京市区改正計画のいわゆる貧富住み分け論(19)などは、その始まりがこの明治初年の「新開町計画」に認められる可能性は高いといえよう。

二　生みだされた空間と社会――身分から富の多寡へ

「新開町計画」はその後実行に移されている。ただしひとえに史料的な制約から、対象となった町の総数などはつまびらかでない。東京府文書（『東京府志料』・「府治類纂」・「順立帳」(20)）を用いながら、当該期に遠隔の町人地が移転し

表1　明治初年に遠隔町の移転・換地により誕生した新開町とその分布

分　布 (図1に対応)	新開町＝地域／町名／近世段階の利用	移転してきた町々
A	神田／美土代町1丁目 ／役屋敷（瓦解直後は鹿児島藩邸）	三田古川町，麻布永松町，麻布今井町，鮫河橋北町，神田竹町
B	芝／露月町／幕臣屋敷（2筆分）	小石川境町，小石川金杉町（麻布今井町，三田古川町，神田佐久間町）
C	桜田／南佐久間町1丁目 ／大名屋敷と幕臣屋敷（4筆分）	神田佐久間町（一部）
D	桜田／今入町／御用屋敷	麻布今井町，入寺町，赤坂氷川町
D	桜田／今入町，新桜田町／御用屋敷	（芝新網町，芝金杉浜町，芝仲町）
E	西久保／西久保明船町／幕臣屋敷（12筆分）	明石町，船松町2丁目，芝車町，芝伊皿子七軒町，三田功運門前，三田台町1丁目
F	小石川／小石川新諏訪町／幕臣屋敷（1筆分）	小日向三軒町，小日向正智院前町，小日向茗荷谷町
G	下谷／神田栄町 ／大名屋敷（1筆，小笠原藩中屋敷）	牛込肴町代地，牛込袋町代地，神田平河町，神田松永町など
G	下谷／神田元佐久間町／同上	神田佐久間町1丁目（一部），神田柳屋敷など
G	下谷／神田亀住町／同上	神田八軒町，神田六軒町，柳原大門町，上野町代地など
H	下谷／下谷車坂町（一部）／幕臣屋敷（14筆分）	神田平河町
I	下谷／下谷中御徒町1丁目（一部） ／幕臣屋敷（11筆分）	神田平河町，神田松永町
J	下谷／下谷御徒町1丁目（一部） ／幕臣屋敷（2筆分）	神田松永町

注）上記の地域・町名は『東京府志料』明治5-7（1872-74）年の記載による．

てくることによって武家地に誕生した（そのような記述がなされた）町をひとつひとつ拾いあげたところ、表1・図1の事例を確認することができた。[21] 図1の分布からは、遷都によって新政府の拠点となった「郭内」の縁に位置する武家地＝中心部寄りの「郭外」武家地ばかりが選ばれていた事実が浮かびあがる（「郭内」・「郭外」域については本書第1章の図1参照）。なお実際の数は、これを上回るものであった可能性はきわめて高い。[22]

ここでは、表1のなかでも「順立帳」に詳細な史料[23]が所収されるBの事例（小石川境町・同金杉町のふたつの町が芝にある幕臣屋敷へと移転し、露月町の一部を形成）に注目することにしたい。このケースからは、さきに検討した「場末」住民の峻別などにくわえて、

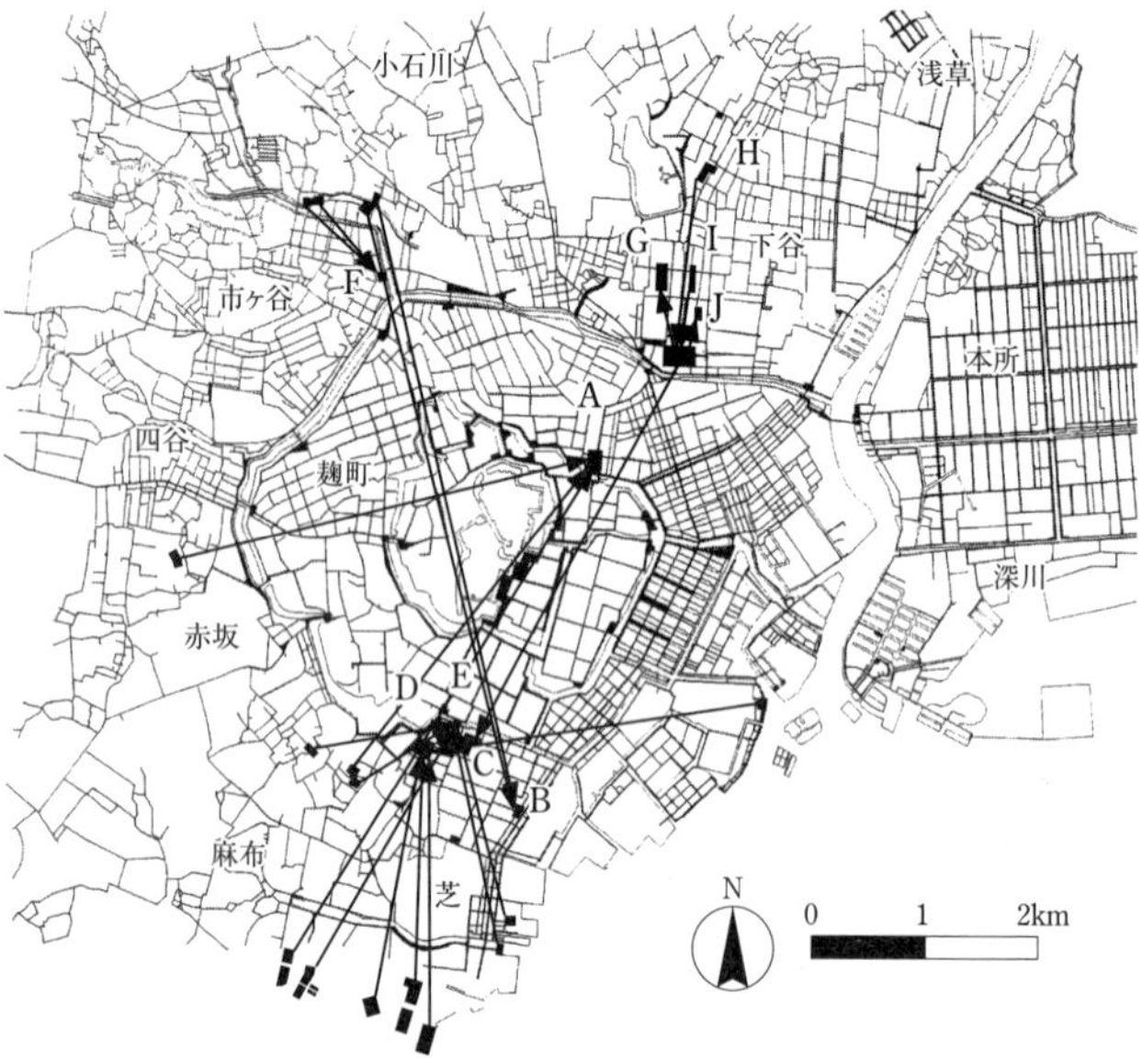

図1　新開町の分布（表1に対応）

注）図中，矢印の方向が移転先となる．

東京府が「新開町計画」をつうじて当時達成を試みた都市像なども垣間みえてくる。

（1）小石川境町・小石川金杉町の事例から

はじめに、図2を見ていただこう。上部（図2-1）[24]は移転直前の小石川境町・同金杉町の町内図、一方の下部（図2-2）[25]はこの二町の移転によって芝の幕臣屋敷に開かれた新開町の屋敷図となる。あらかじめ断っておくと、二図は縮尺が大きく異なる。移転後の町内面積は小石川の時の半分にも満たない[26]。これは移転にあたり、住民（地主）たちは同面積を主張したものの[27]、東京府は従前の役負担のみを基準として、「間小間」（町入用算定の一基準）が同じ値となる条件のもとに換地をおこなった結果であった。また、この手法は個々の屋敷にも当てはめられており、図2-2に明らかなように、移転後の屋敷割はもともと奥行きの深かった敷地（既存の幕臣屋敷二筆分に相当）条件に対し、それぞれ「間小間」に応じた表間口を割り当てたに過ぎないものである。

さらに、以上にも増して「新開町計画」の特徴を物語っているのは屋敷の配列であろう。図2において、上部から下部へと延ばされた線（実線は小石川境町、破線は小石川金杉町の屋敷からのもの）は換地の方向を表している。ここから

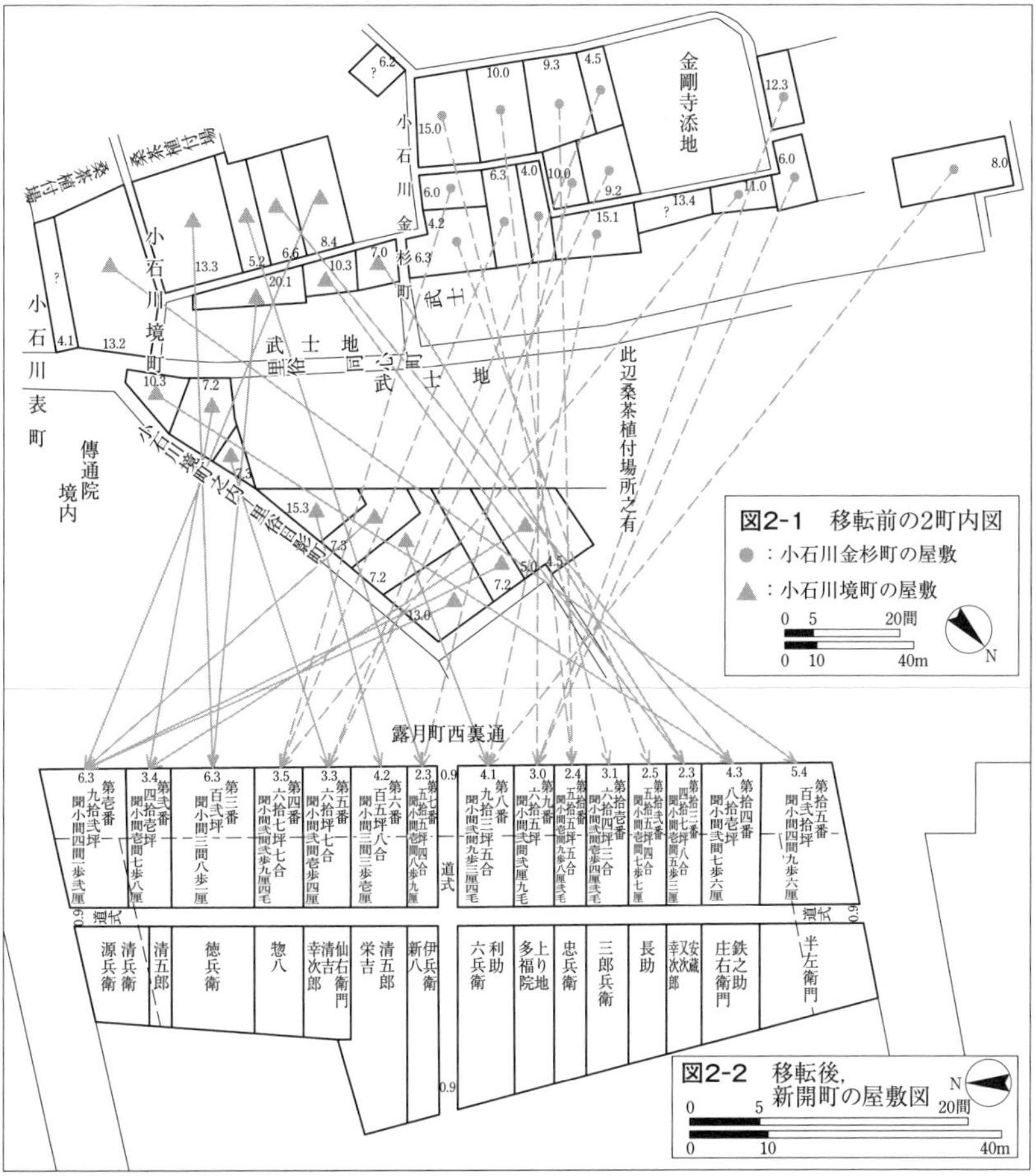

図 2-1　移転前の 2 町内図
図 2-2　移転後，新開町の屋敷図

は、既存の二町の区別が認められない点にくわえて、内部を構成する屋敷に対してもそれまでの分布状況を無視するような組み替えがなされたことが読み取れる。またこれらの結果、所有する屋敷が小規模であった地主は、同町以外の者も相手とした合筆を強いられている。

もちろん、以上のような換地に向けた東京府と町側との折衝および実際の移転において、地主以外の人びと（地借・店借）の処遇が議論の俎上にのぼることはなかったのである。

（2）　東京府のさらなる意図

以上における場末町側のそもそもの主張は、それまでの小石川の時と同じ坪数を「大縄」で希望するなど[28]、東京府の唱える「聞小間」にもとづく換地方法などとはかけ離れたものであった。つまり「新開町計画」には、さきに指摘した目下の都市問題への対処という側面のみならず、近世都市の根幹をなした「町」共同体のあり方、さらには既存の社会の仕組みを何かしら問いなおそうとする東京府の姿勢も垣間みえるのである。そこでは、いわば納税額が唯一の基準とされ、また移住の対象となる「場末」町の諸条件は住民（地主）のない交ぜ・並列化をつうじて、ほとんど等閑視されていたと考えられる[29]。

三　計画に仮託する町側の思惑

ここからは、対象となる町々の側が「新開町計画」をどのように受けとめていたのか――本章二点目の課題――について考えていきたい。一見すると、一連の移転からは公権力による一方的な論理・強制移住ばかりが目につく。確かにそうした側面は否定できず、また重要な点ではあるが、じつは人びと（地主）の方からも「移住」を望む声が当時大きかったことは見逃せない。

（1）願望としての「広場」近辺への移住

さきの小石川のふたつの町は、じつのところ東京府が「新開町計画」を推進しだす明治三年（一八七〇）以前から、幕府瓦解にともなう渡世困難を理由に換地を願い出ていたことが確認できる[30]。

この種の出願は、計画の対象となった他の町々（表1参照）にも認められることであって、たとえば三田古川町のケースでは、「麻布永松町地主共、私共町内（三田古川町—引用者註）江罷越申聞候ニは、同町幷私共町内合併仕奉願候様、左候得は急速御聞済可相成と御内意御座候[31]」との内談が確認できる。換地を希望する町々の地主どうしが、早急に願いが認められるように方法を探る協議さえ重ねていたのである。

しかしながら、町側のねらいは、「渡世困難」への一時的な対処ばかりにあるのではない。

たとえば、さきの小石川の二町が当初希望した換地先は、「筋違御門内昌平橋通り阿部伊勢守様上地（福山藩上屋敷跡地—引用者註）・和泉橋内柳原通り富田大内蔵様上地跡奥行拾五間通り[32]」という、有数の盛り場である筋違橋広小路近くの武家地（大名屋敷および幕臣屋敷）の通り沿いの部分であった。また翌月にも同種の出願[33]をおこなっていたことが確認でき、そこでは「木挽町続キ采女ケ原馬場」や「上野山下火除地之場所」、「柳原土手通り床見世之場所」、「筋違御門内八辻ケ原広場」といったように、近世来の「広場」そのものへの町の新設ばかりを申し出ていた。さらに、このような申し出をおこなっていたのはこの小石川の二町にとどまらず、同じく三田古川町も両国橋広小路など（「両国橋詰元水防方御支配所」、「幸橋御門外幸町御堀端[34]」）を換地先に挙げていたことが確認できる。

ひるがえって、「広場」やその周辺への移住は、「新開町計画」の対象となった町々、ひいては当時の「場末」に生きる人びとが共有する願望であったように考えられる。いみじくも三田古川町の地主惣代が「当町地主共之義は日雇出稼なども仕、右御振替地ヲ相楽」[35]とみずからを説明していたように、場末住民の多くは地主であっても固定の商い場（町家）をかならずしも所持するのではなく、寝食と生産を異にしながら活計を「広場」に求めて暮らす小商人[36]であったと考えられる。つまり、「新開町計画」がもたらす「移住」、そのなかでもとくに「「広場」近辺への移住」は町々、人びとの側が切望するところでもあったのである。

「広場」への町の新設に関して

ここで少し注意する必要があるのは、移転候補にあげられた「広場」そのものへの町の新設であろう。「広場」は、江戸期はあくまでも公儀地（公道）であり、またこののちも、たとえば明治五年（一八七二）の地券発行開始にともない、公道に位置する建物や諸活動は厳しい規制を受け、排除の一途をたどったことはよく知られている[37]。このような前後の状況をふまえれば、「広場」の占用を望む町側の願いは、一見すると非常に無謀なものに映る。

しかし、これまでほとんどふれられてこなかったものの、幕府崩壊直後（明治元―三年頃）、両国橋・新大橋・大川橋の東西広小路などの露店（「葭簀張」）には「定住家作」が認められ、あらたな町が誕生していたことが「府治類纂」などからは確認できる[38]。町側の出願（「広場」への町の新設）は時期の点でもこれらに重なっており、じかに触発されたものと考えてよいだろう。

以上をふまえれば、町側にとっての「新開町計画」は、それまで決して叶わなかった空間の獲得が見込める千載一遇の好機であった。実際、さきの小石川二町の換地先は、東京府側の記述に「芝神明前（近世来の盛り場―引用者註）ニ相続キ、此末迚も商売可相成見居以、新開町家ニ被仰付置候場所[39]」とあるように、計画による移住は、ある程度町側の思惑も満足させるものになったと考えられるのである。

（2）誕生した新開町の具体相、顚末について

史料的な制約は大きいものの、ここまで使用してきた東京府文書・以外の記録にも目を配りながら、明治初年の「新開町計画」について、以下いくつか補足的な指摘をおこなうことにしたい。

まず、この計画の影響面についてふれると、対象となった町のなかには鮫河橋北町のように、元地一帯が「貧民」の集団居住地としてその後特筆される例も含まれている。[40] 明治初年における東京府のねらい（事実上の貧富分離）が、そのまま現実の都市に反映されていた可能性がうかがえ、今後とも明治中後期までも視野に入れた影響の中身を明らかにする余地がある。

ところで、計画によって生みだされた新開町はどのような様相を呈していたのだろうか。さきの小石川二町が図2にあるような換地をおこなったことは明治六年（一八七三）「六大区沽券図」[41]にも確認できるが、それ以上の情報を見いだすことは難しい。しかし他の新開町で、たとえば下谷の大名屋敷跡地へと移転した事例（表1・G）については、『武江年表』に「外神田佐久間町、其外の代地元御成道東側、小笠原侯邸跡へ引て造作中なり」との記述[42]があることから、対象となった町々は元地にあった建物を新開町へと移築した可能性がある。現時点では当該期の新開町の姿とは、江戸町人地の再生産を目指すようなものであったととらえておきたい。

もっとも、この下谷のケースについては移転直後から「難渋之趣」も伝えられており、[43] 右記のような様相はそれほど長く続くものではなかったと見られる。そもそも、行商などをおこなう場末の地主であった人びとが、武家地跡地の開発をはじめ、新開町に定着するまでには非常な困難が待ち受けていたことは確実である。また彼らのねらいは「「広場」近辺への移住」のみであった。明治初年以降、「広場」という空間自体が公道からは排除され、そのあり方を大きく変える運命にあったことをふまえれば（この点については第7章で論じる）、新開町の前途も決して平坦なもの

とはいかなかったであろう。さきの小石川二町が芝に移転してできた新開町についても、それから数十年後の『地籍図・地籍台帳』[44]によると、屋敷割は移転当初と大差はないものの、小石川の系譜を引く地主名義の地所はたった二筆分（一八筆中）となっていた。[45]しかも、うち一筆は、移転直後に地主どうしで開発したとみられる路地（「自分新道」[46]）の一部を、他所に転居した九名らとあわせ持つに過ぎない。明治の終わりには、このわずかな路地ぐらいにしか幕末維新期の変動の記憶をたどれるものはもはや残されていなかったように思われる。

おわりに

明治初年の新開町は、これに制度的な裏づけを与える東京府と、実際に開発をおこなう民間の、双方の思惑はまったく異質なものでありながらも、どちらも「移住」という行為に結びつくという点において結実した空間であった。

幕府崩壊にともなう都市問題の解決、および新しい空間の創造に向けて、東京府は「新開町計画」を用いることにする。ここでのねらいや目指された都市像などに関しては本章なかほどの「小括」で述べたが、要点のみあらためて指摘すれば、それは人びとの所在を把握し、かつ彼らを経済的な基盤や納税（役負担）の程度によって配置しなおすことを意図するものであった。

しかしながら、「場末町々」側の思惑は、当初からこうした東京府のものとは懸け離れていた。町の多くはすでに計画以前から他所への「移住」を希望しており、かつ近世来の「広場」そのものやその近辺ばかりを移転候補地にあげていた。「新開町計画」は、東京府にとっては都市改造に向けた新しい方法であったものの、町側にはより良き居住が見込める対象以外の何物でもなかったと考えられるのである。

本章の検討から、明治初年・以後の都市の展開を考えるヒントを得るとすれば、ひとつには、人びとが近隣への移住を熱望していた「広場」を中心とする再編の動きをつかむことにあるだろう。この点については後章（第7章）であらためて検討していきたい。

（1）『東京市史稿』市街篇五一巻、三一九―三二〇頁。
（2）「場末町々零落ニ付繁盛ノ市街へ接シ候武家邸舎御用地ニ引上ケ衰微ノ町々引移シ新開町ニ取建候儀弁官へ窺済」（「府治類纂」明治三年一八地輿之部、東京都公文書館所蔵）。なお、当史科の採録元は「順立帳」明治三年ノ四〇（東京都公文書館所蔵）になる。
（3）たとえば、藤森照信『明治の東京計画』（岩波書店、一九八二年）、小木新造『東京庶民生活史研究』（日本放送出版協会、一九七九年）など。
（4）私見では、この事業に関する先行研究として、唯一、松本四郎が幕府瓦解直後の「打撃の状態」を示すものとして紹介しているが、伺いの内容や計画の実効性に関する検討などはおこなっていない（松本四郎「幕末・維新期における都市の構造」、『三井文庫論叢』四号、一九七〇年、一六三―一六四頁）。
（5）明治初年には、それまでとは異なる当該期固有の身分制（再編身分制）が敷かれていた。横山百合子『明治維新と近世身分制の解体』（山川出版社、二〇〇五年）。
（6）石井研堂『明治事物事源』（春陽堂、一九二六年）六六二頁。
（7）本書第7章を参照のこと。
（8）前掲注2に同じ。
（9）「太政類典」第一編、自慶応三年至明治四年、第七四巻、地方・土地処分、国立公文書館所蔵。
（10）前掲注9。なお本章では、石井良助『家と戸籍の歴史――法制史研究　第六巻』（創文社、一九八一年）における解釈を参考とした。
（11）「武家屋敷へ商人差置ハ致間敷旨御布告」（前掲注2、「府治類纂」一六所収）。
（12）横山百合子が明らかにするように（前掲注5参照）、東京府が武家地の管轄権を得たのは明治二年一一月以降であって、その点からも、程なく策定された当該計画には府独自の考えが反映されていた可能性は高いといえよう。

(13)「会議問条之扣」(「順立帳」明治三年四四所収、東京都公文書館蔵)、および「町年寄人撰武士地町地境界場末町々救育仕法芸者酌取女取締市中寄場取締等之評論大略」(「同上」明治三年三六所収)。

(14) 牛米努「五十区制の形成と展開」(『歴史評論』四〇五、一九八四年)。

(15) 前掲注13、「順立帳」明治三年三六、リール番号一九三。

(16) 前掲注15、リール番号二〇〇。

(17) 松本四郎『日本近世都市論』(東京大学出版会、一九八三年)、および北原糸子『都市と貧困の社会史』(吉川弘文館、一九九五年)など。

(18) 前掲注4、一四三—一四六頁。

(19) たとえば、石田頼房『日本近代都市計画史研究』(柏書房、一九八七年)四二—六三頁を参照。

(20) いずれも東京都公文書館所蔵。このうち『東京府志料』は刊本(東京都都政史料館、一九五九—六一年)を使用。

(21) 表中、「移転してきた町々」において、町名が括弧で括られているものは、候補として検討されたもの(実際には、後年他所への移転が確認されたり、また移転がおこなわれなかった可能性のあるもの)となっている。なお、各新開町(A—J)に関する史料の典拠は以下の通りとなっている。A＝『東京府志料』(以降、『府志』と略記)第一巻、一二六頁。／B＝「順立帳」明治三年四〇。／C＝『府志』第一巻、三〇八頁。／D(上段)＝『府志』第一巻、三〇七頁。／D(下段)＝「府治類纂」明治三年一八。／E＝『府志』第二巻、三頁。／F＝「順立帳」明治三年二九。／G(上段)＝『府志』第二巻、九頁。／G(中段・下段)＝『府志』第二巻、一〇頁。／H・I・J＝「順立帳」明治三年三九。

(22) たとえば、本章の小石川境町・同金杉町の事例などは「順立帳」からは判明するものの、『府志』にはその様な記述が見いだせないなど、当該期の史料自体に齟齬があり、現在それらを網羅することは非常に困難である。

(23)「小石川境町同金杉町地主惣代半左衛門外一人ヨリ二月中類焼ニ逢旁追々衰微ニ至候て甚難渋候間替地之義願」(「順立帳」明治三年四〇所収)。

(24) 前掲注23、リール番号一八六—一八七。なお各屋敷の間口に記された数値は、表間口(間.尺)の広さを表している。

(25) 前掲注23、リール番号一八八—一九〇。数値に関しては、前掲注24に同じ。

(26) 前掲注23、リール番号一三二—一三三。

(27) 前掲注23、リール番号一三五—一三七。

(28) 前掲注27、および、「三田古川町地主惣代久七替地之儀ニ付難渋申上願」(「順立帳」明治三年三三所収、リール番号三一―三三)。

(29) 「順立帳」(前掲注23)から明らかとなる「「場末」町の諸条件」としては、図2-1に示す屋敷分布などの他は、住民に関して半左衛門・利助・徳兵衛(図2-2参照)の三名が、それぞれ「小石川境町地主惣代家持」・「同所金杉町地主惣代家持」・「右町々町年寄代兼」の「町年寄」という立場にあることがわかるだけである。ただし、利助などは換地の過程で異町の者との合筆も強いられており、旧幕期の町地移転の場合、屋敷の配列や組合せで相対的に権力があったと考えられている地主・家持層がこのような処遇にあることは、筆者の指摘する、「新開町計画」における東京府の「町」共同体を問いなおそうとする」姿勢を物語る事実といえよう。

(30) 前掲注23、リール番号一三〇―一三一。

(31) 前掲注28、「三田古川町地主惣代久七替地之儀ニ付難渋申上願」、リール番号二八―二九。読点は筆者による。

(32) 前掲注23、リール番号一三五―一三七。

(33) 前掲注23、リール番号一三九―一四〇。

(34) 前掲注31、リール番号二四八―二四九。

(35) 前掲注31、リール番号四二―四四。

(36) 江戸町人地の裏店、場末住民の多くを構成する「小商人」に関しては、小林信也「床店――近世都市民衆の社会=空間」(『日本史研究』三九六、一九九五年)など、一連の小林の研究を参照されたい。

(37) たとえば、小林信也「明治初年東京の床店・葭簀張規制」(『東京大学日本史学研究室紀要』第五号、二〇〇一年三月)。

(38) 前掲注2、「府治類纂」明治二年一七。なお、本書第5章の表1をあわせて参照のこと。

(39) 前掲注30に同じ。

(40) 明治中後期に、東京の三大「スラム」(貧民窟)とされた四谷鮫河橋の、幕末から明治にかけての展開をたどったものとして、拙稿「近世後期における江戸周縁部の居住空間」(『日本建築学会関東支部研究報告集』、一九九九年)・「明治期における四谷鮫河橋の都市空間構造」(同上)がある。

(41) 東京都公文書館所蔵。

(42) 明治三年一〇月の項目。本章では『江戸叢書巻の十二』(江戸叢書刊行会、一九一七年、三八三頁)所収のものを参照した。なお、この事例以外にも、移転に際して移築をおこなった可能性が高いものに、表1・Ⅰ（神田松永町が下谷中御徒町一丁目を形成）があげられる（「神田平河町金五郎より外神田焼失場替地之義云々願出」「順立帳」明治三年三九、リール番号四五―四七）。

(43)「神田焼跡町家取払所持土蔵其他引料之不足年寄片岡二右衛門十ケ年賦拝借願」（「順立帳」明治三年三八、リール番号五〇―五二）。

(44)『地籍台帳・地籍地図［東京］』（明治四五年刊行の復刻版）第二巻・台帳編2、および第五巻・地図編1（柏書房、一九八九年）。

(45) 前掲注44、台帳編2、一六〇頁。明治六年「六大区沽券図」（前掲注41）記載の地主名と比較した場合、関連がうかがえるのは芝区露月町二五番地の「綾井惣吉」、同三〇ノ二番地の「佐々木長淳外八名」のみである。

(46) 前掲注41、「六大区沽券図」における記述。なお、「六大区沽券図」における「自分新道」という表記について、同じく記載が認められる神田佐柄木町（近代以降に幕臣屋敷跡地が組み入れられた部分）の事例によれば、開発主側（地所・家作とも東京府から明治二年に買得）が道の造成を含む土木開削事業をおこなうことを条件に開発が認可されており（「神田佐柄木町続金田貞之助上地買下調」「順立帳」明治二年二九所収）、このケースでも入植した地主らが開発したものと考えられる。

第5章　旧幕臣屋敷の転用実態
――朝臣への払下げと町人資本による開発

はじめに

本章では、第4章（以下前章と記す）に引きつづき幕府瓦解から間もない明治初年の東京周辺部、おもに「郭外」武家地の展開について論じる。場末町々の転入問題を扱った前章に対し、本章では「郭外」武家地そのものがどのような論理のもとに推移、再編されていったのかを、朝臣に対する旧幕臣屋敷の貸与・払下げや、町人資本による再開発の実態に注目しながら明らかにしたい。

はじめに、表1を見ていただくことにしよう。

これは、明治一〇年（一八七七）に東京府が編纂した「明治元年ヨリ五年ニ至ル法令格式ノ類抄」である「府治類纂」の地輿之部より[1]、明治元年から同三年にかけてあらたに認められた民間による都市開発の事例を抜きだしたものである。これらは従来、開発の事実さえ知られてこなかったものばかりであるが、一見しただけでも武家地や幕府関連施設がそれぞれ数百から数千坪の単位で対象とされるなど、事例の豊富さとともに、当該期における民間開発の大規模さには驚かされよう。

これらが公認された背景については、すでに先稿[2]で、東京遷都との深いつながりを指摘した。明治二年（一八六九）

表１　民間にあらたに認められた開発の事例（「府治類纂」地輿之部より抜粋）

年月	場所(地域名／詳細)	開発内容の概略	形態	規模
明治２（1869）年４月	深川／元海軍所附同心大縄組屋敷（他２ヶ所）	土地売却の上，「従来住居」および家作所持（「他より…譲受」）の朝臣が「開市町屋」.	買下ケ	3412坪
明治２年５月	市谷／尾張藩上屋敷そばの火除地（かつては上屋敷内で，市谷田町４丁目の場所）	市谷田町４丁目の地借が願出，建設用資材も調達．ただしこの場所自体は認められず，代わりに牛込の幕臣屋敷（のちの宮比町）へ５ヶ年請負（『東京市史稿』市街篇50巻，p. 815－）.	請負	844坪
明治２年3-7月頃	隅田川河岸／永代橋・新大橋・大川橋（＝隅田川三橋）の「東西助成地」（広小路）	明治元（1868）年９月より，「葭簀張」に「定住家作」が認められて「追々出来」．それぞれ新永代町・菖蒲町・新柳町という新町名も付けられる（『東京府志料』）.	（不詳）	（不詳）
明治２年７月	神田／神田佐柄木町つづきの幕臣屋敷（１筆）	神田鍋町の地借，および佐柄木町家主らが「家作共買下ケ」にて「新開町屋」.	買下ケ	1041坪
明治２年７月	芝／露月町つづきの幕臣屋敷（１筆）の一部	英国文学有志への教授・稽古場として，尾張町２丁目の地借へ「拝借申付」.	請負	437坪
明治２年８月	深川／深川佐賀町つづきの幕臣屋敷（２筆）	深川佐賀町の「店支配人」と同町地借に，それぞれ１屋敷，計210両で「買下ケ」.	買下ケ	（不詳）
明治２年８月	麻布／麻布六本木町近隣の幕臣屋敷（２筆）	麻布六本木町の家主と同市兵衛町の町年寄に「新規町家取建」の「五ケ年季受負」.	請負	（不詳）
明治２年９月	麹町／平河町４丁目つづきの幕臣屋敷（５筆）	「家作旧来町屋並」であるという理由などから，「同町江合併，町屋敷ニ被仰付」.	合併	1107坪
明治２年9-11月	深川／深川御船蔵前町つづきの組屋敷（「元徳川家船蔵番」）	従前の「船蔵番之者」と，深川御船蔵町家持など５名が「新開町屋拝借」を願出．その結果，「船蔵番之者」のうち「家作」所持の者と同町家持が「新開屋」拝借.	請負	1070坪
明治２年９月	本所／一ノ橋大川端元石置場など（他１ヶ所）	須田町・本所北松代町の「青物渡世」など総勢29名が「地代上納」で「新開町家」.	請負	1465坪
明治２年11月	下谷／下谷和泉橋通り沿いの武家地全域	浅草源空寺門前の家主ら10名（７グループ）が「新開町屋ニ請負買下ケ」などを願出.	請負	4505坪

明治2年10月	赤坂／氷川町つづきの元御薬園地（他1ヶ所）	御薬園の「見守番人」らによって「新開町屋拝借地」．町名を新たに「元園町」とする．	請負	4543坪
明治3（1870）年3月	深川／深川富岡町つづきの大名屋敷（下屋敷）	「藤堂和泉守上ケ邸」のうち「百姓地」を同西町差配人が「新開町家之振合」で拝借．	請負	3680坪
明治3年5月	飯倉／飯倉町5丁目つづきの「元武家地」	本銀町1丁目の地借（元来，飯倉に屋敷所持）に「家作一纏ニ取建」て「新開町屋ニ拝借」．	請負	（不詳）

三月末の天皇再幸をへて、東京のなかでもおもに「郭内」武家地が新政府の拠点という実体を整えると（本書第1章参照）、新政府は並行して、他方の「郭外」武家地に対し「町地ニ可相成」ものは積極的に町人地へと組み換えて「地税・町入用トモ為差出」ること、すなわち財源を生む場への転換を目指していく。(3) 表1にある事例は、まさにそうした公権力の方針に沿った事業であったと考えてよい。(4) もっとも、先稿では以上の事実を指摘するにとどまり、その中身にまではふみこめていなかった。本章では表1の事例のうち、比較的史料にめぐまれる明治二年一一月に認可された下谷和泉橋通り（御徒町）一帯の武家地開発（以降、「明治二年の大規模開発」と記す）をおもな手がかりとする。

ここでの論点は、大きく以下のふたつとなる。

一点目は、明治初年の「郭外」武家地の編成秩序――人と空間とのつながり――を実態に即して明らかにすることである。

従来この点については、たとえば役職を規準とした近世段階の編成原理が幕府瓦解後、直線的に解消されていったかのように論じられるなか、近年、横山百合子は、明治初年には当該期固有の身分制（再編身分制）が敷かれ、それと軌を一にしたあらたな武家地の下賜政策などもはかられていたことを指摘した。(5) この間、各武家地を利用する主体（朝臣化した旧幕臣ら）の大幅な変更や移動があったことがうかがえ、横山の指摘は明治初年・以後の展開を考えるうえでもきわめて重要である。ただし現時点では、それらの動向が都市空間のありようにどのような影響を及ぼすものであったかまではつまびらかでない。本章が素材とする、「明治二年の大規模開発」をめぐる史料からは、対象となった「郭外」武家地（幕臣屋敷地域）の、開発がおこなわれる以前の状況が明らかとなり、それをもとに検討をおこなう。

一方、本章の二点目の課題は、表1にあるような民間開発そのものを対象に、担い手の性格や開発手法などの実態、さらには当該期、およびその後の東京のあり方に対する意味を明らかにすることである。

話をわかりやすくするために本章の検討を一部さきどりして述べれば、幕府瓦解直後から町人らによる武家地の侵食はすでに横行していた。これらは違法なものではあったが、公権力はそれを一方的に禁止する対応をとるのではなく、むしろ、前述のように財源を生むために活用すると同時に、みずからの考えに沿うかたちで都市空間を変容させる手段としていく。換言すれば、明治初年の民間による武家地開発は、「下からの都市」という見方だけではなく、その資本を利用しながら公権力が誘導する都市改造としての意味も積極的に見いだしていく必要があるといえよう。

一　旧幕臣屋敷の「上地」・「受領地」などの内実——下谷和泉橋通り（御徒町）を素材に

図1に[6]、のちに「明治二年の大規模開発」の舞台となる地域一帯の、幕末期における屋敷種別を示した。現在でも「御徒町」という駅名に受け継がれるように、上野・東叡山のふもとに拡がるこの一帯には、江戸期には中下級の幕臣の拝領屋敷を中心に、数多くの武家地が寄せ集まるように展開していた。武家地以外では、神田川沿いの町人地において水運をいかした商業が発達しており、また南岸の柳原土手および上野山下辺りの公儀地（公道）などは江戸有数の盛り場として、一般の人びとの消費の中心地ともなっていた。

（1）　明治初年の動向

江戸幕府の終焉は、市中の約七割を占めた武家地の荒廃へと結びついたことは確かである。下谷の状況については、御徒・山本政恒の日記にくわしい(7)。慶応四年（明治元、一八六八）九月、駿府への移住にともない「仲御徒町通り」に面する彼の拝領屋敷（位置は図1の①）(8)は「其儘上地」され、家作は廉価で他人に「売渡」し、庭の樹木は「不残焚尽」したという。このような武家地の空洞化は、一方で周辺の町人地の営みにも深刻な影を落とす。たとえば北方に位置する下谷山崎町（後の下谷万年町）(9)は彰義隊と官軍との上野兵火により町内の過半が焼け落ちた被害も重なって、経済的な困窮から家屋などの再建が遅々として進まなかったと伝えられる(10)。

この時期の東京について、とくに都市周辺部の武家地およびそれを取り巻く町人地の衰微に関するエピソードは事欠かない。ただし冒頭で記した本章の課題からいえば、注目すべきはエピソードが語る外面的な表れではなく、その背後の本質部分においてなにが進行していたのか、という点にある。市中人口も激減した当該期の衰退期間から、その三〇年後には急激な発展・膨張をみる近代東京への地ならしがじつは始まっていたようにも思われるのである。

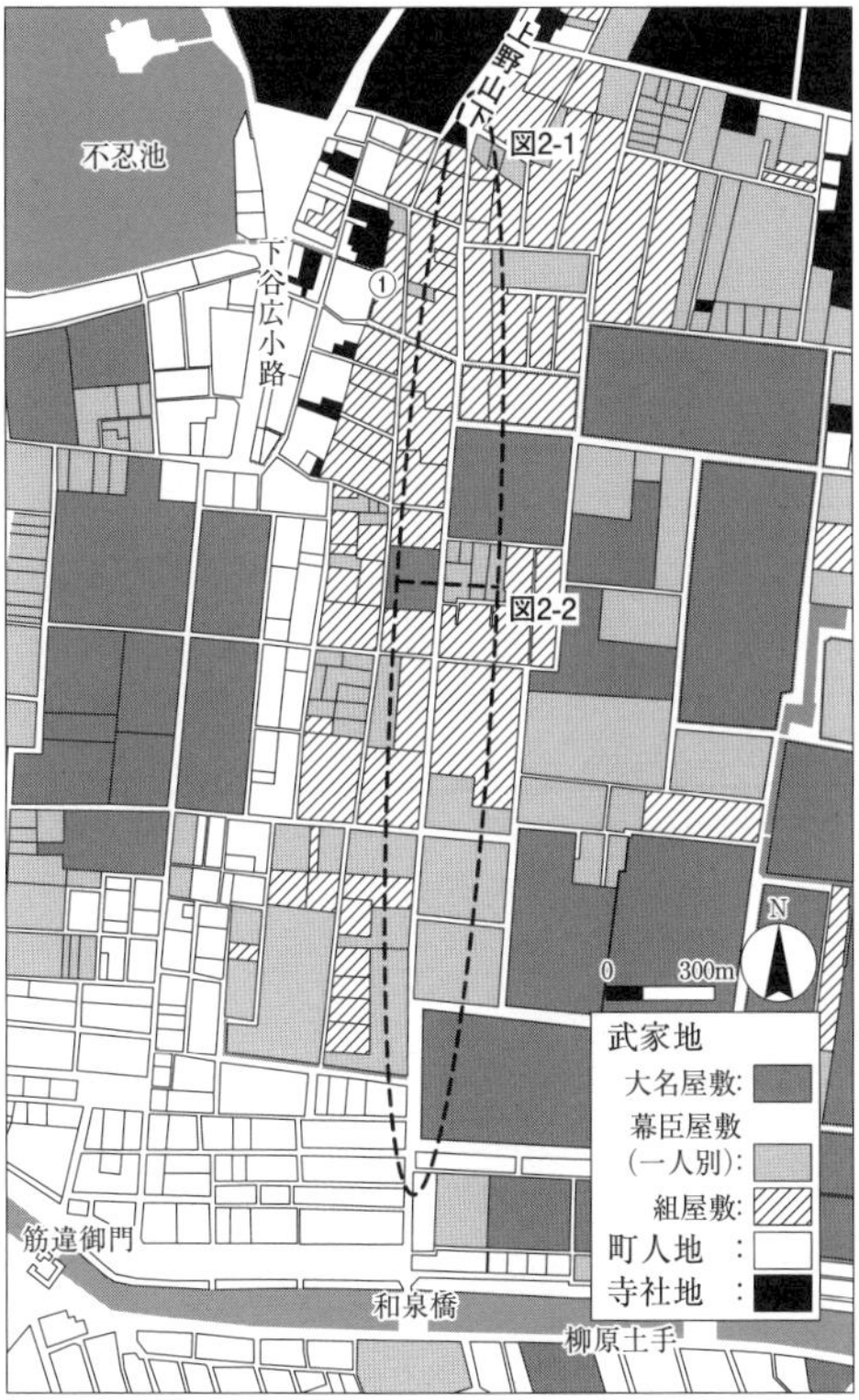

図1　幕末期における下谷一帯の屋敷区分

江戸の居住実態の表出

図2-1・2-2(11)は、「順立帳」(12)に所収の図を筆者が読み下し、まとめたものである。これは明治二年（一八六九）一〇月の東京府から新政府への民間開

発の是非に関するやりとりに添えられていることから、ちょうどその頃の利用を表したものと考えてよい。図1にその範囲を破線で示したように、和泉橋通り東西の屋敷をほぼ網羅していることがわかる。そもそもここに記された情報は、組屋敷部分の屋敷規模や拝領主名をはじめ、幕末に遡るこれまで知られていない情報を数多く含んでおり、非常に稀少な絵図史料といえる。

図2-1・2-2からは、当時武家地は「上地」・「受領地」の大きくふたつに分類され、この地域では過半が「上地」であったことがわかる。ただし、うち「上地」については誰某「拝借済」という付記がなされるものも多いことに気づく。この時期、「上地」は新政府に収用されて拝領主のいない屋敷、一方「受領地」は、朝臣に転身した旧幕臣などの、新政府からその官員へとあらためて下賜されたものを意味していることは確かである。[13] しかし「上地」で、

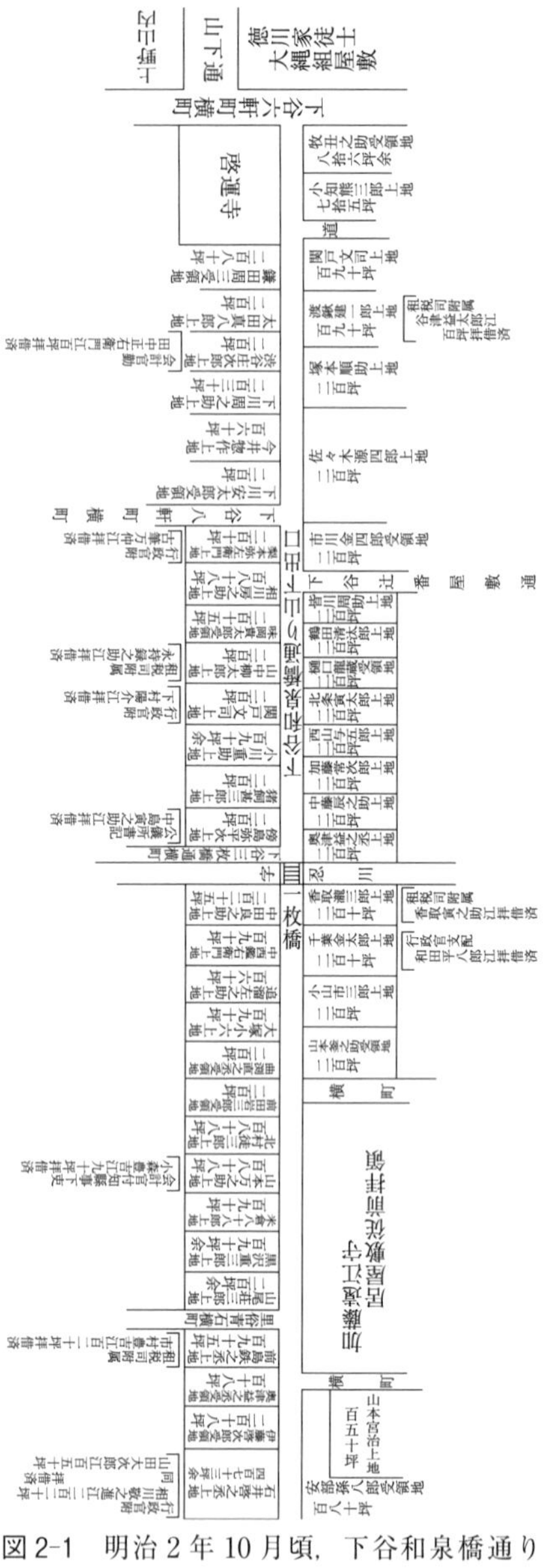

図2-1　明治2年10月頃，下谷和泉橋通り東西武家地（北側半分）の屋敷規模・利用主図

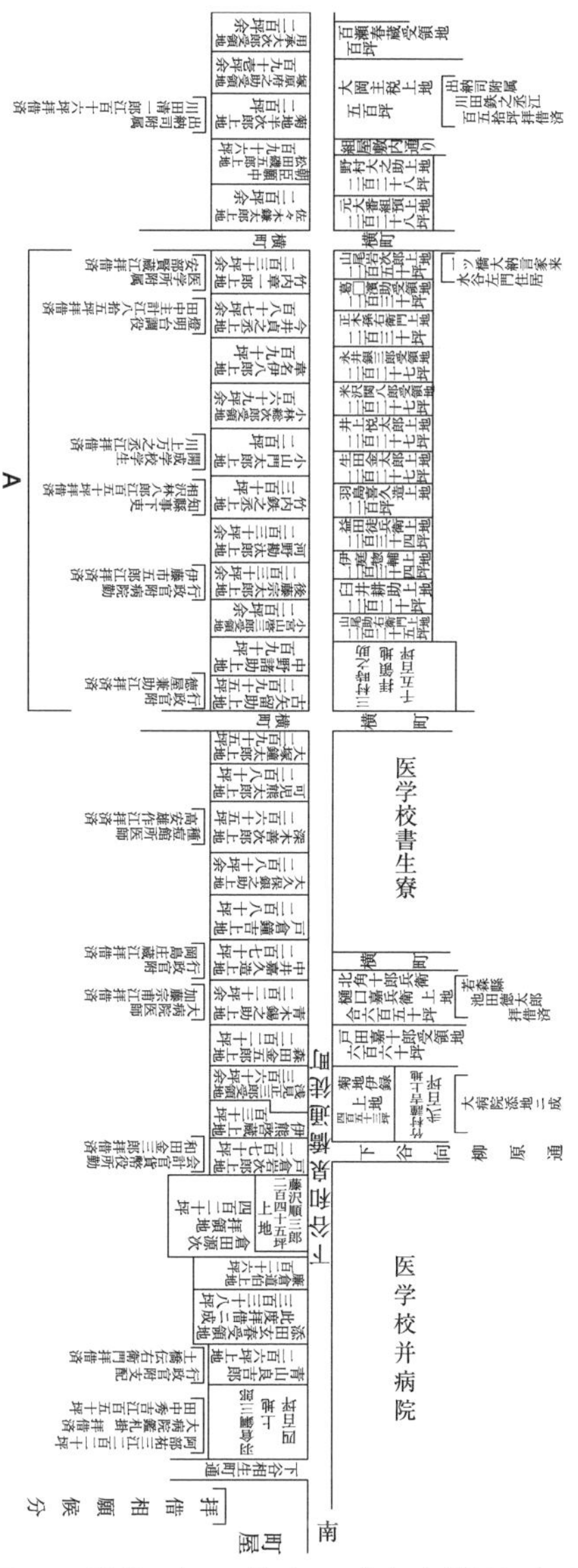

図2-2　明治2年10月頃，下谷和泉橋通り東西武家地（南側半分）の屋敷規模・利用主図

かつ「拝借済」の屋敷とはいったい誰に、どのような理由から貸し出されたものなのだろうか。

史料1[14]は、図2-1の上端（北端）、「徳川家徒士大縄組屋敷」のうち「赤萩貫吉上地」の「拝借人」である弁官附・永井清覚による東京府への嘆願書である（読点・傍線筆者、以下同じ）。後述するように、明治二年一〇月以降、当該地域一帯は民間による開発対象地として、いったんあらためて収用されることになる。その際、永井が引きつづき当屋敷への「差置」を願い出たのがこの史料1である。

［史料1］

奉歎願候書付

永井清覚

右私拝借住居罷在候下谷山下通り赤萩貫吉上地之内拝借之場所、御用ニ付可差出旨奉畏候、右ニ付奉歎願候儀は奉恐入候得共、右地所は徳川家元徒大縄地ニ而、飯嶋伊太夫地面奥坪之内七拾坪余、文化五辰年父永井正覚借地住宅仕候、其頃惣体地底湿地ニ而、殊更奥坪は沼地同様追々開発住居罷在候処、地主之儀は転役等ニ而度々代り候得共、年来借地罷在候、然ル処明治元辰年地主赤萩貫吉上地仕候ニ付、父時ゟ年来借地罷在候ニ付、右地所何卒引続拝借仕度、且又可相成儀ニ御座候ハ、残り地坪之分も当分御預ケ被下候様奉伺願候処、同年十一月、右上地之内七拾坪余願之通り当分拝借御許容幷残り地百三拾七坪心附御預ケ之旨被仰付儀ニ付難有仕合奉存、住居罷在候、同二巳年五月御布告被仰出之趣御座候ニ付、同年六月受領町屋敷〔永井が別の場所（地名未詳）に下賜されていた拝領町屋敷―引用者註〕上地仕、右拝借御預共之地所と御引替拝領仕度奉願置候処、此度御用地ニ相成候ニ付立払等ニ相成候而は差向当惑難渋仕候、何卒年来住居之地所、殊ニ小給者之儀ニ御座候間、厚御憐愍を以其儘御差置被下候様、偏奉願上候、此段奉歎願候、以上

士族卒触頭

永見貞之丞触下

二月　永井清覚

ここからは、大きく以下の二点が指摘できよう。

まず「拝借」という関係は旧幕期に由来するものであり、それは屋敷内の「借地住宅」などにちなむものであった[15]こと。くわえて、幕府瓦解後も「拝借」は新政府によって容認されうるものであり、かつ明治二年五月の布告では、「拝借人」が従前の拝領屋敷を「上地」してそれと「引替」える条件のもと、それまで「拝借」してきた屋敷全体の下賜も認められる可能性があったこと、である。

幕末期、幕臣屋敷における貸借の実態、および「借地住宅」が生まれる背景については筆者の先稿[16]にくわしい。

史料1にも「地主之儀は転役など二而度々代り候得共、年来借地罷在候」とあるように、江戸の武家地では、拝領主と密接な関係にはない人びとの居住さえも幅広く受けとめる土壌がつちかわれていた。具体的には、役替えなどにより拝領主は幕府の指示に則して恒常的に入れ替わりを余儀なくされる一方、他者による屋敷内の借地はむしろ定常化する傾向にあり、永井の住居（文化五年から「借地住宅」）もまさにそれに当たるものだった。このような武家地の重層的な利用は、違法な「町人職人等」を取りこむ状況までをもまねき、幕府は体制を脅かしかねないものとして最後まで厳しい規制をくわえていく。ただし「御医師其外町屋敷計被下候面々、幷末屋敷無之等借地之儀は無拠事」との方針もあわせてだされていたように[17]、史料1の永井のような、拝領屋敷としては「町屋敷」（拝領町屋敷）をあてがわれる下級武士らについては、慢性的な武家地不足のなか、許容されるものでもあった。

私見のかぎりでは、史料1以外に、図2-1・2-2における「拝借人」の素性をくわしく知る手掛かりは残されていない。ただし、それらの図中に記された「拝借」人の役職をみていくと、その多くが永井と同じ「行政官附」（弁官附）だったことがわかる。横山百合子の研究[18]によれば、彼らは朝臣のなかでも江戸期の小普請組のような無役の仕官達であり、元をたどれば下級の御家人層であった。図で「拝借済」と記される屋敷の多くは、当該地における居住歴や家作の存在など[19]を楯としながら、朝臣化した幕臣たちが新政府から引きつづき「借地」を認められたものを中心に構成されていたと考えられる。

（2）「拝借人」から土地所有者へ

以上のように、幕府崩壊直後の和泉橋通り沿いの幕臣屋敷からは、幕末期の利用実態が当該期においても継続し、それが近代へと連続してゆく様相が浮かびあがる。ただし同時に、このような居住の内実が新政府の「拝借」容認をへることで、「拝借人」をあらたに屋敷の利用主という位置に引きあげた点については、近世とは異なる画期的な展

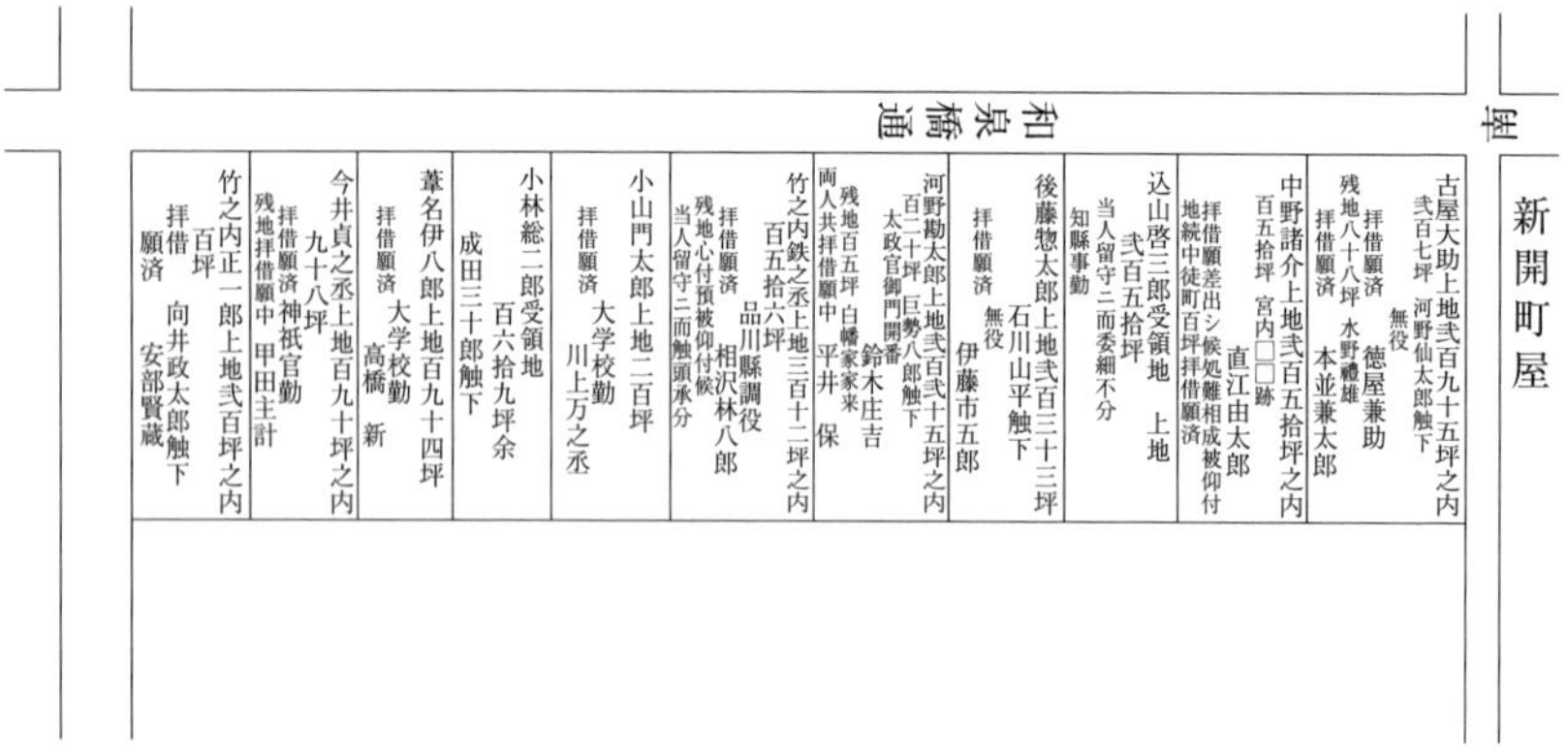

図3　明治3年12月，幕臣屋敷（図2-2・A部分）の利用主

開として注目、評価する必要がある。

江戸の武家地は、前述の拝領主以外の武家による借地をはじめ、その内部においてはさまざまな変質が遂げられていたことはよく知られている。宮崎勝美の理解[20]によれば、しかしそれはあくまでも「古い殻を表面に残したまま」の変容であって、「最後まで理念的な姿勢が保持され」ることを幕府は目指していた。武家地は「どこにあっても同一面積であれば同一の価値をもつ、均一的な土地として扱われ」、幕府の指示により武家は拝領屋敷を変える必要があった。図式的にいえば、都市の中心を占める江戸城（幕府）が唯一意志をもつ基点であって、その他（各武家地）は基点との一対一の関係のみによって容易に置き換えられる空間に過ぎなかった。いくら武家地内部が拝領主以外の武家によって利用・専有されていようとも、幕府の意向にもとづかないそうした実態面にあわせて武家地の譲渡などが許容されることはなかったのである。

しかしながら、ここまでみてきた明治初年の実態からは[21]、このような幕府の理念を受け継ぐような点は見いだせない。図3は、明治三年（一八七〇）一二月時点の一一筆分の幕臣屋敷（図2-2におけるAの範囲）の利用主を表したものである。この様子からは、「上地」の「拝借」にくわえて、「受領地」についても同役を基準とするような下賜がなされていたとは考えにくい。

この時期に新政府・東京府が旧幕臣屋敷に対しておこなった処理のあり方は、その後間もなくの地券発行にともない、多くの場合、屋敷の利用主をそのまま土地所有者へと移行させるものとなっており[22]、近現代における武家地跡地のあり方を決定づけるきわめて大きな出来事であったといわねばならない。

二　東京各所の町人による「郭外」武家地の再開発

ここまで、「明治二年の大規模開発」以前の状況を、公権力によるいわば公式な手続きをふむ屋敷貸借の観点から検討した。しかしながら、じつは並行して、官許を得ない民間の利用も急速に進んでいたのである。

（1）　町人たちの侵食

表2は、袋表題が「商人武家地の新見世[23]」とされる番付（「当世武家地商人」）から、店の所在などを抜きだしたものである。これは『武江年表』や「順立帳」（後掲史料2）の記述によれば、明治元年（一八六八）の状態を表したものとして扱ってよい。たとえば『武江年表』には、「下谷御徒町、本所深川、番町の辺、其外に小身の武士家禄奉還の儔、又は元御用達町人等商売を始む、骨董舗分て多し、或は貨食店、酒肆……其余色々の物を售ふ人多し、夫が中に下谷おかち町殊に盛にして、招牌を掲げたるもあり、是を番付に著し、角力にとりくみ[24]」とあるように、東京の武家地、なかでもちょうど図2-1・2-2に含まれる御徒町では盛んに「商売」がおこなわれ始めていた。もちろん、武家地の「商売」は江戸期には厳禁であって、また当時も頻繁に禁止の触れがだされており[25]、これらは違法な開発である。しかも『武江年表』では没落した武家が象徴的に記されているものの、後述のように担い手は町人を含む幅広いものだったことは見逃せない。

表2　明治元年「当世武家地商人」に記された武家地の「商店」

地域	店の所在と内容（［　］内が立地，それに続くのが売り物など）
下谷	［御徒町・和泉橋通］むしばの薬，白米安売，太平あんころしるこ，料理ずし，竹の家すし，三百文の丼，小間物屋，風流とろ汁，弁当茶づけ［練塀小路・中御徒町］しるこ，板木屋，きぬ糸屋［その他（おたふく横丁・かうち丁）］一ぜんめし，猩々酒屋
番町	［表・裏六番町］てんぷら茶漬，御ちやづけ，茶道具，炭まき，こわめし［三番町］松のすし
牛込，小日向	［水道町］蓬莱ずし［竹島町］せうゆ屋［隆慶橋］かつをぶし卸［牛込ほうりう寺］文久二ツの泉湯［牛込御門内］もろミおろし［小日向小川町］干もの塩物［神楽坂下］水ぐわし，あま酒大安売［わら店坂］茶店［揚場］五かんの薬［津久戸］万漬物
小石川，湯島，本郷	［加賀屋敷］会席料理［水戸様前］御待合［水道端］紅梅やき［手代町］ぼたん餅，てつかミそ，しぎ焼茶漬，東おこし［牛天神下角］御まち合［本郷弓丁］酒あめの宮
飯田町，九段，神保町	［二合半坂角］どぜう汁［もちの木坂下］五しきあげ［九段坂］さくらもち［神保小路］［ほり留］茶御小うり，さとう
四谷，青山，赤坂	［左門町］三色岩おこし，手打そば，刀屋［伝馬横町］りやうり［中殿町］小間物屋［青山甲賀町］しゃんけん細工［黒鍬谷］表うらない裏口水油
市ヶ谷	［土取場］らうそく［本村］水油米屋，あらもの［尾張様長屋下］いなりずし，酒のう役者
その他	［薬研堀］手打生そば［竹嶋町］紙の安売［つづミ橋］居酒［ねごろ組］八百屋［お玉が池］茶店［麻布谷町］宇治茶おろし

史料2[26]を見ていただこう。これは、最終的に「明治二年の大規模開発」を請け負うことになるグループのひとつが、明治元年（一八六八）一一月の時点で東京府に提出していた願書である。この内容については次項以降でも取りあげるが、ここではとくに違法開発が始まった経緯についてみておきたい。

［史料2］

乍恐以書付奉願上候

昌平橋外本郷五町目代地利三郎地借庄兵衛・下谷長者町壱町目松五郎地借彦兵衛外奉申上候

……御曲輪外御見付外等ニ是迄御住居被為在候御武家様方、当夏中ゟ夫々御立退有之候内、下谷和泉橋通御徒町入口ゟ北之方、加藤遠江守様御屋敷先三枚橋際迄、南側凡拾丁程も有之候所之御武家方、駿州御移住又は帰田上田等ニ而過半ハ御立退有之候ニ付、跡建家御取払之上明屋敷地多分有之、且亦御売払之家作其儘ニ而買取候者有之候所追々商店相開、種々之品売買ニ而繁栄相成候ニ随ひ、諸町ゟ商人共右御徒町之内江引越諸品売買ニ而此節は凡商ひ店八九拾軒も出来、夫々渡世罷在候……前書奉申上候通、和泉橋通御徒町江諸町之商人引移商売仕候儀、未御免之御沙汰も無御座候処、御武家方御立退之砌、夫々家作造作等御売払ニ而買取候者共一巳之存意を以、当時住居候商人共ゟ地代店賃取立諸品売買為致候得共、火之元守方其外非常異変等之節弁別可仕様之町法相立不申自儘之取斗而已と及承候ニ付、乍恐御興廃御手負之御所置御取極被為在候迄……取斗世話方私共江被仰付被下置候様奉願上候、右ハ追々御興廃御所置御治定之上は受領地御差除、其余商人住居私共江御請負方之儀御仁恵之御許容御座候節は夫々蒙御見分を、御地代上納方坪数ニ応し御引渡被仰付候翌月ゟ上納仕、尚一般商人住居弥以御免之上は表裏坪数巨細奉申上、御地代上納方ハ勿論町法規則相立、家守之者共も相増非常防方等厳重相守、日追而繁栄可相成様精勤仕、尚明地之分は夫々家作建家等ハ町並見苦敷無之様補理安直ニ貸渡候得ば、新規開業之町柄故、住居候商人共猥ケ間敷儀無之様添心仕、何品ニ不限正路実直ニ渡世可致様教諭仕候（中略）

昌平橋外
本郷五町目代地
利三郎地借
明治元辰年十二月　　願人　庄兵衛
下谷長者町壱町目
松五郎地借
同　彦兵衛
本所亀澤町
清右衛門地借

同　　卯兵衛
馬喰町弐町目
　久兵衛地借
　　武左衛門同居
同　　正助
右願人四人惣代
　右
跡住人　庄兵衛
　同
同　　彦兵衛

まず注目されるのは「商売」場の生まれる過程である。史料2の傍線部分、「御売払之家作其儘ニ而買取候者有之候所追々商店相開、種々之品売買ニ而繁栄相成候ニ随ひ、諸町ヨリ商人共右御徒町之内江引越諸品売買」、および、この内容がくり返された「前書奉申上候通……御武家方御立退之砌、夫々家作造作など御売払ニ而買取候者共一巳之存意を以、当時住居候商人共ヨリ地代店賃取之諸品売買為致候」からは、以下の事実が明らかとなる。

幕府崩壊によって「立退」きを余儀なくされた武家が「売払」う「家作造作など」、またそれを当地で「買取」った人びとの存在が、武家地に「商売」場が誕生する第一の契機である。次いで、「買取」った人びとがその建築、ないしはそれが存在する箇所を「商店」化させたことにより、「諸町ヨリ商人共」も転入してきたことがわかる。この「買取」った人びと」の性格は気になるところであるが、現時点では明らかでない。「買取候者共一巳之存意を以、当時住居候商人共ヨリ地代店賃取之」とあるように、「商人」というよりは、この一帯を差配する人物として考えておいた方がよいだろう。

以上のように、すでに明治元年（一八六八）から既存の武家住居の処遇が問題となるなか、その売買が武家地の町家化の仲介役を果たしていったことがわかる。そこでは建築を買い占め、所有することを手段に、当地を違法占拠する人びとが存在しており、彼らが差配するかたちで「商店」が開かれ、さらには「諸町」の「商人」も集まることで「繁栄」が築かれはじめていた。御徒町では、すでに明治元年末の時点で「凡商ひ店八九拾軒も出来」（史料2）ていたのである。

ところで、前節で指摘した朝臣らへの屋敷貸借と、この違法占拠による「商人」らの侵食とは、どのような関係にあったのだろうか。

現時点では御徒町のうち前掲図3の一一筆分のみ、各屋敷内の建物の利用状況が明らかとなる(27)。それによると、少なくともうち三ヶ所で「商売」の存在が認められ、たとえば南から五番目の「太政官御門開番」と「白幡家家来」が「拝借願中」の屋敷では、後者の所有する「表長屋」が「町人ニ貸置」かれていた。また北から三番目の「大学校勤」が「拝借願済」の屋敷では、その父が所持する「住居」の「表通ニ而茶渡世」が営まれていた。以上からは、屋敷の内側には朝臣らが居住する一方で、「表長屋」をはじめとした通り沿いの部分を商人たちが利用する関係にあったことがうかがえる。

なお、筆者は別稿(28)で、武家屋敷の表長屋が商店へと転用される様子を幕末および明治期の写真をもとに指摘したことがある（写真1）。その際は史料的な制約（写真の残存状況）もあって芝の一事例を扱うに過ぎなかったものの、今回の検討結果は、このような商店への転用が東京の武家地一般で広く進行するものだったことを示唆している。

写真1　武家地の表長屋の転用と商店化（芝の幕臣屋敷，同地点での変化）

注）上掲が幕末期，下掲が明治30年頃の状況．表長屋が改造されて，商店の連なりへと生まれ変わっている．

（2）「明治二年の大規模開発」について

武家地に「商店」が開かれ「繁華」が生みだされるにしたがい、下谷和泉橋通り一帯にはさらなる民間資本の参入がつづく。

前掲の史料2は、明治元年一一月、下谷和泉橋通り（御徒町）の武家地開発について東京府へと出願されたものであった。ここで、願人四名のうち二人には、従前の居所のほかに、わざわざ「跡住人」という記載も末尾にくわえられていることに気づく。「跡」とは、史料の文脈から武家が立ち退いた場所を指しており、かつ彼らは一帯を差配する人物（前述）と異質なことは明らかであるから、「諸町ヨリ」転入してきた「商人」の類いと見なすことができよう。このように、次なる変容のきっかけは、幕府瓦解以降に公許を得ないままに進んだ利用や住民の存在を事実上、肯定する立場から生みだされていくことになる。

表3　開発を希望した7グループの人的構成，申請の概要（範囲は図4に対応）

範囲	願人10名の居所	居住形態	職種など	申請内容の概略	開発形態
（不詳）	浅草源空寺門前	（不明）	家主	「町地ニ奉願上…手元ニ而人足差入」れ，家作を「町人共江貸附」	請負
A	本郷5丁目代地 下谷長者町1丁目 本所亀沢町 馬喰町2丁目	地借 地借 地借 地借	（不明） （不明） （不明） （不明）	「当分之内」は，先住の「商人」や異変の取締り. 認可が降りた際には「商人住居」の「請負」を希望. 「御地代上納方」，さらに「町法規則」の作成・「家守」の増員」などもおこなう（＝詳細は，史料2参照）.	請負
B	葺屋町	地借	問屋炭薪渡世	「相当之御上納」をもって，「新規町屋敷御受負」	請負
C	深川海辺大工町	地借	（不明）	最も広域の「町地御免」を希望.冥加金2000両上納，および開発認可後・翌年からの地代上納を約束.	請負
D	本所柳原町3丁目	家持	（不明）	「今般御願場所は新規貸附開発同様の地所」．開発認可の半年後からの地代上納を約束.	請負
E	神田松永町	（不明）	家守	「相当之御代金ヲ以私え御払下ケ」を希望.「町家家作」普請.	払下げ
F	神田旅籠町3丁目	地借	（不明）	「払下ケ」の場合3200両，また「請負」では毎年1125両の上納を約束.「御聞済之上は惣体町家」.	払下げ（請負も可）

開発を申請した主体

ところで，当該地域の開発を希望する主体はこうした住民を含むグループのほかにも，じつのところ東京全域から続々と現れていた。

表3は，開発を申請した七グループ（計一〇名の願人）の一覧である。明治元年一一月を皮切りに，翌二年九月までの期間，申請が相次いでいた。それぞれの願書[29]をもとに，おおよその開発希望範囲を図4に表した。これらの願人はすべて町人とみられ，家持（居付地主）や地借（借地人）層でおもに構成されている。そして，過半はこの下谷一帯に本拠（願書に記された居所）を置く人物ではない。最も広域の開発を願い出たのは深川東海辺大工町の地借であり，冥加金二〇〇〇両と翌年（明治三年）からの地代上納を約束するものであった[30]。

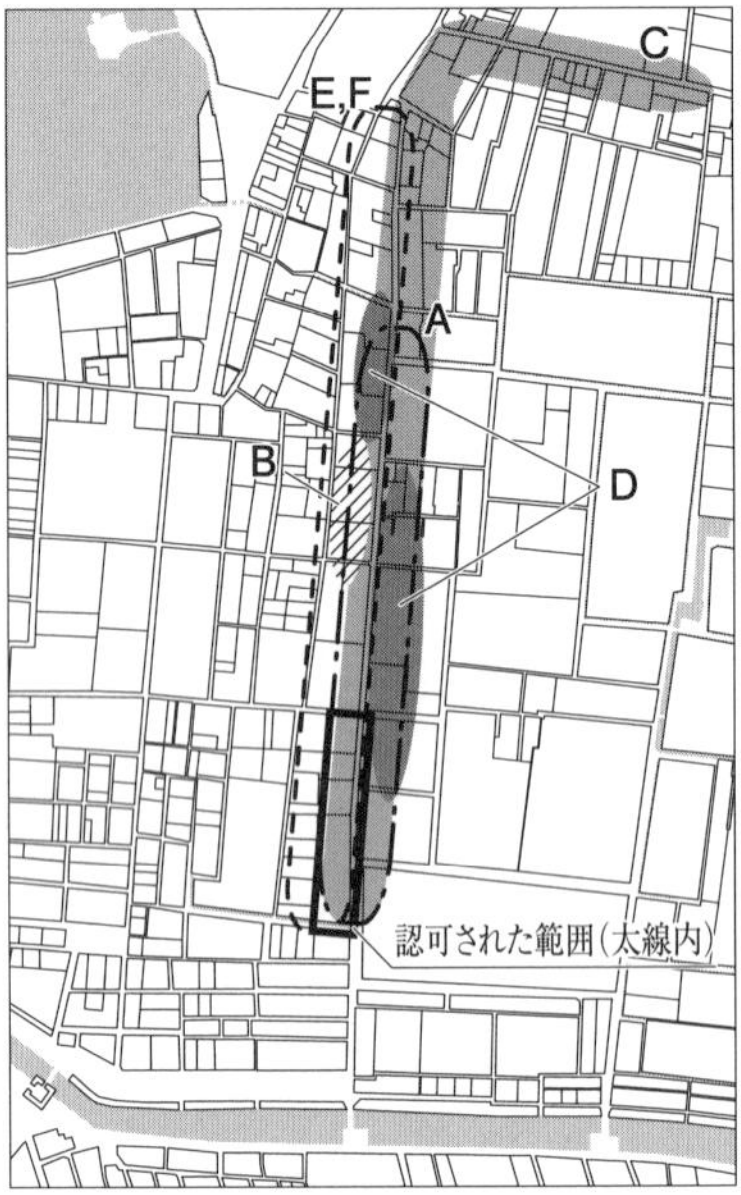

図4　開発希望の範囲

注）図全体の範囲は，前掲図1とほぼ同じ．

彼ら願人の性格はその後の展開をうらなう意味からもポイントといえようが、願書の文言からは判然としない。うち葺屋町の地借（表3のB）に関してのみ「問屋炭薪渡世」であったことがわかる[31]。また、専業かどうかは定かでないが他所の家主・家守も目にとまる。願人に住民が含まれたさきの史料2のケース（同A）もふまえると、願人の性格は多様なものであったと考えられる。

開発の目的——表通り沿いの貸地・貸家経営

表3であわせて注目されるのは、願書に記された開発方針である。前述の葺屋町地借のものを見ると、「表通り長延七拾九間余奥行八間」を「相当之以御上納、新規町屋敷御受負」を願う内容であったことがわかる[32]。残りについても表3にそれぞれ概略を示したように、ほぼすべてが町家普請を軸とする開発事業の「請負」、または土地（武家地）の「払下ケ」を受けたうえで同種の開発をおこなう方針であった。

くわえて興味深いのは、開発希望の範囲である。葺屋町地借の「奥行八間」というのは、図2-1・2-2からもうかがえるように、当該一帯の武家地の奥行きの半分にも満たないものである[33]。また神田松永町家守などは、開発の進め方として、目下「過半明地」の状態である「裏通之分」については、ひとまず「囲いたし取締相立、追々町家家作取建候様仕度」としていた[34]。このような表通り沿いのみを開発の中心とする傾向は、先に述べた、違法ながらすでに開始されていた「表長屋」の「商店」化と無関係なものではないだろう。史料2では、はじめに先住の人びと（明治元年転入）のための「商人住居」、次いで「一般商人住居」、さらには「明地之分は夫々家作建家など」が想定されていた。

つまり、これらの申請者たちが共通して思い描くのは、すでに生みだされていた「繁栄」に、さらに「商人」が集まることを期待しておこなう屋敷経営であって、これを具体的な空間に置きかえて考えれば、既存の武家地の連なりに対し、とくにその表通り沿いに町家を線状に開発していくことであったといえる。

(3) 公権力(新政府・東京府)の判断

下谷和泉橋通りの開発をめぐる町人達の出願内容は、「郭外」変容の根底にあるものとして注目に値する。ただし、明治初年の武家地開発については採否はもちろん、すべての裁量が公権力の側に任されていた(35)。

和泉橋通りの武家地開発について、すでに進んでいた違法開発もふくめ、公権力が当時どのように認識していたかは史料的な限界から明らかでない。現在確認できる最初の所見(36)は、認可間近の、明治二年(一八六九)一〇月八日の東京府から新政府への伺いである。そこでは「下谷和泉橋通武家地ニ而商ひなど致居候ニ付……右場所之内羽倉鋼三郎上地ヨリ大塚鐘太郎上地迄之所は町屋永続可致見込ニ付新開町屋ニ致し」とあるように、違法利用の存在を織りこみ済みで開発への判断を下していたことがわかる。ここでは対象範囲についてもふれられており、それは図4に示すように町人らの希望するほんの一部を認めたに過ぎない。さらに開発手法に関しては、表通り沿いのみの割り当てなどはせず、一七筆の武家地全体を願人の人数に合わせてほぼ一〇等分に割り直して「拝借申付、町人用差引地代上納」させるというものであった(37)。

右記のエリアが指定された理由を僅少な史料から探ることは難しいものの、ここでは以下の可能性を指摘しておきたい。

具体的には、対象地とされた御徒町南端と、通りを隔てて接する「医学校」関連施設（「医学校幷病院」「医学校書生寮」、図2-2参照）との関連が疑われる。前掲・史料2の願人によると、彼らはすでに開発を申請する以前から、和泉橋通りの武家地が「御大病院御医学所御地続故」、近い将来、開発地に選ばれることを見越して「拝借地ニ相成候ハ、其御下請負仕度旨」を申し出ていたとも主張している[38]。

既述のように、東京府は「町屋永続可致見込」という屋敷経営の安定性のみを挙げて認可の理由としているわけであるが、これは明治元年時点で「商ひ店八九拾軒も」連ねていた和泉橋通り沿いの「繁華」を考えれば、少々物足りないものである。むしろ逆に、公的な施設の箇所ばかりに開発を認可したという点に注目すれば、ここに町家を造る必要性、つまりは商店を群として誘致するねらいが東京府の側にあったとみることは想像に難くないのではないか。明治初年における民間の武家地開発は、冒頭で述べた財源捻出はもちろんのこと、それにくわえて近世都市のゾーニングによって生み出された町家（商店）の偏在を解消する手段として、公権力が民間の資本を利用しながら都市の改造に取り組んだ一形態としても位置づけられるように思う。

三　幹線道路の形成——公権力による誘導

図5は[39]、江戸図の流れをくむ最後のものといわれる、明治四年（一八七一）「東京大絵図」に描かれた下谷地域である。「徒町通り」（＝和泉橋通り）の西側、江戸期はすべて武家地であったところに、ちょうど鎮火社の北東から三ブロックにわたり、通り沿いに線状に連なる「丁」がみてとれる。「丁」とは、この「東京大絵図」において従前の町人地部分に対しても用いられていることから、それと同じような町地の誕生を表したものと理解してよい。三ブロックの「丁」のうち、さきほど検討した「明治二年の大規模開発」によるのは、じつは南端のみである。つまり残りの

二ブロックでは、明治二年末からおおよそ一年の間に、なにかしら別の町地開発もまた進んでいたことになる。

（1）和泉橋通り沿いへの、町人地のさらなる「移植」

結論をさきにいえば、残りの「丁」の形成にも公権力の意向が深くかかわっていた。

残りの二ブロックのうち少なくとも中央の部分は、明治二年（一八六九）一二月の大火を機に、外神田の町人地である神田松永町が移転させられたことによって生み出されたものである[40]。なお図5には示されていないものの、南端の「丁」の向かいにある「ヤシキ」は、同じく類焼した神田平河町（一部）が換地した場所であった[41]。

ところで、大火後の東京府と新政府とのやりとりによると、「今般外神田焼失場跡火除御用地ニ被仰付、代地之儀は見立可相願旨申渡候[42]」とあるように、当初類焼した町人地に対しては換地候補をみずから申し出るように告げられていた。以下しばらく、上記二町が申し出た内容をもとに、一連の「丁」形成をめぐる背景をみていこう。

外神田町人地の願望

まず、神田平河町について。現在確認できるのは明治三年（一八七〇）正月、「地主代」を兼ねる五名の差配人が東京府へと提出したものである[43]。差配人たちは同坪数での換地を希望するとともに、「上野山下東側武家地」・「神田泉橋通大病院御屋鋪続」・「柳原土手通冨田家御屋鋪」・「同所東之方細川家御屋鋪」・「同所同断御郡代御屋鋪」など七つの候補地を挙げている[44]。以上の選択に認められるのは、やはり従前の「「広場」への近接」願望である。前章（第4章）で指摘したように、この時期、東京周辺部の町人らにとって近世来の「広場」近隣への移住は共通した願望であった。この場合も江戸有数の「広場」、すなわち上野山下・下谷広小路・柳原土手通近くの武家地ばかりが選ばれている[45]。最終的に東京府が指示したのは、右記のうち「上野山下……武家地」と「神田泉橋通……屋鋪続」の二ヶ所

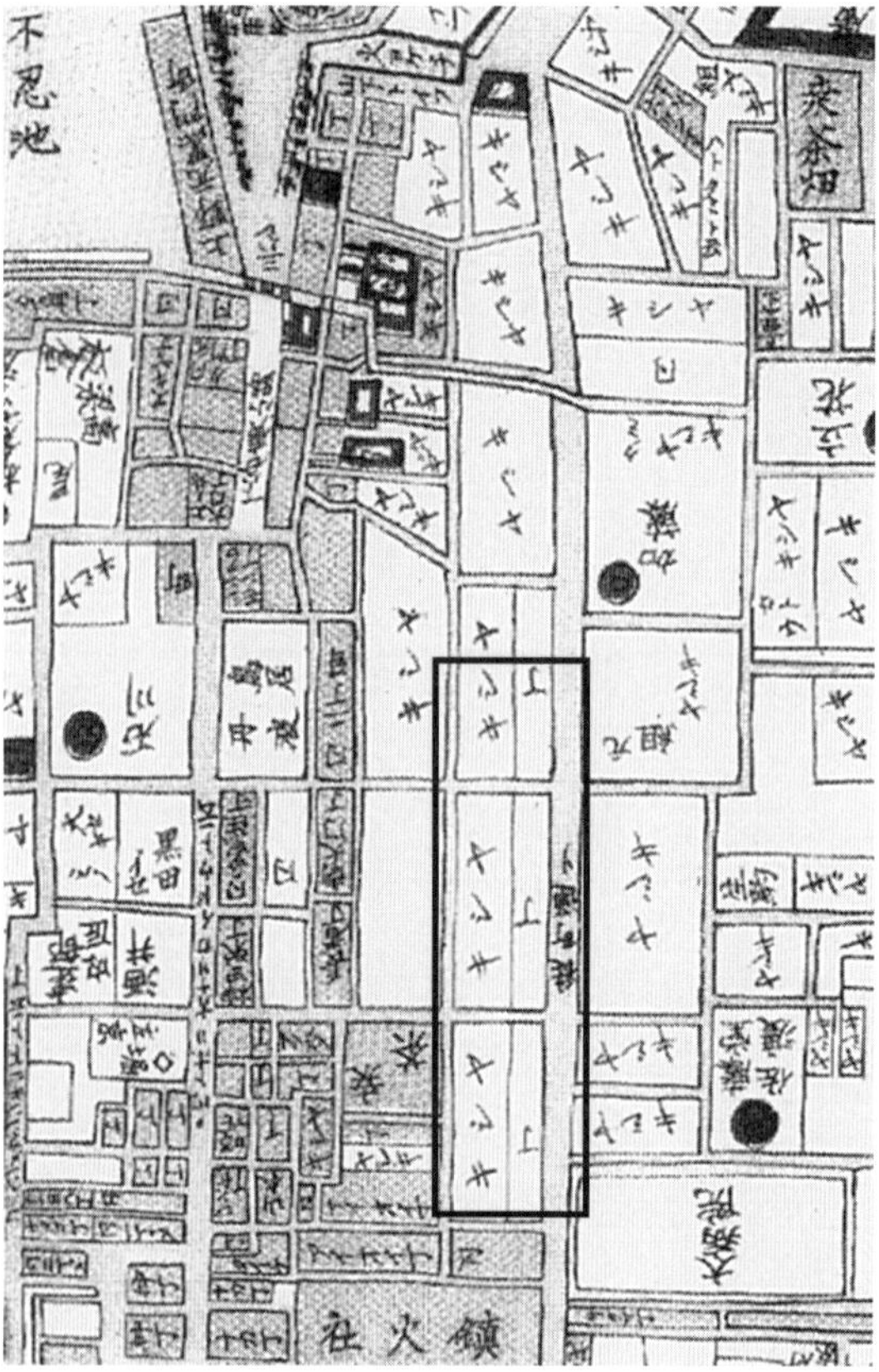

図 5（左） 明治 4 年「東京大絵図」　　図 6（右） 明治 17 年陸軍実測図

注） 図 5 の矩形内が図 6 の範囲．なお図 6 の円内が川上の屋敷に当たる．

であったものの、前者には、町側から「当時床見世一円有之向側車坂町続」、すなわち「広場」に少しでも近い箇所へというくわしい条件が事前に提示されていたことも確認できる。(46)

一方、神田松永町の内容は多少趣が異なる。明治三年二月、「町年寄」ら「願人」四名が東京府へと申し出たのは「町内続和泉橋通り、此度新開町家相成候神田松永町弐丁目（「明治二年の大規模開発」の箇所―引用者註）向合候東側幷西側武家地之内」のみであった。(47) 願人が述べるには、これらの地所は「私共是迄持伝候地位ニ見合宜敷ト申程之御場所」ではないものの、「迚遠方他所え引移り候ては是迄其所ニ応し仕来候渡世ニ相離れ候のみならず、家作引移候ニも余分之失費相掛」かることを換地先に選んだ理由としている。

ところで、以上の一連の動きのなかで、和泉橋通り沿いの武家地への移転を誰が一番望んでいたのだろうか。別のいい方をすれば、最終的に指示した東京府が推し進めるものであったのか、それとも町側が強く望んだ結果だったのだろうか。神田平河町についていえば、多数の候補地を挙げていたことを思えば必然性はあまり感じられない。一方、神田松永町は、一見すると町をあげての積極性が目立つが、ここで注意する必要があるのは「願人」の性格である。じつは「願人」の半数は「明治二年の大規模開発」のそれと同じ人物であって、(48) 彼らはもともと「私共町内続一ト構大凡壱万坪程」という和泉橋通り東側全体の開発を願い出ていた（図4のE）。このことをふまえれば、図5に見える「丁」の連なりは町側の発意ばかりでなく、それを汲みながらも、やはり最終的な開発場所やその範囲を厳密に定める公権力の計画性を認める必要があろう。

（2）通り沿いの「丁」と、背後に拡がる隙間

明治三年（一八七〇）二月七日、東京府は新政府に、これら外神田町人地の移転先の武家地について、「右場所之儀は受領地又は拝借地などニ相成候得共、中ニハ商業などいたし居候ものも有之候ニ付、邸改（東京府で武家地を担当す

る部局―引用者註）ニ而夫々引払為申渡、替地ニ取調可申哉[49]」と尋ねている。前掲の図3は、ちょうど神田松永町の移転先に当たり、その際作成されたものであった。なお、図3にある屋敷利用主（受領主ないし拝借主）の多くに、その後、東京府によってそれぞれ「御用ニ付可差上、外場所見立可相願事」という内容の通達[50]がなされていたことも確認できる。

このように、明治初年における公権力主導の都市的改変では、さきの「明治二年の大規模開発」の手法にも明らかなように、朝臣の居住地域（武家地）と町人のそれ（町人地）とは明確に区別を付けるよう心掛けられていたことがわかる。これは、いまだ身分制が敷かれていたことをふまえれば当然の対応ではあるのだが、前述の永井（史料1）のように、居住歴などを楯に利用の継続を主張してきた朝臣たちにとって簡単には受け入れ難いものだったろう。

あらためて図3に目をやると、南から二筆目の直江由太郎などは「拝借願差出シ候処、難相成被仰付、地続中徒町百坪拝借願済」とあるように、実際には西隣の武家地への「拝借」が認められていったことがわかる。さらに、同じく図3の川上万之丞は、日本洋画壇の祖として知られる川上冬崖その人であるが、彼が同じくこの屋敷のすぐ裏手（西隣）に、明治一〇年代まで「画塾聴香読画館を開き」、「大名のような生活をしていた」ことが伝えられている[51]。明治一七年（一八八四）陸軍実測図[52]の一部（図6）からは、川上の屋敷、および明治初年に「丁」が開かれた和泉橋通り一帯の様子がみてとれる。これと図5を対照すると、和泉橋通り沿いには奥行きの浅い町家の連なりが確認できる一方で、かつて幕臣の御殿が存在したであろう裏地には空隙が目立っていたことがわかる。

おわりに

一般に、市中人口の大幅な減少などから近世巨大都市・江戸のたんなる衰退のなかに描かれてきた明治初年の東京であるが、そこではすでにさまざまな民間資本による都市開発が頻発していた。なかでも、広大な空地をはらむことになった「郭外」武家地は格好の開発対象となるとともに、それを取りまく空間や社会が大きく変容する起点としての役割を果たしてゆく。

幕府瓦解後、武家地（幕臣屋敷）では、従前「借地」などをおこなっていた拝領主・以外の武家が家作の存在などを根拠に、新政府から引きつづき居住の権利を獲得していく。このことは、近世段階にはさまざまな変質が果たされながらも内実が表面化することを阻んでいた武家地の制度的な崩壊を意味する。江戸城を基点とする城下町の空間が、そうした居住の論理に沿ってあらためられ、また変容していくことへの大きな道筋が付けられたといえる。

他方で、「郭外」武家地をめぐっては、町人らによる侵食も急速に進展していた。なかでも「広場」に近接し、それと「郭内」とを結ぶ幹線としての条件を満たす下谷和泉橋通りなどでは、表長屋を改造した「商店」が明治元年から続々と誕生していた。そこで生みだされる「繁華」は、あらたな「商人」の集合を生み、さらには東京各所の町人資本を当該エリアの屋敷経営へと駆りだしていった。

このような、おもに民間活力による「郭外」武家地の自律的な変容は、公権力にとってもみずからの意向に沿う限りは好都合であった。「明治二年の大規模開発」では、広域の「請負」などを望む町人たちに対して、高額の上納金を要求する一方、公的な施設に接するごく一部の箇所ではあったが「拝借」を認めた。さらにその直後、近隣の類焼した町人地を換地させる計画では、いったんは当該地の利用を認めた朝臣たちをあらためて後背地へと引き払わせ、上記の「拝借」部分に連なるように町を「移植」しようとする積極性も垣間みえた。

以上の開発を、建築や空間のまとまりという観点からあらためて整理すれば、はじめに表通りに面する武家地（ないしはその一部）が町家で構成される線状の「丁」へと読み替えられ、それが地域一帯の変容を支える幹線道路としての役割を果たしていったことがわかる。

これらは、大名屋敷が西欧の町並みへと刷新された「丸ノ内」など東京中心部の開発などに比べれば、開発主の性格からしてありふれたものではあったろう。しかしこのような開発もまた、東京が「近代」を受け入れる新しい都市空間の素地を築くものであったことはいうまでもない。

たとえば、本章が素材とした下谷和泉橋通り沿いの武家地では、明治五年（一八七二）までに全域の表通り部分が、東は御徒町一—三丁目、西は下谷中御徒町一—四丁目へと再編されて、「丁」の連なりが仕上げられる。[53] そして、まさにその場所には明治一五年（一八八二）に鉄道馬車、その後市電が巡らされていった。[54] 裏手に広がる武家地では、当初、朝臣らの住宅などを除けば依然空き地が目立っていたものの（前掲図6）、「丁」が発達を遂げた明治一〇年前後からは、遊興的な宗教施設をはじめとする「衆庶」参集の場（第6章）が乱立していくことにもなるのである。

（1）東京都公文書館所蔵。ただし「府治類纂」のうち地輿之部は、明治元—三年までのおもに土地・建物に関する法令等の編纂物となる。
（2）拙稿「「郭内」・「郭外」の設定経緯とその意義——近世近代移行期における江戸、東京の都市空間（その5）」（『日本建築学会計画系論文集』第五八〇号、二〇〇四年六月）。
（3）「万石以下屋敷可為一ケ所旨等御布告」（前掲注1「府治類纂」一七、明治二年）。なお、上記は日付を欠くものの、ほぼ同内容を報じた町触（同上所収）には「己巳五月廿八日」の記載があり、明治二年五月の通達と比定できる。これらのくわしい内容や解釈については、前掲注2の拙稿を参照。
（4）なお、表1にある事例の分布については前掲注2の拙稿で示した。
（5）横山百合子「解体される権力」（吉田伸之・伊藤毅編『伝統都市2　権力とヘゲモニー』東京大学出版会、二〇一〇年）。
（6）『江戸復原図』（東京都教育委員会、一九九一年）をもとに筆者が作成。
（7）山本政常著・吉田常吉校訂『幕末下級武士の記録』（時事通信社、一九八五年）。とくに四二—四四頁を参照のこと。
（8）前掲注7の掲載図をもとに、幕末期の「切絵図」（たとえば「東都下谷絵図」一八六二年）と照合すると、「山モト」屋敷の所在が確認できる。
（9）明治中後期に、東京の三大「スラム」（貧民窟）と呼ばれた場所のひとつ。横山源之助『日本の下層社会』復刻版（岩波書店、一九八七年）などを参照のこと。
（10）『東京市史稿』市街篇四九巻、二四〇―二四二頁。
（11）図1に破線で示すように、両図の関係は、図2-1の下端（南端）が、図2-2の上端（北端）につながる。
（12）「下谷和泉橋通小屋敷上地之分町家取建調」（「順立帳」明治二年四九所収、東京都公文書館所蔵、リール番号七三〇―）。この所在については小林信也氏のご教示による。
（13）『都史紀要一三　明治初年の武家地処理問題』（東京都、一九六五年）などを参照のこと。
（14）「神田平河町金五郎より外神田焼失場替地之義云々歎願」（「順立帳」明治三年三九所収、東京都公文書館所蔵、リール番号七三―七四）。
（15）この内容は、前掲注13の一一六頁でも確認できる。
（16）拙稿「幕末期江戸における幕臣屋敷の屋敷地利用と居住形態――近世近代移行期における江戸、東京の都市空間（その1）」（『日本建築学会計画系論文集』第五四五号、二〇〇一年七月）。
（17）前掲注16の拙稿を参照のこと。
（18）横山百合子「明治初年の士族触頭制と戸籍法――身分制解体の視点から」（『論集きんせい』第二四号、二〇〇二年五月、一〇八―一三二頁）。
（19）たとえば、表1の明治二年九―一一月にかけて認可された深川・船番同心の組屋敷の事例では、開発を願い出た先住の武家のうち、家作を所持している者のみが「新開屋」拝借を認められている。この点からも当時、新政府が家作の有無を一定の価値基準（拝借する側からいえば、居住の権利を主張できる要素）として認めていたことがわかる。
（20）宮崎勝美「江戸の土地――大名・幕臣の土地問題」（吉田伸之編『日本の近世9　都市の時代』中央公論社、一九九二年）。以下、当段落の引用部分は上記による。
（21）前掲注14、リール番号四九に所収される図をもとに筆者が作成。
（22）前掲注13、および鈴木博之『日本の近代10　都市へ』（中央公論新社、一九九九年、一〇八―一一一頁）などを参照のこと。

(23) 中山栄之輔「かわら版にみる幕末維新の武家と商人」(『歴史読本』一九七四年一一月号)。小林信也氏のご教示による。
(24) 明治元年七月の項目。本章では『江戸叢書巻の十二』(江戸叢書刊行会、一九一七年) 所収のものを参照した。
(25) 前掲注13に同じ。
(26) 前掲注12、リール番号一六―二一。
(27) 前掲注14、リール番号五一―五六。
(28) 拙稿「明治初頭における東京の居住――近世近代移行期における江戸、東京の都市空間 (その2)」(『日本建築学会計画系論文集』第五六二号、二〇〇二年一二月)。
(29) 前掲注12、リール番号一一―四〇。
(30) 前掲注12、リール番号二五―二七。
(31) 前掲注12、リール番号二二。
(32) 前掲注31に同じ。
(33) 図2―1・2―2の武家屋敷は、いずれも二〇〇坪前後の広さがあり、奥行きは少なくとも二〇間はあったと考えられる。
(34) 前掲注12、リール番号三四―三七。
(35) なお、このうち東京府が武家地を含めた東京一円の支配を実現した (管轄権を得た) のは、明治二年一一月からである。前掲注5を参照。
(36) 前掲注12、リール番号八―一〇。
(37) 前掲注12、リール番号五七―五九。
(38) 前掲注12に同じ。
(39) 本章では、『江戸から東京へ　明治の東京』(人文社、一九九六年) 所収のものを使用した。
(40) 前掲注14に同じ。
(41) 前掲注40に同じ。
(42) 前掲注14、リール番号三九―四〇。
(43) 前掲注40に同じ。
(44) 前掲注14、リール番号四一―四四。

(45) 江戸における「広場」の所在については、千葉正樹『江戸名所図の世界』（吉川弘文館、二〇〇一年）にくわしい。
(46) 前掲注44に同じ。
(47) 前掲注14、リール番号四五―四七。
(48) 神田松永町家守・源兵衛と、同町年寄・夘兵衛。前掲注12参照。
(49) 前掲注42に同じ。
(50) 前掲注14、リール番号六三―六六。
(51) 国土地理院監修『明治前期・手書彩色關東実測図　資料編』（日本地図センター、一九九四年）八五―九八頁。
(52) 『参謀本部陸軍部測量局五千分一東京図測量原図［復刻版］』（日本地図センター、一九八四年）。川上屋敷の位置については前掲注51による。
(53) 『東京府志料』（東京都都政史料館、一九五九―六一年）。
(54) 『都史紀要三三　東京馬車鉄道』（東京都、一九八九年）。

第6章　日本各地の「神社遥拝所」の簇生について

はじめに

明治五年（一八七二）三月一四日、神祇省が廃止され、より効果的な民衆教化の実現に向けた政府機関として教部省は発足する。

周知のように、維新政府が打ちだした神仏分離の方針は、各地に廃仏毀釈の傷跡を残し、また当初は国学者・神道家のみを担い手（宣教使）とする急進的かつ直線的な神道国教化体制がとられた。しかし、これはほとんど機能せず[1]、他方ではキリスト教の浸入に対する危機意識が高まるなか、教部省はあらためて仏教をも取り込んだ布教体制の構築を目指す。一〇万人以上といわれる神官・僧侶を無給の「教導職」に任命し、教化理念である「敬神愛国、天理人道、皇上奉戴・朝旨遵守」の三条教則を説教させることで国民意識の統合をはかるという、壮大な教化政策が企図されたのである[2]。

当時の様子について島崎藤村の『夜明け前』は次のように描く。

半蔵が教部省に出て仕えたのは、こんな一大変革（いわゆる神仏分離令―引用者註）の後をうけて神社寺院の整理もやや端緒に就いたばかりの頃であった……すべてが試みの時であったとは言え、各自に信仰を異にし気質を異にする神官僧侶を合同し、これを教導職に補任して、広く国民の教化を行おうと企てたことは、いわば教部省の第一の使命ではあった……ともかくもその国民的教化組織の輪郭だけは大きい。中央に神仏合同の大教院があり、地方にはその分院と見るべき中教院、小教院、あるいは教導職を中心にする無数の教会と講社があった。いわゆる三条の教則なるものを定めて国民教導の規準を示したのも教部省である。（以下略）[3]

教化政策の拠点とそのネットワークが全国各地にはりめぐらされようとしていた。神仏合同による教義研究や教導職の育成などにあたる大教院（東京・増上寺）[4]を筆頭に、各府県の有力寺社に中教院、その他各地の寺社などへは小教院が設けられ、さらには「教導職を中心にする無数の教会と講社」が末端を担うように存在した構図がみてとれる。ところで、一連の教部省による試みは、すでに先行研究が指摘するところでは教導職（とくに神道側）の能力問題や、神道・仏教間の対立、なかでも島地黙雷を中心とする真宗の反発とそれにからむ薩摩・長州の対抗などのために結局目立った成果をあげられなかったといわれる[5]。明治八年（一八七五）五月に大教院が閉鎖、まもなくの同一〇年一月には教部省自体も廃されて、その機能は内務省社寺局へと移された。期間にしてわずか数年の出来事であり、教部省時代の教化政策については従来、政治史や宗教史の分野から「国家神道」体制形成の一準備段階といった文脈でその制度機構や教化理念が検討されてきたほかは、それほど幅広い関心を集めていない[6]。

しかし、当該期の市井に目を転じれば、宗教をとりまく新奇な様相がさまざまに現れていた。とくに、教部省が全国に先駆けて説教などの開始を命じ、第一に教化の実績を求めたとされる首都・東京では、じつのところ「無慮数千、所在華表《トリヒ》を見ざる無く……新社を安置する者亦た尠からず[7]」と、いったんは教化政策と軌を一にした「新社」が都市空間のなかに数々誕生していたことがうかがえるのである。

本章では、従来ほとんど知られてこなかったこれら宗教的な場の創建問題について[8]、第一に、その制度的な枠組みや担い手たちの性格、敷地の選定、運営方法などの実態を、現時点で可能なかぎり把握したい。第二に、以上の検討をつうじ、民衆教化の一手段としてのそれらの特徴および限界を明らかにすることで、当該期の教化政策をより多角的にとらえるとともに、その挫折が後世に与えた影響面についても見通すことができればと思う。

一　「諸神社遥拝所」とは

（1）　民有地における創建

「太政類典」第二編・第二五九巻(9)には、教部省発足まもない明治五年（一八七二）八月から同八年五月のあいだに申請され、かつ公許を得た宗教施設の創建に関する記録を一三件認めることができる。いずれも民有地に建つ「諸神社遥拝所」と称されるもので（なお「遥拝所」という名称の問題については本節後半および次節で検討する）、うち一〇件までが東京（図1、表1）、残りが京都・大阪・横浜に一件ずつの構成となっている。記録には「類例比々有之」や「多分比例モ有之」といった文言が散見されることから、これらはあくまでも当時の代表例と考えてよい(10)。

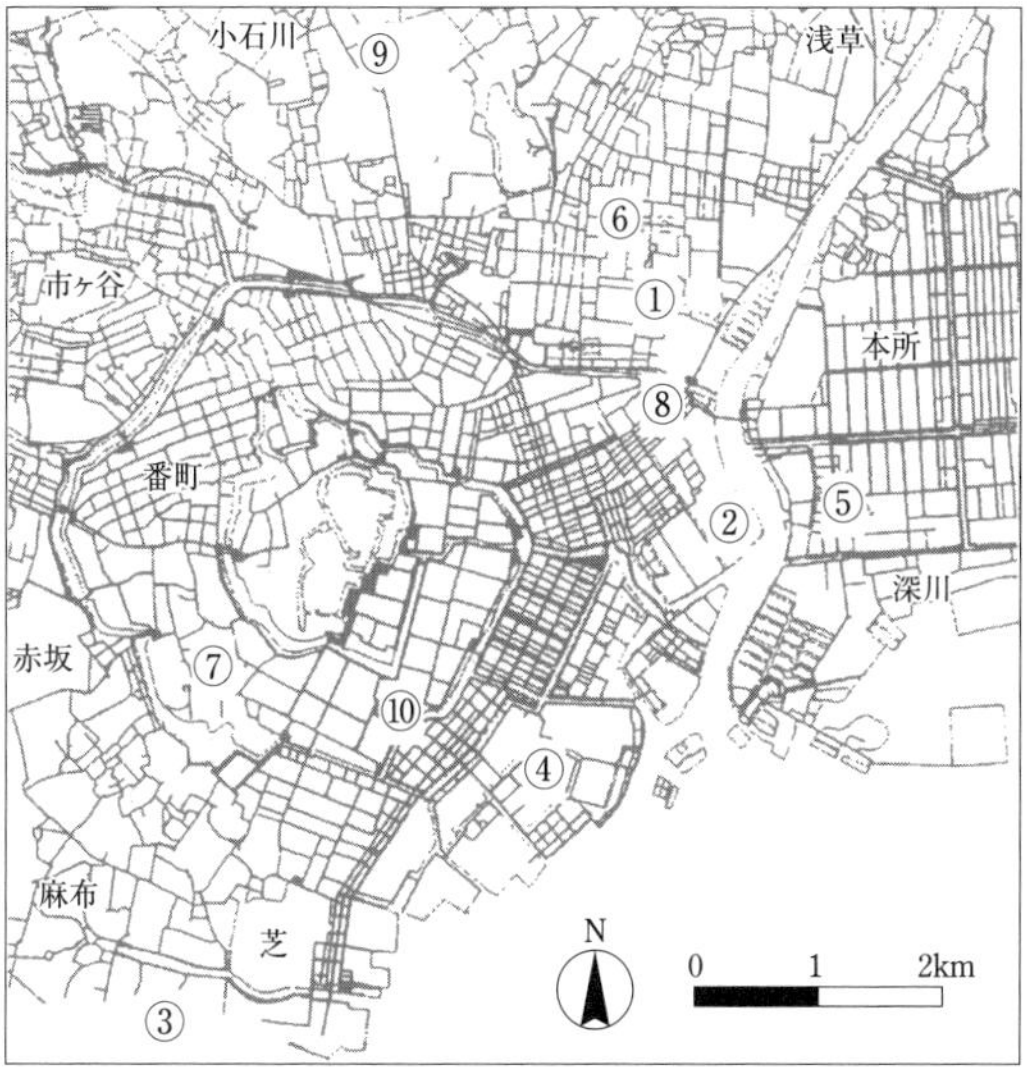

図1　東京における「諸神社遥拝所」の分布

注）　図中の番号は表1に対応

それぞれ、認可が下りるまでの申請者と管轄庁とのやり取りをたどることができ、立地や建築についての図が付されたものもある（図2―図5）(11)。一見しただけで「本社」や「拝殿」、「説教所」、「結社教会所」のほか、鳥居、流れ造

申請，公許年月日		備　考 （申請時の永続見込み，創建後の変更点など）
明治5年7月	明治5年8月29日	・「御造営ノ費財資続ノ儀ハ，西ノ内ノ立牒へ有志ノ者ノ姓名ヲ記シ且教導勧進セシメ候」．なお「地所へ大凡高サ九丈余ノ丘山ヲ築上ケ……皇大神御廟御本宮御拝宮御造営」する予定． ・明治8年1月12日「遥拝所ト改称ス」，同9年11月21日「衆庶参詣ヲ禁ス」
明治6年5月20日	明治6年6月4日	・「有志ノ徒ヲ募リ，輦轂ノ下ニ楠公遥拝所ヲ経営仕」
明治6年7月27日	明治6年8月25日	・福島の所有地（後掲図6参照）のうち6000坪余の場所へ建立予定．なお申請者の性格については「石神喜平次・石神豊民儀，数十代島津家旧臣ノ者……旧薩州邸地主福島嘉兵衛儀モ是又島津家旧恩ノ者」 ・明治8年6月24日「遥拝所ヲ越前堀へ移ス」，同9年11月29日「遥拝所創建ヲ罷ム」
明治6年8月	明治6年10月18日	・西島の所有地に「私費ヲ以造営」 ・後掲図2に「絵図面」
明治6年11月	明治7年2月22日	・森下町58—60番地のうち，遥拝所などの分を除く3000坪で「家作取建，貸渡シ候金ヲ以テ遥拝所永続方法見込」 ・後掲図3に「御社地絵図面」
明治6年9月	明治6年10月18日	・左記立花邸のうち，松岡が買い受けた1094坪2合へ建立予定． ・「庚申講・宮備講教会結社，教部省許可相蒙リ候」．遥拝所以外にも「女説教所・結社教会所建設」する予定 ・後掲図4に「建坪図」
明治6年10月	明治6年11月8日	・「自費ヲ以遥拝所建立致シ……修復等ノ儀ハ新穂一所持地之内九百坪程他人へ貸」す予定．なお母智丘神社は「新穂一ニハ産土神ニ候……相殿ニ狭野神社霧島神社白鳥神社御嶽神社ヲ奉祭」 ・明治7年4月5日，浅草西鳥越甲2番地（上掲①皇大神宮宮殿の隣地）8900坪余を「買入」のうえ「遥拝所転地」
明治7年3月15日	明治7年4月8日	・「後年修復等ノ儀ハ，所持地ノ内二千三十余坪ノ内，他人へ貸置」 ・後掲図5に「絵図面」

表1　「諸神社遥拝所」の内訳

分　布 (図1参照)	名　称	申請者 (居所や肩書きなど)	場　所 (従前の所有者など)
①	皇大神宮宮殿	中西現八（平民，東京府下浪華町5番借地）	下谷西鳥越町2番地（華族・松平忠敬邸を申請者が「買請」．旧忍藩中屋敷に相当）
②	湊川神社遥拝所	折田年秀（湊川神社宮司）	浜町2丁目11番地（華族・牧野康民邸を申請者が「譲受」．旧笠間藩中屋敷に相当）
③	霧島神社遥拝所	福島嘉兵衛（平民，東京府下三田綱町1番地），石神喜平次（日向国都農神社権宮司兼権中講義），石神豊民（陸軍軍医助）	三田四国町1番地（申請者のうち福島の所持地．旧薩摩藩上屋敷などに相当）
④	神武天皇遥拝所	西島祐吉（福岡県士族，東京府下小日向台町35番地寄留）	築地1丁目13番地（申請者の所持地．旧武家地）
⑤	神武天皇遥拝所	島田久五郎（平民，東京府下深川東森下町64番地住），大久保好伴（千葉県士族・中講義，同銀座3丁目12番地寄留）	深川森下町60番地（申請者のうち島田の所持地．旧武家地）
⑥	猿田彦・大宮売両神遥拝所及ヒ説教所	松岡時懋（甲斐浅間神社宮司・大講義・新治県士族）	下谷西町2番地（華族・立花鑑寛邸内を申請者が「買受」．旧柳河藩上屋敷内に相当）
⑦	母智丘神社遥拝所	新穂一（宮崎県士族・少講義，府下永田町2丁目15番地地主），川南盛謙（鹿児島県士族・権中講義，同下二番町17番地地主）	永田町2丁目15番地（申請者のうち新穂の所持地．旧武家地）
⑧	宇受売名遥拝所	柴崎守蔵（東京府下馬喰町3丁目6番地）	馬喰町4丁目20番地（申請者の所持地．旧郡代屋敷に相当）

明治7年4月	明治7年6月15日	・「月毎ノ小祭・春秋ノ大祭奉祀」などをおこない「有志ノ輩ニハ参拝為仕度」
（未詳）	明治8年5月27日	・「遥拝殿建築入費ハ神風講社中積金ヲ以テ出費」し，「神宮社入金ヲ以テ取賄且神風講社積金等ニテ永続方法相立」 ・神宮出張所「構内空閑ノ地」へ建立

の社殿（図2）なども確認でき、後述のように、これらは当時からして一般の人びとには既往の神社に見まがう存在として受けとめられていた。

図の内容であわせて注目されるのは「小教院」の存在である（図3）。つまり、これらの宗教施設は、物的側面のみならず政治的な意味合いからも既存の神社に類似し、教化政策の拠点という性格も何かしら有していたことがうかがえるのである。この点について、まずは制度的な背景から押さえていきたい。

教部省は明治五年（一八七二）六月九日、「三ヶ条ノ大旨（冒頭にふれた三条教則のこと―引用者註）ヲ体認シ各管轄内社寺ニ於テ追々説教可執行候条、其管内老幼男女稼業ノ余暇ヲ以テ信仰ノ社寺ニ詣リ聴聞可致」（教部省第三号達）と各府県に発し、以来、全国で教化活動が開始されていく。同年一一月二四日には「神官教導職、各其社頭説教所ヲ以小教院ト心得、三条ニ基キ氏子ヲ教導致候儀可為専務候」（同二九号達）と命じ、また仏教各宗派に対しても「自今各寺院ヲ以、凡テ小教院ト心得」て説教を施し、人びとを教導するよう求めた。

以上からは、教化政策にもとづく説教などがおこなわれるべき場所として既往の社寺境内が指定されているように解釈できるものの、一方で、少なくとも数ヶ月後の教部省番外達（明治六年四月二三日）には「社寺以外の場所を小教院とする場合」についての条項が認められる。さらに文化庁宗務課が編纂した『明治以降宗教制度百年史』では、当初から「平民の居宅」を説教場としたり、あるいは教導職の申請のもと小教院を「新設」するケースがあったことが指摘されている[12]。

申請の多くに教導職が名前をつらねていることから（表1参照）、これらの宗教施設は、制

⑨	外宮遥拝所	伊東長𧵉（東京府華族・従五位，旧岡田藩藩主，東京府下駒込追分町 67 番地）	駒込追分町 67 番地（申請者の私邸内．旧岡田藩下屋敷に相当）
⑩	外宮遥拝所	浦田長民（神宮少宮司・権中教正）	有楽町 3 丁目 2 番地（神宮出張所内）

度上は、社寺以外の場所に新設された小教院ないし説教場とみなすことができる。冒頭で引用した『夜明け前』で、「小教院、あるいは教導職を中心にする無数の教会と講社」の部分に相当する存在といえるだろう。

（2）上申・認可の手続き、永続方法などについて

さて、ここからは、申請の中身とそれに対する管轄庁の指示内容などをたどりながら、これらの存立基盤とその基本的特徴について指摘することにしたい。

表1の事例のうち深川森下町六〇番地の「神武天皇遥拝所」（図1の⑤）を例にとると、これは教導職（中講義、千葉県士族）の大久保好伴[13]と当該地の地主とみられる平民・島田久五郎の両名が願人となり、次のような申請、認可がおこなわれるものだった。なおこのように太政官・正院まで上申し認可を得る手続きは、当時の純然たる「神社創建」の場合と同じである。

明治六年一一月……大久保と島田が連名で「御社地絵図面」（後掲図3）を提出（宛所不明、東京府知事か）

翌七年一月二五日……右記の二名が戸長の奥付とともに地所に関する書類を東京府知事大久保一翁に提出

同一月中……東京府知事大久保一翁が教部大輔宍戸璣に上申

同二月一四日……教部大輔宍戸璣が太政大臣三条実美に上申

同二月二二日……太政官・正院にて「伺之通」と裁可

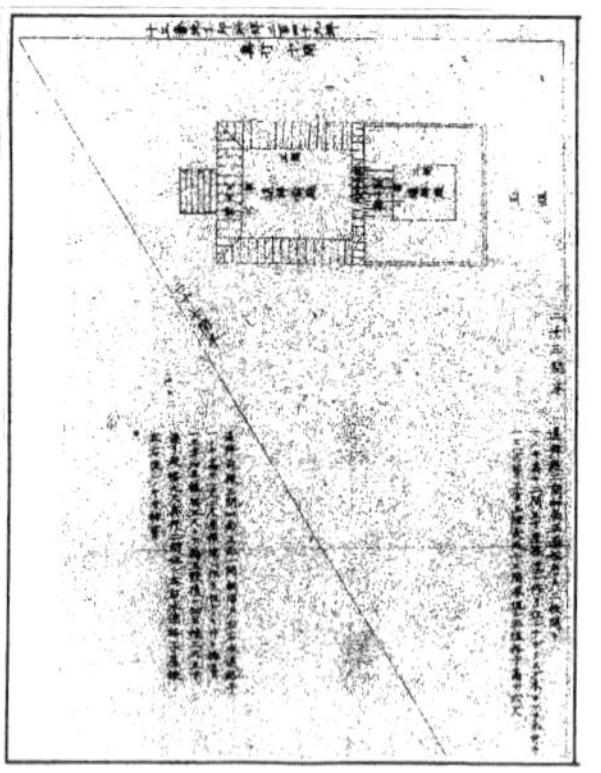

図2　神武天皇遥拝所（築地1丁目13番地）

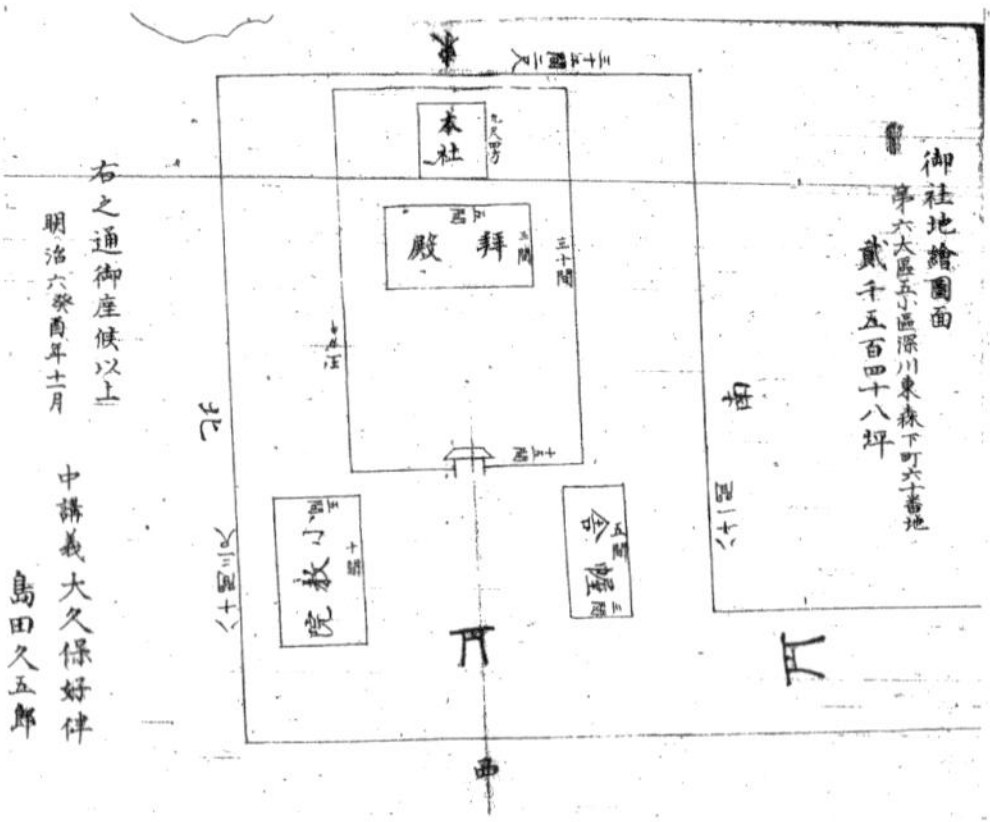

図3　神武天皇遥拝所（深川森下町60番地）

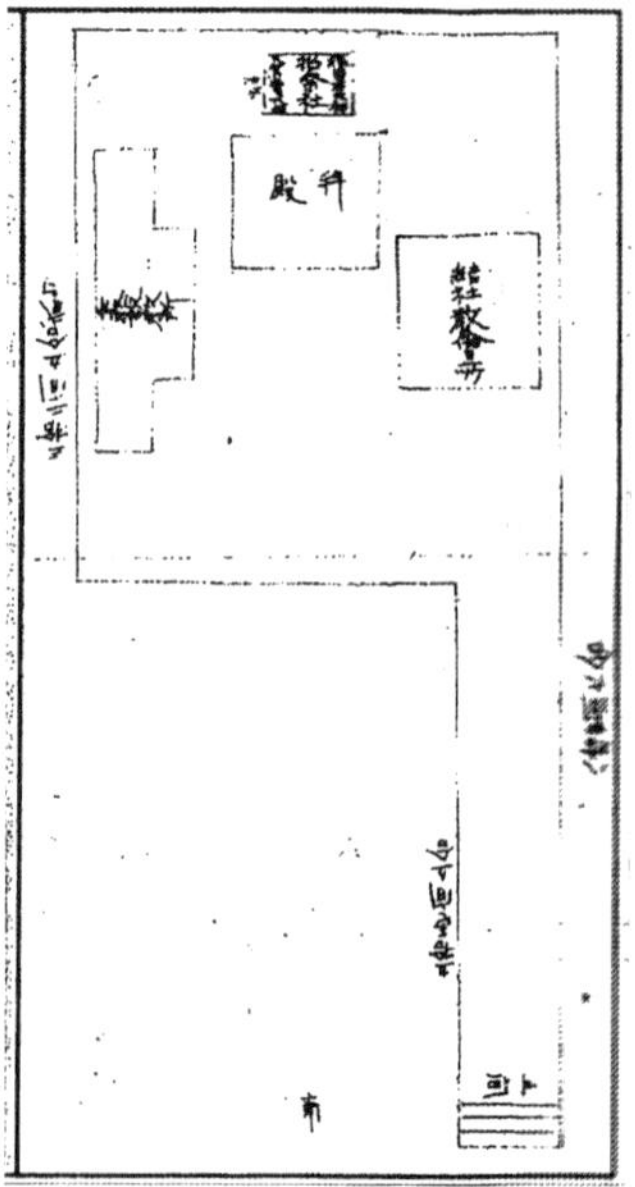

図4　猿田彦・大宮売両神遥拝所及ヒ説教所（下谷西町2番地）

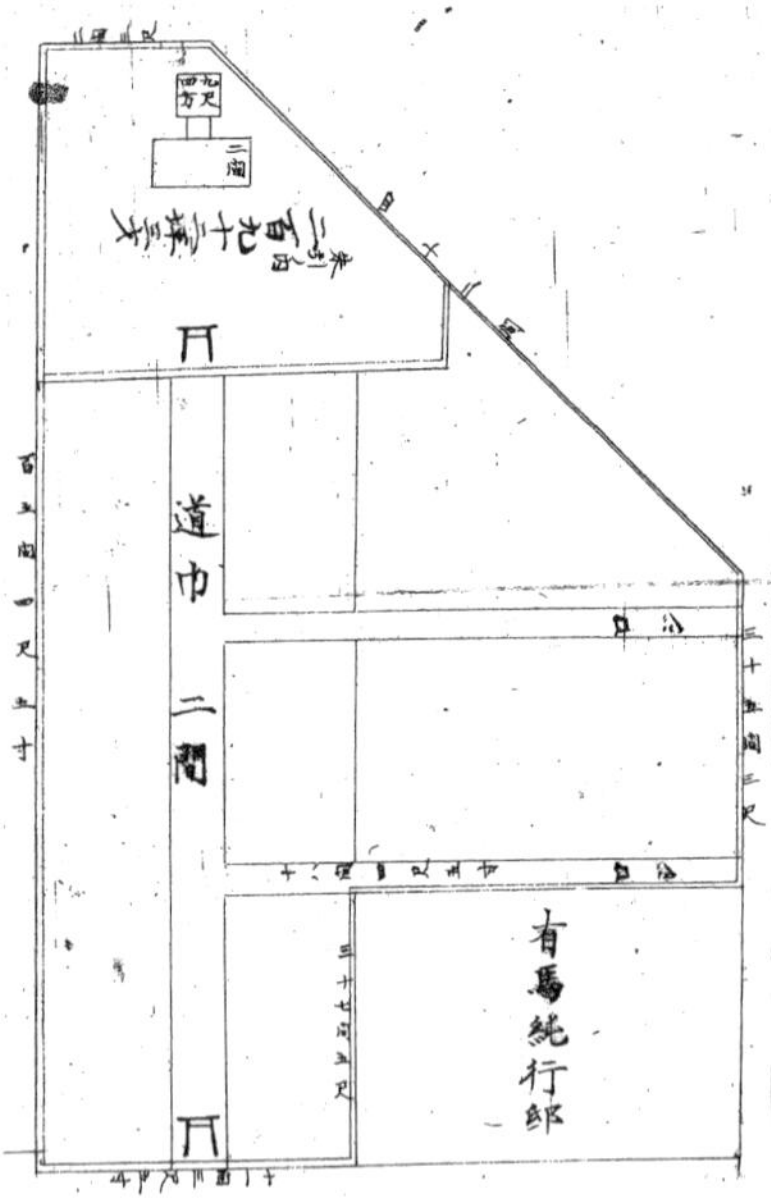

図5　宇受売名遥拝所（馬喰町4丁目20番地）

教部省乙第三八号達（明治七年七月一二日）は、社寺以外の場所に教院を新設する際には教導職の申請によって許し、また地所に関する書類および管轄庁（この場合、東京府）の許可書も添付して教部省に提出することを定めている。深川森下町の申請はこれに半年ほど先立つものであったが、基本的に同様の手続きがとられていたことがわかる(14)。

右の流れのなかで、申請者がとくに用意しなければならなかったものに地所に関する書類があった。深川森下の場合、それは次のような内容のものである（句読点筆者、以下同じ）。

遥拝所永続見込書

先般

皇祖神武天皇遥拝所ヲ第六大区五小区深川東森下町六十番地江御造営ノ儀奉願候処、永続見込相立更ニ可願出ノ旨御指令御座候ニ付、則見込方法左ニ申上候

五十八番地　千八百六坪

五十九番地　千八百六坪

六十番地　　二千五百四拾八坪

惣坪数　合六千百六拾坪

内

三千百六拾坪　遥拝所幷建物其外、道式等除キ

残　三千坪　家作追々取建、店賃一坪ニ付一ヶ月銀八匁積り

銀高二拾四貫匁（此金四百円）

内

金百五拾円　　右家作代金元利・月々出金高

差引　金二百五拾円　月々上り高

一ヶ年総計　金三千円

右地所江家作取建・貸渡シ候金ヲ以遥拝所永続方法見込相立候ニ付、此段速ニ御許容被成下候様奉願候（以下略）

ここには、施設を永続していくための資金調達の方法が示されている。このケースの場合、深川森下町の三筆分の土地のうち「社地」を除いた三〇〇〇坪であらたに貸家経営をおこなうことにより、すべてをまかなう算段であった。きわめて大雑把で危うい計画のように思えるが、これが東京府や教部省などで論議を呼んだ様子はない。むしろ、このような方法は一般的だったようで、表1のうち少なくとも三例で同様の貸家ないし貸地経営が認められるほか[15]、それ以外についても運営資金を長年確保していく見込みが申告されていた。

（3）「遥拝所」という名称について

以上から明らかなように、これらの宗教施設は用地の確保から社殿の造営、運営管理にいたるまで、申請者側が負担することによってまかなわれるものだった。たとえば深川森下の案件について、教部省からの伺いを受けた正院の判断（明治七年二月二日、前述）は、「千葉県貫属士族大久保好伴外壱名、東京府下深川森下町於テ神武天皇遥拝所造営之義、右者所持地私祭之義ニ而多分比例も有之、且永続之方法見込候抔、不都合之廉も不相見候」（傍線部筆者、以下同じ）という内容であって、申請者の所有地に造営され、かつその自助により永続が見込まれる点が、認可の重要なポイントだったことが明らかである。

さらに、右の文面には「私祭」という言葉が認められるように、当該地における祭祀のあり方も公許を左右するもうひとつのポイントだった。それは、ここまで見てきた宗教施設が「遥拝所」という名を冠している問題にかかわっている。次の史料[16]からは、教部省および正院が、この種の宗教施設をどのように位置づけていたかを垣間みることができる。

諸神社遥拝所建設ノ儀、是迄其都度相伺来候ヘトモ、右ハ衆庶其信仰ノ神霊ヲ該地ニ於テ遥拝致候ノミニテ分霊・鎮祭致候訳ニ無之、神社創建ノ部分ト経庭《ママ》有之儀ニ付、右遥拝所建設ノ節ハ篤ト調査ノ上、名実齟齬無之向ハ自今当省限許可致度、此段相伺候也　二月二十日教部

（中略）

別紙教部省伺遥拝所ノ件、右ハ悉皆民費ニ属シ、且地租減免ノ支障等無之、全ク民願ニ係ル遥拝所ノミ該省限リ許可致度トノ事ニ有之旨、該省主任者口演ノ趣モ有之候間、伺ノ通御聞届相成可然（以下略）

「諸神社遥拝所」とは、制度上、民衆が信仰する「神霊」を遠方から文字どおり「遥拝」するための施設であり、「分霊・鎮祭」は一切ともなわない点に、その特性が認められている(17)。同時に、その建設や運営については「悉皆民費」でまかなわれ、かつ民有地に建設されることから税収の減少といった問題が生じないことも、特筆すべき利点と見なされていたことがわかる。後者の点については、ちょうどこの頃は地租改正の始動期であったこととの関連性が認められる(18)。

二　教部大丞・三島通庸のかかわり――教化手段としての「諸神社遥拝所」

以上の「民有地における私祭」といった制度上の規定は、しかし、これらの「諸神社遥拝所」が教部省や教化政策と無縁であることを意味するものではない。創建を願い出た人びとには折田年秀や浦田長民といった著名な神道家が名をつらね（表1参照）(19)、また非教導職の願人のなかにも当初教部省内で権力をにぎった薩摩派の教部少輔・黒田清綱とのコネクションがうかがえる者もいる。

（1）　三島通庸のねらい

なかでも密接なかかわりが認められる人物に、東京府出仕時から教部省設置に積極的であり、発足後には教部大丞（明治五年一一月二四日―同八年一二月一九日）に就く三島通庸がいる。じつは、表1の「母智丘神社遥拝所」が創建されるのは永田町の三島屋敷の一部とみられ[20]、そもそも母智丘神社というのは彼が、薩摩藩領（旧都城島津氏私領）の都城地頭に任ぜられていた明治三年（一八七〇）夏、当地にて建立したものであった[21]。

当遥拝所の申請手続きは、新穂一（宮崎県士族、少講義）・川南盛謙（鹿児島県士族、権中講義）・井上頼圀（東京府士族、教部省権大録兼大講義）の三名[22]が「自費を以……遥拝所取設、説教仕度」旨を東京府知事大久保一翁に願い出たのが始まりで（年月未詳）、その後明治六年一〇月三一日にあらためてこれを「小教院」とすることを上申していた[23]。さきの「太政類典」によれば、同年一一月八日には少なくとも「遥拝所免許」が下りている。ただし井上は、認可を下す側である教部省内の人物であったためか、以後の記録では新穂と川南の二人のみが願人としてその名が記されている。ただし、右記の申請者たちは、いうなれば表向きのものである可能性が高い。『三島通庸関係文書』（国立国会図書館憲政資料室所蔵、以下『三島文書』と略す）には、義兄・柴山景綱が三島の伝記編修のために材料を蒐集整理した結果とされる「伝記未定稿」計十数綴が含まれるが、そのなかのひとつ「教部省在勤中事歴」に、次のような記載が認められるのである[24]。

然ルニ、其事（黄金神殿の建設や伊勢神宮の東京遷座―引用者註）遂ニ行レズ、於是、君大ニ私費ヲ擲チ、一教院ヲ設置セシムルノ計画アリ。是ヨリ先、四年（明治四年―引用者註）、君、出京スルヤ、後チ永田町ニ一邸（土居邸跡）ヲ購フ、邸園ト、一家屋ノ建築ナク、雑草繁茂セル原野也、但ダ、井アリ、水、極テ清冷、又眺望スルニ、冨岳ノ魏然タル者ヲ観ル、君喜デ、曰ク、佳ナル哉ト、一家屋ヲ建築シ、以テコ、ニ住居ス。……君、此邸地ヲ以テ、神事ニ供ス、時ニ井上頼圀、川南盛謙、新穂一アリ、皇典ニ深ク、神事ニ厚シ、因テ、君此等ノ人々ヲシテ、永田町ニ母智丘神社（神社縁起、神霊等前章ニ詳ナリ）ノ遥拝所ヲ立テシメ、以テ一教院ト為サントス、而シテ、遥ニ高木秀明ヲ、日向ニ遣リ、石峯山ノ神鏡ヲコ、ニ安置シ、以テ皇祖神霊ノ有ル所ヲ、天ドニ明ニセントス（以下略）

要約すると、三島はもともと皇居のそばに黄金神殿を建ててそこに伊勢神宮を遷座し、国教の本山にするという構想をいだいていたが、[25]それが実現できなかったことを受けて、今度は富士山も見渡せる永田町のみずからの屋敷（旧三河刈谷藩土井家上屋敷）に私財をなげうち「一教院」[26]を設立することを計画した。具体的には、井上・川南・新穂の三名に母智丘神社遥拝所を建てさせ、また高木秀明を遣って都城の母智丘神社の神鏡をここに安置し、世間の人びとに「皇祖神霊ノ有ル所」を明らかにしようとした、というのである。

壮大な構想で、信憑性の疑われる内容だが、裏づけとなる史料はいくつか見いだせる。たとえば、遥拝所などの認可が下りた数日後（明治六年一一月一六日）には、三島はみずから、新穂と川南に当該施設の「惣支配役之儀」をあらためて依頼して、それぞれに二五両を渡すとともに、今後月々の貸地経営の上がりから町入費などを引いた残金の半分を両名に「配当」する「約定」を記した書類も現存している。[27]三島が当遥拝所創建の首唱者と考えて、もはや間違いないであろう。

（2）遥拝所の由緒化、実態について

さらに、母智丘神社の神鏡を安置する行為についても傍証が得られ、『三島文書』には明治六年（一八七三）一二月末から翌年二月初頭にかけての「御神鏡の御徳」や「御神威」に関する記録が残されている。[28]

たとえば、神鏡が都城から東京に移される際、立ち寄り先となった東京・品川寺の住職は、「御神鏡ヨリ光明ハナ

ツ事燈明ノ如照スカ誠ニ神尊之霊ゲンナルカナ、敬テ再拝」したと記す。このほか、神鏡を日参したことで病が治った東京府下の人びとについての話や、遥拝所（「御神殿」）に参拝した婦人の奇妙な体験談なども集録される。これらの縁起もいかされたのであろうか、明治七年一月一五日には新穂と川南の名前で「母智丘神社由緒記出版願」が教部省にだされ、まもなく許可が下りていた。(29)

母智丘神社遥拝所の由緒化をはかろうとするこれらの動きも大変興味深いが、(30)ここであわせて注目しておくべきは、その実態である。本社・母智丘神社の神鏡をわざわざ東京に移し、それを安置する「御神殿」まで備えた当遥拝所は、遠方から神霊を遥拝するのみで「分霊・鎮祭」はともなわないという「遥拝所」本来の性質や機能を大きくふみ越えてしまっている。

このような事柄について、教部大丞の三島はもちろん、表向きの申請主体であり遥拝所の差配をまかされた教導職の新穂や川南らが認識していなかったとは思えない。

ひるがえって考えてみれば、「諸神社遥拝所」の申請・認可が集中的におこなわれた明治五年（一八七二）から同七年にかけては（表1参照）、神社に対する官費の負担範囲をめぐって新政府内部で鋭い対立・論争が起き、神社制度そのものが再編された時期に当たる。(31)大蔵省（大蔵大輔の井上馨ら）は緊縮財政をかかげ、教部省をはじめとする他省への厳しい予算削減を主張し、また神社という宗教施設そのものの内容に対しても制限をくわえようとするなど、(32)教化政策が大きく後退しかねない情勢であった。そのようななか、すべて「民費」でまかなわれる「諸神社遥拝所」はこの種の争いに巻き込まれる支障はなく、同時に、既往の神社とほぼ変わらない相貌を呈しながら民衆と接点をもつことができた。教部大丞の三島はこの簡便さに注目し、教化政策の具体化と、みずからの信念をフリーハンドで実現させるための手段にしたと考えられよう。

現時点ではこれ以上の材料を得ず、本章では（教化政策の一環としての）「諸神社遥拝所」の初発にまで遡って追究することはできなかったが、実現例の多くに薩摩藩の出身者や関係の深い神社の名が認められるように(33)、その発案そのものに三島や黒田といった教部省内のいわゆる薩摩派が関与していた可能性も高いように思われる。今後の課題としたい。

三　「諸神社遥拝所」をめぐる群像──主客の転倒

「諸神社遥拝所」の創建問題を考えるにあたり、いまひとつ注目されるのは、みずからの地所を提供するなどの積極性を見せた願人たち（非教導職、平民）の性格であろう。具体的には表1の中西現八・福島嘉兵衛・島田久五郎・柴崎守蔵で、現在判明する事例ではほぼ半数にそういった民間からの支援が認められることになる(34)。彼らは単独あるいは教導職との連名で申請をおこなっているが、後者の場合でも教導職は遠隔地を居所としており、実地でこれらの市井の願人たちの果たす役割は大きく、また多岐にわたっていたことが推測される。

（1）「諸人遊覧の所」

そのうち、中西と柴崎がそれぞれ単独で創建申請をおこなった下谷西鳥越町の「皇大神宮宮殿」と馬喰町「宇受売名遥拝所」については、当時の様相を知ることができる。前のふたつが下谷西鳥越町（『武江年表』明治六年七─八月・同六年五月の条）、最後が馬喰町の事例に関するもの（『東京曙新聞』明治八年六月二一日号）となる。

○浅草西鳥越なる、中西某三味線堀と鳥越の間……あらたに、伊勢大神宮建つ、社前に菅麻社神楽殿等建立し、後の方に高さ三丈計の山を築き、三方に江を掘り松桜其余の樹木を栽並べ、池辺に藤棚を作り四時の花木をうえ、茶亭を補理し、諸人遊観の所とす（以下略）

○浅草西鳥越……太神宮の境内に、仮山を築き泉水を穿ち、三河の八ツ橋の風景を写して花菖蒲数百株を植付けたる趣向（『伊勢物語』で在原業平が詠んだ内容の再現とみられる—引用者註）、頗る風流にして参詣ならびに遊客おほしといふことなり。

○馬喰町北……鈿女命秋葉神合祭の社建つ、此所にあづま狂言となづけたる、日限の芝居興行す、あつま狂言となづくれど、其実はかぶきなり。

ここからは、民衆教化の拠点という当局が期待した働きはうかがえず、むしろ、当時の風俗統制(35)で制限されているはずの「かぶき」の興行までもが事実上、おこなわれていたことが明らかとなる。『武江年表』の作者で、民政にかかわりの深かった斎藤月岑でも、これらの遥拝所をもっぱら「諸人遊観の所」ととらえていたことは注目に値しよう。こういった遥拝所の名所化に関して、たとえば教部省が民衆芸能を教化に利用しようとしていたことはよく知られている(36)。しかしながら、結論を一部先取りして述べることになるが、遥拝所の実態はその思惑を大きく逸脱するような性質のものへと展開し、教化政策の一環としての「諸神社遥拝所」が失敗・頓挫する要因となるのである。

（2）　中西現八、福島嘉兵衛について

以上のような事態はいかにして辿られるものだったのか。ここでは中西の「皇大神宮宮殿」を中心に検討していきたい。

申請手続きは、ごく初期の事例だったからか東京府をへずにいったん教部省に願いが出されたのち、あらためて府から教部省へと上申がなされるという手順がとられた点を除けば、本章前半における深川森下町の事例と大差なくおこなわれた。ただしこのケースについては現存史料が比較的豊富で、より細かい承認経路が明らかとなり、たとえば上述の東京府から教部省への上申では、あらかじめ（教部大丞に就く以前の）府参事・三島通庸の名で「中西源八出願

之趣聞届候条、其府見込之通可取計事」との指令案まで作成・添付されていたことが知れる。(37)

右の手続きのなかで、当初教部省に提出された中西の願書とは次のようなものだった。

謹テ奉願上候、今般於東京　天照皇大神ノ御宮ヲ新ニ御造営仕、都下衆庶ニ神徳ノ広大ヲ感仰崇敬為仕度、就テハ右境内ニ教塾ヲ設ケ、敬神ノ御旨意・御国ノ大道・上下尊信仕候様教導致シ、日々神拝之民庶ヲシテ説教聴聞為致、或ハ子弟入塾ヲ差許……造営地所ノ儀ハ下谷西鳥越町松平忠敬邸買請候（以下略）

要約すると、今回あらたに東京に「天照皇大神ノ御宮」を造営し、境内には「教塾」を開いて人びとに三条教則にもとづく「説教」などをおこない、「子弟入塾」も許す考えで、また用地については中西が大名華族・松平忠敬の邸（旧忍藩中屋敷）を「買請」ける見込みだったことがわかる。教塾の設置や広大な邸宅購入など、やや壮大な点は気にかかるが、基本的には教化政策に則った願書内容といえよう。

しかしながら、じつはこの中西については『大隈文書』に、その来歴や今回の創建に関する計略を記した興味深い史料を見いだせる。(38)私見の限りではこれまでに紹介されたことはなく、また本章に限らず、当該期の宗教政策と民衆とのかかわり一般を考えるうえでも示唆に富む内容を含んでいるが、長文にわたるため、ここでの論点と直接関係する部分を以下では取りあげ、残りは別の機会に検討することにしたい。

中西元八建立　皇太神宮ノ件

中西元八ナル者ハ元ヨリ商夫ニシテ、俗ニ山師ト唱フル者ニ類セル者ナリ、生国ハ奥州ニテ東京ニ来寓スル茲ニ年アリ、是迄浅草・難波町ニ住セシカ当今ハ三味線堀ニテ　皇太神宮ヲ建立スルノ地ニ住セリ。従来種々ノ事ヲ目論見、且他人ニモ頼マレ、度々上書・建白等ヲナセリ。故ニ世人目シテ建白屋ト言フ。性怜悧ニシテ官人抔ニ交リヲ結フ、甚タ妙ナリ。尤モ各種ノ事ニ関係シ、或ハ軽挙ノ失アルヲ以テ漸々家産ヲ破リ、此節ハ余程困窮セシヨシナリ、既ニ浅草辺ノ戸長ヲ勤メシヲリ学校等ノ事ヲ周旋スルノ故ヲ以テ第五大区ノ役所ニ取リ入リ、羅卒総長川路利良・金子清之……等ニ深ク親ミ……其手続ヲ以テ教部少輔黒田氏ノ門下ニ侯スル事ヲ得タリ。……今度　皇大神宮ヲ建立スル事モ黒田氏ニ内々入説シ、然後目論見シ事ナリ（以下略）

これによれば、中西とは「商夫」・「山師」の類で、皆に「建白屋」と呼ばれ、日頃から「官人」らに知り合いも多く、明治初年には「浅草辺ノ戸長」も勤めていたらしい。そして、元薩摩藩士で警察官僚の川路利良らと交流を結び、その関係から同じく薩摩藩出身の教部少輔・黒田清綱の「門下ニ侯スル事」になり、今回の「皇大神宮」建立も黒田への相談によって持ちあがった話とされる。さらに右掲の引用につづく部分では、中西は「素ヨリ商人ナレハ建立ノ儀式其外都テ不心得」として、のちに教派神道の一派・禊教に発展する「トウカミ講」の東宮千別らに「皇大神宮」の運営を丸投げすることを持ちかけ、みずからはその講中から集めた「金子ノ内、若干ヲ以テ元金トナシ、別ニ大商法ヲ立テ大利ヲ得」る目論みであったことが暴露される。遥拝所の造営では、中西の発案により、費用節減のために近くの堀を浚った「不浄ノ溝土ヲ以テ置土」としており、巷間では「之ヲ怪ミ、且評シテ曰ク、此度ノ大神宮様ハドブドロ大神宮様ト唱ヘテ可ナラント」という風評まで立っていることなども報告されている。

にわかには信じがたい内容で、当該史料も「大正十一年四月大隈侯爵邸（から）寄贈」されたこと以外、作成者や宛所、日付なども欠き[39]、現時点では謎の多い史料といわねばならない。しかし、保管者の大隈重信はいうまでもなく維新期から宗教政策に深くかかわった人物であり、かつ、史料中に記された内容には中西が申請の段階で東京府に提出した「添願書」と符号する点も少なくない[40]。今後とも精査する必要はあるものの、教導職などでもない中西が「皇大神宮宮殿」の創建を申請し、実際に認可が下りた背景には、少なくとも初発の段階で、史料に記されるような黒田、さらには三島との特定のつながりがあったとみて間違いないのではないか[41]。

ところで、「諸神社遥拝所」の創建にかかわる市井の願人には、中西のような一風変わった経歴の持ち主が垣間みえる。たとえば三田綱町一番地「霧島神社遥拝所」の福島嘉兵衛は、さきの「太政類典」所収の申請書によると数万

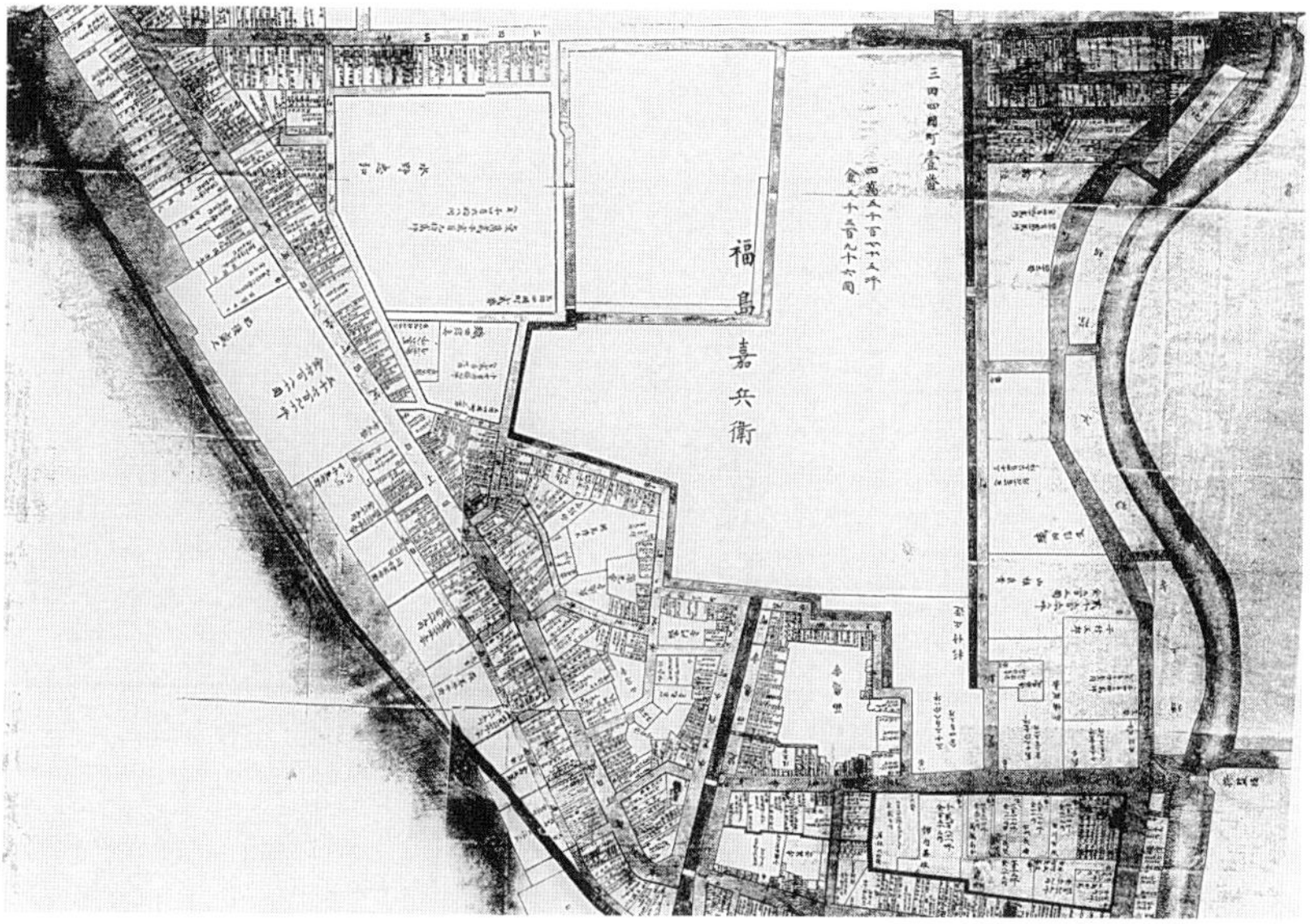

図6　明治6年作成「六大区沽券図」

注）第2大区8小区のほぼ全域に相当．現在の港区芝2—5丁目一帯．なお，図中右端（北の方角）のエリアは増上寺境内の一部，同左端は東京湾に当たる．

坪にもおよぶ「旧薩州邸（の）地主」で「島津家旧恩ノ者」と記される一方で（表1・図6）[42]、当該地域で設立された「小義社」と称する「窮民救育」のための貸家・貸金業の発起人でもあった[43]。遥拝所に関しても、認可は申請からまもなく下りたが、その半年もたたないうちに用地は政府に買収され（内務省勧業寮の三田育種場建設のため）、福島は相当な対価を手にしていたことが知れる[44]。

（3）地域社会の受けとめ方——「郭外」の衰微

「山師」的なふるまいが目につく中西たちであるが、当該期の教化政策、なかでも具体的な場（土地や建築などの物的基盤のほか、活動の支柱となるプログラム）[45]を必要とする「諸神社遥拝所」の多くは、こういった人びとのかかわりを得て、はじめて具体化するものだった。

なぜ黒田たちは彼らを利用したのか、その正確な経緯や理由を知るのは、もはや史料的な限界から難しいといわざるをえない。おそらく中西らは民衆世界での人脈に長け、後述のように変革期に乗じて広大な地所も手中に治めており、それを見込んだのであろう。だが、彼らのかかわりは、たとえば中西の皇大神宮殿はのちに「現八儀、追々勧財ノ所業」という理由で「衆庶参詣」禁止が言い渡されており（明治九年一一月二一日）[46]、民衆教化の手段という「諸神社遥拝所」本来の意義を、根底からくつがえす事態にまで発展することになるのである。

ところで、遥拝所の用地について中西は「松平忠敬邸」（旧忍藩中屋敷）、福島らは「旧薩州邸」を挙げていたように、じつは、ここまで見てきた「諸神社遥拝所」はいずれも旧武家地のエリアに創建が見込まれるものばかりだったことは重要である。しかも、どちらかといえば都市の周辺部に偏在している（前掲図1参照）。

ここであらためて想起したいのは、本書第Ⅰ部（とくに第1章）で論じた、明治初年東京における市中の約七割を占めた武家地（跡地）処遇のあり方である。

くわしくはそれに譲るが、事実上の東京遷都にともない「郭内」と呼ばれる中心部の武家地は維新政府の官衙や要人邸宅などへと転用された一方で[47]、周辺部の「郭外」武家地は旧大名（大名華族）の再上京先などに当てられた。しかし明治五年（一八七二）の壬申地券の交付、地租改正を機に、後者においても租税が課せられたことによって一様に開発が急がれることになる。しかし、大半の大名華族が経済的な不遇に見舞われるなか、「郭外」武家地跡地には衰微するものも多く、それらは旧町人層へと貸し出され、あるいは手放されていく[48]。そもそも中西や福島のような「山師」たちが旧大名藩邸を買得・所持した（できた）のも、こういった明治初年東京の地理的かつ社会的な変動があったからこそと考えるべきである。

以上のような背景のもと、遥拝所創建への関与はさらなる裾野の拡がりをみせる。

次掲の史料[49]は、ある仏教側の教導職からだされた願書について、東京府が当該地域の戸長へ「内密取糺」を命じたのに対する、戸長から府への返答となる。ここからは、（遥拝所創建と類似の）民有地における小教院設立を、一般の人びとがどのようにとらえていたかがうかがえる。

右之者（浅草寺子院・妙徳院の住職で訓導の榎本弁暢―引用者註）義、区内神田五軒町九番地ニおいて小教院設置度段奉伺候ニ付、内実何仏歟安置候哉之旨内密取糺方御達御坐候ニ付取調候処、右弁暢義、小教院設置御聞済之上は本寺安置ノ毘沙門ノ仏体同所へ相移し、月々寅ノ日ヲ縁日と定メ、諸人参詣為致候目論見ニ而、内実差配人江内談有之、尤別段出願御許可ヲ得候上ハ取斗候趣ニ御座候、且右地ノ義は旧加知山藩邸（安房勝山藩酒井家上屋敷―引用者註）跡新開ノ場所ニ而、地内は勿論、近辺明地・明店多ニ付、右毘沙門仏安置、縁日相立候而も差障無之と奉存候、右取調申上候也（以下略）

調査の結果、小教院設置を願い出た教導職のねらいは、本寺の毘沙門天を移して縁日を開催するという、小教院設立の趣旨にもとる行為であることが判明する。しかしこの史料で興味深いのは、戸長が教導職の心算を告発しつつも、申請が認められたならば物事がうまく運ぶようにしたいとの私情を吐露している点である。それは、当該地所が開発のまたれる旧大名藩邸（前述の「郭外」武家地跡地）であり、縁日が立てば、零落する近隣一帯の活性化につながると思っているからにほかならない。

「諸神社遥拝所」の創建や運営には、当事者のほかにも、積極的に支援・後援をおこなうさまざまな主体の存在が見え隠れする(50)。その思惑は多様であろうが、実際に創建された地域の状況をふまえれば、主として生計を立てるための積極性だったように理解できるのである。

おわりに――「公共神社」の成立過程

以上、明治初頭の東京における「諸神社遥拝所」の簇生という現象をめぐって、制度的な背景や教部省内のいわゆる薩摩派（三島通庸、黒田清綱）の積極的なかかわり、また市井の受けとめ方などを明らかにするとともに、その意味を現時点で可能なかぎり把握することを試みた。従来ほとんど知られてこなかった素材であり残された課題は多いものの(51)、その特質は、当該期の教化政策と都市社会との交錯のなかに成立した点にある。教部省は教化活動の一端を担わせる目的で民有地の利用をはかり、その具体化においては非教導職もふくめた在野の社会関係資本に依拠する一方、実地ではあらたな名所・生業を創り出すための奇貨としてとらえ返されるケースがほとんどであったとみられる。

このような両義性をもつ「諸神社遥拝所」は結局のところ教化政策に合目的な手段とはならず、またその活用に熱心だった三島もすでに教部省内の薩摩・長州の対立をへて酒田県令に転出するなど、遥拝所の制度的・社会的な位置づけをめぐっては早晩、何かしらの方針転換がはかられることは必至であった。最後にこの点について簡単に考察し、今後の展望としたい。

（1）「諸神社遥拝所」の公共性

たとえば明治九年（一八七六）七月、教部省はあらたに出願された遥拝所の創建（駒込追分町六九番地、旧武家地）について、近隣の教導職（神官）を後見役に立て、また「入費、他へ不抱」の申請内容だったにもかかわらず、「衆庶参拝差許候而は公共神社ト区分難相立、往々不都合醸成候」という理由から、「自己之崇敬」のために遥拝所を造営することは構わないが、それに「庶衆参詣為致候儀、不相成候事」との判断を下していた(52)。なお、ここでは同時に「尤、既往聴許之分は改テ参拝差停候訳ニ無之候」とされており、既存の「諸神社遥拝所」に対しても一般による参詣禁止が打ちだされたわけではない点は断っておく。

以上の教部省の方針が当該期（明治九年七月）になってはじめてだされたものなのかは未詳で精査を要するが、本章で扱った事例（明治五―八年創建）と比べると、次第に「諸神社遥拝所」の公共性が争点化していたことがうかがえ、興味深い。

ここで、遥拝所との「区分」が問われている「公共神社」とは正確には何を意味するのか、さらには、その差異が不明瞭なことで醸成される「不都合」とは一体どういう状況を指しているのだろうか。

（2）　東京府の「邸内神社処分」

これらの問題を考えるうえで次掲の史料はひとつの手がかりとなろう。明治九年（一八七六）六月一四日判決済の印のある、東京府内部で「邸内神社処分」という問題が検討された稟議録の一部で、この時期民有地の宗教施設の処分が俎上に載せられていたことが知れる。

邸内神社処分之義ニ付伺

府下華士族・平民私有地内へ社堂ヲ建設シ、自己ノ崇敬ハ素ヨリ不苦筋ナレ共、衆庶之参詣ハ官ノ□許ヲ経サレハ不相成例規之処、無願ニテ参詣ヲ許スのみナラス、寄建札ヲ掲ケ、或ハ講社ヲ結ヒ、募財ニ及フ者近来増殖セリ、此如キハ神仏ヲ名トシ一巳之生計ヲ謀ルノ断ニシテ……然レ共、出願之上教部省へ伺ヲ経、然り而シテ衆庶ノ参詣ヲ許可セシ亦ナシトセス（浜町有馬邸水天宮等是ナリ）、依テ従前無願ニシテ参詣人有之分（日本橋西河岸地蔵等是ナリ）ハ、這回受ニ祭祀ノ神官・僧侶相定メ出願為致……不都合無之分ニ限り教部省へ相伺、公然免許之上、将来募財等ノ所業不相成旨厳達シ……募財等ノ弊害有之分ハ断然廃絶シテ可ナランカ、依テ教部省へ之上申幷人民へ之御達案ヲ附シ相伺候也（以下略）

まず明らかになるのは、当時府下の民有地では官許も得ずに「社堂ヲ建設」し、立札まで建てて人寄せをおこなったり、また講を組織して一種の金融組合をつくるケースが「近来増殖」していた事実である。東京府の分析によると、それは「一巳之生計ヲ謀ル」ために「神仏」を手段とした行為にほかならない。ただし府は、目下一般の参詣が認められる民有地の宗教施設、すなわち（「諸神社遥拝所」も含む広義概念の）「邸内神社」を一様に取締ろうとしているのではない。従前官許を得ているものはもちろん、得ていない場合でも祭祀を受けもつ教導職を定めるなどの手続きをおこない、問題がなくなった分だけ教部省へ上申し、あらためて公許を得る方針である。そのうえで、将来にわたり「募財等ノ所業」をおこなわないよう厳重に言い渡し、もしそのような弊害が生じたものは「断然廃絶」させる考えであって、今回東京府の内部では、以上のような方針を教部省に伝える上申案と、それが認められた場合の市井（府下一般）への布達案が作成され、その内容を回覧して検討していたことになる。

稟議の結果、以上の内容はほぼそのまま教部省へと上申され、明治九年（一八七六）六月二〇日には「伺之通」との返答があったことが実際に確かめられる。

さきほど紹介した、駒込追分町における遥拝所創建が出願されたのはこの翌月に当たる。そこで教部省が一般の参詣を認めない理由とした「公共神社ト区分難相立、往々不都合醸成候」の「不都合」とは、以上のような市井で横行する個々の生計のために神仏を手段とする行為を指していると考えてよいのではないだろうか。中西現八の皇大神宮宮殿が「追々勧財ノ所業」という同様の理由で一般参詣禁止となったのも（前述）、これからまもない明治九年（一八七六）一一月二一日のことであった。

（3）「諸神社遥拝所」のゆくすえ

遅くとも明治九年六月以降、教部省および東京府は「諸神社遥拝所」をはじめとする民有地の宗教施設のあり方について従前とは異なる対応をみせていた。すでにこの前年には神仏合同布教の禁止、大教院も解散・閉鎖され、また明治一〇年一月には教部省自体も廃される流れにあり、遥拝所もその役割を終えて終焉を迎えたかにみえる。

しかしここで注意する必要があるのは、この時点における争点は「募財等ノ弊害」であって、教部省などによる取捨選択をへながらも、前掲史料に記された「水天宮」・「日本橋西河岸地蔵」（いずれも現存）のほか、じつは本章で取りあげた「諸神社遥拝所」の多くも以後しばらくは存続したとみられる点である[53]。明治一三年（一八八〇）刊行『東京商人録』[54]に所収される「東京独案内」には、ここまで見てきた「諸神社遥拝所」のうち、次の六件の記載を認めることができる（各矢印の先が当史料で記された名称となる）。

浜町二丁目一一番地「湊川神社遥拝所」→「矢ノクラ丁楠神社」
深川森下町六〇番地「神武天皇遥拝所」（前掲図3）→「深川六間堀天照大神宮」
下谷西町二番地「猿田彦大宮売両神遥拝所及ヒ説教所」（同図4）→「下ヤ西丁猿田彦神社」
馬喰町四丁目二〇番地「宇受売命遥拝所」（同図5）→「馬喰町四丁目天ノ宇売女神」
駒込追分町「外宮遥拝所」→「西ケ原駒込村天照大神宮」
有楽町三丁目「外宮遥拝所」→「有楽丁天照大神宮」

ここからは、当初「神社創建ノ部分ト経《（ママ）》庭有之」などとして既往の宗教施設との差異化がはかられていたにもかかわらず、たんに「神社」や「大神宮」と称される「諸神社遥拝所」の姿がみてとれる。明治初頭の教化政策に端を発した「諸神社遥拝所」は、教部省から内務省社寺局へと宗教行政の主体が移行するなかで、むしろ「神社」という新しい制度的・社会的な位置づけがなされた可能性がある[55]。

この過程において、「諸神社遥拝所」があわせ持っていた教化拠点と大衆的な名所という両義性はいかに継承され、あるいは切り捨てられていったのだろうか。それは「公共神社」の成立やその性格を明らかにすることにもなろう。機会を得て、あらためて検討できればと思う。

（1）　神道国教化体制政策の挫折については、阪本是丸「教部省設置に関する一考察」（『國学院大学日本文化研究所紀要』四四号、一九八一年）、高木博志「神道国教化政策崩壊過程の政治史的考察」（『ヒストリア』一〇四号、一九八四年）など。

（2）教部省行政に関しては、代表的なものに、宮地正人『天皇制の政治史的研究』（校倉書房、一九八二年）や羽賀祥二「明治国家形成期の政教関係」（『日本史研究』二七一号、一九八五年、のち羽賀『明治維新と宗教』筑摩書房、一九九四年に収録）など。また具体的な教化活動については、近年のものに、谷川穣「明治六年松本小教院事件」（『日本史研究』四九二号、二〇〇三年、のち谷川『明治前期の教育・教化・仏教』思文閣出版、二〇〇八年）、小川原正道「教部省民衆教化政策に関する一考察」（『法学政治学論究』四四号、二〇〇〇年、のち小川原『大教院の研究』慶應義塾大学出版会、二〇〇四年）などがある。

（3）島崎藤村『夜明け前』（第二部（下）、岩波文庫、二〇〇三年）一四七―一四八頁。

（4）当初は旧紀州藩邸で開院したが、すぐに芝増上寺への移転手続きがとられた。くわしくは、前掲注2の『大教院の研究』第一章を参照。

（5）島地黙雷の信教自由・政教分離運動については、藤井貞文「島地黙雷の政教分離論」（『國学院大学日本文化研究所』三六号、一九七五年）や新田均「島地黙雷の政教関係論」（『早稲田政治公法研究』二五号、一九八八年）、また近年のものに戸浪裕之「明治八年大教院の解散と島地黙雷」（『国家神道再考』弘文堂、二〇〇六年、所収）などがある。また島地と長州閥要人との連携については前掲注2の『大教院の研究』第四章などを参照。

（6）そのようななかにあって、谷川穣は、学校教育との関係を軸に教化政策を位置づけなおす立場をとっている（「教部省教化政策の転回と挫折」『史林』八三巻六号、二〇〇〇年。のち前掲注2『明治前期の教育・教化・仏教』に収録）。

（7）服部撫松『東京新繁昌記』明治七年。本章では『明治文学全集』第四巻（筑摩書房、一九六九年、二〇二頁）所収のものを参照した。

（8）たとえば建築学の分野でも、明治期以降に創建された神社については一定の研究蓄積がみられるが（くわしくは、青井哲人『植民地神社と帝国日本』吉川弘文館、二〇〇五年の序論を参照）、本章で論じる「諸神社遥拝所」（ないし後述の「邸内神社」）に関するものはみられない。一方、宗教史・政治史からの取り組みでは、土岐昌訓『神社史の研究』（増補版、おうふう、一九九五年）と前掲注2の「教部省民衆教化政策に関する一考察」に、本章後半で取りあげる中西現八に関する言及がある。ただし、いずれも「諸神社遥拝所」という枠組みにはふれておらず、民間からの教化支援の例としてこのケースを取りあげるのみで、また中西の性格に関する検討もなされていなかった。

(9) より正確には、「太政類典」第二編・第二五九巻・教法一〇・神社八（国立公文書館所蔵）。以下、本節の内容の典拠は、断りのない限り、当史料による。

(10) 本章では扱えなかったが、後述の『三島文書』には狭野神社の遥拝所創建に関する史料（五四六―二一一）も所収されており、また後掲注49の「明治九年講社取結教院邸内社堂建廃」にも類例が散見される。

(11) 「公文類纂」明治七年、一七九巻（国立公文書館所蔵）。当史料は、前掲注9「太政類典」の採録元（一部）と考えられる。

(12) 『明治以降宗教制度百年史』（原書房、一九八三年）六一―六二頁。

(13) 大久保は『説教大意』（明治六年）や『橿原宮御伝記略』（同一〇年）などの筆者、出版元でもある。

(14) ただし表1の事例には、教部省乙第三八号達に先行するものだったためか、非教導職のみの申請で認可が下りているものもある。

(15) 永田町二丁目「母智丘神社遥拝所」と馬喰町四丁目「宇受売命遥拝所」で貸地経営、また駒込追分町「外宮遥拝所」では貸長屋経営が認められる。

(16) 前掲注9、「太政類典」。正確には、明治九年三月三日の太政官布告（「諸神社遥拝所建設ヲ教部省へ委ス」）に際して検討された上申類の一部で、前半が教部省からの伺い出（同二月二〇日）、後半がそれに対する正院内での検討内容（指令案）となる。当史料には「諸神社遥拝所」の定義が簡潔に示されている。表1の事例からするとやや時代が下ってから作成されたものではあるが、ここで述べられている「分霊」をともなわないなどの点は、各事例の認可においても条件として認められるものである。

(17) そもそも、具体的な礼拝対象（神体や仏像など）を安置しない「遥拝所」のような宗教施設のプロトタイプは仏教の側には存在しないように思われる。「諸神社遥拝所」が容認された背景に、神社と仏寺は同列に考えず、おもに前者の活用・拡大をはかる教部省の布教方針をうかがうことができよう。

(18) くわえて当該期は、地租をはじめとする民費負担の過重さが当局者にとっても意識せざるを得ないものとなり、従前民間に強いられていた一部神官の給料課出規則も廃止されるなど、教化政策にまつわる収入全般が減少した時期に当たる（宮地正人「国家神道形成過程の問題点」、『宗教と国家』岩波書店、一九八八年、五八一―五八二頁）。その側面からも、すべて民費でまかなわれる「諸神社遥拝所」は当局にとって便利な手段であったといえよう。

(19) 本章では検討できなかったものの、折田年秀が申請した「湊川神社遥拝所」については、『折田年秀日記』（第一巻、湊川神社、一九九七年）に複数の記載を認めることができる。ここからは、折田が黒田や三島と談合を重ね、当遥拝所の申請・創建について指示を仰いでいた様子がうかがえる。また、浦田長民の「外宮遥拝所」については、本書第3章を参照のこと。

(20) 明治六年（一八七三）作成「六大区沽券図」（東京都公文書館所蔵）には、母智丘神社遥拝所が創建される永田町二丁目一五番地の地主として三島通庸の名が記載されている。沽券図によると当番地の面積は四四六四坪であるが、申請書類では一三八〇坪とされており、遥拝所の申請・創建にあたって三島屋敷の一部を利用したものとみられる。なお、この三島屋敷の周囲には明治初年、黒田清綱や柴山景綱、高崎豊麻（正風）、得能良介、新納清一郎、吉田清英、有川貞信ら、いずれも薩摩藩出身者の屋敷が集中していたことが「六大区沽券図」からはみてとれる。「郭内」における新政府関係者の屋敷取得の実態を明らかにしてゆくうえで、興味深い事実といえよう（本書第1章参照）。

(21) 新井登志雄「三島通庸の基礎的研究」（『日本歴史』四〇一号、一九八一年一〇月、五四頁）。なお三島は、のちに栃木県那須野ヶ原に肇耕社（三島農場）を設立し開拓事業をおこなった際にも、当地に母智丘神社を勧請している。

(22) このうち井上は、平田銕胤に師事した幕末—明治期の国学者で、皇典講究所の設立や『古事類苑』の編纂にたずさわったことでも知られる。

(23) 「母智丘神社遥拝所造営ノ件」、『三島文書』五四六—二六—イ。

(24) 『三島文書』五五七—一。「伝記未定稿」の史料的性格については、中原英典「三島通庸の履歴および神道碑文」（『警察研究』四九巻五号、一九七八年五月、一四頁）を参照。

(25) 黄金神殿をはじめとした三島の構想については、井上章一「三島通庸と国家の造形」（飛鳥井雅道編『国民文化の形成』筑摩書房、一九八四年）にくわしい。

(26) 高木は、のちに三島が山形県令に就任した際には県土木課長として苅安新道などの計画・調査に当たった人物でもある。

(27) 「母智丘神社上納金ニ付証書」、『三島文書』五四六—二八。

(28) 「御神鏡神威」、『三島文書』五四六—二五—ハ。

(29) 「母智丘神社由緒記出版願」、『三島文書』五四六—二七。

(30) ちなみに母智丘神社遥拝所の「造営由来記」（『三島文書』五四六—二六—ロ）によると、「皇国中ニ稲荷ノ大小社或ハ家々ノ私祭ニ至ルマテ数十万祠アレ共……稲荷ノ本社ハ此母智丘ナル事論ヲ待タス」などと述べられている。

(31) 阪本是丸「近代神社制度の整備過程（上）・（下）」（『國学院大学日本文化研究所紀要』五四・五五号、一九八四—八五年、

のち阪本『国家神道形成過程の研究』岩波書店、一九九四年に収録）。

(32) 青木祐介「制限図の作成過程とその成立時期について」（『日本建築学会計画系論文集』五四六号、二〇〇一年八月）。

(33) 前掲、注19を参照。

(34) ただし申請者は教導職のみの場合であっても、実質的には民間の支援を受けていた可能性は高い。たとえば「湊川神社遥拝所」では当初、横浜・伊勢佐木町の開発などで知られる佐々木次郎が関与し、菊水講の講中からの資金調達が図られていた。前掲注19『折田年秀日記』、二二一頁などを参照。また三島通庸の「母智丘神社遥拝所」でも、稲荷講など複数の講社の関与がうかがえる（『三島文書』五四六—六）。

(35) 教部省は一連の教化政策に並行し、歌舞伎や能、狂言などの類を「人心風俗ニ関スル所不少」として演目内容の統制や営業者の取り締まりなどをおこなっていた。前掲注2『大教院の研究』、一一九—一二一頁を参照。

(36) たとえば、倉田喜弘『芸能の文明開化』（平凡社、一九九九年）七二—八〇頁。

(37) 前掲注2『大教院の研究』、一二七頁。

(38) 早稲田大学図書館所蔵「大隈文書」、A四〇九九。

(39) 史料の内容から判断すると、作成時期は一般参詣が禁止される明治九年末頃と比定できる。

(40) 「添願書」（前掲注9、「太政類典」）と前掲注38を見比べると、たとえば寄進の具体的方法や川浚いの土を活用する件などで、両者の内容は合致する。

(41) なお、現時点で理由等は一切定かでないものの、三島が首唱者とみられる前述の母智丘神社遥拝所は、永田町で創建されたのち、中西の「皇大神宮宮殿」の隣地を買収のうえ「転移」するふるまいを見せた（前掲注9、「太政類典」）。この件について、前掲注24の『三島文書』所収史料には、「尋デ之（母智丘神社遥拝所—引用者註）ヲ浅草ニ遷ス後チ教部省之廃セラル、ニ及ヒ之ヲ止メ神鏡ヲ日向ニ奉還ス、此時之費用凡六千余円ナリ、蓋シ当時ノ六千余円ハ君（三島のこと—引用者註）ニ取リ非常ノ負擔ナリシモ君少シモ屈セズ遂ニ数年ニシテ尽ク之ヲ償フ」との付記が認められる。

(42) 前掲注20、「六大区沽券図」。ここで福島が所有者として記された土地（四万五一—七五坪）は、幕末には薩摩藩上屋敷のほか、延岡藩・鳥取藩の上屋敷、阿波徳島藩の中屋敷の、以上四つの大名藩邸が位置した箇所に相当。周知のように、このうち薩摩藩邸は慶応三年に焼討されており、また鳥取藩邸を除く三つの土地（旧藩邸）には明治初年、維新政府が設置した「救育所」が立地したとみられるが（明治四年「東京大絵図」）、いまだ研究は進んでいない。後掲注43などの内容からすると、福島は「救育所」の設置・運用において何かしらの周旋業務を担った人物の可能性がある。いずれにしろ、福島がこの広大な土地を手に入れる背景には新政府との特定の関係がうかがえる。
(43)『新聞雑誌』第三〇号(『明治文化全集』第二四巻、日本評論社、一九六七年、四八二頁)。これによると、「小義社」は「(東京)府下所々ニ於テ両便所ヲ取立或ハ府下ノ塵芥ヲ取集メ救助ノ手当」とすることなども企図していた。
(44)鈴木博之『東京の「地霊」』(文春文庫、一九九八年)一二〇―一二二頁。
(45)たとえば中西の皇大神宮宮殿には、既述のように『伊勢物語』の情景を模した作庭がなされ、また前掲注38によれば、曲がりなりにも特定の講社との関係が認められる。このほか、中西は『三条演義』など教義関係の書籍出版にもたずさわっている。
(46)前掲注9、「太政類典」。
(47)なお、前述の母智丘神社遥拝所が創建された三島通庸の永田町の屋敷は、こちらの部類に属する。前掲注20を参照。
(48)この実態については、本書第7章でくわしく論じる。
(49)「明治九年講社取結教院邸内社堂建廃」東京都公文書館所蔵。
(50)ささやかな事例ではあるが、中西の「皇大神宮宮殿」近くの「差配人」は、自分の管理する土地とは直接関係がないにもかかわらず、中心部・神田方面からのいわば参道整備のために「自築架橋」を申し出ていた(『読売新聞』明治七年九月二六日号)。
(51)本章では言及できなかったものの、明治四年一月の上知令により境内地外の領地を失い経営の悪化した神社側の問題も大きいように思われる。なお、筆者の博士学位論文『近代移行期の江戸・東京に関する都市史的研究』の第七章では、千葉県安房国の莫越山神社を素材にこの問題について若干論じた。
(52)前掲注49、「明治九年講社取結教院邸内社堂建廃」。以下本文の典拠は、断りのない限り、当史料に拠る。
(53)私見の限りでは、後掲の六件のうち有楽町の事例は現在の東京大神宮へと展開する(前掲注19参照)。一方、それ以外についてはほとんど記録を見いだせず、その様相を長くとどめることはなかったものとみられる。これら「遥拝所」の存廃は、近代神社の成立過程を明らかにするうえでも重要な論点といえ、筆者の今後の課題としたい。
(54)本章では復刻版(湖北社、一九八七年)を参照した。
(55)明治一九年(一八八六)六月の内務省訓第三九七号によって社寺の「創立再興復旧」は全国で原則禁止となるが、それまでの間、たとえば明治一一年九月の内務省社寺局「社寺取扱規則」では「民有地ニ建設スルモノ」を含めた新しい「社寺ノ創建」が相当数認められていた。くわしくは、山崎幹泰「近代における社寺の「創立再興復旧」制限について」(『日本建築学会計画系論文集』五九〇号、二〇〇五年四月)を参照。

第7章　広場のゆくえ――広小路から新開町へ

はじめに――近代移行期の広場

第4章で取りあげた明治三年（一八七〇）の場末町々移住計画をめぐる動きからは、幕府瓦解にともない衰微をきわめた場末に生きる人びとにとって、今後の活計を託せるほぼ唯一の当てが「広場」であったことが明らかとなった。大局的にみれば、近代の幕開けにおいて身分制という人の居住を定める絶対的な規範が失われつつあるなか、それに代わって都市空間の再編の方向を決定づけていったのは、一般の人びとによる、より良き生活環境を獲得しようとする営みと、変革期に乗じてみずからの勢力を伸ばそうとするしたたかな姿勢に帰するところが大きい。本章は「広場」を、そういった再編を媒介した存在として見つめなおし、日本の近代都市の生成過程を考える、ひとつの試みである。

「言葉」と「実態」との乖離

ところで、近世来の広場は、さきの場末町々移住計画後、すぐに大きな転機を迎えている。すなわち明治五年（一八七二）施行の地券発行、および近世の屋敷区分（町人地・武家地・寺社地）を廃して官有地・民有地への二元化といった、制度的な都市空間の改変である。(1) これらの実施を機に、民有化のかなわない公道（公儀地）でおもに展開していた広場は様相を一変することとなる。

具体例を挙げることにしよう。本章後半で取りあげる神田筋違御門たもとの筋違広小路（筋違橋広小路）は、実際に「広場」と呼ばれ、(2)また「切絵図」などには「八ツ小路」とも記されていたように、外濠の内側と外側の地域をつなぐ「四通の心軸にして行人雑踏、車馬輻輳」し、東に接する柳原土手通りとともに「橋畔雑商露肆を連ね、殊に諸伎人の淵藪」であった。(3)しかし、さきの制度上の改変をへると、ここは史料1(4)にあるような植溜と化す。この「官の厚恵なる」所業は、じつのところ、当時の触れに「此度栽立候樹木問え、諸商人差出候儀不相成候」(5)とあるように、従前の広場のあり方を制限するために設けられた可能性がきわめて高いものである（句読点・傍線筆者、以下同じ）。

［史料1］

筋違見付の跡万世橋辺は、旧来より府下第一の群集にして、恰も人の山をなす常なり、されば又昨今橋の南畔なる広小路を一円に囲ひ、橋に至るべき二線の行路を設け、其他は総て竹籬にて区画し、門には梅桜の花木凡二百本余を植付らるゝ由……不日全く出来すべく、且程なく桜花開くの時節なれば、更に一層の勝景を添へん、官の厚恵なる、実に衆庶の喜び也。

筋違広小路は、その後も明治期の地図には「筋違向広場」や「万世橋広場」などと記され、(6)言葉のうえでは「広場」として存続しつづけた。しかしながらその実態は、明治五年（一八七二）頃を境に商業的な要素は排除され、また「上野広小路とすぢかひへんとハ是まで凧をあげるに至極宜しい場所で有ましたが道道の傍に木が植ッたので子供ハ大失望」(7)というように、もはや人びとが一時留まることも難しいものへと変じてしまうのである。

以上のような、筋違広小路が近代への移行においてたどった道筋は、多少の年代や物理的な様子の違いはあろうが、近世来の広場に共通するものとしてとらえてよい。(8)

冒頭で、第4章の場末町々移住計画を引き合いに述べたように、それまでの「広場」は確かに多くの人びとを引きつけ、都市空間の再編をうながす存在であった。ただしその中身は、たとえば「場末」住民がどのような形であれ生活の糧を思い描いていた先は、従前広場が生みだしてきた繁華にほかならない。制度的な改変を機に、たたずむことも難しいものとなった「広場」ではなく、それまでくり広げられていた営みは、いったいどこへいってしまったのだろうか。これまでの研究では、漠然と雲散霧消してしまったかのように、あるいは事後的に「都市構造の変化のなかで……新しいタイプの盛り場（博覧会や勧工場―引用者註）へと道を譲[9]」るものとしてしか語られてこなかった。しかしひとたび、そういった「都市構造の変化」の動因に、既往の広場に展開していた営業者や興行物などの営み＝「実態」としての「広場」を想定したならば、「新しいタイプの盛り場」のみならず、それを取りまく都市空間や社会の成り立ちについても、より深い理解が開けてくることになるであろう。

一　新開町の簇生――武家地跡地を席巻した「繁華」

吉田伸之は、商業的な中心地であった日本橋と京橋の接点に位置した「江戸橋広小路」を素材に、江戸の「広場・広小路」の性格を次のように指摘している。「名所・遊興の盛場であっただけでなく……（とくに江戸橋広小路の場合―引用者註）魚市場と青物市場という近世における市場社会の中でも最大規模のものが、連続的かつ重層的に内包され」、「都市民衆にとっては……遊興を含めた行動文化の中核として重要な意味を帯びる社会＝空間だった[10]」。当時の広場は、ほかにも一般向けの日用品や食物も売買されるなど、文字通り、人びとの生活に深く根ざした存在であった。

しかし、そうした営みは、公道の私的利用を禁じる土地制度の導入にともない、短期間で強制的に解体させられていく。

新開町とは

そうした変革のなか、従前の広場に替わるように出現したのが武家地跡地の「新開町」であった。[11]

明治七年（一八七四）、服部誠一（撫松）はいくつかの建築や現象を選びとりながら、近代幕開けの東京の光景を『東京新繁昌記』のなかに描き込んだ。これは、かつて前田愛が指摘したように項目立てからして寺門静軒の『江戸繁昌記』を倣ったものであって、[12]その際、「戯場」に対応するように選ばれたもののひとつは「新市街」と題される一節だった。史料2[13]はその抜粋であるが、少なくともここからは、地租改正にともない、私有地（民有地）への編入の決まった東京広域の武家地跡地において急ピッチで開発が進められていた様子をみてとることができる。

［史料2］

一新以降、都下の事物日に新開を競ひ、月に繁華を闘はす。最も著明なる者は市街の新開也。……地税の改正有ってより、私有地に属する者は、弾丸の地《ワズカナチ》と雖も《デモ》税を課せざる無し。故に公邸侯宅、競ふて新街を開き、以て貸地と為す。……愛宕下坊の如きは大小の侯邸並列して一商戸を見ざる者、今皆繁華の新街と為り、芝切通しより新橋通りに至るまで、百貨の肆店、櫛比軒を列ね、侯邸の跡を見ず。……小川坊有り、神保坊有り。蠣殻坊浜坊の如きは則ち都下の中央に位して、新繁華の最第一と為す。其の他山の手に向って尚を許多の新街有り。本所深川も亦た以て多しと為す可し焉。

前述の近世来の広場と同様、明治初年の制度改変の影響を受けながらも、しかし様相の点ではむしろまったく逆に、当時の武家地跡地は「繁華」な場へと生まれ変わろうとしていたのである。

ところで、このような武家地跡地の開発を、当時はもっぱら新開町（「新開町」「新開」「新開町屋」など）と称していた。たとえば『明治事物起源』では、「旗下及び帰国せし大名屋敷など」の一般的な姿として「武家地の新開町（明治）二年より開く」とあり、またその内部では「道路が改修」され、「開業せる諸商人は、飲食店多かりし」ことになどもふれられている。[14] なお私見では、明治二七年（一八九四）までの間、新開町は武家地跡地でおこなわれている（ないしはおこなわれた）さまざまな開発を総じて指す語句として、新聞記事などに数多くの使用例を確認することができる。[15]

二　明治初頭における新開町の性格

明治初頭の東京において、従前の広場に代わるように現れていた新開町のおおよその特徴を、以下しばらく、当時の記録や著述から把握することにしたい。

簇生と散在

表1は、おもに『武江年表』の明治期以降の部分［明治元―六年（一八六八―七三）[16]］と『明治庭園記』[17]から、新開町の形成が認められる武家地跡地について、開発内容などを年代順に抜きだしたものである。このうち、屋敷名や町名など開発箇所を具体的に特定できるものは四三ヶ所、また一般的な傾向として広域の開発を示すのが六例となっている。これらを表1の左欄に通し番号・記号を付して整理し、分布状況を図1に表した。

まず驚くのは、その事例の豊富さであろう。これらの新開町のほとんどが、維新後わずか六年のあいだに形成されていたことも注目に値する。さきの『東京新繁昌記』では明治五年（一八七二）の地租改正が転機として特筆されていたものの、それ以前からも開発は始まっていた。このことは、新開町の誕生には土地所有者の経済的問題ばかりでなく、それぞれの武家地跡地を取りまく社会が深くかかわっていたことを示唆している。[18]

事例の豊富さにくわえて、新開町の分布が東京各所の武家地跡地に散らばっていたことにも注意したい。もっとも

表 1　明治初頭の武家地・武家地跡地における開発の様子

分布（図 1）	開発時期	屋敷，地域名	顕著に認められる開発手法						備考
			町家，商店化	神仏の活用	種々の興行	祭礼執行	既存庭園の活用	劇場，工場等の新設	
1	明治元年 3 月	立花侯下屋敷（浅草田甫）	○	○					既存邸内社＝鎮守太郎稲荷社をいかしながら，「商店」の「造作」がおこなわれる．
A	同　7 月	御徒町，本所深川，番町	○						下谷御徒町，本所深川，番町の幕臣屋敷地域で「貨食店」等の簇生．
2	同　11 月 9 日	薩州侯陣営（山下御門）		○	○	○			既存の「稲荷社」の祭礼や「相撲興行」．「町人」にも参詣が許可．
3，4 5，6	明治 2 年 2 月ー	深川船蔵，虎御門外用屋舗，新シ橋外厩，万年橋際船蔵	○						遠隔の者をふくむ，おもに町人層に対する新開町の開発を前提とした新政府の「地所払下」の対象地域となる．
7	同　4 月ー	馬喰町	○						馬喰町 4 丁目の「月行事善兵衛」による「町屋」建設の申請．
8	同　5 月ー	牛込宮比町（市谷田町より模様替）	○					○	市谷田町 4 丁目「地借」が「材木等も引入」れ「新開町家」請負．当初は市谷田町で許可されるものの，のちに牛込へ「模様替」となる．
9	同　8 月	浅草天文台	○						「浅草天文台」が廃止となり，跡地に「町屋」の建設．
10	同　8 月 22 日ー	土州侯御邸		○	○	○			既存の「鎮守稲荷社」の祭礼．聲妓の「木遣の唄」「能芝居角力等」の開催．
11	明治 3 年 2 月	虎御門京極家跡		○					虎御門外「京極家跡金刀比羅神社」が烏森稲荷社神主の管轄になる．
B	同　2 月	和泉橋通御徒士町	○						和泉橋通り西側「御徒士町」では「武家」を「商家に作り改」める．
12	同　2 月	九段坂上招魂社	○						坂下の「武家地」が招魂社の用地となり，南方に「町屋」ができる．
(4)	同　3 月	幸橋御門外御用屋敷	○						幸橋御門外の「御用屋敷」には「町屋」ができ，堀端には「馬場」が誕生する．
13	同　3 月	元大坂町続銀座役所	○						銀座役所の跡地には，次第に「町屋」ができていき「家作建揃ふ」．
14	同　4 月	九段坂上招魂社脇	○						招魂社脇の坂上の方（武家地）にも「町屋」ができ，富士見町と命名される．

（表1つづき）

C	明治3年 5月	虎御門外	○						虎御門の外側，「町屋」が追々に建設される．
15	同　5月	小笠原侯邸跡	○						神田佐久間町等の代地となった「小笠原侯邸跡」に町家が移築中．
(14)	同　10月	富士見町南側	○					○	武家地の新開である「富士見町」に「松葉楼」という「貸食舗」ができる．
16	同　12月	神田橋外鹿児島侯藩邸跡	○					○	「鹿児島侯藩邸跡」が複数町人地の「替地」となり「新三河町」，「美土代町」などができる．ここに華族のための学習院も開設される．
17	明治4年 5月	九段坂上御薬園						○	「九段坂上御薬園」跡に，南校物産局の「西洋其外の物産」陳列所ができる．
(12)	同　5月 15日―	招魂社			○				招魂社で「祭礼」の執行．「花火」や「競馬」，「相撲」も．
(17)	同　9月	招魂社						○	招魂社「南御薬園」が「染井村栽木屋某の庭」となり，一般の見物を招く．
18	明治5年 1月5日	赤坂水天宮		○					有馬家（久留米藩）の邸内社＝水天宮において開門，一般の参詣を招く．
19	同　2月 28日	浜町2丁目細川侯藩邸		△					熊本より「清正公等身像」が細川侯邸へ．「富士講」も大勢同行する．
(12)	同　5月 9日―	招魂社			○	○			「本社」が成就し，「祭礼」「競馬」「相撲」などの執行．
20	同　5月	本多侯藩邸（美土代町）		○		○			本多家市谷旧邸にあった「秋葉神弁財天社」を移す．祭礼も執行．
21，D	同　5月 5日	小川町，神保町（一帯）	○	○				○	「小川町」や「表裏神保小路」「猿楽町牛込御門内」等にも「町屋」ができる．「淡路町通」がとくに繁華．邸内社＝栄寿稲荷では「縁日」の開催．
22	同　5月頃	佐竹侯下屋敷（牛島）		○			○		大鷲明神の酉の日に一般の参詣．既存の「庭中花木泉水」なども活用される．
23	同　5月 中頃	松平摂州侯下邸（荒木町）	○				○	○	既存の「庭中樹木」「泉水の廻岸」へ「酒肆茶店」などの建設．
24	同　9月 10日	元仙台侯屋敷		△	○	○			「塩竈明神」の「遥拝所」ができ，「祭礼」「をどりねりもの等」が開催．
(12)	同　9月 21日	招魂社			○	○			「祭礼」や「競馬」などの興行がおこなわれる．

（表 1 つづき）

25, 26, 27, (23)	明治 5 年 9 月頃―	池田邸（神保町），田村小路，淡路町ほか				○			「西洋画の覗からくり」が東京の各所（武家地）で新設される．神保町 2 丁目池田邸，芝「田村小路」，淡路町，「四谷あらき横町」など．
28	同　10 月頃	酒井侯，建部侯跡（下谷）					○	○	五軒町の「酒井侯跡」「建部侯跡」に梅園．既存の池などが活用される．
(3)	同　11 月	御船蔵（深川）		△					鎌倉光明寺「正観世音の銅像」を得た「本所の者」が安置，参詣人を集める．
29	同　11 月	蠣殻町有馬家邸		○					有馬家転居にともない「水天宮」が蠣殻町へ引移され，多数の参拝人を集める．
(23)	明治 6 年 2 月	四谷荒木町ほか			○			○	武家地跡地の四谷荒木町などに「劇場」の許可．「狂言興行」等が執行．
30	同　2 月	浜町 1 丁目					△	○	武家地跡地の浜町 1 丁目に「梅園」が開かれ，「茶亭」も新設される．
(11)	同　3 月	虎御門外京極家ほか	○						虎御門外「京極家裏門通」や「幸橋御門外南方」に「町屋」できる．
31, 32	同　4 月頃	内藤侯，久松町合併新町屋		○	○			○	久松町合併新町屋河岸通に「喜升座」．蠣殻町・内藤侯藩邸跡の邸内社＝「藤基社」に「いなり秋葉神」を相殿（中島座に隣接）する．
E	同　4 月	蠣殻町浜町矢の倉（一帯）	○	○, △		○		○	「蠣殻町浜町矢の倉」一帯の武家地に「町家」が建設され，種々の劇場もここに開く．「成田山不動尊の旅館といへる遥拝所」もできる．
33	同　4 月	溝口侯，池田侯邸（烏森）	○	○		○	○	○	溝口侯邸の「鎮守諏訪明神」の祭礼．辺り一帯も「町家」となる．池田侯邸では既存の「池」などをいかし，「小亭」を設ける．
F	同　4 月	下谷元おなり道東側裏			○				元おなり道東側裏（武家地）で「春五郎といふ者」が「歌舞伎狂言」を執行．
34, 35 36, (7)	同　4 月末―	越前堀，大久保侯邸（芝），中川邸（芝）ほか			○				東京各所（武家地跡地）で「剣術の師」による「撃剣会」が開催．越前堀，「芝浜大久保侯邸」・「同中川邸」，馬喰町郡代屋敷裏など．
(30)	同　5 月頃	馬喰町北郡代屋敷跡		△	○				「鈿女命秋葉神合祭の社」が建ち，「あづま狂言」の興行．

（表１つづき）

37	明治６年 ５月	筋違橋御門内広場	○		○				「筋違橋御門内広場，連雀町へ合併の新町屋四千五百九十坪，家作取掛る，中に縦横の小路ひらけり，此連雀町新町家は元諸侯の邸故，大なる望火楼ありしを工夫して，頂上より下座敷迄油絵の覗からくりを仕掛て見物を招だり，楼上より四方を眺望して少しく趣ありし」．
38	同　７月	松平下総守邸跡（旧忍藩中屋敷，西鳥越）	○	○,△			△	○	「中西某」が忍藩中屋敷跡地へ「伊勢大神宮」を建立．山を築き「茶亭」等も補理．忍藩の鎮守「一目連の社」はそのまま存続する．
(37)	同　８月 ４日～	連雀町の新町屋			○				「四日より百日の間，連雀町の内新町屋に於て，操芝居興行，人形遣吉田才次なり」．
38	同　９月 17日	松平左衛門尉殿邸		○		○			淡路町２丁目・松平左衛門尉殿邸内の「善神王宮」で「祭礼」が執行．
39	（期日不詳）	府中藩侯松平邸（極楽水）	○						次第に「借地家屋」が増加し，南畔一帯は「町屋」ができる．
(23)	（期日不詳）	濃州高須藩侯松平邸	○				○	○	上地後「過半町屋」となり，「桐長座」「温泉場」が建設される．既存の林泉の活用も．
40	（期日不詳）	田辺藩牧野邸（海賊橋）	○					○	上地後，すぐに「町屋」の建設が始められる．
41	（期日不詳）	姫路藩酒井侯邸（蠣殻町）	○						蠣殻町稲荷堀にある中屋敷が，上地とともに「繁華の市街」となる．
42	（期日不詳）	横須賀藩西尾邸（中之郷）						○	中之郷「抱屋敷」では「工場製作処」が河水利用の便によりできる．
43	（期日不詳）	須坂藩堀邸（亀戸川端）						○	維新後，「付近一帯の各製作工場の浸触する所」となる．
(22)	（期日不詳）	秋田藩佐竹邸跡（中之郷）		△			○	○	明治21年「紀州高野山の出張所」が購入し「開帳」や，古物の展覧．終に「札幌麦酒会社の醸造処」もでき，一部に近世来の林泉残す．

注）左欄の番号（図１における分布と対応）＝3−8の事例については『東京市史稿』市街篇49−50巻から引用，同じく39−43の事例は『明治庭園記』，これらを除く残りはすべて『武江年表』からの引用となる．なお，左欄の丸カッコは，この表１における既出事例を意味する．くわえて「開発手法」のうち△印のものは，既存の活用ではなく，あらたに神仏の勧進や庭園の開発をおこなった（ないしは，その可能性が高い）ものを指している．

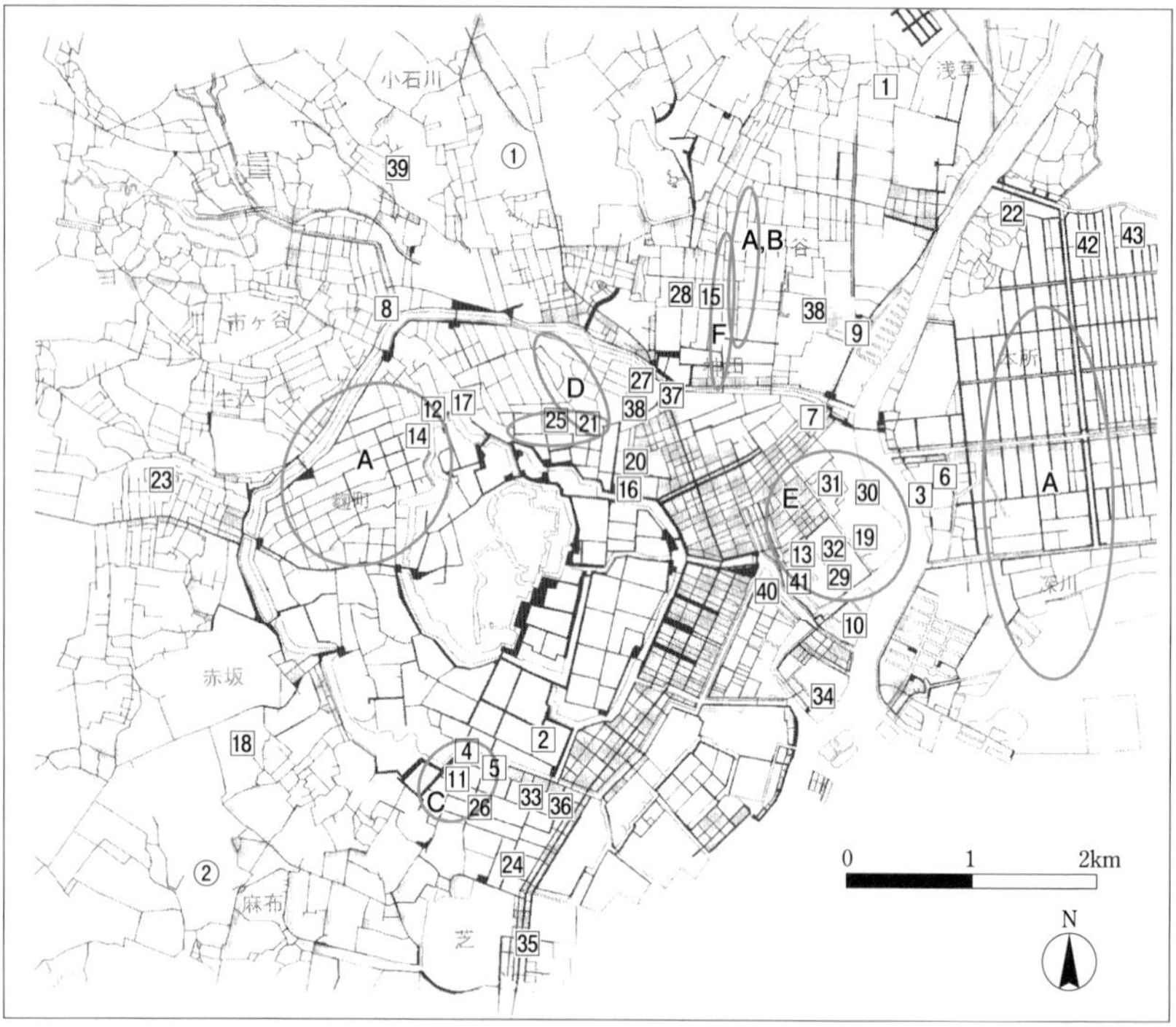

図1　武家地・武家地跡地の開発分布（表1と対応）

図1を見ると、かつて江戸城を取巻いたごく中心部のものというよりも、隅田川沿いの浜町一帯や都市周辺部の方に多く認められる。

ここで想起したいのは、東京遷都にともない明治初年に設定されていた「郭内」・「郭外」域（本書第1章の図1）である。それと図1を対照すると、新開町の分布が「郭外」の方にかたよっていたことがわかる。

遷都の過程で「郭内」に位置する武家地は明治新政府の諸官庁などに転用される一方で、「郭外」のそれは大名華族の再上京先や旧幕臣らにあらためて下賜されるなどして、まもなく民有地化した。新開町はおもに後者を舞台に誕生するものであったことがみてとれよう(19)。

『東京新繁昌記』では、さきの引用部分（史料2）につづき、次のような新開町内部の様子が伝えられていた。[20]

［史料3］

表門の番所は、輓夫役夫《クルマヒキシゴトシ》の居と為り、後宮の長局は木匠墁匠《ダイクシヤカン》の宅と為り、假山剩水《ツキヤマセンスイ》は割烹邸の庭と為り、玄関廣間は寄留客の宿と為り、武器庫は典物庫《シチモツグラ》と変じ、演武場《ブケイシヨ》は演伎場《ヨセ》と化す。夜発蕎商《ヨタカソバ》鈴を鳴らして表門より出で、按摩坊主笛を吹いて裏門より帰る。看楼《モノミ》は牛肉店に領せられ、離亭は覗鏡肆《ノゾキメガネ》に掠められ……背坊新道を連ねて、従横曲折、並びに裏店建つ。邸主は恰も地主の賃居《オウヤノタナガリ》の如く、邸隅に亀宿《チヾミ》し、全く旧侯邸の景況を一変す。小華族の如きは尊姐《オクサマ》親ら箕箒を執り、一僕一婢に過ぎず。

新開町とは、表1の事例ぐらいの明治初頭の段階では「百貨の肆店、櫛比軒を列ね」（史料2）というように、基本的に武家地跡地の商店化によって特徴づけられた存在である。ただし、それはたんに従前の町人地のような町家の集合ばかりではなく、さまざまな機能をあわせもつものが少なくなかった。表1からは近世来の邸内社や庭園が活用されたり、またあらたに祭礼や興行の場を提供しているケースも目立つ。史料3では以上にくわえて、既存の建築も転用しながら、商い部分のない一般の住宅も内包されていたことがみてとれる。そして、ここには多様な職種、階層の人びとが入り混じる状況さえもうかがえるのである。

現象の普遍性――「東京の住宅地」もへた道筋

ところで、筆者が専門とする都市史や建築史の分野においても、これまで武家地跡地の開発に焦点をあてる試みが少なからずあった。[21] ただし、その多くが「都市の近代化」にともなうものとしての「住宅問題」や、いわゆる新中間層を育んだ「郊外住宅地」の原型を明らかにする点に興味を集中させ、[22] もっぱら明治中後期以降の展開を論じてきた。そこでは、本章が問題とするような時期は、いわば「江戸」の停滞期間に過ぎない。

しかしながら、そうしたこれまでの研究のなかで俸給生活者（サラリーマン層）のための特色ある専用住宅地として名高い本郷西片町[23]や麻布霞町[24]（図1の①と②）なども、じつのところ、当初の開発は新開町としてスタートするものであった。史料4[25]は、うち麻布霞町に関する新聞記事であるが、住宅以外にも商売・興業場といった機能が含まれており、表1の事例と同じような姿を呈していたとみられる[26]。

［史料4］

加藤清正袖守護の毘沙門天　麻布の新開霞町へ今度毘沙門天の祠を設けて参詣人の足を引く為め毎月寅の日にハ各縁日商人等に蠟燭代として五銭づつを与へて縁日市を立てさせ猶同所近傍の地主より清元・浪花節等音曲物の奉納あるにぞなかなかの賑わひ……維新後同邸（棚倉藩下屋敷―引用者註）ハ引払ひとなり従ッて土地荒蕪し社も空しく八重葎の中に埋没してありしを曩に開拓して霞町を開くに当り……其筋の許可を得て右の挙に及びたるなりとぞ

もちろん、このような状態がいつまで続くものであったかは精査する必要がある。おそらくは、専用住宅地としての体を成す段階で途絶えたとみた方が正しいであろう。しかし、少なくともこれまでいわれてきたような江戸武家地の単純な連続のうえに、独立和風住宅やその集合としての住宅地が成り立っていないことだけは確かである。その意味からも、史料5[27]は示唆に富もう。これは明治二〇年代（一八八七―九六）の新開町について記したものであるが、史料3で見たような初期の面影はなく、むしろ住宅地の祖型としての性格が認められる。

［史料5］

山の手の地面ならし是流行の一つなり。きのふまでハ雑草茫々たりし邸跡、けふハたちどころに豹変して移転る人ひきもきらぬ。……扨もいちじるく見る人の眼を射るハ新開町の家居の結構なり。何事につけても定規なく標準といふもののなき世の風尚をあらはすにあらん。家毎に思ひ思ひの建築に規律なく、或ハ好事を示し或ハ威厳をてらひ洒落に建倣し浮華に造る。さるが中に只一つ周徹して同きハ表美にして裏醜く内外精粗の別ある事のみ……建仁寺垣、破風造り、怪しの松を門に植て巧に清廉の目標とす。……老人にきけバ此般の構造ハ旧陪臣の邸宅に似たりといふ。

明治初頭の新開町は、そのひとつの帰結である住宅地出生のゆえん、ひいては明治後期における都市構造の転換を探る原点でもある。

三　神田連雀町一八番地の開発

以上のように、明治初頭の新開町は、江戸期の武家屋敷内部の利用のあり方に規定されつつ、その遺産を利用することによって商い場・庭園・興行場・住居などの機能を負い、またそれらが複合した状態を呈していた。そして、それは当該期の武家地跡地にありふれた姿だったと見られるのである。

ここからは、近代草創という史料的な制約の多い時期ながら、開発の担い手や借地・借家経営の実態などを辿ることのできる神田連雀町一八番地(28)（以降、連雀町一八番地と略記）を素材に、よりくわしく新開町の特質にせまってゆきたい。これは、ちょうど冒頭で述べた「広場の実態」のゆくえ、すなわち江戸の「広場」と新開町との接点を、具体的に探っていく作業となる。

開発当初の動き——大名屋敷の破壊と活用

『武江年表』によると、筋違広小路のすぐ南に位置した連雀町一八番地（「連雀町新町家」）の開発は、明治六年（一八七三）五月に始められている（表1・通し番号37）。「筋違橋御門内広場、連雀町へ合併の新町屋四千五百九十坪、

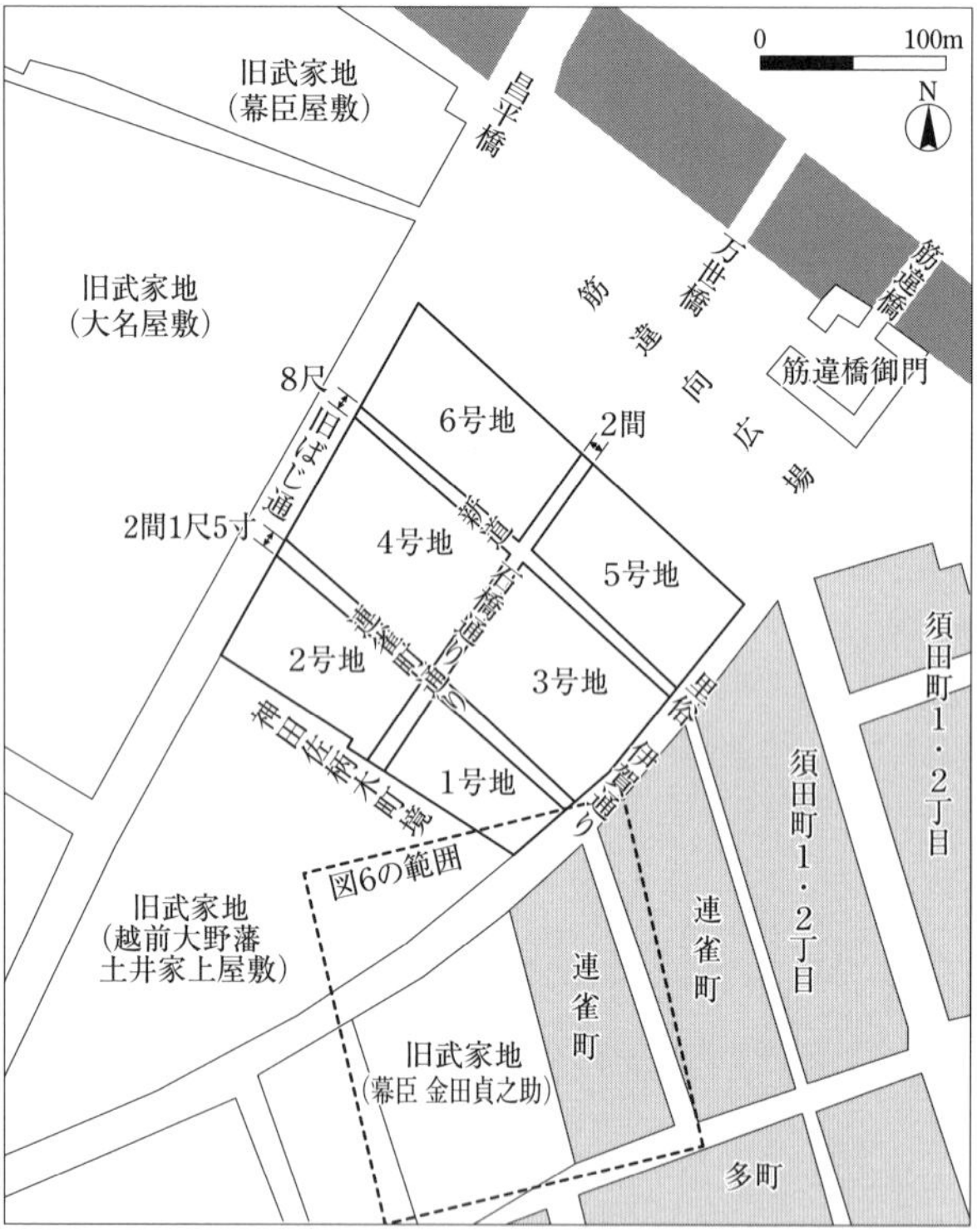

図2　連雀町18番地の屋敷割（薄い着色部分は従前町人地）

家作取掛る、中に縦横の小路ひらけり、此連雀町新町家は元諸侯の邸故、大なる望火楼ありしを工夫して、頂上より下座敷迄油絵の覗からくりを仕掛て見物を招だり、楼上より四方を眺望して少しく趣ありし」とあるように、幕末（嘉永元年以降）は丹波篠山藩青山家上屋敷であったところに道を開き、また既存の建物をいかしながら開発が進められていった様子がうかがえる。

生みだされた街区

図2[29]に、この時の開削によって生まれた屋敷割を示した。屋敷の内部は、ちょうど万世橋からの軸線を南北に、また従前は町人地であった東側の通りを二本延ばすように六分割されている。内部の通り名や街区名（1—6号地）は、正確には着手から二年後の、明治八年（一八七五）以降の記録に認められるものではあるが、「石橋通り」や「連雀町通り」といった名称からは、周辺地域との深いつながりが感じとれる。とくに前者、筋違御門の廃材によるアーチ式石橋の万世橋が完成したのが着手から二ヶ月後の明治六年七月（一般の通行は同一一月から）であったことを思えば[30]、それとの関連性は確実といえよう。なお、屋敷南端が下水（側溝）を介して接

する越前大野藩上屋敷跡地では、維新後も旧藩主（土井家）の所有が続いていくが、「石橋通り」の様子からして何かしらの開発がここでも進行していた可能性は高い。

一方で、右記の開発により、名実ともに大名屋敷（跡地）の中心に位置してきた御殿空間は喪失されたとみてよいだろう。そもそも幕府崩壊前夜には、大名のなかには「其家族を各自の封邑に移住せしめられしを以て、諸藩の江戸邸内の奥御殿などは、漸々取払となり……之を其の領地に運輸せられし者あり」という状況もみられていた(31)。事例ごとに経緯は異なろうが、かつての御殿という存在が新開町の内部一般に巨大な余地を生みだす基盤となる。

開発主について――土地と建築のもたれ方

篠山藩上屋敷として明治維新を迎えたこの地は、いったん明治新政府から華族の酒井忠寶（庄内藩主）へと下賜されている(32)。しかしこの頃、酒井はドイツ留学を果たすなど、公邸としてどの程度利用されていたかは疑わしい。その後、明治五年（一八七二）に神田連雀町へと編入された頃からは、にわかに動きが慌ただしくなる。

明治七年六月、連雀町一八番地は林留右衛門への貸付金の抵当物として江戸初期からの豪商である三井組の「預り置」となり、同一一月からは正式にその大元方が所持するところとなっていた(33)。上記、林留右衛門とは、日本橋の新葭町にある小間物問屋「よしや」の六代目当主（林正道）であり、「よしや」は三井江戸本店の家督のひとつでもあった(34)。林は明治六年に小野善助らと東京・大阪と函館間の運搬保任会社を設立するなど、さまざまな事業に進出するも失敗しており(35)、三井組による貸付はその際の救済であったと推測される。なお、大元方・三井合名会社・三井物産・三井不動産と、グループ内での名義は変わりながらも、三井による当該地所の所有はその後近年にいたるまで、じつに一世紀あまりに及んだ。

さて、実際にいつの時点から連雀町一八番地が民間の手に移ったかは未詳であるものの、明治六年（一八七三）五

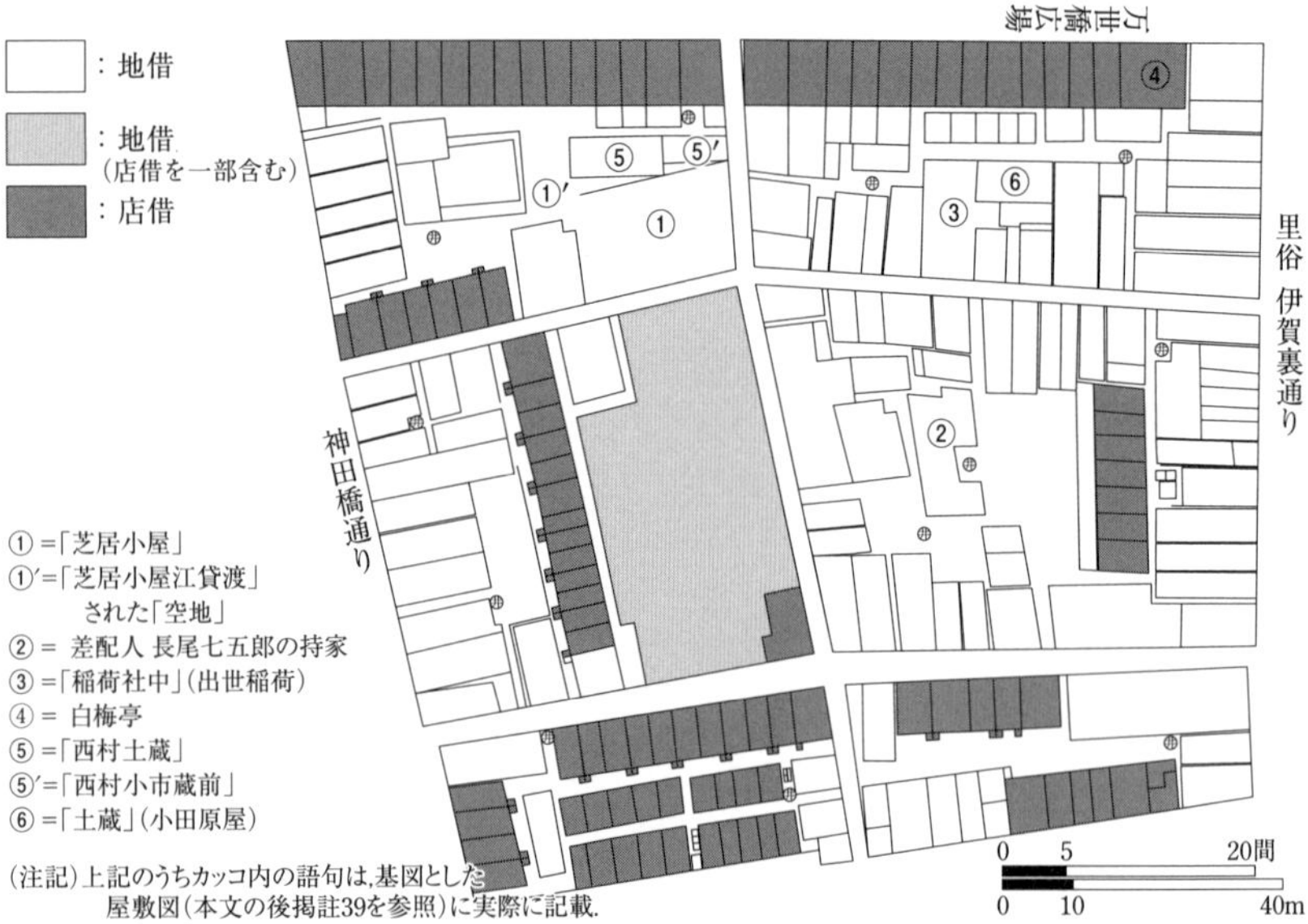

（注記）上記のうちカッコ内の語句は，基図とした
屋敷図（本文の後掲註39を参照）に実際に記載．

図3　明治8年（1875）頃，三井組取得時の連雀町18番地の利用

月に始まる開発は、林がかかわっていたとみてよいだろう。三井組への「建家売渡証」の一部（史料6）(36)からは、その手順が垣間みえる。

［史料6］

右は（林の所有していた建物群―引用者註）今般御約定金額ヲ以前書之通悉皆相渡候処、相違無之、自今以後御所持可被成候……尤右之内袴塚貴太郎・林兼三郎・深江庄兵衛名前も有之候得共、拙者所有物ニ相違無之候、若向後右三名之者等ゟ故障申出候共引請埒明、御迷惑相掛ケ申間敷候、依之深江庄兵衛ゟ取置候別紙証書弐通相添、為後証差出申確書如件

ここで名前の挙がっている人物のうち袴塚貴太郎・林兼三郎の両名は林の親族であったことが確認できる。(37)しかし計一六棟の「貸家作材等所持」する深江庄兵衛(38)に関しては、わずかな接点も見いだせない。深江が所持した一六棟というのは、少なくとも林によって三井組へと売渡された建築のすべてであって、かつ史料7にもある「別紙証書弐通」に記された街区ごとの棟

数・建坪からして、図3の[39]、三井組取得当時の全貸家に相当するものと考えられる[40]。図3を見ると、すなわち深江によって所持されていた建築のほとんどが比較的大規模な長屋であり、また各戸に雪隠が設けられるといった、町人地の長屋とは異質な、むしろ武家屋敷のそれに近い特徴を備えていることに気づく。なかでも5・6号地の北端、「万世橋広場」に面する梁間五間の長屋については、明治六年末の情景を描いた錦絵[41]（部分・図4）では下水（側溝）の際に建っている様子なども認めることができる。この時期、たとえば明治七年の庇地制限令には、「旧士地ニテ開店ノ為……従前長屋等貸店ニ取繕ヒ候分ハ」、「下水際ヨリ」建っている場合が多く、将来に備え「土台内凡三尺庇地ト相心得」よと特筆されていたことが知られる[42]。以上を総合すれば、深江の所持する一六棟は、大名屋敷時代の建築によってもっぱら構成されていたと判断することができよう。

図4　明治6年末，連雀町18番地の北端あたりを描いた錦絵（一部）

小括

明治初頭の華族屋敷をめぐっては、当時「或る華族様の御邸地を代金七万五千円にて売買の相談申取が出来れば直ぐに新開町にするといふ咄しがあるが、華族さんもあぶない商法をなさるよりハ御自分で新開町にして其の上り高を取る方がよほど慥かでよからうに」と新聞記事が伝えていた[43]。旧篠山藩上屋敷＝連雀町一八番地も経緯は定かでないが、早々に旧町人層の所有するところとなる。しかしながら、数千坪にもおよぶ大名屋敷跡地を一個人が買得し開発することは当然ながら困難であったとみられ、複数の主体がかかわるような状況を招く。この事例の場合、具体的には地所を所有したのが林とその親族、対して建築はおもに深江が受け継いだものと判断される。その一方で、図3を見ると、明治八年（一八七五）頃の時点で、すでに数多くの地借（借地人）があったことがわかる。これらは三井組に所有が移ってからというよりは、林らが開発に着手した頃から余地を随時貸付けていったものと見た方が自然であろう。初期の新開町は、その開発形態からしてさまざまな民間の活力によって支えられるものだったのである。

四　新開町の空間と社会

さてここからは、新開町の内部が実際にどのように利用されていたのか、興行物やその存立基盤、住民の性格などにも着目しながら、引きつづき連雀町一八番地を素材に新開町の特質にせまっていきたい。

興業場の立地——御殿跡に生みだされた隙間

はじめに、新開町が負った機能のなかでも、江戸期の利用をふまえれば最も劇的な変化といえる興行場の姿をつかむことにしよう。

前掲の図3における個々の区画は、店借（借家人）の場合は建築の規模（建坪）、地借については庭地などを含む占有域を表している。おおむね表通り沿いには長屋を含む相対的に間口の小さな区画が並んでいるのに対し、屋敷の中央部、とくに3—6号地では大きなものが目立つ。

幕末の「日光道中絵図粉本」(44)によると、かつて「神田橋通り」（図3参照）の4・6号地のなかほどあたりに藩邸表門が開かれ、その裏側に御殿空間が拡がっていたことがわかる。さきに指摘したように、遅くとも明治六年

（一八七三）五月の開発によってその多くは失われたと見られるが、火の見櫓[45]（「大なる望火楼」）については「頂上より下座敷迄油絵の覗からくりを仕掛て見物を招だり、楼上より四方を眺望」できるような格好で、しばらく存続していた。図3において4号地のほぼ東半分を占める区画は、この当時「上ハ家」もあるが「庭地幷空地」が大半であって、そのどちらも同人物に貸付けられている[46]。ここは、のち明治一三年の図[47]には「新泉楼跡明地」と記されており、明治一桁には火の見櫓を転用しながら客寄せをしていた場と見ることができよう。

連雀町一八番地には、ほかにも興行場が存在していた。おなじく大きな区画が認められる6号地は、南東の一角が「芝居小屋」であり、また裏地の「空地」も「芝居小屋え貸渡」されている[48]。この「芝居小屋」については、馬場孤蝶が『明治の東京』のなかで「明治十二年頃のことだと思ふけれども、白梅（後述の白梅亭―引用者註）の右手の裏を入ったところに茶番狂言の常小屋があった[49]」とふれていたのと同一のものと思われる。ちょうど図4の錦絵には、芝居小屋へ通じる「石橋通り」（図2参照）の入口に幟が立てられ、また奥には前述の「望火楼」も望めるなか、人びとが屋敷内部へと入っていく様子が描かれている。

ところで、連雀町一八番地では、開発着手から三ヶ月後には一〇〇日間の「操芝居」（表1参照）が開かれていたように、短期的な興行も散見できる。これは、三井組へと土地所有が移ってからも認められ、明治九年（一八七六）一一月の「英国人の手品」（一五日間[50]）、明治一三年九月には「撃剣会」（三日間[51]）なども開催されていた。現在、三井文庫に残される当該期の屋敷図[52]からして、これらの興行も上述の4号地ないしは6号地の区画を利用しながら、もっぱら屋外で催されていたものと考えられる。

ほかの特筆すべき建物についてもふれておこう。3号地のほぼ中央に位置する住宅は、屋敷経営の末端を担う差配人（長尾久五郎）の持ち家であった。明治二〇年代（一八八七―九六）後半、三井組全体の不動産経営の見直しによって解雇されるまで、地代・店賃の徴収をはじめ、連雀町一八番地の管理一般を長尾ひとりが担当していたと見られる[53]。

一方、5号地の「稲荷社中」は現在も当地に存在する出世稲荷社である。これは東方の従前町人地にあった、神田青物市場の商人らが建立した社を、連雀町一八番地の開発を機にここに移したものだった(54)。明治一三年『東京商人録(55)』によれば、出世稲荷社は東京の「稲荷神社巡り」の一環に組み込まれており、町内鎮守としてだけではなく、参詣客らを当地に引きよせる役割も果たしていたことがわかる。なお、同じく5号地の「万世橋広場」に面する一画が寄席の白梅亭である。明治大正期にわたって「諸芸懇心会」も開かれるなど、数多くの寄席があった神田地域のなかでも、長らく中心的な位置を占めた席亭だった(56)。

「表店借り裏地借り」——新開町の空間構成

以上のように、連雀町一八番地には多くの人びとが訪れる、広やかな興行場や稲荷社も内包されていた。それは、まさに御殿跡に生じた隙間を満たすような姿であったといえる。

図5に(57)、明治八年（一八七五）頃の地主＝三井組による表地・裏地の区分を示した。表裏の境は通りから五間のところに一様に設けられており、これは江戸町人地のそれ(58)を踏襲したものと考えてよい。また地代分布からは、新しく開かれた通り沿いの屋敷中央部も、初めから比較的高額であったことがわかる。しかし、この地主の設けた区分や地代分布にしたがって、中央部の大きな区画が細分化されて町家が建ち並ぶようなことはなく、震災後の区画整理をへながらも、その傾向は大規模な老舗料理店の集まる今日まで続いているように思われる。

ひるがえって考えてみれば、このような空間構成をつちかってきたのは基本的に地主の三井組ではなく、武家屋敷という先行条件、およびそれぞれの区画を占有する地借たちであったといえよう。すでに指摘したように、三井組は抵当に取った大名屋敷時代の長屋とみられる貸家しか持っておらず、以後もその数を増やすことはなかった。このことは図4が示すように、当初、屋敷外周が店借の表長屋によって囲われ、その裏側に借地が展開するという、江戸町人地に一般的な「表地借り裏店借り(59)」と逆転した構造を生んでいた。ただしこのような状況に対しては、図5の内容からみて、三井組は「町人地」がしばらくすれば再生産されるものと考えていたようであるが、現実にはそうならない。たとえば、さきの短期的な興行に注目すると、その「願主」はいずれも他所居住の者であったことが明らかとなる(60)。すなわち4・6号地の興行場は、当区画の地借がみずから興行にまつわる運営をすべて取り仕切っていたというよりは、その広大さをいかした、いわばテナント業がおこなわれていたと見た方がよい。そして、それは遠隔の人びと（「願主」）にも度々利用されるほど、収益のあがるものだったと考えられる。いいかえれば、地借らの思惑によって、この時期公道の私的利用が禁止されて貴重なものとなっていた広やかな空き地を、連雀町一八番地は内包し、それを都市へと提供していたのである。

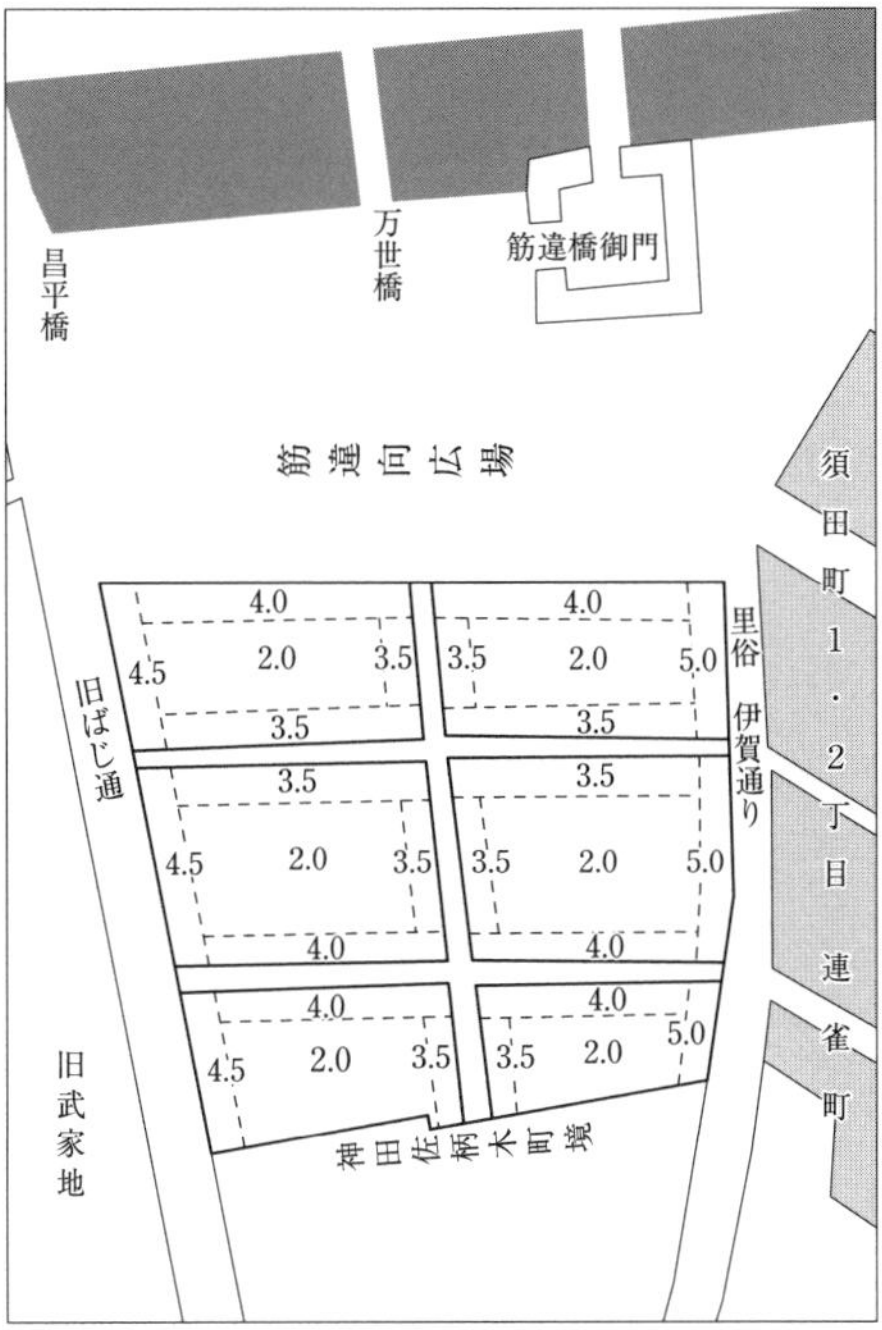

図5　表地・裏地の区分と地代分布
（街区内の数値単位は，銭／坪）

ところで、このような連雀町一八番地の「表店借り裏地借り」の構造は、この時期の新開町に一般的なものとしてもとらえられるのではないだろうか。史料7(61)は、足利藩戸田家上屋敷跡地＝神田表神保町一番地における、屋敷内「道路」の開発順序である。ここからは、まず従前の表長屋を「商店」化させることから開発が始まったこと、また地主側（この場合、旧藩主・戸田家）はこの開発にともなう道路を「当時仮設ノ見込」と見なしていたものの、裏地で地借による大規模施設の建設が進むにしたがい（後述）、それらを追認していったことがわかる。

［史料7］

神田区表神保町一番地民道変換ノ義、兼テ出願仕候処、事実御尋問ノ趣敬承仕、左ニ申上候、今般変換奉願候道路ハ、去明治五年月日不詳中、小川町通り長家商店ニ致、其節居住人便利ノ為メ邸内新道相開候得共、当時仮設ノ見込ニ付、其節出願不仕候処、同十四年十二月ニ至リ、邸内新道ノ内公衆ノ便益ニ供シ候分ハ民有地第二種ニ被成下候趣区役所ヨリ達有之候ニ付、翌十五年一月中、本地道路ノ儀ハ仮設ニ付、追テ確定仕候迄従前之通第一種ニ致置度段出願仕候、然処、同年六月中、家屋建築之都合ニ因リ、今般変換相願候部分ヲ自儘ニ閉塞仕候段、方今心付奉恐入候間、更ニ変換之儀奉願候也（以下略）

少なくとも以上の経過によって生みだされたのは、零細な「商店」が外周を取り囲み、その内部に大きな区画が取り込まれるという、連雀町一八番地の新開町と変わりない姿であった。

新開町の住民——筋違広小路との接点

次に、連雀町一八番地の住民、および利用者の性格に焦点をあてていこう。この時期、たとえば明治新政府の主導で建設された銀座錬瓦街が入居者不足に苦しむなか、ここは現在確認できる明治八―一一年（一八七五―七八）の貸借簿を見ると、ほとんど空き店が生じていなかったことがわかる。交通の要路に接しているとはいえ、なぜ、どこから人びとは集まってきたのだろうか。(62)

はじめに、興行場の問題から考えることにしたい。4・6号地のうち、後者「芝居小屋」の区画を借地していたのは松崎重五郎という人物であった。彼は、貸借簿の内容などから、通りを挟んで東接する神田青物市場の有力な水菓子問屋を営む人物だったことが明らかとなる。(63) じつはこのほかにも、神田青物市場との関連は多々見いだせる。前述の出世稲荷社（5号地）が移されてきたのも市場とのつながりによるものであったが、その門前脇にはあわせて神田市場問屋（東組）の会所も置かれていた。また「芝居小屋」北の、図3に「西村土蔵」などと記される一画は、松崎とおなじく江戸期より有数の水菓子問屋だった西村小市の借地である(64)。近世来、筋違広小路の川筋に蜜柑揚場があったことをふまえれば、そこから程近い6号地に蔵を構えたことは納得がいく。同様に、5号地の中央にある「土蔵」も、松崎や西村といった青物問屋と軒を並べるように店を開いていた連雀町の豪商・小栗兆兵衛（小田原屋）の所有するものであった。

ところで、ちょうど連雀町一八番地の開発が始まった頃、神田青物市場は文字通り方々にその勢力を拡大していた。たとえば、市場と接するように位置した幕臣屋敷（金田貞之助屋敷、図2参照）は、明治元年（一八六八）一〇月以降、神田鍋町北横町の「水菓子渡世」らによって度々開発申請がなされ、実際に翌明治二年七月には地所・建築とも売却されている(65)。図6(66)からは、明治六年時点で、すでに幕臣屋敷跡に「新道」が通され、六名の願人らによって分割所持されていた様子を認めることができる。連雀町一八番地が、この幕臣屋敷跡地のように青物売買の場そのものへと生まれ変わることはなかったものの、近世の市場社会でつちかわれた財力が開発の基盤となっ

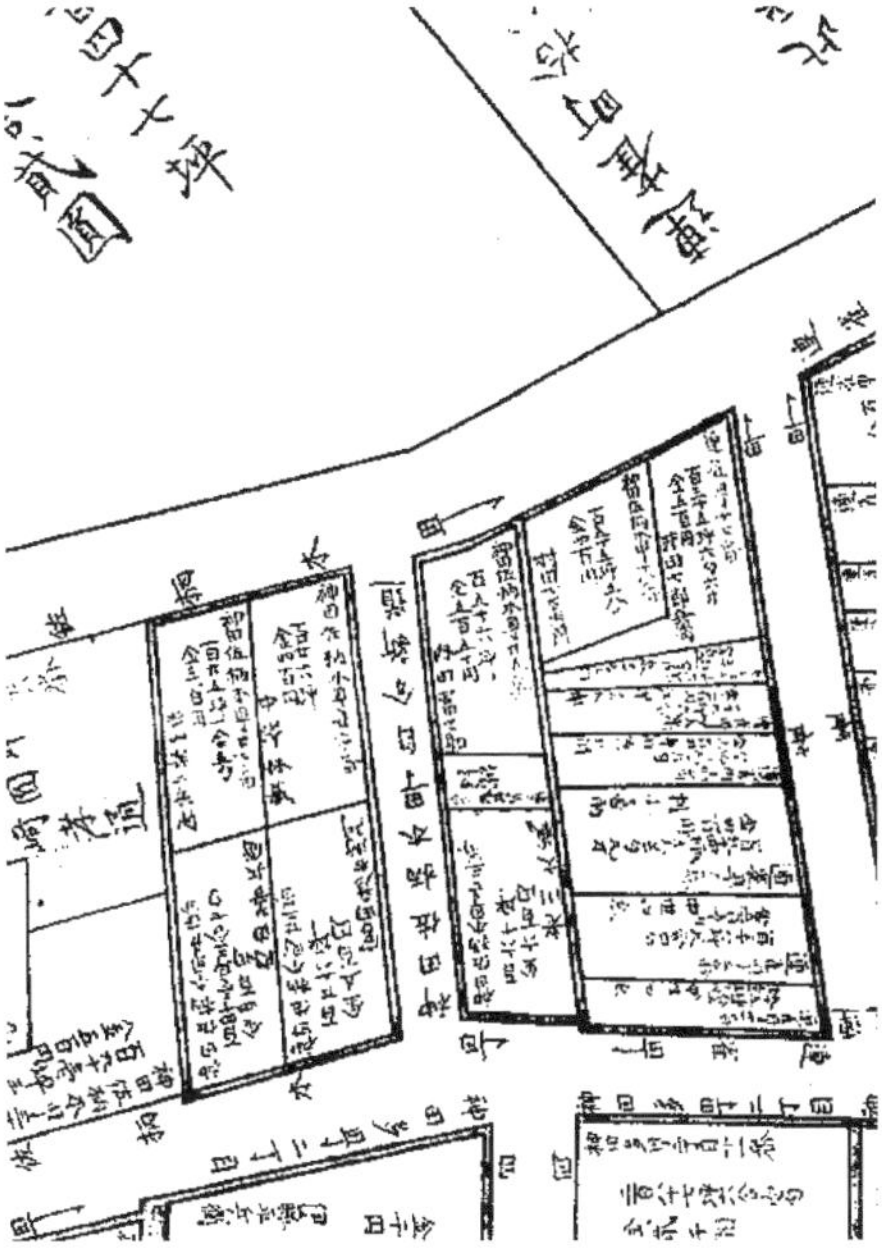

図6　明治6年「沽券図」にみる金田貞之助屋敷（図2参照）の開発

注）6名の地主（老川文蔵・内田冨之助・宮田彦右衛門・内田善兵衛・中澤林蔵・杉山與兵衛）のうち，老川が「水菓子渡世」，残り杉山以外の4名はいずれも近隣旧町人地の「家主」．

表2　明治13年（1880）現在，連雀町18番地の店舗

図7	職　種	商売主
①	医者	本郷　直
	医者	江口　新
	医者	藤岡民次
	糸物商・糸組物	池澤銀二郎
②	糸物商	市原政蔵
③	馬車商	吉田甚内
	馬車商	嶋田太郎
	馬車商	古澤元安
	馬車商	土方景則
④	馬車商	大下安太郎
	馬車商	清壽軒
⑤	料理商	柘植勝五郎
⑥	紙商	大石榮吉
⑦	紙商	早川一郎
	私立学校・小学	開進学校
	代言人	仁平新作
	宿屋商	栗原波五郎
⑧	宿屋商	大塚　陽
	宿屋商	矢澤さゐ
⑨	宿屋商	水谷つた
⑩	宿屋商	鈴木重則
	八百屋商	丸山文治郎
	待合茶屋	古田留吉
	待合茶屋	石井とよ
	下駄商	野澤利助
	蒲団商	藤田仁助
	古着商	酒井九兵衛
⑪	古着商	川村佐無
⑫	米商	金山兵蔵
	米商	三谷ふく
	米商	長島伊左吉
	米商	中村庄二郎
	米商	大山鶴松
⑬	呉服太物商	渡邊留吉
⑭	呉服太物商	木村久作
	呉服太物商	伊勢屋徳兵衛
	荒物商	荒井卯太郎
	油商	大澤岩二郎
	油商	佐藤もと
⑮	酒醤油商	堀越庄左衛門
⑯	酒醤油商	鹿嶋大野熊次郎
⑰	牛肉商	夏原安兵衛
	牛肉商	光田半二郎
⑱	湯屋商	本間藤吉
	飯屋居酒商	訓東榮三
⑲	質物商	石井喜兵衛
	塩物商	鳥海安五郎

ていたことに変わりはない。そこでは、市場にかかわる商人らが場所を確保し、稼業のための作業場としたり、また場合によればさきの興行場のように広やかな借地を又貸しして利益を得るような経営をおこなっていたと考えられるのである。

一方、表2は、明治一三年（一八八〇）発行『東京商人録』[67]から、連雀町一八番地の内部に店舗を有する人びと、およびその職種を抜きだしたものである。『東京商人録』は、当時「東京有名なる商人」をおもに掲載したものであって、ここからは馬車商や牛肉商というように、明治の東京らしい、あらたな業種も多く含まれていたことに気づ

く。図7[68]に、当該期の貸借簿と照合が可能であった分の位置を示した。明らかに、屋敷の外周に分布が集中している。また東側通り沿いの様子からは、さまざまな業種の店々が軒を争っていたこともみてとれる。

さきに足利藩上屋敷跡地（神田表神保町一番地、史料7）のケースも引いて述べたように、このような商店は新開町の形成段階のうち、ごく早い時期から現れるものだったと考えてよい。連雀町一八番地においては開発の着手された明治六年（一八七三）五月頃となるが、いったいこれらの商店は、どのような性格の人びとによって営まれていたのだろうか。

図7　表2の店舗分布（一部）

注）図中，塗りつぶしの区画は明治 10-11 年（1877-78）時点の店借．一方，白抜きは地借を表している．

史料8[69]は、明治一三年の表2には「宿屋商　水谷つた」と記される、6号地の表長屋に店を構えていた水谷徳兵衛に関連する記録である。これは明治七年五月一〇日に東京府知事宛に提出された「広場水茶屋葭簀張願」（一部）であり、まず水谷が、三井組の所持に連雀町一八番地が移る前の、草創の頃からの住民であったことが指摘できる。そして史料8の内容からは、彼がもともとは筋違広小路で「水茶屋出稼渡世」（「煮売渡世」[70]）をおこなっていた人物であったこと、また明治五年に広小路に展開していた物すべての取払いが命ぜられてからは他の願人ともども難渋しており、「簀葭張出茶屋商業」再興の許可をここで求めていること、などが明らかとなる。すなわち水谷徳兵衛は、まさに明治初年までは「橋畔雑商露肆を連ね、殊に諸伎人の淵藪」だった筋違広小路の「実態としての広場」を支えていた人物＝要素であって、明治五年（一八七二）頃を機に、そうした人びととそのなりわいは連雀町一八番地へと移動していたことが、ここからは明らかとなるのである。

［史料8］

以書附奉願候

第一大区小四区

連雀町九番地

白川万助　印

同区

同町拾八番地

水谷徳兵衛　印

（以下、三名分略）

右白川万助外四人奉申上候、私共儀、旧来別紙絵図面朱引之御場所（筋違広小路の北東一角―引用者註）拝借仕、水茶屋出稼渡世仕、出火之節ハ町火消人足・弁当持并御用状使・其外飛人縄取等年来無懈怠相勤経営罷在候処、去々申年中、右御場所一般取払被仰付速ニ取払候後、家業場ニ相放レ、経営取続方ニ差支、必至と難渋仕、家内扶助難行立困窮罷在候処、右御場所道路近く御落成ニ相成候ニ付……従前之通拝借仕、簀葭張出茶屋商業御差許被下置度、尤地税之儀ハ私共精々出精仕、相当之地租御上納可仕候間、何卒格別之以御慈悲を此段御聞済被成下置度（以下略）

水谷のほかにも、この時期の連雀町一八番地の住民のなかには「従前ゟ同所（筋違広小路から柳原土手通り一帯―引用者註）ニ而商業仕来候者共」「数十百名」の委託を受けて、東京府に床店建設を出願した人物なども含まれていたことが確認できる。開発当初から、連雀町一八番地に空き店がほとんどなかった理由のひとつは、ここが筋違広小路の「実態」の受け皿となっていたことによるものだった可能性がきわめて高い。[71]

小括――継承された江戸の広場性

以上のように、連雀町一八番地の開発は、地所の所有については早々と三井組の手に移っていたものの、それが真に興行場や商店などによって彩られる空間となるためには他のさまざまな人びとの営みに委ねられねばならなかった。いいかえれば、明治初頭の東京における武家地跡地、およびそこに簇生した新開町を考えるにあたっては、地主層以外の存在を今後とも積極的に位置づけていかねばならない。

連雀町一八番地の地借・店借の境遇をたどると、神田青物市場や筋違広小路へと行き着く。当初、ここ連雀町一八番地は江戸期の大名屋敷としての利用が「表店借り裏地借り」の状態を生みだしており、かつて御殿が存在した内部の広大な余地は市場の問屋らによる借地の対象となっていたことが明らかとなった。そして、この借地の運用によって、興行の開催なども実現していたとみられるのである。

そもそも、ここで興行が催されるにいたった背景には、それに適した場所が都市から失われつつあったことと無関係ではない。興行物の系譜からたどることは困難であったものの、連雀町一八番地の住民に、実際に筋違広小路に展開していた小商人や縁のある人物を認められることは、重要な証しといえよう。

本章の冒頭で述べたように、一般の人びとを引きつけ、都市空間の再編をうながす存在であった「広場」。その広場性は、じつは武家地跡地の新開町へと脈々と受け継がれていたのである。

五　「繁華」の変質

小林信也は、これまでの日本近代都市史の研究で無条件に「新しい」とされてきた事象についても、たとえば「大店や市場社会といった磁極によって」編成される「前近代都市社会の最終的な達成」のうえに成り立っている可能性を指摘する[72]。そこで具体的な検討素材とされていたのも、下谷に誕生した新開町のひとつ、佐竹ケ原であった。

この小林の研究は、私見のかぎりでは初めて新開町を正面から取りあげたものであって、ここで明らかにされた事柄には本章の扱う連雀町一八番地に通じる点も多いことに気づく。佐竹ケ原の開発は明治一六年（一八八三）がはじまりと、比較的後発の新開町ではあったものの、近世の「広場」からじかに流れ込んできた類を含む、諸芸能・見世物の興行が主体的におこなわれていた。そして、これらは借地、ないしは借地のなかの転借地を基盤とするものだった。いずれにしても連雀町一八番地と同じく、それが新開町たるゆえんの「繁華」は、非・地主層によって生みだされていたのである。

しかしほどなく、佐竹ケ原は「転機」を迎えている。明治一七年の台風被害にともない、右記の興行的な要素は失われ、小林によると「雑業に従事する人びとの居住空間」と「「仮屋的商店」の営業空間」の、「二つの社会＝空間」が創りだされた。そして、ここにも「江戸の広場、広小路」との類似性が読み取られるとする。

新開町という可能性――以後の多様な展開

以上の小林の議論に対して、筆者はその画期的な取り組みを高く評価するとともに、解明された内容についても疑念はない。ただし日本の近代都市の成り立ちを考える貴重な手がかりとしての新開町の可能性に思いをめぐらせるならば、幾分そのひろがりを閉ざしてしまった感があるようにも思う。

新開町とは武家地跡地の開発全般をさす当時の用語であり、現在のところ明治二七年（一八九四）までその使用を確認できる。つまり、明治初年の土地制度の改変によって「武家地」というカテゴリーは制度的にはすでに廃止されたが、その後も人びとの意識のなかでは近世の屋敷区分（武家地）は厳然と存在しつづけていた。

しかしその一方で、明治三〇年前後から、新開町という語でそれまで括ることのできていた空間＝社会が失われつつあったことも、右記は示唆している。すでに麻布霞町などを引き合いに指摘したように、種々の興行などの「繁華」で彩られていた新開町は、少なくとも明治中後期にはその様相における一般性は消え失せる。このことは、たとえば小林も引用する『最暗黒の東京』に挙げられた新開町をみても、以後の「三崎町の原」は勧工場や劇場街の建設、「牛込に於ける酒井屋敷」は専用住宅地化、そしてこれらと同列に「下谷における佐竹ケ原」では古着屋の集まる商店街が形成されていく。

このような新開町全体のおおよその展開をふまえると、明治三〇年（一八九七）頃までのそれぞれの動向には注意を払い、分岐の背景を見極める必要があろう。そこには、明治東京における高台の住宅地を指す山の手、あるいは商店・小工場が多く集まる下町といった、近世とは異質な地域概念の生成を具体的に検証するヒントなども隠されているように思うのである。

間引かれる要素――建築の堅牢さを基準とする貸借制限

佐竹ケ原で興行的要素が失われるきっかけは、台風被害ばかりではなく、その後の再建の際「小学校が近所にあるため警察署が一時興行を差し止め」たことなどによって興行人（借地の転借人）の地代支払いが滞り、強制的に退去させられたことにあった。(73) じつは、この時期、新開町からはこのような「興行物場」の排除が広く認められる(74)（史料

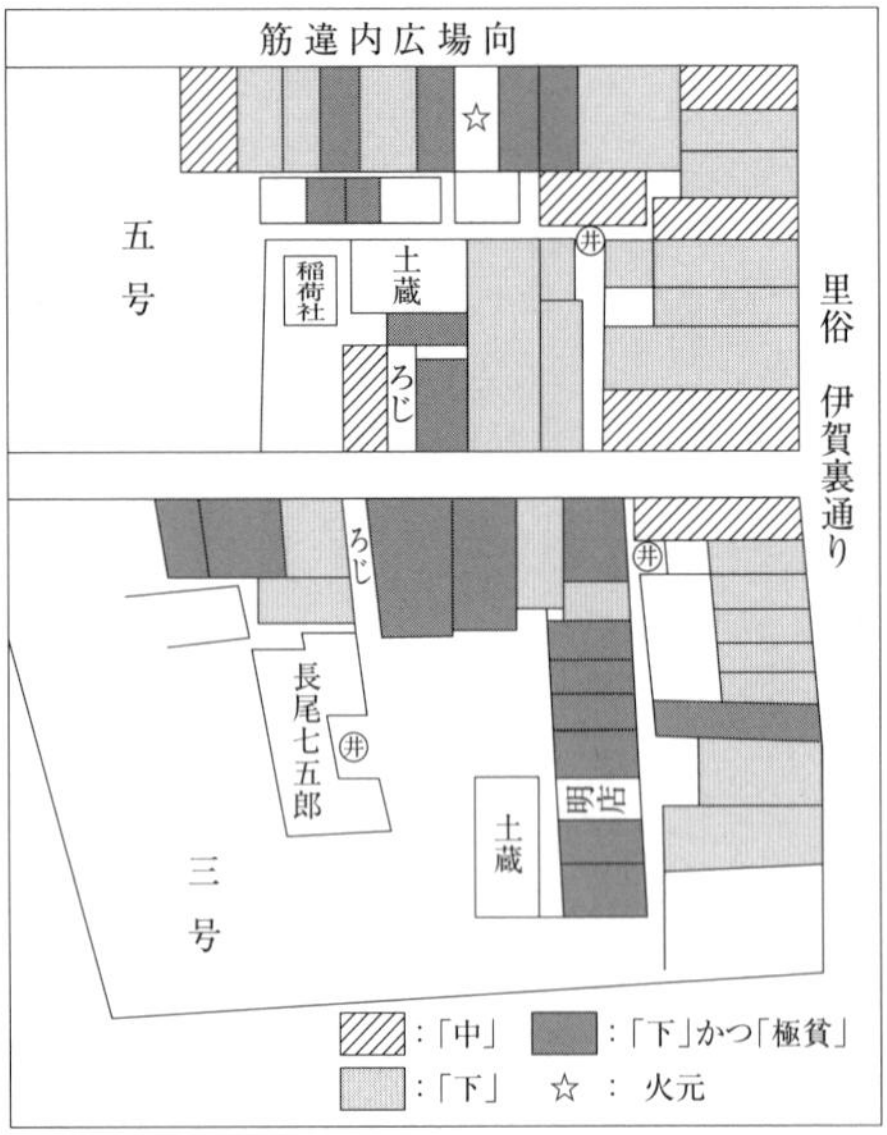

図8　「身代調書」にもとづく連雀町18番地3・5号地住民の階層分布

9）(75)。ここで不許可の理由として注目されるのは、仮設物（「小屋掛」）へと向けられた厳しい視線である。明治初頭に数々生まれていた新開町は、まず、それを構成する建築の機能や堅牢さが問題とされ、ひいては人びとの活動までもが変容を迫られていくことになるのである。

［史料9］

諸興行物場　近来府下に在る旧藩邸跡等、少し広やかなる空地のある時は之に諸興行物を開場することを許されしは、其近傍の地を繁栄ならしめ一得なきにあらねど、追々其場所増加し、下谷、神田両区の如きは接近の地に二、三ケ所の興行物場を開き、一時は頗る繁昌の模様なりしも種種の増加に従って何れも衰頽し、今は共潰れともいふべき姿にて困難するのみならず、市街接近の地に穢なき小屋掛の数多く出来するは体裁の宜しからぬより、今度其筋に於て之を改正し諸興行物を或る一地方に、引纏めらるるやの噂あり。夫等の為にや頃日或者が既に許可なりおる諸興行物地へ新規興行を出願せし処、未だ許可にならざる由なり。

連雀町一八番地では、この種の問題が、明治九年（一八七六）の火事から顕在化しはじめていた。同年三月一九日、5号地の表長屋からの出火は3・5号地に四九名、および通りを隔てた東側の旧町人地エリアへも延焼し、計一四八名の類焼者をだす。三井組は、この際「明治九年借家人身代調書」（以降「身代調書」と略記）という記録(76)を作成している。これは類焼者一四八名すべてを対象に、彼らを「上」「中」「下」に分類し、うち「下」については、「極貧」

か否かも記載していた。図8は、連雀町一八番地の類焼した箇所のみが記された屋敷図に「身代調書」の分類を落としたものである。そもそも「身代調書」がどのような意図で作成されたのか、現在のところ定かではない。ただし、旧町人地の方には、「上」は「土蔵持之部」、同じく「中」は「借地已下中之部」、「下」は「店借ニ而貧窮之者」といった付記も見られることから、分類が所有する建築や居住形態を基準としたものであることは確かといえよう。

もっとも、類焼から二ヶ月後の「焼失後貸附地所」の一覧[78]からは、ある程度「身代調書」の背景が見えてくる。すなわち、「極貧」と分類された地借住民へは貸付けの更新がなされなかったのである。一方で、「中」と記された住民らによって、代わりに新しい建築が生みだされていった。またこの際、類焼地にあった三井組の貸家は再建されることなく、積極的に地貸用に割り当てられている。

当該期の三井組の屋敷経営方針については、森田貴子の研究[79]にくわしい。それによると、明治一一年（一八七八）の神田黒門大火を機に、三井組の所持する地所すべてにおいて建築材料の質の向上、および「商業」の種類による地借の選択が励行されていくこととなる。上述の連雀町一八番地における動きは、堅牢な建築の再建を期待できない地借の排除を意味しており、先駆けの事例とみなすことができるだろう。なお、はっきりとした因果関係はつかめないものの、前述の6号地にあった芝居小屋は、馬場孤蝶が「近頃その常小屋のことを、人に話しても知って居るといふ者がない。或はその小屋はその後（明治一二年頃—引用者註）間もなくなくなってしまったかも知れぬ[80]」と述懐したように、この時期失われ、料理店（現・神田藪蕎麦）へと生まれ変わっていた。連雀町一八番地の貸借簿からは明治一〇—一一年（一八七七—七八）の間に、芝居小屋の区画の借り手が青物市場の問屋（松崎重五郎）ではなくなっていたことも実際に確かめられる[81]。

おわりに

以上のように、公道に展開していた江戸の「広場」は、「前近代都市社会」を基盤とする住民らのもと、その広場性は確かに武家地跡地の新開町へと受け継がれていった。それは、くしくも近世段階の利用が、その内部に広大な余地や表通りに店舗化しやすいいわゆる表長屋を遺していたこととも無関係ではない。しかしながら、そうした当初の姿を長くとどめることは困難なものとなっていく。連雀町一八番地では明治一〇年（一八七七）頃から、堅牢な建築に覆われない存在は排除されていった。それは場合によれば、地借をはじめとする人びとの入れ替わりを促すものでもあったろう。明治期に入り、いち早く屋敷経営の収益性の獲得を目指した三井組のなかでも、この連雀町一八番地の動向は先駆的なものといえようが、それは間もなく、都市全体の傾向となっていくのである。

最後に、東京の都市空間における広場性の展開について以下、付言しておく。

新開町が以上のような変容を遂げ、明治三〇年前後までには「繁華」な屋敷を一様に表す言葉ではなくなるなか、一方で、頻繁に使われだしていた語に「盛場」・「盛場所」があった。この語句自体については前近代から認められるものではあるものの、当該期に意味したところは少々趣が異なる。たとえば『東京風俗誌』の「盛場所と公園」という項では、「都下の区々殆んど一市の姿をなし、一区概ね一二箇所の盛場所なきはなく、割烹店あり、勧工場あり、寄席あり、玉突、大弓等の店、またこの処に雑錯し、常に熱閙を極む(82)」と記されるように、建築を主体とした、その周囲を指すようなものであったことがうかがえる。また、ここでは連雀町一八番地の位置する「神田小川町通」が、「盛場所」の代表例としても挙げられていた。

じつは、右記で「盛場所」のおもな構成物とされる「勧工場」は、前述の専用住宅地などと並び、新開町のその後

図9　足利藩上屋敷跡地（史料7参照）の新開町に誕生した「洽集館」

注）上掲写真（明治21年）からは，屋敷の外周を長屋形式の商店が囲む一方，中央部に「洽集館」が位置していたことがみてとれる．また左掲図（明治40年代）は，近隣の商人達を発起人とした建て替え後の様子．

の一類型として登場するものだった(83)。史料7で紹介した表神保町一番地の例では「同年（明治一五年—引用者註）六月中家屋建築」というのが、ちょうど勧工場の「洽集館」の建設を指している（図9）(84)。そして、これは当時の新聞記事によると地借建築であり(85)、また後の建て替えの際には隣町の商人らが発起人となるなど(86)、周辺の地域社会を基盤とした動きも垣間みえる。明治後期の市区改正事業においては、中心部から失われる「小商店」のための「勧工場風の建築」も説かれていたように(87)、「勧工場」誕生の背景には、建築の堅牢化を共同で図ろうとする、このような非・地主層の模索もあったのではないだろうか。

今後、新開町の解体ないし再編過程のなかに、こうした「盛場所」生成の仕組みも見きわめていく必要があろう。

(1) 都市空間の制度的改変については、北原糸子「江戸から東京へ――都市問題の系譜」(成田龍一編『近代日本の軌跡9 都市と民衆』吉川弘文館、一九九三年)など。
(2) たとえば、明治六年四月一三日の太政官布告乙一八二号では、「筋違浅草両国など之往還広場」という記述が認められる。なお、前近代における「広場」という語の用法などに関しては、伊藤鄭爾「特集　日本の広場」(『建築文化』彰国社、一九七一年八月)にくわしい。
(3) 服部誠一(服部撫松)『東京新繁昌記』の「万世橋」の項。本章では『明治文学全集4』(筑摩書房、一九六九年、一九〇頁)所収のものを参照した。
(4) 『郵便報知新聞』明治七年二月一七日号。
(5) 「明治七年乾部布告留」(『東京市史稿』市街篇五六巻、三三四頁)。
(6) 「連雀町十八番地地図」(三井文庫所蔵、続四〇二一一二一一〇)。
(7) 『読売新聞』明治九年一月四日号。
(8) 近世来の広場の変容や消滅の問題については、小林信也「江戸東京の床店と市場」(『年報都市史研究4』山川出版社、一九九六年)にくわしい。
(9) 吉見俊哉『都市のドラマトゥルギー』(弘文堂、一九八七年)一六四頁。
(10) 吉田伸之『日本の歴史17　成熟する江戸』(講談社、二〇〇二年)三四二頁。
(11) 武家地という屋敷区分は、制度上は明治四年四月の統一戸籍法を契機に失われる。本章では公布以前の屋敷をとくに指す場合には武家地を使用、一方、それ以後および両者の区別なく総体を表す場合には武家地跡地で統一する。
(12) 前田愛『都市空間のなかの文学』(筑摩書房、一九九二年)一三二―一三六頁。
(13) 前掲注3、二二五頁。
(14) 石井研堂『明治事物起源』(春陽堂、一九二六年)六六二頁。
(15) たとえば、明治七年一一月発行開始の『読売新聞』では、明治九年一月四日号から、同一七年六月一八日まで、武家地跡地の開発を指す語として新開町の使用を確認できる。

(16)『武江年表』巻の十二。本章では『江戸叢書』巻の十二（江戸叢書刊行会、一九一七年）所収のものを参照した。

(17)小澤圭次郎『明治庭園記』（『明治園芸史』明治園芸研究会、一九一五年）。

(18)たとえば、柳河藩下屋敷の「鎮守太郎稲荷社」をいかした「商店」などの開発（表1の通し番号1）は、近世段階にすでに日を限って一般の参詣を集めていたこととの関連性が疑われる。こうした江戸の藩邸内神仏とそれを取巻く地域社会とのかかわりについては、岩淵令治の研究（「武家屋敷の神仏公開と都市社会」、『国立歴史民俗博物館研究報告』一〇三号、二〇〇三年他）にくわしい。また「鎮守太郎稲荷社」を個別に扱ったものに、吉田正高「江戸都市民の大名屋敷内鎮守への参詣行動」（『地方史研究』三六号、一九九九年）がある。

(19)なお、一部「郭内」の番町や小川町周辺にも分布が認められるが、これらの地域は他の「郭内」の武家地地域（大名小路や霞ヶ関など）に比べてさほど官有に供されなかったことを思えば、むしろ図1から浮き彫りとなるのは、民有地化した武家地跡地において新開町が広く誕生していた事実であろう。

(20)前掲注13に同じ。

(21)山口廣編『郊外住宅地の系譜　東京の田園ユートピア』（鹿島出版会、一九八七年）や、片木篤・藤谷陽悦・角野幸博編『近代日本の郊外住宅地』（鹿島出版会、二〇〇〇年）など。

(22)山口廣「東京の郊外住宅地」（前掲注21『郊外住宅地の系譜』所収）。

(23)本郷西片町の住宅地開発については、稲葉佳子「阿部様の造った学者町――西片町」（前掲注21『郊外住宅地の系譜』所収）。西片町の興行的側面については、後掲注26を参照のこと。

(24)麻布霞町の住宅地開発は、加藤仁美「明治期の大名屋敷跡地における住宅地開発について――麻布霞町の場合」（『都市計画論文集』二六、一九九一年）・「大名屋敷跡地における土地経営の変遷――麻布霞町の場合」（『同上』二七、一九九二年）にくわしい。

(25)『読売新聞』明治一七年六月一八日号。

(26)本郷西片町では明治九年、「日蓮ノ木像其外附属神仏」をあらたに安置し、人寄せをしようとする試みが認められる（「明治九年講社取結教院設立邸内社堂建廃」東京都公文書館所蔵）。

(27)坪内逍遥「小説　外務大臣」（『読売新聞』明治二一年四月七―八日号掲載）。この著述の解釈については、柳田泉『若き坪内逍遥』（春秋社、一九六〇年）を参考とした。

(28)　連雀町一八番地の開発については、すでに拙稿「明治初頭における江戸の大名屋敷――「新開町」・江戸の豪商による解体」（『日本建築学会大会学術講演梗概集（北陸）』二〇〇二年）において簡単に論じた。

(29)　「筋違向広場」といった周辺地名も含め、連雀町一八番地の箇所の表現は明治八年一二月時点の貸借関係（全区画の規模・地代店賃・利用主名）を列記した書類（以降、貸借簿と略記）の末尾に付された図による（三井文庫所蔵、続四〇二一一二―一）。それ以外は『江戸復原図』（東京都教育委員会、一九九一年）を基図に筆者が作成。

(30)　前掲注16、四〇七―四〇九頁。

(31)　前掲注17、三頁。江戸藩邸の御殿輸送については長州藩上屋敷を事例に論じたものとして、金行信輔「幕末期江戸における長州藩邸の変容」（『日本建築学会中国支部研究報告集』二〇〇三年）がある。なお、篠山藩（青山家）に関する史料の多くは現在、篠山市立青山歴史村に収められているが、私見の限りではここ筋違御門内の上屋敷の内状のわかる記録は残されていない。

(32)　『東京府志料』（第一巻、東京都都政史料館、一九五九年）一三四頁。

(33)　「東京本店家督林留右衛門跡始末覚」（三井文庫所蔵、本六六九―一五）、および「町屋敷書抜帳　大元方」（同、別二一一一）。

(34)　『三井事業史』（本篇二巻、三井文庫、一九八〇年）三〇―三一頁。

(35)　知切光歳『にほんはし　よし町よし屋』（「よし町よし屋」刊行会、一九七一年）二六〇―二六一頁。

(36)　「建家売渡証」（三井文庫所蔵、追一七一〇―一五）。

(37)　前掲注35、三一五―三二一頁。

(38)　前掲注36によると、明治八年一月現在の居所は第一大区拾四小区浪花町弐拾壱番地。

(39)　「連雀町十八番地地図」（三井文庫所蔵、続四〇二一―一二―一〇）所収。ここには一三枚の屋敷図が一括して収められており、そのなかでも記載内容（前掲注29の貸借簿との対応）からして、明治九年三月の火事（後掲注76）以前の、明治八年頃の状態を表す最初期の図をもとに筆者が作成。なお、三井文庫にはこの「連雀町十八番地地図」の他にも、明治一七年作成の屋敷図（「神田区連雀町十八番地図面」本一六六一―五）や、同年の内部道路図（「民有地第弐種江組込願及図面」続四〇六）なども収蔵されている。

(40) 前掲注36に続く「別紙証書弐通」のうち、深江庄兵衛から林留右衛門に宛てた「売渡申建家証書」には、一六棟の建坪数とその屋根材（瓦かコケラか）・構造（平家か二階家か）の種別、および所在（街区名）が列記されている。その各々と、図3（前掲注39参照）や明治八年の貸借簿（前掲注29）の内容とを比べた場合、図3の店借部分、すなわち三井組の貸家はすべて、深江が所持していたと判断できる。

(41) 「神田昌平橋模様換掛替目鏡橋要路光景之真図」、東京都公文書館所蔵。これは、少なくとも明治七年二月の植溜（本章史料1）以前、また万世橋が通行可能となった、明治六年一一月頃の状況を描いたものとみられる。また、これ以外の錦絵も参照しながら、万世橋広場の物的展開を追ったものに、伊東孝「絵地図にみる万世橋と橋詰広場の歴史的変遷」（『日本土木史研究発表会論文集』、一九八八年）がある。

(42) 石田頼房『日本近代都市計画史研究』（柏書房、一九八七年）一三〇頁。

(43) 『朝野新聞』明治九年一一月二二日号。

(44) 東京都江戸東京博物館所蔵。ここでは『大江戸八百八町』（大江戸八百八町展図録、江戸東京博物館、二〇〇三年、一四一―一五頁）掲載のものを参照。

(45) 『江戸名所図会』の「筋違八ツ小路」には、この火の見櫓が描かれており、またそれが屋敷の北西寄りに位置していたことが読みとれる。

(46) カッコ内の引用文言は図3の基図（前掲注39）による。また貸付を受ける者の名は、前掲注29の貸借簿から佐藤由兵衛であることがわかるが、どのような性格の人物かは未詳。

(47) 前掲注39「連雀町十八番地地図」に含まれる、4号地（一部）のみを表した図。

(48) カッコ内の引用文言は、図3の基図（前掲注39）による。

(49) 馬場孤蝶『明治の東京』（中央公論社、一九四二年）一四二頁。

(50) 『朝野新聞』明治九年一一月一五日号。

(51) 『東京絵入新聞』明治一三年九月二日号。

(52) 前掲注39「連雀町十八番地地図」には最初期の図（図3）に続き、明治一〇―一一年の状態を描いた屋敷全体図も含まれており（この年代比定については後掲注62の貸借簿による）、これら双方を比較。

(53) 明治初頭における三井組の屋敷経営、および差配人の職掌などについては、森田貴子「明治期の東京における不動産経営の近代化――三井組を事例に」（『史学雑誌』一一〇―六、二〇〇一年）。
(54)『今昔お稲荷さん界隈　出世稲荷社町内遷座壱百四年・現社殿建立五十年を記念して』（私家版、一九七八年）。堀田康一・康彦氏（神田藪蕎麦）所蔵。
(55) 本章では、復刻版（『東京商人録』湖北社、一九八七年）を参照。とくに稲荷神社巡りに関する記述は「付録之部」四四頁。
(56) 白梅亭でおこなわれた催しについては『明治の演芸』（国立劇場調査養成部芸能調査室、一九八〇―八七年）にくわしい。また、三遊亭圓生『圓生江戸散歩』には白梅亭が「お屋敷」の転用とみられることなどもふれられている。
(57) 前掲注29に同じ。
(58) 江戸町人地の空間＝社会構造については、玉井哲雄『江戸町人地に関する研究』（近世風俗研究会、一九七七年）にくわしい。
(59) 前掲注58に同じ。とくに第一編、第五章を参照のこと。
(60) 前掲注50および注51によると、前述の「英国人の手品」の「願主」は「入船町六丁目の渡辺良助」、同じく「撃剣会」は旧町人地側・連雀町の「小峯源三郎」であったことがわかる。
(61) 明治一八年「回議録」東京都公文書館所蔵。
(62) 連雀町一八番地の全区画を対象とした貸借簿は、前掲注29の明治八年に続き、明治一〇年三月調べ（三井文庫所蔵、続四〇二一―一二一―一）、および明治一一年一一月（同、続四〇二一―一二一―九）のものを現在、確認できる。
(63) 屋号は松重。その営業内容などについては『神田市場史』（上巻、一九八頁）にくわしい。松崎重五郎への貸付は明治八年の貸借簿（前掲注29）と明治一〇年のもの（前掲注62）に認められる。水菓子問屋としての確認については、「明治九年一月ヨリ地代直増請書」（三井文庫所蔵、続四〇二一―一二一―三）と、慶応元年五月「御用御水菓子納人申合帳」（「駒込青物問屋文書」一五、東京大学法学部法制史資料室所蔵）や明治一三年「回議録　第四類市場」（東京都公文書館所蔵）にある記述・印判が一致したことによる。
(64) 西村小市の特定は、前掲注63に同じ。
(65)「神田佐柄木町続金田貞之助上地買下調」（「順立帳」明治二年二九、東京都公文書館所蔵）。小林信也氏のご教示による。
(66) 明治六年「六大区沽券図」東京都公文書館所蔵。

(67) 前掲注55。
(68) 明治一〇―一一年の屋敷図（前掲注52）を基図とした。
(69)「明治七年床店葭簀張開市場」東京都公文書館所蔵。
(70) 明治三年一一月現在、水谷徳兵衛は筋違広小路の東部（須田町地先）で「煮売渡世」を営む「床店地居住者」であったことが知れる。（横山百合子「江戸町人地社会の構造と床商人地代上納運動」『年報都市史研究7』山川出版社、一九九九年、八二―八三頁）。
(71)「明治九年床店葭簀張諸市場願」（東京都公文書館所蔵）に、連雀町一八番地を居所とする吉田勝久という人物の上申書が所収。
(72) 小林信也「新開町――近代都市民衆世界の動向に注目して」（『江戸の民衆世界と近代化』山川出版社、二〇〇二年）。
(73) 前掲注72、一七〇頁。
(74) たとえば「明治初年以来明治二十六年マテ」発布の「警察令」、および「諸法規」を収録した、丹羽五郎編『警察宝典』（いろは辞典発行部、一八九三年）を参照のこと。
(75)『郵便報知新聞』明治一九年三月二七日号。
(76) 三井文庫所蔵、続四〇二一―一二一―五。
(77) 前掲注39「連雀町十八番地地図」所収。
(78) 三井文庫所蔵、続四〇二一―一二一―四。
(79) 前掲注53。
(80) 前掲注49に同じ。
(81) 前掲注62を参照のこと。
(82) 平出鏗二郎『東京風俗志』（上巻、冨山房、一八九九年）六―八頁。
(83) 初田亨による「明治三十五年の東京の勧工場」一覧（初田『百貨店の誕生』筑摩書房、一九九九年、三四―三五頁）のうち、たとえば神田周辺の三区（神田区・日本橋区・麹町区）の立地について江戸期の切絵図などと対照させると、全七ヶ所のうち五ヶ所が武家地跡地に立地するものだったことがわかる。
(84) 写真は『全東京展望写真帖』（東京大学建築学科図書館所蔵）の一部、図は『風俗画報』第一九三号（一八九九年七月）

の表紙。

(85)『読売新聞』明治二六年四月二日によると「洽集館館主」は「清水平四郎」という人物であり、彼は下谷二長町の市村座も「所有」する「有名なる建築受負師」だったことがわかる。

(86)「神田淡路町の洋服裁縫店桔梗屋等」(『読売新聞』明治二五年五月九日号)。

(87)池田生「論説　市区改正と商店の新建築」(『読売新聞』明治四一年一月一一日号)。

補論　明治二〇―三〇年代における新開町の展開

写真1は、明治二一年（一八八八）一月、建設途中の神田ニコライ堂から撮影された『全東京展望写真帖』[1]（以下『写真帖』と略記）の一部、ちょうどさきの第7章（以下、前章と記す）で取りあげた神田連雀町一八番地あたりを切り取ったものである。『写真帖』はこれまでにもたびたび紹介され、たとえば「失われつつある江戸以来の都市景観を記録[2]」したものとして高く評価されてきた。

一見すると、たしかに瓦葺で低層の和風住宅や町家が建ちならび、明治期以前の建築が数多く残されているように思える。しかしこの時期、すでに前章で指摘したように、連雀町一八番地ではあらたな道が通され、過半の建築は江戸期のそれとは大きく異なっていた。

『写真帖』の史料的価値の高さは明らかなものの、これを扱う際には錦絵などの「描かれた」史料と同等の心構えが必要である。とりわけ都市の変容を読み取ろうとする場合、むしろ「描かれた」史料の方がそこに生きた人のフィルターをへた分、より敏感かつ的確に表れているといってもあながち間違いではない。それに対して写真は、均しく写されたモノの集合に過ぎず、時を越えて評価するわれわれの眼が既往の「近代」像に慣れていることを十分わきまえないかぎり、その史料的な意味はすでにある見方をなぞることのみとなってしまおう。

さて、『写真帖』のトレース（図1）と、この約三年半前の屋敷図（図2）[3]を見くらべると、ほぼ同じような外形の建築で構成されていたことがわかる。図2の頃の貸借関係は未詳なものの、うち着色したものについては三井組が所有する貸家だったことが判明する。前章図7（明治一〇―一一年）の状況をふまえれば、少なくともこの図7で貸地の箇所は、『写真帖』においても地借（借地人）たちの区画ととらえてよいだろう。

写真１　『全東京展望写真帖』（部分）

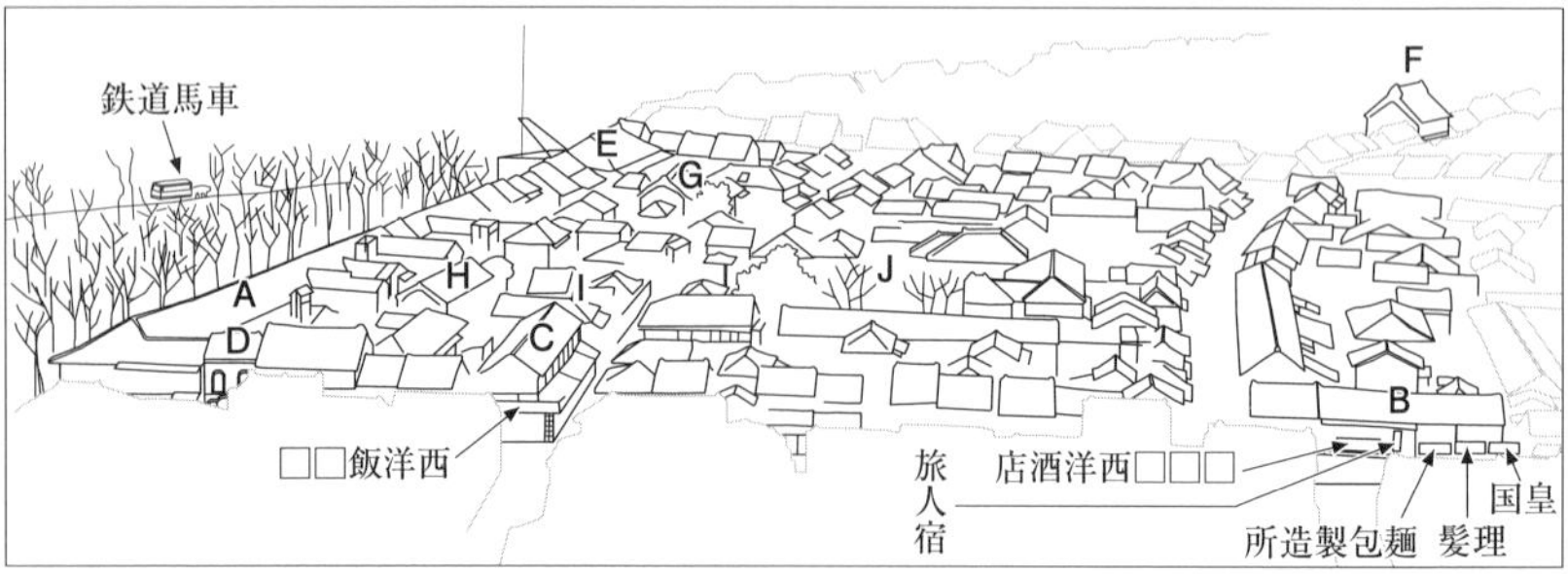

図１　上掲写真のトレース

さっそく、連雀町一八番地の姿を見ていこう（以下、図1参照）。まず写真1の左端は前章でもくわしくふれた、筋違広小路の「実態」排除を目的に設けられた木立である。たんに樹木が密に植えられた名ばかりの「広場」の姿を呈している。明治初年のこの出来事が、それまで広小路に展開していた諸要素をこの地に移らせ、新開町へと変貌する端緒をひらく。

その過程では、かつての武家屋敷の配置形式が影響をおよぼし、屋敷をかこむ表長屋を商店へと転用することが盛んにおこなわれた。写真1の明治なかばの時点でも、広小路の床店商人が実際に移住したことが確認できた表長屋の所には、同規模の長屋（A）が建っている。おなじく、正面から撮られた「淡路町通」の長屋（B、C）も当初の姿を保っており、右側（B）にはいくつもの商店が入居している。建築は同体ながらも、庇上などにこぞって「……西洋酒店」・「旅人宿」・「麺包製造所」・「理髪」の看板を掲げているのが目立つ。

業種の目新しさもさることながら、このような新開町の表店には、それまで常設店舗経営から疎外されていた、いわゆる裏店の小商人層らも数多く含まれていたのだろう。近世には、多様な小売りの場が広小路をはじめとする公道に面的にひろがっていたのに対し、明治初年の取締りを機に、それらは東京の過半を占める武家地跡地の町場の連なり、いわば新しい繁華街・商店街形成の礎をつくったものとみられる。

一方、軒をならべる地借建築（D）ではアーチ状の窓や入口の装飾もみてとれる。一般の建築で「西欧」が取り込まれていくのも、右記のような都市構造の転換にともなう近隣の町場との競合やそれにちなむ外見重視への、ひとつの対策法として本格化するものだった。木立に面する寄席の白梅亭（E）では明治二〇年（一八八七）以降、「普通《なみ》の事では人の目につかぬ……時節」であるから「妙な看板を掛け」、通行人が「釣込れて大入」だったという[4]。写真1からも、建築前面の張り出しや幟用の竿を確認することができる。

外周の商店化にくわえて、新開町では中央部の大きな区画をいかす利用も進んだ。ここ連雀町一八番地では、まず隣接する青物市場の問屋たちが借地し、稼業のための施設や又貸しによる興行場を設けた。そのひとつ、小田原屋の店蔵が旧町人地エリアに他を抜きんでてあるのが見える（F）。そして、その作業蔵（G）、および水菓子問屋・西村屋のものと思われる土蔵（H）も確認できる。しかし、おなじく水菓子問屋（松崎重五郎）の借地にあった「芝居小屋」はすでになく、神田藪蕎麦（現在も同所で営業）に替わっていた（I）。

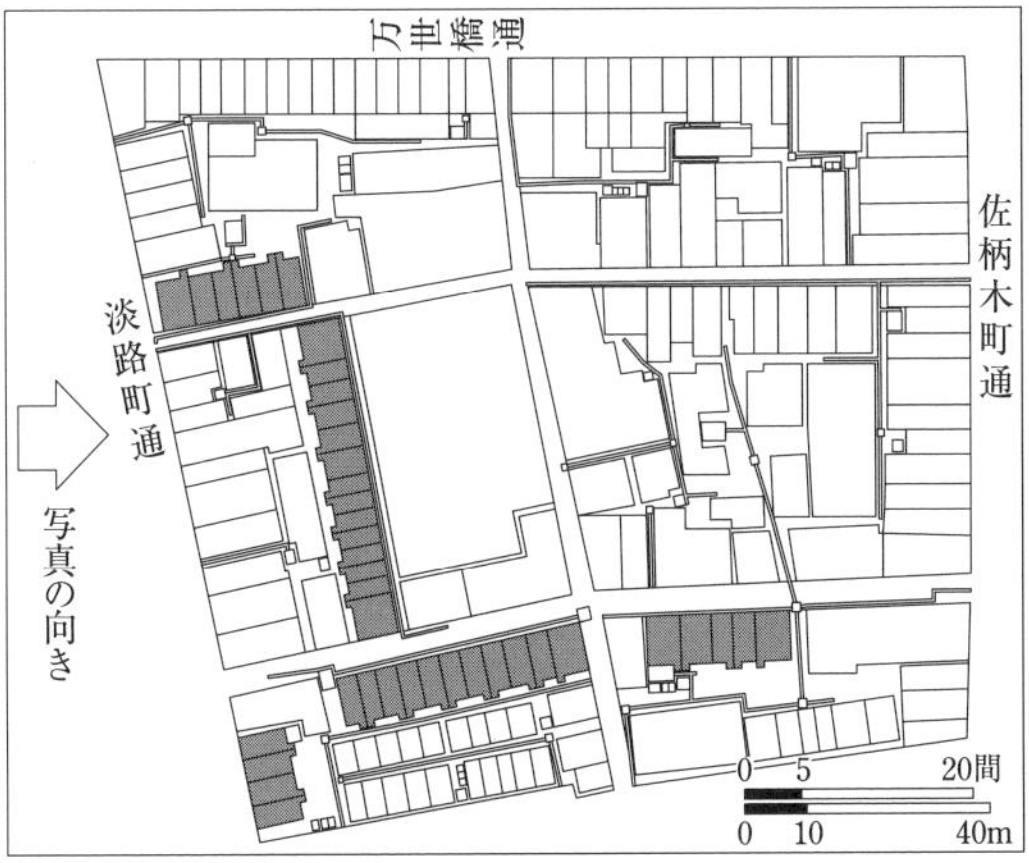

図2　明治17年（1884）時点，神田連雀町18番地内部の利用図

表1　明治23年（1890）・同33年（1900）時点，神田連雀町18番地の旅人宿

屋号	営業者名	客室／宿料	付記	出典
金澤屋	加賀幸助	25坪余／30銭	諸国の旅客多し	『東京百事便』，『東京姓名録』
大泉	大下安太郎	29坪余／同上	埼玉，群馬，長野の定宿にて商人多し	同上
萬代屋	古田小作	26坪余／同上	岐阜，埼玉，群馬，茨城の定宿にて県会議員政党員等の客多し	同上
尾の川	今成とみ	同上／20〜30銭	千葉，茨城，長野，埼玉，神奈川の定宿にて特に横浜商人の客多し	『東京百事便』
加賀屋	守田六重郎	36坪余／同上	富山県の定宿にて商人の客多し	同上
茂壽屋	後藤卯助	41坪／同上	愛知，静岡，岐阜，宮城，大阪の定宿にて商人の客多し	同上
武蔵屋	織茂とめ	26坪余／同上	商人及東京見物の客多し	同上
三河屋	糸賀ヨシ	（不明）	（不明）	『東京姓名録』
越前屋	下村清七	（不明）	（不明）	同上

注）現在確認できるもののみ．『東京百事便』（明治23年）および『東京姓名録』（同33年）の「旅人宿」の項目から抜粋．

またその南、火の見櫓を転用した「覗からくり」なども催されていた区画（J）では、庭園は残存するも、すでに興行的な要素は失われている。このように、『写真帖』のモノクロームの世界には、じつは「江戸」から二段階ほどへたのちの状態が写しだされているのである。

ところで、明治一〇年代からは建築の質（機能や堅牢さ）にまつわる問題、とくにこの連雀町一八番地のケースでは、地所の資産価値上昇を目指す不在地主（三井）の思惑も相まって、新開町はまた大きく姿を変えつつあった。写真1に興行的な要素が認められなかった要因もそこにある。ただし、そもそも同様の趣向をもつ新開町が東京の方々でぞくぞくと誕生していたこと自体、いびつな状態でもあった。連雀町一八番地から考えるに、身分制にもとづく地域割から解き放たれた近隣町人層が各新開町の開発内容を決める主体だったとみられるが、しかし当初は人寄せなどの他に武家地跡地を開発する手段はあまり残されていなかったのかもしれない。近傍の「繁栄」を期待されながらも、同様の新開町が増えすぎたことによる「共潰れ」も起きていた（前章史料9を参照）。

連雀町一八番地では興行場が失われてから、それに代わるように、中央部には花柳界があらたに花開いていく。ちょうど庭園に臨む区画（J）には明治中後期、俳優たちの稽古場としても利用される料亭（金清楼）がかまえていた。また当該期（明治二〇—三〇年代）における動きとして注目されるのは、旅人宿の増加とその働きである。連雀町一八番地では明治一〇年代前半の時点ですでに数名の「宿屋商」が存在したが（前章表2）、当初はここ一八番地で別業を営んでいた人物にくわえて新規の転入者もまた[5]、表1[6]にあるような旅人宿業にあらたに乗りだしていたことが明らかとなる。これらを介して、ここ神田連雀町一八番地の新開町は関東一円のみならず、かなり遠方の商人および旅客たちの東京有数の受け皿——東京と日本各地との接点——という役割を、明治二〇年代前半の頃から果たしていくことになる。

この間、表神保町のケースでは勧工場が誕生し、また本郷西片町では住宅地への特化に向けて舵が切られたように（前章）、明治二〇—三〇年代の新開町では、さまざまな機能が複合する共通のあり方から、いずれかの機能が強化されるかたちでの展開、分岐がみられた。このような新開町のゆるやかな転換に地借以下の果たした役割は大きい。公権力による制度や地主の企図を引き金としながらも、実際に居住する人びと、さらには顧客・利用者の嗜好にも左右されながら、それらの相克のなかで新開町が差異を生じさせ、東京各所の特色ある文化的拠点へと成長していくのは、この時期の転換からであったのだ。

（1）東京大学建築学科図書館所蔵のものを使用。
（2）玉井哲雄編『よみがえる明治の東京——東京十五区写真集』（角川書店、一九九二年）二五八頁。
（3）「明治一七年神田区連雀町十八番地図面」（三井文庫所蔵、本一六六一）をトレース。
（4）『絵入朝野新聞』明治二〇年三月一九日号。

（5）表1のうち、「大泉」の営業者（大下安太郎）と同じ人名が、明治一三年（一八八〇）発行『東京商人録』では「馬車商」として記載されている（前章表2を参照）。なお、残り七名の旅人宿営業者については、『東京商人録』および三井側の記録（前章の注62）にも名前が見当たらず、明治一三年から明治二三年（ないし同三三年）までに、あらたに連雀町一八番地に転入した人物とみられる。

（6）『東京百事便』（三三文房、一八九〇年、七二一－七二二頁）、『東京姓名録』（東京姓名録発行所、一九〇〇年、二四〇頁）から作成。

第III部　江戸―東京と近代都市計画

第8章　東京市区改正事業の実像
——日本橋通りの拡幅をめぐって

はじめに

第III部では、近現代日本における都市計画という制度・思想の起点であり、また明治政府の首都整備の一環としても知られる「東京市区改正」を取りあげ、これが近代移行期東京の都市空間と社会文化形成にどのような影響を与えたかについて考察する。

研究の現状と課題

「東京市区改正」（以下、市区改正）に関しては、すでに建築史・都市計画史[1]、政治史[2]、法制史[3]の分野を中心に豊かな研究蓄積がある。なかでも明治一〇年代から同二〇年代初頭にかけての「計画」段階については、この間に浮き沈んださまざまな都市論の内容から、計画の主導権をめぐる政治過程、さらには「東京市区改正条例」（以下、市区改正条例）をはじめとする法制度の性格など、明らかにされた点は多い（表1参照）。

しかしその一方で、市区改正条例の公布以降、三〇年（明治二二—大正七年）にわたっておこなわれた「事業そのもの」に関心が寄せられることは稀だった[4]。計画内容は主要道路のみの整備へと後退して実現されるなか、上・下水道や市街鉄道の敷設があわせて進められたという事実以上のことは、じつはそれほど明らかになっていない。たとえば

表1 「東京市区改正」の大まかな流れ

明治10年代	中央市区論（東京府知事松田道之の貧富分離論），および商都論（築港）の浮上
明治10年代後半	政府が府知事芳川顕正の意見書をとりあげ，東京市区改正審査会を内務省に設置．首都としての権威性を重視する都市改造案（帝都論）が策定／しかし大蔵省の官庁集中計画との覇権争いをへて内容は後退／内務省主導のインフラ整備を重視する案が浮上．（機能的都市論）
明治21年（1888）以降	東京市区改正条例の公布／機能的都市論にもとづく「旧設計」の策定．ただし財政難などからなかなか進捗せず．
明治36年（1903）以降	「旧設計」の内容を主要道路の拡幅に絞るかたちで「新設計」が策定／事業は格段に進展
大正3年（1914）	工事の大略が終了
大正7年（1918）	事業終了

東京各所の現場ではどのような手順をへながら道路整備は進められたのか、またそれにともない沿道の土地や建築はどのような扱いを受けたのか、さらには一連の改変は当時の人びとにとってどのような意味をもつものだったのか、などの実態はいずれも未詳なままといえる。

以上のようにほとんどが制度史の範疇にとどまってきた市区改正に関する議論を、筆者はこの第III部における検討をつうじ、都市史研究の領域へと接続することを試みる。

まず本章前半部では、当時の記録（「東京市区改正委員会議事録」他）をあらためて精査することで、市区改正の要であった道路整備の内容がどのような議論をへて決定されていったのかを確認し、またそれをめぐるヘゲモニー主体の存在およびその思惑を浮き彫りにする。後半部では、そのように決定された道路整備が対象とされた地域社会のありようにいかなる影響を及ぼしていったのかを、当時横行した「地震売買」と呼ばれる現象などに注目しながら、具体的に明らかにしていきたい。

一　計画と事業のはざま

写真（写真1）は、大正初年と推定される、日本橋上空から北側一円をとらえたものである。中央を走る日本橋通りはこの数年前より（明治四〇年―）、明

写真1　大正初年，日本橋上空から北側の眺め

注）日本橋通り西側（写真左手）には三越百貨店をはじめ高層で大規模な建築が出現する一方，東側には近世来の技術にもとづく町家が依然として櫛比していた.（筆者所蔵）

暦の大火以来じつに約二五〇年ぶりとなる拡幅がおこなわれ、一〇間から一五間へと拡がった。それにあわせて日本の道路網の起点である日本橋が木造から石造二連アーチ式へと架け替えられたことはよく知られていよう。

（1）道路拡幅の実状

ところで、当時の日本橋通りについては次のような新聞記事(5)（句読点筆者、以下同じ）を見いだせる。これは、もともとは大火後に一般的に再建される建築の質の問題を論じるものであったが、近年の市区改正にともなう建築の更新にも大きな関心を寄せていた。

……数年前市区改正を行いたる日本橋通を見るも、改築せし西側に於て見る可き建築物は数多からず、間々ペンキ塗り木造家屋の介在せるありて、東側に並べる旧来の塗家に比し寧ろ劣れるものすらあり。市区改正の如き何等災厄に依らざる改築に於てすら既に斯くの如き次第なるを以て、延焼の虞なき建築物の一般に現わるるの日は尚お遠し（以下略）

ここからまず確認したいのは、日本橋通りの拡幅（「改

図1　日本橋北側の街区および敷地割りの様子

注）市区改正事業の道路拡幅にともない日本橋通り西側の街区が60間四方から縦長に変形したのがわかる．着色（筆者による）の部分は後掲図2の範囲に相当．（明治44年「番町界入東京全図」，『5千分の1江戸－東京市街地図集成Ⅱ』柏書房，1990年）

築」）が、その西側ばかりを対象におこなわれるものだった点である。これまでの研究ではほとんど注意されていない、忘れられた事実である（図1）。またこの記事によれば拡幅の結果、通り両側の町並みや建築の質に大きな違いが生じていた。写真（写真1）からもその様子はみてとれよう。西側には西欧の建築様式を取り入れた、高層で大規模な建築が目立つ一方、東側にはほとんどが二層の、蔵造りの町家がひしめき合っている。

日本橋通り沿いには江戸期をつうじて多くの両側町が存在し、もともと西側にも町家が建ち並んでいたことは、近年脚光を浴びた幕末の絵巻物「熙代勝覧」にくわしい[6]。一般に通町筋と呼ばれる江戸で最も主要な街路のひとつだったこの通り沿いが、市区改正の道路拡幅によってその東西で地域の性格が大きく二分された可能性がある。

くわしくは後述するように、市区改正の「計画」段階では、この日本橋通りに限らず、道路をどのように拡げるかは確定していなかった。しかし、設計の中身や毎年度の事業を決める権限をもつ市区改正委員会においては拡幅の公共性が争点となり、さまざまな解釈のもと、場当たり的な対応がとられていく。

そして、ここ日本橋通りでは西側のみが拡げられることになる。それはどのような経緯や背景によって決められたのだろうか。まずはこの点を手がかりとしよう。

（2）細部の読み替え

市区改正の計画理念については藤森照信や石田頼房、また政治史からアプローチした御厨貴の研究にくわしい。(7)

計画理念の移り変わり

たとえば藤森の整理(8)によると、計画の背後には「中央市区論」「商都論」「帝都論」「機能的都市論」の四つの都市論(9)が観察されるという。

明治一〇年代はじめ、貧富分離の思想にもとづき都市の主要エリア（中央市区）を囲い込む東京府の計画と、国際港を築くことでおもに湾岸沿いを商都として発展させたい経済界の構想（商都論）が芽を吹く。一〇年代後半にいたり、政府が府の意見書をとりあげて市区改正が正式に議題にのぼってからは、国家事業か自治事業かという対立が生じ、内務官僚らのイメージする首都としての権威性が重視されだす（帝都論）。あらためて東京の都市域全体が対象となり、さらには国土も視野に入れた道路配置や西欧都市に範をとる記念碑的な都市施設の建設が立案された。しかし、軍備増強を唱える元老院および官庁集中を独自に目論む大蔵省との覇権争いのなかで計画は翻弄され、その過程において建築がらみの内容はほとんどが消え、交通体系の整備へと収斂する（機能的都市論）。このような流れをへて明治二一年（一八八八）には市区改正条例が公布されて事業は緒につくが、財政難からなかなか進捗せず、一部内容を変更しながら大正七年（一九一八）にその終了をみた。

さて、先行研究では都市の「計画」に主たる関心があったから、具体的な検討は市区改正条例が発布されるまでの時期に集中し、実際の事業については計画と比べて何が実現し、あるいはしなかったかが問われる程度であった。たしかに目に見える成果といえば道路の新設と拡幅、上水道や市街鉄道の敷設ぐらいであって、最後に残った「機能的都市論」にもとづく整備にほとんどのエネルギーが費やされてしまったのは間違いない。

しかし、結論を一部さきどりすることになるが、三〇年におよんだ事業のなかでは、そういった機能性を追求する構想を換骨奪胎するような動きが生じていた。つまり、それまでの計画はいくつかの異なる理念を背景にバラエティーに富むものではあったが、いずれも鳥瞰的なグランドデザインの域をでていなかった。いざそれが現実の都市へと着地させられるとき、ひとつひとつの改変のもつ意味が、事業を進める側はもちろん、それ以外の人びとからも多様に発見されるようになる。

市区改正委員会の位置

市区改正条例にもとづき、内務省には市区改正の設計や毎年度の事業を定める市区改正委員会（以下委員会と記す）が設けられた。中央官省および警視庁・東京府のほか、東京商工会や東京府区部会からも代表がだされ、これに実質的な設計を担った内務省の技師がくわわる。議事録（「東京市区改正委員会議事録」全二八五号。以下号数のみ記す）[10]によると、道路の設計については既存の幹線をいかしながらも、それぞれの形状は「東京全市ノ人ガ便利ヲ得ル」ために「曲リタル道」は「真直」への改変が企図されていた（五六号、二八一号）。都市域全体の利便性を高めることが、計画段階にひきつづき最も重視された。その一方で、委員会の設置当初から、また正式に告示された最初の計画である「旧設計」（本書第9章図1参照）を議定したのちも、道路に関する論争は続く。道路を改正するにしても、どのように拡げるかの問題である。

委員会では、内務省の技師らの作成した原案をあらかじめ数名の常務委員が審査したうえで全体に提出、議定するという手順をとる（二七九号）。たたき台づくりをおこなう常務委員レベルでどのような議論がおこなわれていたかは、もはや史料的な限界から定かでない。ただし、それを受けた委員会でのやり取りをみると、とくに初期に提出されたものは確固とした考えもなく道路の両側をひとしく拡げるよう図示されていたようである。巨視的な計画を実務レベルに翻訳する限界がここにひとつ現れているが、のちの委員会では「図面ハ左右ニ拡ムルコトニナリ居レトモ、実施ニ臨メハ西ニ向テ拡ムル方得策」（三号）といった発言が頻発することになる。

さらに、他の都市政策との整合性についても早くから論議を呼ぶ。本書第2章で論じた、明治初年に新政府の恩恵と示威の象徴として造られた銀座煉瓦街も、計画のままでは最低でも目抜き通り沿いのどちらか一面を取り壊さねばならず、委員からも「武断政治」との批判がでた（二一号）。さらに深刻だったのは明治一四年（一八八一）に東京府が公布したいわゆる東京防火令によって住民らに建て替えさせたばかりの建築の問題である（七八号）。この法令にもとづき外堀の内側に建つほぼすべての建築の屋根が不燃物へと葺き替えられ、そのうえ主要街路や運河沿いに位置するものついては建築全体が蔵造りなどに建て替えられていた。いくら既存の幹線をいかした道路体系になっているとはいえ、拡幅するためにはこれらの排除は一定度、避けられない。人びとの反発は必至であり、対応を誤れば事業の進捗はもちろん、内政への影響もでかねない。

以上のような単純な事実関係や予見可能な問題についても計画段階では十分には認識されていなかったのだろう。道路をどのように拡げるかが委員会の席上、にわかに喫緊の課題として浮かびあがる。諸官庁の役人や技術者だけでなく、商工会や東京府区部会のメンバーも含まれる委員会が道路の拡幅という細部へのかかわりをつうじ、計画を都市の実態に見合うものへと変換する機能をもつようになるのである。

片側か両側か

委員会は拡幅の問題を俎上にのせたが、しかしそれを判断するための明確な基準を持ち合わせていたわけではない。事業の公共性をめぐり、大きくふたつの意見が対立した。

ひとつ目は、おもに財政上の観点から片側のみの拡幅を主張する意見である。両側を拡げるとなると、地価の高い部分（表地）を比較的多く補償の対象とせねばならず、片方（表地と裏地）のみが得策と考えられた（二六三号）。事業に当てられる一般の人びとの負担（特別税）を低く抑えられ、また真偽のほどは定かでないが、両側を拡幅するよりも比較的少数の人びとの迷惑だけで済み、理に適っているという考えだった（二六三号）。

もう一方の両側拡張派は、片側のみを取り拡げるのは通りの左右で「幸」・「不幸」を分けてしまい、公共事業として「実ニ偏頗ノ処置」ではないかというものである（一二号）。両側町を形成しているところでは片側の商家がいったんすべて失われることで、周辺一帯も零落してしまう危険性も唱えられた。

市区改正事業の公共性を、前者は事業費用や補償対象者の数から定量的に評価しようとしており、一方後者は受益・非受益のバランス、また地域社会の安定といった定性的な観点から問題としている。このような意見は事業期間をつうじて散見され、議論は平行線をたどった。結果として拡幅のあり方は場当たり的に決められていくこととなった。

もっとも実現例から判断すると、ほとんどが「随分費用を要する」（一二号）などの経済的理由で片側のみが選ばれており、両側が取り拡げられたケースは小川町から神保町にかけて路線の一部（四号）や新々大橋より西森下方面（二二九号）などの数例に限られる。それも、たとえば新々大橋―西森下間のケースでは「専ら道路の体裁を保つが為」（二二九号）であって、対象となる地域社会への配慮などからではなかった。

都市域全体の利便性を高める当初の理念を、限られた予算で具体化するという制約のなかで細部は処理され、事実上、片側のみの拡幅が既定路線となっていく。

片側拡幅の背景

では、事例ごとに判断されるにしろ、どのような手順をへて拡幅する方向は決められたのだろうか。議事録を注意深くみていくと、じつは、事業費の一部負担をてこに、地域の側が委員会の判断をあらかじめ誘導するような動きにでていた様子がうかびあがってくる。

たとえば、日本銀行は明治二八年（一八九五）、東側を走る本革屋町筋に接する所有地の一部、三〇〇坪あまりを「寄附道路」に出願し、さらにそこに位置する建物の移転料も負担するとの申し出をおこなった（一一八号）。これを受けて委員会では、寄附のあった部分のみならず、それにつらなる本革屋町や金吹屋町筋もすべてその向き（西側）へと拡幅することに決している。こうした公権力と関係の深い主体ばかりでなく、たとえば淡路町通り沿いでは「土地居住者」が寄附金を差しだすことで拡幅を誘導している（一八七号）。さらに上二番町では三井が所有地所に対し、あらかじめ「市区改正を予期し建物を引込め」た造作をおこなっていたのを尊重するようなかたちで拡幅が決まった（一〇四号）。委員会としては、建築に対する補償額を少しでも低く抑えるための処置であった。

市区改正事業における道路の拡幅には地域の側の論理、なかでも土地所有者の意図が深くからんでいた可能性がある。

このような地主らのかかわりは、じつのところ拡幅にとどまらず、道路設計そのものにも影響を及ぼしていた。本稿の趣旨からは若干外れるため簡単な指摘にとどめるが、ちょうど専用住宅地として開発の進む矢来町あたりの道路については委員会が「寄附アルヲ斟酌」した結果、あらたに設計に追加・施行されている（二六六号）。また必要性の低い路線（等外道路など）が、ひとえに「地主等カ、地所ヲ寄附スルノ便利アル」をもって「開設」を許したケースも多々あったらしい（七八号）。

ひるがえって考えてみれば、さきの日本銀行や三井の土地が面する道路も等級としては四・五等であり、計画の根底にあった都市の効率化をはかるための主要な幹線とはいいがたい。しかしながら、財政難がつづくなか、寄附などの見込める路線は着手しやすく、特定の地主の意向にもとづく拡幅が先に施行されていく。それは別の見方からすれば、限られた予算と時間がある程度そちらに割かれてしまい、本来の道路計画が体系的に実現されないという、ほとんど本末転倒の事態が起きた結果でもあった。

東京市区改正事業には、都市の機能化をはかる当初の計画理念のみならず、事業の公共性を定量的に把握しようとする発想、ならびに、道路整備をなにかしら自己に都合のよいように利用しようとする地主らの思惑が見え隠れしていたのである。

二　資本がつくる空間――町から街区へ

日本橋通りが西側へと拡げられたことはさきに述べたが、それはどのような経緯で決まったのだろうか。議事録から垣間みえた、拡幅のあり方を左右する地主らの働きかけについて、その背後にある理想にせまってみたい。

(1)　拡幅はいつ決まったか？

北は交通の要所である万世橋広場、南は銀座煉瓦街や新橋駅へとつづく日本橋通りは、江戸以来の主要街路であるがゆえ、当初から拡幅の必要性が叫ばれつつも、ここだけで市区改正財源の大半を用地買収などに費やしてしまう恐れからなかなか事業化されなかった。

拡幅が正式に決まったのは明治三六年（一九〇三）。比較的等級の低い路線をのぞけばほとんど具体的な成果があがらないなか、開始から十数年をへたこの年、最低限やらなければならない事業だけが選ばれ、いわゆる「新設計」（本書第9章図2参照）が企図された。この第一等道路第二類の筆頭に日本橋通りはとうとう入れられた。委員会ではこの際、原案作りにかかわらなかった委員から、新設計策定のなかで日本橋通りは西側へ拡げる方針に決まったことが、わざわざ確認されている（一九三号）。

しかしながら、このような公式の決定をはるか以前より予見していたかのような興味深い史料をみいだせるのである。明治二九年（一八九六）に三井が作成した駿河町界隈の図面からは、八年後の新設計で拡幅ラインとなる西側五間のところに、すでに線が引かれていたことがわかる（図2）。

この五間という幅については少々説明が必要だろう。従来一〇間の幅員だった日本橋通りは当初、二〇間に拡げる案（芳川案）もあったが、それでは非常に多くの町家を撤去させねばならず賠償額も高くつくため、事業が開始されてまもなく一五間とする方針に変わっていた。つまり新設計の時点ではもちろん、図2が作成された明治二〇年代後半には、すでに拡幅が五間で足りることは明らかであった。そして、さきに指摘したようにその拡げ方については、両側とするか片側とするか、また片側にするにしても東西のどちらにするかは、少なくとも常務委員（この場合、新設計に向けた特別委員）レベルの議論をへて決まるはずだった。

しかし三井はその一〇年近くも前に、両側ではなく片側の拡幅を、しかも東ではなく西が取り拡げられるのを見越していたことになるのである。

（2）　再編の磁場——拡幅を規定する資本の動き

三井がなぜこのような判断をおこなえたかを考えるとき、おのずと注目されるのは益田孝の存在だろう。三井の大

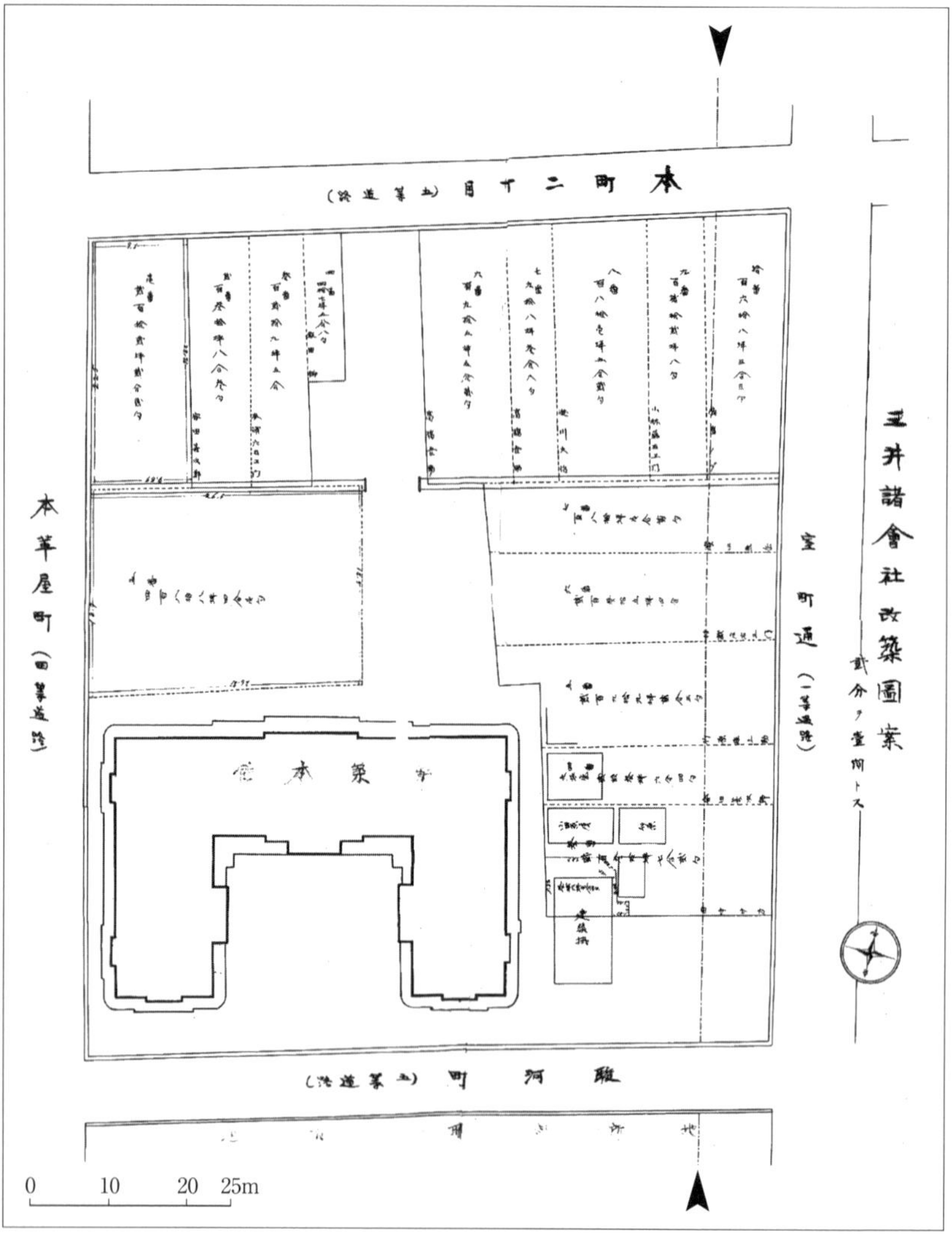

図2　明治29年（1896）「三井諸会社改築図案」（矢印と寸法は筆者による）

注） 矢印にはさまれるあたりに，日本橋通り西側を5間けずるように引かれた線がみてとれる．当該地域の位置については図1を参照．（三井文庫所蔵，追1389）

番頭である彼は、じつは新設計を策定した一五名の特別委員に選出されており（一九三号）、元をたどれば明治一〇年代の頃から渋沢栄一とともに経済界を代表する委員として、市区改正計画の立案および事業化のどちらにも深くたずさわった。さきの図2が調査・作成されたのは、まさにこの間のことである。

日本橋通りに関する議論の成りゆきを終始見きわめられたばかりでなく、新設計をとりまとめる立場にさえ益田は就いていた。先行した三井の判断と、その後まったく同じ内容に決まる公式の見解とのあいだに、なんらかの因果関係を想定するのはそう無理なことではないだろう。さきの上二番町における三井の振る舞いを思えば、なおさらその感は強い。

三井本館（旧本館）の誕生

三井側の史料のなかで、私見の限りでは日本橋通りの拡幅を最も早くに表す図2は、正確には「三井諸会社改築図案」という。これは、図中左下に見える横河民輔が設計した日本初の本格的鉄骨造建築である初代三井本館（以下、旧本館）の建設に向け、一帯の測量などもおこなわれたのち、明治二九年（一八九六）五月に三井家同族会で報告された図案と判断できる(11)。

旧本館の建設が本格化したのは明治二七年四月に三井高保が同族会において発声してからだが、大元にはさらにその前年に益田がおこなった次の提言（一部）がある。

……今ヤ比隣ニ、日本銀行工正ニ央ニシテ、丸ノ内ニハ三菱社建築等工事日ニ進ミ、今明一両年ニシテ壮麗ナル建築等益々数ヲ増シ来ラバ、曽テ東都ノ一名観タリシ駿河町家屋ハ注視スルモノナキニ至ラン。然レ共、単ニ前述ノ如ク序シ来シバ徒ニ軽薄的ニ外観ヲ装フテ古ニ衒ハントスルノ誹アル可シ余、豈ニ此ノ如キヲ望マンヤ、偏ニ改築ノ実益アルヲ信テナリ(12)

益田は、駿河町のすぐ西側（本両替町・本革屋町・本町一丁目）において日本銀行が、また三井もその所有をめざしながらも競り負けた丸ノ内の地では三菱による開発が進み、一両年中には壮大な建築が相次いで誕生することに危機感を募らせている。なかでも丸ノ内の開発は、三井物産も位置する兜町からビジネスセンターの地位を奪うものであり、しかもそれは元はといえば渋沢とともにかつて主張した計画（いわゆる審査会案）が否定されたことにちなむ。明治初年に造られた和洋折衷形式の「駿河町家屋」（為替バンク三井組）でもそれらの偉容には太刀打ちできない。

そういった焦りや対抗意識を抱きつつ、ここで益田は駿河町家屋の「改築」を提案するが、それは単にふたたび衆目を集めるためではない。江戸―東京における事実上の創業の地である駿河町を拠点に、三井のおもだった事業「三井銀行、三井物産会社、三井鉱山会社ト三井組ノ冠称三井家事業」を集積させるという、経営基盤の再構築に主眼を置いていたのである。

明治二〇年代なかばというのは、幕末維新の動乱や緊縮財政にともなう経営悪化をへて、三井が三菱とともに本格的な資本蓄積に入った時期である(13)。松方財政のもと明治二二年（一八八九）には三池炭鉱を手に入れるなど三井の事業は多角化をたどるも、その体制には近世以来の必ずしも効率的とはいえない仕組みが存続する、そういった時代であった。たとえば提言と同じ年には、東京に所有する地所の管理や賃料徴収をめぐり、幕府の町方支配とも関連してそれまで地域に根ざす差配人（家守）を介在させていたのを、直営の差配所を新設して集中的におこなうシステムへの転換がはかられている(14)。この頃から、私有財産としての土地から多くの利益を得ることが本格的に追求されだす。

三井は日本の資本主義化を牽引する一方で、しかしそれを推進するための拠点づくりは比較的遅れをとった。前掲の家業は駿河町や兜町、北島町などに散在し、またそれぞれの必要とする空間も日を追うごと膨らんでさまざまな不便が生じていた(15)。兜町のビジネスセンター化が頓挫したいま、これらを集積させられる巨大空間をつくりだすことは急務であり、それこそが益田のねらいであった。

市区改正と資本家

以上のような理想を体現する旧本館は、日本橋通りに接しないまでも、通り沿いにはそれに付随する車庫などが立地したほか高層の貸事務所ビルも計画されてあり（ただし実現せず）、駿河町一帯の開発と通りの拡幅とは不可分の関係にある。さきの図2は、この両者の整合性が、三井側のイニシアチブによって図られていったことを端的に示す。

ここで注目しておきたいのは、通り沿いには三井の所有地が以前より複数存在していた点である（後掲図3）。のちの拡幅の際にこれらの該当部分が寄附されたか買収されたかは、議事録や三井側の史料からも定かでない。しかし、きわめて重要な駿河町一帯の地所を多少ならずとも手放す前提で開発が企図されていることを考えると、それを失ってまでも図2にあるような事業を実現させたい、三井の強い意志を認めることが可能だろう。旧本館は、日本橋通りの事業が決定される以前の明治三五年（一九〇二）には、すでに完成していたのである。

考えてみれば、市区改正が計画され施行されだすのは、政商が財閥へと転換する時期でもあった。官業払い下げなどを受けてそれらの業務は多角化すると同時に、緊縮財政下で政府の保護は消極化しており、ある程度自力で成長できる経営基盤を構築していかねばならなかった。

従来の研究では、商業都市化の流れ（審査会案）が内務省系の案（旧設計・新設計）に否定されたことの断絶性を重視するあまり、市区改正に対する資本家のかかわりは、新設計時の市街鉄道整備をのぞけば、ほぼ等閑視されてきたといえる。しかし市区改正事業の財政難を前に、地主らは所有地の寄附行為などをつうじて、また三井の場合は益田が審議委員に列する機会をも有したことで、改正の中心である道路整備をみずからの開発に都合のよいように引きつける余地があったと考えられる。

現時点では多くの材料を得ず、彼らが地所の一部を積極的に手放すことのねらいが何なのかは精査する必要がある。

進捗しない都市改造に対する資本家としての貢献なのか、それとも道路用地買い上げの賠償金を当て込んだのか、現時点では定かでない。ただし日本橋通りについていえば、三井が、先行した三菱の丸ノ内開発などを意識しつつ、資本主義化にともない肥大化・膨大化する業務空間の拡大に対処するために乗りだした駿河町一帯の開発が、西側への拡幅をあらかじめ決めてしまった要因だったように考えられるのである。

（3）　空間の拡大

三井が推し進めた駿河町一帯の開発は、旧本館の周囲ばかりでなく、駿河町ほか三町で構成される街区全体のあり方、さらには周辺地域の空間や社会にも多大な影響を与えた。三井のなかでも駿河町あたりを所有した三井合名会社の地所史料が未公開のためくわしくは追えないが、開発によって街区にどのような変化が起きたかをいくつか確認しておこう。

町から街区へ

三井は旧本館の建設と同じ時期、同族会において「駿河町全部ヲ三井家所有ニ可致」との評議をおこない、町内で唯一他人の所有になっていた九番地（後掲図3の①）の買収に乗りだす。[16] ただし同時に、近世来の両側町の枠をこえて、街区をつくるような動きにもでていた。

町域をこえた街区の北端に位置する本町二丁目五番地（同②）は、益田の提言がおこなわれた明治二六年（一八九一）以降に取得されたものであった。ちなみにここには下宿屋や私立小学校（尋常小学代用校）を営む八名の借地人と二名の借家人がいたが、後述のように移転料などをめぐる紛擾によって予定より半年近くずれ込んだものの、すべて排除された。三井は買収した地借（借地人）の家屋を、それまで木材価格の高騰によって貸家を建てられずに

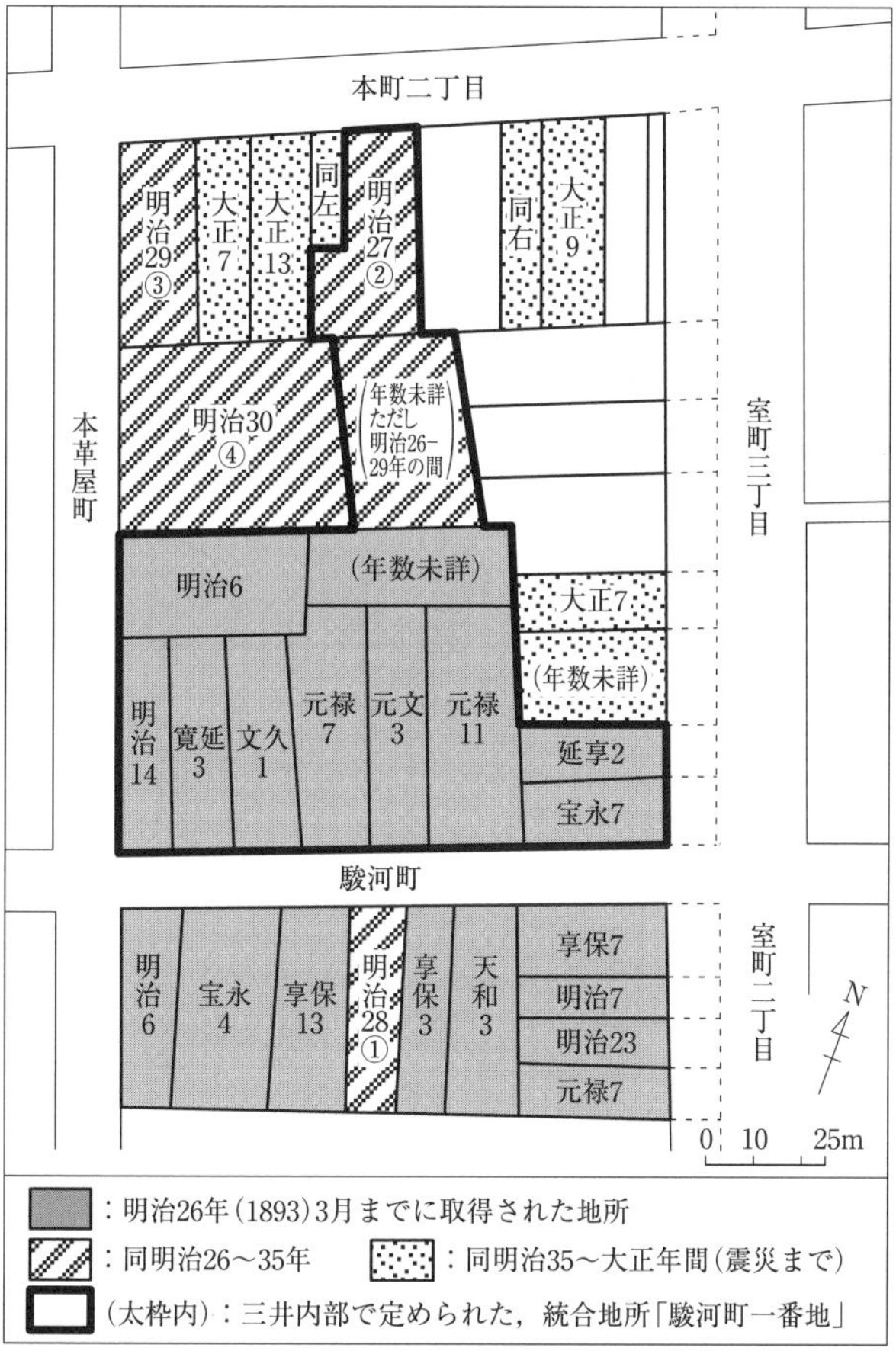

図３　駿河町一帯における三井の土地集積過程（年数は取得年）

注）三井本館（旧本館）建設への提言がおこなわれた明治26年を境に，建設には直接かかわらない本革屋町や本町２丁目，室町３丁目の地所までもが多数取得されていったことがわかる．駿河町と上記３ヶ町で構成される当該街区の内部で震災までに三井が取得していない地所は６筆のみとなった．

いた表神保町に移築し、ここにはもっぱら旧本館への動線と建設に必要な施設を配置した[17]。この結果、本町二丁目の町並みには隙間が生じ、またそれまで街区の内部にはりめぐらされていたであろう住民たちの生活動線[18]はすべて失われたと考えられる。

また三井は旧本館の建設には直接にはかかわらない街区内部の土地の買収にも早くから乗りだしている。旧本館建設のかたわら、着工と同時期に本町二丁目一番地（同③）が「将来建築上ノ御都合モ宜敷[19]」として、また遅くとも着

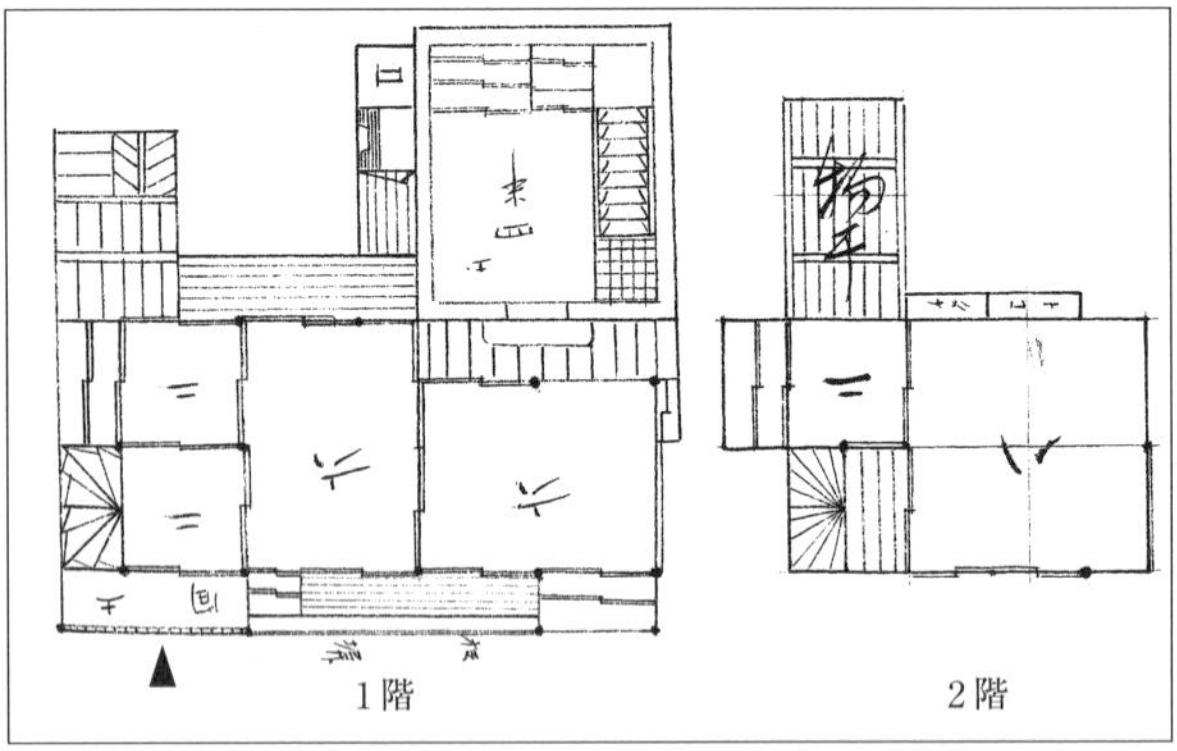

図4　買収された家屋（地借建築）の事例

注）　開発対象地域においてどのような生活が営まれていたかは全般的に史料が乏しいなか，家屋の平面がわかる珍しい事例（三井文庫所蔵史料，別1889）．駿河町北西角の1番地に位置した．当番地には6世帯が営んでおり（同，続148），ミセ部分がなく2階にトコを備えた座敷を持つなどの特徴から，6世帯のなかでも「下方指南」あるいは「医者（士族）」の住居である可能性が高い．

工の翌年には「（旧本館とは別の—引用者註）三井各商店新築敷地ニ充ツルノ目的ヲ以テ」[20]旧本館すぐ北側の日本橋区常磐小学校（同④）が地上げされた。後者の買収については校舎の狭さに苦慮する相手方からの発意という見方もあるが[21]、周辺の建築を買い上げるなどして拡張につとめていた学校側にそれ以上の努力を諦めさせたのは三井の開発である。それを取り囲む地所のほとんどを旧本館建設の前後から、三井は精力的に買い占めていたことがわかる（図3）[22]。史料の制約から詳細は不明だが、並行して室町や本町二丁目の地所も複数手に入れられていた。

三井内部では、これらの地所を一括・統合して「公ケノ届出書類ノ外ハ便宜上、都テ駿河町一番地ヲ称スル事ニ定メタ」という[23]。通りの両側で町を形成する近世町人地の成り立ちをこえて、旧本館を核とする街区が生みだされていく。震災までには旧本館にくわえて第二・三号館、三井鉱山の仮事務所なども建設された。また本章では扱えなかったが、駿河町南側の街区でも同様に、三井の呉服部門であった三越が既存の町家をのみ込むかたちで百貨店を出現させた。

『新修日本橋区史』によると、これらの開発の前後で、当該街区をのぞく地域ではほとんど戸数に変動がないか増加しているところが多い一方で、駿河町のそれは一〇分の一、本革屋町および本町二丁目はどちらも約四分の一へと激減した[24]。開発が直接に住空間を破壊してしまったことにくわえて（図4）、それまで駿河町内の貸家や店舗の二階などに住んでいた三井の奉公人までもが都市郊外へと移住した結果であった。

三　「町」のゆくえ――「地震売買」の横行

さて、ここからは、日本橋通り沿いで営まれていた人びとの日常に焦点をあてる。彼らが、以上みてきた市区改正事業や三井の開発といかに対峙し、その相克のなかでどのような都市空間が生みだされていったかを明らかにしたい。

(1)　土蔵造りの基盤

明治維新を機に、江戸―東京の七割を占めた武家地の多くは収用されるも、町人地については幕藩体制下で実質進行していた占有権がそのまま所有権へと公認されるものとなったから、従前の利用関係は基本的に保持された。もちろん幕末維新の変動によるとくに商人層の入れ替わりなどもある程度想定されるものの、残念ながら現時点では材料をえない。ただし場の利用や所有という観点からすれば、そういった変動も既存の社会・経済的な枠組みを大きく変えてしまうようなものではなかったようにも思われる。

東京防火令の担い手

明治一四年(一八八一)のいわゆる東京防火令は、中心部の旧町人地エリアに対して維新以降、公権力がはじめて大々的に手をくわえるものとなった。これは、日本橋通りをはじめとする日本橋・京橋・神田三区の主要街路および堀沿いに二二本の防火路線を設定し、それに沿う建物すべての不燃造化(煉瓦造、土蔵造、石造)を定めるもので(図5)[25]、たとえば伊勢松阪出身の紙卸問屋で近世初期より続く小津商店などは店蔵の新築に、じつに金六千五百六十円

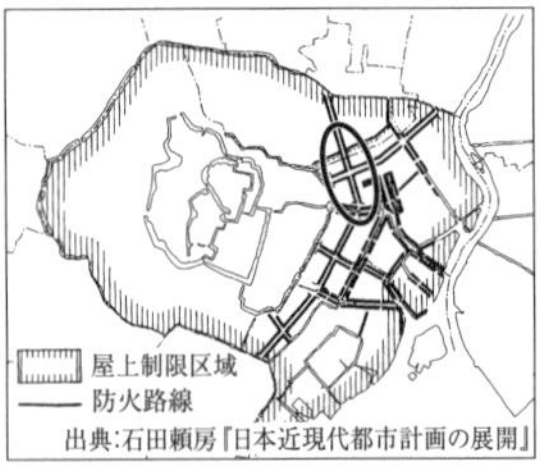

出典:石田頼房『日本近現代都市計画の展開』

▲東京防火令による防火路線
（楕円内が下図の範囲に相当）

❶時計類　大野徳三郎

❷舶来和製諸草類問屋　辻孝助

❸骨董中道具書画商　大坂屋

❹薬種問屋　林太右衛門

❺青物商　曾津屋

❻水産物問屋　室伏治郎兵衛

❼陶器問屋　西浦本店

❽呉服唐物商　大黒屋

❾舶来織物商　仲屋

❿足袋類股引類卸　桐ケ谷定吉

⓬呉服店　越後屋

⓫諸国産文庫類　大坂屋

図5　防火路線指定で日本橋通り沿いに新築された店蔵事例

注）『東京商工博覧絵』所収の店舗広告のうち，日本橋―今川橋間に位置するものをすべて抜きだした．明治11年「東京地主案内」との対照からは，12番越後屋（三井）の他はいずれも地借と考えられる．各経営実態についてはひとえに今後の課題であるが，通りの左右に，明治後期に顕在化するような町並みの差異（後述）は認められない．

を投下している。[26] 建て替えをおこなわなければ既存建物の強制解体も辞さないなど、住民らにきわめて大きな負担を強いた。

ただし、今回あらためてどのような人びとが事業推進の実質であったかを調べてみると、たとえば明治一四年（一八八一）に本町通りで新築された家屋一五棟の担い手のうち、地主はたった一名で、残りはすべて地借であったことが明らかとなる。[27]

つまりこの時点においては依然、近世江戸町人地における「表地借裏店借[28]」の空間構成が受け継がれていた可能性が高い。幕末の江戸町方は三井をはじめとした大店による町屋敷の集積などにともない、本来主人公であるはずの家持（居付地主）の比重が三％以下にまで低下し、[29] 町屋敷の多くが二元構造を呈していた。具体的には、通りから奥行五間までの「表地」部分はもっぱら借地にだされ、そこには常設的な売り場を持つ町家の商人社会が展開し、それより裏側（裏地）には売り場の所有などの叶わない手間取りや行商をする人びとの生活に特化した空間が形成された。この構造は事実上、明治一〇年代中頃まで大きな変化はなく、防火令は従前表地を中心に町家をかまえていた地借の資本に依存しながら達成されるものだったといえよう。

明治一八年（一八八五）刊行『東京商工博覧絵』にはそういった新店舗が多数含まれる（図5）。これらは宣伝のために店側が発注したもので、現存する日本橋区内の博覧絵九三軒のうち九割強が地借で、またほとんどが問屋や仲買であった。[30] 次項で述べる展開からすると、これらが当時広告媒体として流行したことはたいへん興味深い事実といえよう。画面にはさまざまな情報が詰め込まれてはいるものの、大半を占めるのは品物や売り場の様式でもなく、新築・改修されたばかりの店舗の姿である。そこでは落ち着きのある黒漆喰壁の土蔵に、さらに重々しい屋根瓦や鬼瓦をのせた重厚さが存分にアピールされている。このとき土蔵造りの建築は、そのものだけで、商家の経営状態や信頼性、未来における発展性のメタファーであった。

(2) 居住にまつわる理念・慣習の相克

防火令では煉瓦造や石造も推奨されたにもかかわらず、現実には伝統的な技術にもとづく土蔵造りの町家ばかりが出現し、またそれは近世以来の居住システムによって担保されるものだった。しかしじつのところ、これらはわずか二〇年ほどのうちに急速に姿を消していくことになるのである(後述)。

このような経過がたどられる下地は防火令以前からある程度作られはじめていた。天保の改革以来の地代・店賃の統制が地租改正に並行して明治五年(一八七二)八月解除され、また従前幕府の行政支配の末端を担い、貸借相手とするべき地借の選定などにも影響力をもった家守が制度上その性格を奪われる。[31] それまで「期限ノ如キハ予約セサルヲ例ト」し、つまり公権力や家守らのかかわりのもと年限も特に定めず、貸借関係が一〇〇年以上およぶことも一般的だった江戸―東京の土地利用は、地主がこの時期国税の中心に位置づけられた地租負担などを楯に「擅《ほしいまま》ニ地代ヲ動スノ弊」にさらされるようになる。[32] さらに、地所を投資対象とみなす社会通念が松方デフレとともに醸成されだす。

防火令が布達されたのはほぼ同じ頃であったが、ただしこの時点では先述のように地借が多くの資金を費やしながら新築をおこなっており、東京中心部の居住のあり方にはまだそう大きな変化は訪れていなかったとみてよい。

その背景として、近世日本を代表する地縁的な共同体だった「町」がある程度その性格を保っていたことが考えられる。明治二〇年(一八八七)頃の東京では、「町内々々にて申合せの上、此区分方(地所内部における表地・裏地の区分や各地代―引用者註)を一定し、地主の勝手に任せ」なかったという。[33] また町規の残る四谷地域の例ではあるが、地主や差配人(かつての家守層)が「町」運営の中心を担うべきであるとの規範が持続すると同時に、それは表店商人たちの同意をえて成立するものだったことが指摘されている。[34] この時点(明治二〇年代初頭)では依然として町がその内部のあり方を規定するユニットとして機能していたものと推測される。

市区改正と「地震売買」の横行

ところが、市区改正事業は、以上のような場の利用や所有をめぐる人びとの関係、あるいは慣習を打ち崩す、一大転機となる。

具体的には、その道路拡幅が地借の商人社会が展開する表地部分、とりわけ中心部では防火令で建て替えられた土蔵造りの立地するところをすっかりそぎ取るような格好になったのである。あらたな敷地境界へと建物を曳屋できれば問題ないが、それは地所を投資対象とみなす地主（多くは不在地主）が容易には許さない。むしろ地借たちに大幅な地代上昇を認めさせ、またそれにしたがわない場合には貸借関係をそのまま解消して追いだす、絶好の機会とみなされた。このような現象は当時、中心部の老舗が突然「祖先伝来所有せし土蔵家屋をこぼ」ち長年の営業地を追われる様子から「地震売買」と呼ばれ[35]、その数は明治三九―四一年（一九〇六―〇八）東京地方裁判所管内だけでも三九二件にのぼった[36]。

写真2　拡幅直後の日本橋通り西側の町並み

注）　土蔵造りの町家が，市区改正事業にともない多数現れた安普請の西洋風建築（木造漆喰塗）ではさまれている．

後掲の史料[37]は、道路拡幅から間もなくの日本橋通り沿いを描写した建築家・田邊淳吉のレポートの一部である。ここからは市区改正事業が「地震売買」を頻発させ、住民側は建築への資本投下を避けるようになり、従前の土蔵造りなどに代わって零細な木造の建築が不揃いに増殖していった様子がみてとれる（写真2）[38]。従来このレポートの解釈をめぐり、こういった西洋風建築については商人側の内発的な努力の結果という見方もなされてきた[39]。しかしそれは従来の営業者に代わって短年で収益をあげるような業態の人びとが新規参入した結果である可能性が高い。冒頭でみた写真（写真1）があらわす東西の町並みの差異──東側には西洋風の建築は少ない──は、このことを如実に物語っているように思われる。

謂ゆる地震売買と云ふことが此東京市区改正に際しては随分盛んに行はれたさうでございます、中には地震屋とか云ってそいつをやって儲けた人もあるとの事である、大通に見世を列べて居る者は自分の地面に自分の家を建てると云ふ風の者は比較的少ない、多くは人の地面で家は自分が持って居る……（しかし地震売買が横行するようになり─引用者註）金をかけて新築しても地震をやられてはたまらぬから家主は成るべく金の掛らぬやうに……新築しても金の掛る建築はしない、で木造（西洋風の木造漆喰塗─引用者註）で御茶を濁す、之も外観を雑然たらしめた一原因である（以下略）

さらに、市区改正事業は、土蔵造りを数多く破壊してしまったばかりでなく、借地というあり方そのものの社会的地位を著しく貶めることにもつながっている。

この当時、少なくとも中心部の商業地については建築にも場所の性質がおよぶという感覚が一般的であったものの[40]、事業にともなう建物の収用では「場所ノ価格ハ土地ニ附従スルモノニシテ建物ノ価格ニハ直接ニハ何等ノ関係ヲ有スルモノニ非ラズ[41]」とされ、建築資材としての費用しか賠償されなかった。議事録からも、道路拡幅において地主ばかりでなく建物所有者の利益を保護するような規程の盛り込みがおもに東京市会選出の委員から主張されるも、内務官僚・池田宏（市区改正事業総括の任にあり、のちの旧都市計画法の起草者）はそうした地主と地借との関係はひとえに民間で調整されるべき「私法関係」として、借地の権利擁護に乗りだすことには強い抵抗をみせていたのがわかる（二八〇号）。

防火令の際には、公権力は、場所と建築は不可分という慣習、あるいは建築を資本の振り向け先とみなす地借らの観念を利用することで防火帯を完成させた。しかし市区改正事業では一転して、もっぱら土地所有者の財産権保護をはかる法論理のもとにそれらと対峙し、ことごとく破壊、否定したのである(42)。

経験的に生みだされた借地年限の短年化——三井の手法

ところで、このように市区改正事業が建築を場所から切り離す仕組みをもつ一方で、民間のなかでもとりわけ三井はその動きに敏感であった。むしろ、事業が進められる以前から駿河町の開発をつうじて自覚していたとさえいえる。三井は資産としての土地の価値を上昇させるため、防火令の際には東京府が要求する以上の内容を地借に強いるなどして所有地に質の高い建築が建つよう腐心していたとされる(43)。しかしそうした土地の運用戦略は、貸地経営をおこなう限りはよいが、ひとたび別の用途に当てるためにはそれらを立ち退かせるのに一層の困難をともなう。現に駿河町一帯の開発では本町二丁目五番地で地借への対応に苦慮することとなる。この時すでに収益獲得の支障となる差配人は排除され、内部の組織が地所の管理に当たる体制が整えられていたものの、地借らは「借地証之差入無之ヲ盾トシ不法ノ要求ノミ申募リ、到底温和ノ事段《ママ》ヲ以テハ折合ノ見込無之(44)」というような状態であった。あらためて借地証の重要性が強く認識され、それを手段として動的な土地運用への転換が図られていく。

三井では、民法の施行以前に法律家のアドバイスを受けながら一律の借地証を作成、そこではたった五年（のち三年）の借地年限が設定され、またこの間でも三井側が申し出れば一八〇日以内に地借は建物を排除しなければならないことが明記された(45)。

近代移行期の急激な空間の拡大を背景としながら三井は借地年限の短年化に乗りだし、また貸地経営をつづける場合でもそれを梃に地借に地代値上げを応じさせる手段にしたと考えられる。また彼らを立ち退かせる場合には賠償額を低く抑えるため、さきに述べた市区改正事業における基準が援用された[46]。このような三井の方策は、その後施行された民法（明治二九年）もまた自由主義思想を背景に賃貸借契約における力関係を考慮するものではなかったため市中に敷衍し、「地震売買」を助長させる一因となった。

おわりに

明治四二年（一九〇九）、東京防火令は廃止された。市区改正によって「着々道路ノ拡張、新開等アリ……防火ノ為ニ要スヘキ道路ノ幅員ハ充分」となり、また「水道事業ハ殆ント洽ネク施設セラレ、尚消防制度ノ完全」であって、防火令は「往時諸般ノ設備常ニ不足ナリシ時代ノ事ニ属」し、もはや意味をなさないというのがその理由であった[47]。

防火令がこの明治末年まで有効とされていたこと自体、興味深い。市区改正は、防火令によって新築・改築されたばかりの不燃建築を破壊するという、相反する性質を有していたが、事業化から二〇年あまりをへたこの時期になって、ようやく両者の整合性は図られたことになる。

ただし前掲の廃止理由に明らかなように、そこでは建築一般の質の低下をもたらした市区改正事業の限界が修正されないばかりか、これ以後、公権力の主導する都市改造において人びとの生活空間の問題は長らく放棄されることになってしまう。

ところで、防火令と入れ違うように成立したものに、明治四二年建物保護法（「建物保護ニ関スル法律」）がある。これはのちの借地法の前提となった法律で、じつのところ、市区改正事業にともない被害をこうむった側の東京中心部の商人らの運動によって成立し、「地震売買」への対抗力を一部もつものとなった。

つづく第9章では、市区改正事業の道路整備をめぐり、本章で取りあげられなかった論点に関する考察をくわえるとともに、この建物保護法成立の背景にある人びとの運動や東京中心部の社会的結合の実態についても論じることにしたい。

（1）藤森照信『明治の東京計画』（岩波書店、一九八二年）、石田頼房『日本近現代都市計画の展開――1868-2003』（自治体研究社、二〇〇四年）など。

（2）御厨貴『首都計画の政治――形成期明治国家の象徴』（山川出版社、一九八四年）、中邨章『東京市政と都市計画――明治大正期・東京の政治と行政』（敬文堂、一九九三年）、また近年のものに、中嶋久人『首都東京の近代化と市民社会』（吉川弘文館、二〇一〇年）、牧園清子「内務省の都市計画行政――都市空間の設計と創出」（『内務省の歴史社会学』東京大学出版会、二〇一〇年）などがある。

（3）原田純孝編『日本の都市法Ⅰ――構造と展開』（東京大学出版会、二〇〇一年）、池田恒男「東京市区改正条例の法史的意義に関する覚書」（『法における近代と現代』日本評論社、一九九三年）など。

（4）この点の例外に、前掲注2の中嶋『首都東京の近代化と市民社会』。同書では、おもに「旧設計」時における内務省と東京府会・市会との対抗関係や、それが事業内容に与えた影響などが明らかにされている。ただし、筆者が本章および次章（第9章）で論じる「新設計」時の状況、および東京市臨時市区改正局や角田真平の活動などに関する検討はみられない。

（5）『東京時事新報』大正二年三月二七日号。

（6）「熙代勝覧」については、浅野秀剛ほか編『大江戸日本橋絵巻――「熙代勝覧」の世界』（講談社、二〇〇三年）など。

（7）前掲注1、注2を参照。

（8）藤森照信校注『日本近代思想大系19　都市建築』（岩波書店、一九九〇年）の「解説」を参照。

（9）実際に描かれた計画図（マスタープラン）との関係でいえば、いわゆる芳川案（明治一七年案）は中央市区論、審査会案（同一八年）は商都論・帝都論、旧設計（委員会案とも。同二二年）および新設計（同三六年）は機能的都市論にもとづく。

（10）本章では、藤森照信監修『東京都市計画資料集成――明治・大正篇』（本の友社、一九八七年）所収のファクシミリ版を参照した。

（11）「自第一回至第弐拾五回決議録」追二〇〇七、三井文庫所蔵。

(12)「冠称三井諸会社改築意見書」追八三四―五、同右。
(13)石井寛治『日本の産業革命』(朝日新聞社、一九九七年)。
(14)粕谷誠『豪商の明治――三井家の家業再編過程の分析』(名古屋大学出版会、二〇〇二年)第六章を参照。
(15)「建築掛第一回報告」追八五三―二、三井文庫所蔵。
(16)「明治廿八年中地所部提出ノ回議」別一七七五、同右。
(17)「三井各商店新築図案」追一七一六―二、同右。
(18)北園孝吉『大正・日本橋本町』(青蛙房、一九七八年)第二章を参照。
(19)「明治廿九年上半季地所部提出回議」追一七八七、三井文庫所蔵。
(20)「三井商店第五五議事録」(『三井事業史』資料編四上巻所収)。
(21)石田繁之介『三井の土地と建築』(日刊建設通信新聞社、一九九五年)第五章を参照。
(22)本図の基図は、市区改正事業で収用されたところを示す点線の表現をふくめて、「三井本館新築記録」(『三井本館』史料集所収)による。このほか取得時期の確定には「日本橋区北所有地所位置略図」(三井文庫所蔵、別二五六一―一二)、「従明治廿六年一月重役寄会議案」(同、追一六七二)、および前掲注16、注19、注20をもちいた。
(23)前掲注22、「三井本館新築記録」。
(24)『新修日本橋区史』下巻(東京市日本橋区役所、一九三七年)第二章を参照。
(25)本章では、『東京商工博覧絵』については復刻版の『明治期銅板画東京博覧図』(湖南堂書店、一九八七年)、また「東京地主案内」は国立国会図書館所蔵のものを参照した。
(26)『中央区旧家所蔵文書』(中央区教育委員会、一九九五年)七一頁。
(27)「明治十三年諸調書」東京都公文書館所蔵。
(28)玉井哲雄『江戸町人地に関する研究』(近世風俗研究会、一九七七年)。
(29)吉田伸之「表店と裏店」(吉田伸之編『日本の近世9　都市の時代』中央公論社、一九九二年)。
(30)なおこのくわしい作業については、筆者の博士学位論文(『近代移行期の江戸・東京に関する都市史的研究』東京大学学位論文、二〇〇六年)の第九章を参照。
(31)森田貴子『近代土地制度と不動産経営』(塙書房、二〇〇七年)第一章第二節を参照。

(32) 前掲注27に同じ。
(33) 『朝野新聞』明治二〇年六月二二日号。
(34) 大岡聡「東京の都市空間と民衆世界」(中野隆生編『都市空間と民衆　日本とフランス』山川出版社、二〇〇六年)。
(35) 「地震売買」とは、狭義には地主が地所の明渡しなどを迫るために仮装の売買をおこない借地上の建物の存立を危うくした行為だが、当時の用法では、のちの本文で指摘する、ごく短期の借地契約にちなむものも含まれた(渡辺洋三『土地・建物の法律制度』上、東京大学出版会、一九六〇年)。
(36) 『法律新聞』明治四二年二月一〇日号。
(37) 『建築雑誌』二七二号、明治四二年八月。
(38) 田邊のレポートに付された写真。前掲注37所収。
(39) たとえば、初田亨『繁華街の近代——都市・東京の消費空間』(東京大学出版会、二〇〇四年)一三四—一三五頁。
(40) 『法律新聞』明治四一年九月五日号。なお、こうした既往の住慣習については次章(第9章)でくわしく取りあげる。
(41) 「文書類纂土木雑件」明治四〇年、東京都公文書館所蔵。
(42) 前掲注3『日本の都市法Ⅰ』の第一章「「日本型」都市法の形成」を参照。
(43) 前掲注31、森田『近代土地制度と不動産経営』一七〇—一七一頁。
(44) 前掲注19に同じ。
(45) 前掲注16に同じ。
(46) 同右。
(47) 「文書類纂地理例規」明治四二年、東京都公文書館所蔵。

第9章　東京市区改正条例の運用実態と住慣習
――土地建物の価値をめぐる転回とその波紋

はじめに

第8章（以下、前章と記す）の検討からは、「東京市区改正」（以下、市区改正と記す）の事業過程においては、これまでの通説とは異なり、内務省が策定した計画（マスタープラン）の主旨はかならずしも貫徹されずに、地域の側の論理、なかでも地元の土地所有者たちの意向が数々反映されていた事実が浮かびあがった。

具体的には、計画の眼目である道路整備をめぐり、東京各所の地主たちは所有地の一部を率先して寄附する方法で、本来、公権力が判断するべき整備の順番や内容（道路拡幅のあり方）、さらには新規路線の「旧設計」への追加などまで認めさせることに成功していた。日本橋通りのケースからはこのような行為の背景として資本家による新しいタイプの私有地開発――この場合、三井による日本橋室町一帯のオフィスビル街区の開発――とのつながり、つまり地主ないし資本家の利害に市区改正事業が従属する関係なども見えてくる。

他方、これらの道路整備は、通り沿いに借地をしてみずから町家を建てる存在形態が一般的だった東京中心部の商人社会（表店の地借層）を事実上、集中的に排除しながら進むものとなった。この過程において、地借（借地人）の社会的地位は脅かされるとともに、計画段階には予見されていなかった、土地の商品化の苛烈な進展による「地震売買」という現象も起きていた。

以上のように、市区改正の事業化は東京各所に波紋を投じ、これまで知られていないさまざまな事象が並行して現れていた。ただし前章では、これら一連の流れは明らかにできたものの、肝心の事業の執行過程については精査できなかった。そのため、たとえば「地震売買」などは必然的に引き起こされるものであったのか、それとも結果的にともなわれただけなのか――市区改正事業と並行した事象の因果関係――はかならずしも定かでなかった。そこで本章では、あらたに以下三点の検討をおこなうことにしたい。

第一に、道路整備の実態について。市区改正事業の根幹をなしたのは拡幅を主とする道路整備であったが、約三〇年に及んだ具体化の経緯は未詳である。どのような執行体制・手順のもとで整備は進められたのか、またそれにともない土地や建築はいかなる扱いを受けたのか、などの諸点を確認するところから始める。

次いで、このような道路整備のあり方と既存の都市空間との関係について。事業が始動した明治二〇年代なかばという時期は、いまだ土地の用益において近世来の慣習が根強く残っていた。道路整備の論理はこれらの慣習といかに対峙、矛盾するものであったのかを把握する。

最後、三点目は、これら一連の都市的改変に対する住民らの反応とその動向について。市区改正事業が東京のどのような側面に作用し、またそれは以後の都市社会や文化のあり方に何を残したのか、その影響の拡がりを現時点で可能な限り、議論の俎上に載せることにしたい。

一　市区改正以前の都市構造・都市改造事業の特徴

本題に入る前に、市区改正事業以前の江戸―東京の都市空間について、本書のここまでの議論をもとに、いくつか基本的な性格を確認しておきたい(1)。

既往の都市構造、制度の激変

幕末の江戸町方は大店による町屋敷の集積などにともない、本来主人公であるはずの家持（居付地主）の比重が三％以下にまで低下し、表地（通りから奥行五間まで）の部分はもっぱら借地にだされ、そこには常設的な売り場を持つ町家＝「表店」の商人社会が安定的に形づくられていた(2)。明治維新を機に、およそ都市の七割を占めた武家地の多くは収用されるも、町人地については幕藩体制下で実質進行していた占有権がそのまま所有権へと公認されるものとなったから、以上のような従前の利用関係はひとまず保持されたと考えてよい。

その一方で、さまざまな制度的な改革も矢継ぎ早に打ちだされていく。明治新政府は明治四年（一八七一）以降、それまでの地子免除を廃止するなどして周知の地租改正をおこない、すべての土地から地税を徴収する方針を打ち立てる。並行して地所永代売買が解禁され、天保改革以来の地代・店賃の制限も一挙に撤廃（明治五年八月）、以後それらの設定は各地主と店子との相対関係にゆだねられることになった。また従前、行政支配の末端を担い地借（借地人）の選定などに影響力をもった家守がその性格を奪われる。以上により、地主が「擅《ほしいまま》ニ地代ヲ動スノ弊」が生じ、さらに明治一〇年代の松方デフレは地所を投資対象とみなす社会通念が醸成されるきっかけともなった。

「町」の共同性の持続、「表店」の強化

しかしこれらの制度が、どれほど現実世界において効力をもつものだったかはまた別の問題に属する。東京では、ちょうど市区改正事業が開始されるあたりの明治二〇年頃まで、もはや新制度のうえでは意味を失った「町」が、構成メンバー＝地主・差配人（旧家守層）・表店商人（地借）の総意のかたちで「町規」を作成し、自由な土地の売買や地代店賃の設定などを事実上、制限していたことが知れる。そこでは、本章後半で焦点となる土地の貸借についてもとっていた。

「概ね其地代ノ金額ヲ定ムルニ止リ、期限ノ如キハ予約セサルヲ例トス」という状態であり、非制度的な慣習にのっとっていた。

ところで、興味深いことに、明治前半期におこなわれた都市改造事業はこのような慣習と親和性が高かった。たとえば、銀座煉瓦街計画はその外見とは裏腹に、近世の表地部分を対象とし、商業の拠点である「表店」の強化をはかるものでもあった(3)。同様の点は、東京府が主導したいわゆる東京防火令（明治一四年）にも指摘できる。これは、都市中心部の主要道路沿いの建物すべての不燃造化を命じるものであったが、その担い手は不在の地主層ではなく、実際に表店を張る地借の商人層・問屋層だったこともすでに前章で論じたところである。

市区改正以前におこなわれた都市的改変は、市井の慣習や非制度的な関係を下敷きにしながら成り立つと同時に、それらをさらに強化させる傾向をもはらんでいたといえよう。

二　臨時市区改正局と角田真平——事業の施行体制と手法の展開

つづいて市区改正の経緯や計画主体などについて、手短に確認しておく。

議論の前提

先述の防火事業のかたわら、明治一〇年代なかば以降、東京では長期的な展望をもった首都計画に関する議論が本格化する。しかしその論点は多様であり、また熾烈な主導権争いが大蔵省と内務省系（内務省—東京府ライン）のあいだで繰り広げられるなかで計画はしばらく宙に浮くものの、明治二一年（一八八八）八月、政府が市区改正条例を勅令として強行公布し、市区改正事業は緒につくことになる。

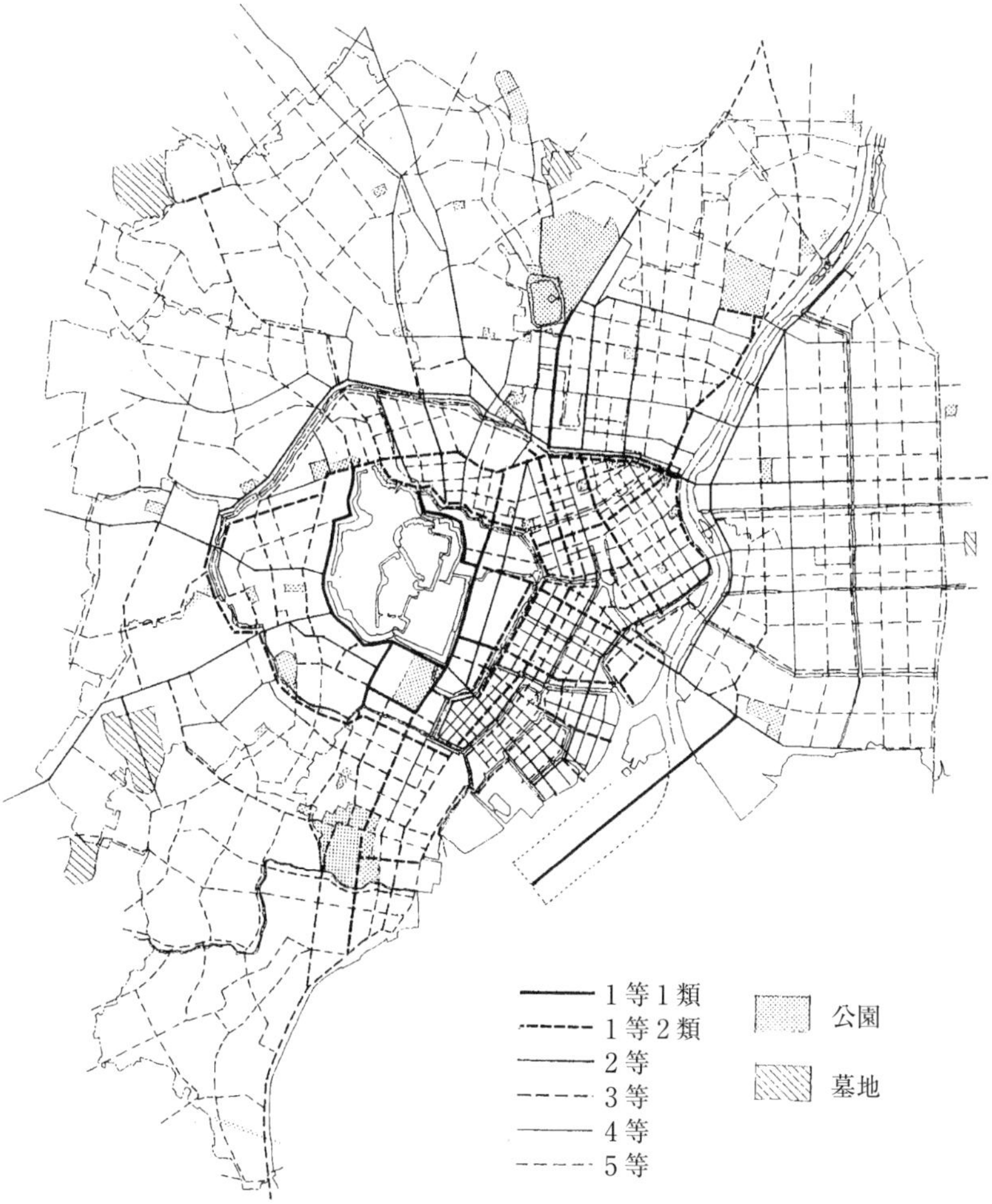

図1　明治22年（1889）「旧設計」

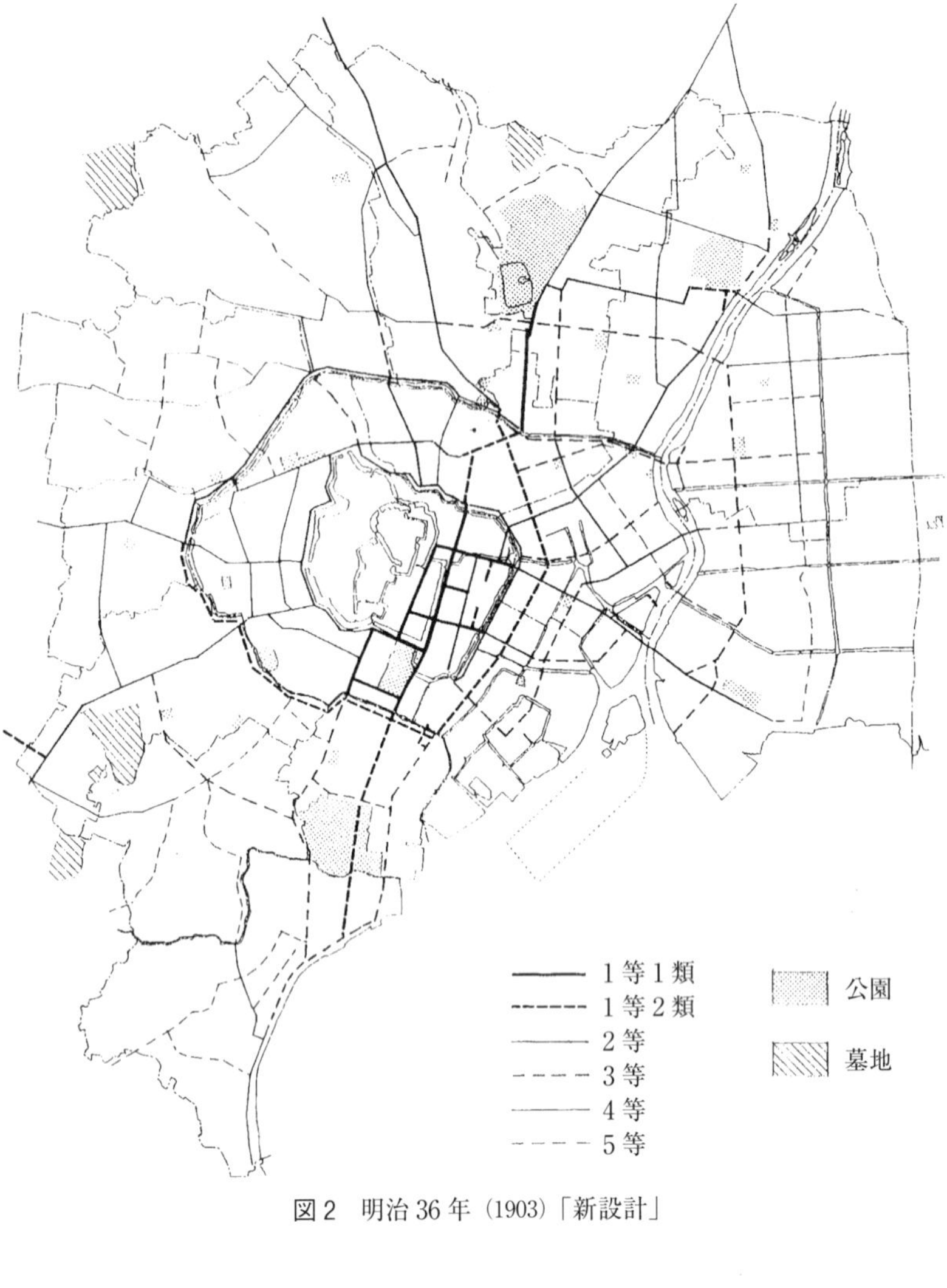

図2　明治36年（1903）「新設計」

以後、当該条例にもとづき、主導権争いを制した内務省には市区改正の設計とそれにもとづく毎年度の事業を定める東京市区改正委員会（以下、市区改正委員会と略す）が設けられ、翌明治二二年には「旧設計」（図1）[4]と呼ばれるマスタープランを公示して、都市の機能性を高めるための道路・公園・墓地などの整備が始められた。しかしこれらは遅々として進まず、開始からじつに一四年をへた明治三六年（一九〇三）、市区改正委員会は事業の早期終了をはかるねらいから、いくつかの主要道路の拡幅に内容を絞るかたちで、あらためて「新設計」（図2）[5]を示した。以後一〇年あまりをかけ、おおよそこの「新設計」どおりに事業は完成したといわれている。

以上のように、市区改正事業において「道路」はきわめて重要なテーマでありつづけた。

ところで、この道路整備の所管について、基本方針の議定はもちろん市区改正委員会にあるが、そこで決められた内容を実地に移す作業は東京府（市制特例廃止前年の明治三〇年まで）[6]、のち東京市の役割であった。本章にとって府・市のおこなった道路整備の実態は重要な手がかりといえるものの、『東京市区改正事業誌』や『東京市会史』などにも目ぼしい記録は見当たらない[7]。そのため以下では、当局者が雑誌に寄稿した内容をおもな手がかりとしながら、当時の実態を探ることにしたい。

難航する賠償交渉——「旧設計」の時期[8]

まず「旧設計」の期間について。この間の実務は東京府と東京市にまたがっておこなわれ、このうち府で中心的な役割を担ったのは内務部第二課の市区改正掛、市の方では期間中にたびたび改組が重ねられており、市区改正部、土木部・市区改正課、市区改正事務所、総務部・市区改正課、市区改正課（単独）がその任にあったとみられる[9]。

これらの働きについては未詳な点が多いものの[10]、たとえば右記のうち東京市・市区改正課（単独）の時期には、当該課が「土地買収、家屋移転を了」するところまでを担い、残りの「人道、車道、下水等の工事」や「水道鉄管移転等の事」は土木課、水道課にそれぞれ任されていたことが知れる。

以上のように「旧設計」時の事業の施行体制にはかなりの変動がある一方で、しかし後述する角田真平によれば、この間、道路整備を進捗させるために現地で取られた手法はいずれも似たものであった。

具体的には、上述の市区改正課がまさに担っていたような、用地買収の問題である。道路の新設や拡幅に向けて、当然ながらまずはその部分に当たる土地と建物を買収ないしは移転させる必要があるが、この時期には「市民（土地または建物の所有者―引用者註）の方から……申告書といふもの」を差しださせ、そこにいわば思い思いの「土地・建物に干《ママ》して物価と請求の金高を上申せしむる様に出来て居」た。

つまり、補償交渉は、町や筆（町屋敷）といった既存のまとまりごとにではなく、土地や建物の所有単位ごとに、各所有者の要求額をひとつひとつ聞きながら、まったくバラバラにおこなわれていたことになる。このうち、とくに建物に関する交渉は難航をきわめており、「当時（「旧設計」の時期―引用者註）一軒の家屋で四年三ヶ月若しくは四年二ヶ月又は三年五ヶ月位を移転の為に要せし事がありし」という有り様であった。東京各所の道路用地では比較的長い期間、建物が点状に残ってしまう状況がみられ、このことは「旧設計」にもとづく事業がなかなか進展しないおもな原因として認識されていた(11)。

東京市臨時市区改正局の誕生――「新設計」の時期(12)

以上の難航の理由については後で検討することにして、つづけて「新設計」における状況を述べ、道路整備の流れをひと通り、押さえることにしよう。

市区改正事業の早期終了を期す「新設計」の策定を受け、東京市は明治三九年（一九〇六）、あらたに外債を募集して事業費用の確保をはかるとともに、これまでの体制を見なおし、同年一〇月に市区改正課を廃して臨時市区改正局を設置する。[13] この局長には立憲改進党系の政治家で、弁護士・東京市選出代議士でもある角田真平（図3）[14] が着任しており、その就任の前後で、市区改正事業は「全く其進捗を一変……爾来二ケ年余にして（「新設計」にもとづく道路整備の—引用者註）大部分を完成」したとうたわれていた。

この東京市臨時市区改正局および局長としての角田真平の活動については、優れた通史である石田頼房氏の『日本近現代都市計画の展開』などにも言及がみられないように[15]、これまでほとんど知られていない。ここでは、とくに臨時市区改正局のおこなった道路整備の特徴についてそのポイントを述べ、残りの論点は別の機会に譲ることにしたい[16]。

臨時市区改正局は、あらたに「地主・家主（建物所有者—引用者註）の心得べき簡単なる心得書を摺立、之を関係者に交付」したほか、局長の角田みずから「京橋・日本橋、神田を始め、各区役所又は学校等へ……出張し、改正線路（道路のこと—引用者註）に当る所の地主・家主等を集めて、市区改正に就ての事情と方針等を懇切に説示せし事十六回、集会せる人々約五千人に達」（明治四〇年五—一一月現在）するような大規模な説明会を開催することによって、事業進捗の足がかりとした。

それと同時に、土地・建物の各所有者から金額を申告させる従来の方法をあらため、土地信託会社などの第三者の鑑定結果をもとに、東京市の側から断固として賠償額を提示する方針へと切り替えた。また道路整備に向けた実際の手順としては、整備をおこなう道路区間（路線）全体をひと括りに、まずは関係する土地の買収を一挙に進め、それがひと通り済んだのちに建

図3 「角田市区改正局長肖像」

注） 机上に「新設計」の図面がひろげられているのがみてとれる．

物の賠償交渉をスタートさせるというように、土地と建物、あるいは地主と建物所有者とを二分し、かつ前者を後者より常に優先する序列化の方法がとられるようになった(17)。

これらの取り組みの実効性については、たとえば「新設計」の要であった日本橋通りの状況から判断すると、地主との交渉は「旧設計」時の事例などに比べて大変順調に進んだ一方で、建物に関するものは相変わらず難航した。ただし後者の事案に対し、臨時市区改正局は期限の延長など一定の配慮はしつつも、法的手段へと訴える構えをくずさず、最終的には市長らの立ち会いのもとで「表店」を強制破壊することも辞さなかった(18)。

臨時市区改正局の設置後、わずか二年あまりで「新設計」の大部分は実現されていたことをふまえると、こうした当該局の断固とした姿勢こそが、「新設計」後、事業が早期完了した主たるゆえんであったと考えられる。

小　括

市区改正事業が完了までに三〇年あまりもの年月を要し、またその途中で「旧設計」から「新設計」へと内容を後退させた理由については、これまで財政難や政治構造上の問題に帰せられてきた(19)。しかし本節の検討からは、東京府や東京市の担当部局と道路用地の不動産所有者（なかでも建物所有者）との賠償交渉の難航もまた、事業進捗の大きな支障となっていたことがわかる。同時に、そのような紆余曲折のなかで、はじめて市区改正計画を実地に移す行政側の体制が誕生・確立し、また昨今の都市計画事業でも盛んにおこなわれる「住民説明会」のはしりのような推進手法も編みだされていった構図がみてとれるのである。

三　土地と建物の分離——市区改正条例の運用実態

次に、このような東京府・東京市による賠償交渉のあり方、ひいてはその大元にある市区改正条例（土地建物処分規則）の論理が、対象地域の人びとの生活空間へ、実際にどのような波紋を投じていったのかをみていきたい。

補償すべき建物の価値とは？

「旧設計」・「新設計」の時期を問わず、建物に関する賠償交渉は一貫して難航したが、そのおもな理由として注目されるのは、建物そのものの価値をめぐり、当局者とその所有者のあいだで著しい認識のずれが生じていたことである。

この点について、角田が当時おこなった発言（史料1・2）[20]を手がかりとしながら、まずは問題の所在を確認することにしたい。

［史料1］

一万六百円程で買ひ上げた日本橋の橋代《ママ》の倉は、之を公入札にして売却すると八百円余にしかならん。又須田町にて二千四百十四円に買ひし家は百七十一円に外当らぬ……市（東京市―引用者註）から見るとこんなに安くなくては売れないものを、大金を払ふのは注意しなければならぬと考へる

［史料2］

出来る事なら場所柄、のれん……住居民の品格等迄も価格（建物価格―引用者註）の中に含まれ得べきものかも知れぬ……（しかし―引用者註）市区改正条例からいふと、遺憾ながら地上権といふ様な権利は、目に見える物品として買ひ取れるものでないから……市に於て地上権の代価は、払ふ事は出来ないのである

史料1は、臨時市区改正局の発足以前におこなわれた交渉事例を引き合いに、建物に対する賠償金額の問題について批判的に述べたものである。ここからうかがえるように、人びと（建物所有者）の要望は往々にして当局者にはと

ても承服しがたいものであり、じつはこの意見対立こそが事業の足を引っ張る要因となっていた。しかしながら、所有者の側はかならずしも暴利をむさぼろうとしていたわけではなく、従前は建物価格に含まれるかたちで取引される場所の用益権などをくわえた額を請求していたに過ぎない（詳細は次項で検討）。なお、史料1で引き合いにだされた事例のように、臨時市区改正局の発足以前（土地・建物の所有単位ごとの交渉時）にはある程度、所有者の要望にそった賠償が実際におこなわれていたことは注意を要する。

一方、こうした賠償金額の問題に関する臨時市区改正局長・角田の姿勢は、史料2に明らかである。すなわち人びとの主張には一定の理解を示しつつも、市区改正条例を根拠に、これまでは何かしら慣習を基盤として建物に包含されてきた価値や権利（「場所柄、のれん」、「地上権といふ様な権利」）は賠償の対象とはみなさないとする立場だった。

慣習にもとづく「権利」の交換をめぐって

以上の、従前建物に包含されてきた価値や権利の中身、またそれらが市区改正事業のなかでどのように扱われたかについて、実例をもとに検証することにしたい。

参照するのは、道路用地に関する賠償交渉がこじれ、最終的に東京市が内務大臣の裁定を仰ぐにいたった芝と本所の事例[(21)]で、私見の限りでは当局者と建物所有者双方の主張がくわしく明らかになるきわめて稀なものである。なお本章の前半で、市区改正以前の都市構造の一般的特徴を記したが、まさにそこでふれたとおり、この二事例は他人の地所（旧町人地）のうえに建物を所有する地借についてのものだった。

さて、建物の価値をめぐり、この二件についても官民のあいだで数倍の開きがあった（表1参照）。ただし建物所有者＝地借も、何の根拠もなく要望をだしていたわけではなく、民間の業者（「仲立業」・「監定人大工」など）が査定にかかわっていたことがわかる[(22)]。

表１　建物の賠償をめぐる所有者（地借）と東京市双方の主張内容について

	芝区芝口１丁目２番地・地借・唐澤茂八，唐澤茂	本所区林町１丁目13番地・地借・豊田金次郎
東京市の提示した賠償金額（査定者）	930円90銭（東京市選定評価人，芝区三田豊岡町８番地・鈴木辰三）	58円68銭（同左）
建物所有者＝地借側の提示額（同上）	3300円（銀座２丁目・仲立業三利商店主・中沢両一）	135円42銭（本所区長岡町43番地・監定人大工・藤倉善吉他）
建物所有者＝地借の主張	「元来（唐澤茂八・茂が共同所有する建物が位置する一引用者註）芝区芝口壱丁目ハ東海道ノ咽喉ニシテ新橋停車場ニ接近シ東京市ノ枢要ナル位置ニシテ商業繁盛ノ場所タル事ハ多言ヲ要セズシテ明カナリ，如斯商業繁盛ナルガ故ニ，従テ建物ノ価格ノ高価ナルハ論ヲ俟タズ，是レ拙者ガ七千円ノ価格（当初唐澤が提示した金額一引用者註）ヲ以テ御買上ヲ請求シタル次第ナリ，然ルニ東京市ハ此枢要ナル場所ナルニモ不拘，市ニ於テ買上タルハ単ニ建物其物ノ価格ヲ評価シ土地ノ繁盛如何ハ毫モ□典セサル所ナリト称シ……東京市内ノ建物ノ評価ヲナスニ当リテ都卑何レモ同一ナル価格ヲ以テ買上ケヲナス如キ御取扱ハ失当ニテ甚キモノト云ハサルヲ得ス」	「今日マテ年々業務（文具洋物小売営業一引用者註）拡張約二十年間漸次進歩ノ情況ニテ営業罷在候……明治三十年頃ヨリ少額ナカラ国税ヲモ納メ来リ候，又東京府令ニヨリ当町ニ於テ衛生組合ヲ創立致シ候，以来其理事又組合長トシテ今日マデ事務擔任致シ来リ候，又三十七八年戦争（日露戦争一引用者註）当時ニハ区内ノ軍人遺族救護ノ寄附金・出征軍人ニ対スル寄送毛布及ビ義勇艦隊建設寄附金等ニツキ町惣代トシテ取扱ヒ来リ，又町内出征者ノ為ニハ団体ノ会長トシテ尽力致シ来リ候，以上ノ如キ経歴ニテ従来二十年間家内安泰ニ且満足ニ維持シ来リ，猶今後モ益々安泰ニ生活ヲ継続シ得ラルヘキノ処，如何ニ交通機関（市区改正事業による道路拡幅一引用者註）ノ為トハ申シナカラ此ノ安泰堅固ナル店ト商権トヲ失ヒ生活ノ苦境ニ陥リ候ハ実ニ明ナル事ニ有之候」
東京市の主張	「所有者ハ場所ノ価格ト建物ノ価格トヲ混同シ，場所ノ価格高キヲ以テ建物ノ価格モ亦高価ナリト雖モ，場所ノ価格ハ土地ニ附従スルモノニシテ建物ノ価格ニハ直接ニ何等ノ関係ヲ有スルモノニ非ラズ……到底真面目ナル説ト認ムル能ハザルナリ」	「其言フ所（豊田の主張一引用者註）支離滅裂ニシテ殆ンド一顧ノ価値ナシ……明治三十年頃ヨリ国税ヲ納メ衛生組合長及軍人遺族救護義勇艦隊建設寄附金募集等ニ町惣代トシテ尽力シ来レリ云々ト言フモ……関係ナキ無用ノ言ニシテ一笑ニ附スルノ外ナシ」

それにもかかわらず、なぜここまでの開きが生じたかについては、表1の主張内容のところに明らかである。地借の側は、たとえば芝の事例では「(建物の位置する芝口一丁目が) 東京市ノ枢要ナル位置ニシテ商業繁盛ノ場所タル事ハ多言ヲ要セズシテ明カナリ、如斯商業繁盛ナルガ故ニ、従テ建物ノ価格ノ高価ナルハ論ヲ俟タズ」とあるように、建物の価格にはそれが位置する場所の価格も当然含まれると認識している。本所の方では、「商権」も建物に含有されており、また今回の賠償にあたっては地借本人が「国税」を納めたり「町惣代」をつとめるなどの「経歴」を有している点も、何かしら斟酌されるべきものと主張されている。

一見すると、以上の地借の言い分は奇異に映ろう。しかしながら、当時の東京の慣習にもとづけば、これらはある程度妥当な主張であったと考えてよい。

たとえば史料3[23] (傍線筆者、以下同じ) は「東京の地価」をテーマに『時事新報』が連載した特集記事の一部である。ここからは、建物が場所の価格や用益権 (「借地権」・「営業権」) などを含むものとして売買されていたことがわかる。こうした取引の類例は市区改正事業の期間をつうじ、広く確認できるものである。[24] また「経歴」に関する主張についても、市区改正事業開始の頃に「町」が果たしていた役割の大きさを思えば (前章)、その重立つ地位を占めてきた自分が「安泰堅固ナル店ト商権トヲ失ヒ生活ノ苦境ニ陥」ってしまうことはとても納得がいかなかったろう。[25]

［史料3］

日本橋通一丁目に於て某有力なる呉服店が其隣地約十八坪余を建物六十三万円余にて買収せんとしつつあり、又同町内某有力菓子店が三十余坪を三十万円にて売渡す可しと唱えりとか伝えられ或は同町内に本年初約二十五坪七万円にて売買成立せりと称えらるるものあり……併し要するに之等は何れも土地の売買と云わんより主として建物の売買にして其建物売買も其実質には自ら借地権の譲渡特に其店舗特異の営業権譲渡を包含し即ち売買両者のより主観的態度に於て売買せらるるもの……東京市が其商業地域の九分通りを貸地とする (以下略)

これらの地借にとって建物は、みずからの人格や商業上の信用などまでが仮託される対象であるとともに、場所の用益にまつわる諸権利が当然、含有される存在だった。

しかしながら、対する東京市の認識は、建物の価格に場所性は何ら関係なく、ましてや人格性については「一笑ニ附スルノ外ナシ」などと一蹴するものだった。内務大臣による裁定では市側の主張が全面的に採用される結果となったが、そこでの建物とは、文字どおりの「目に見える物品」（前掲史料2）、すなわち市井の慣習を覆し建築材料としての価値しか認められないものとなったのである。

市区改正条例（土地建物処分規則）の運用実態

以上の流れのなかで、当局者側が認識の根拠とした市区改正条例について考察する。

この条例には「東京市区改正土地建物処分規則」（以下、土地建物処分規則）という附随規則があり、事業用地に位置する土地や建物の取得方法はこれに準じた。史料2の角田の発言にある「市区改正条例」も、細かくはこの規則のことを指していると考えてよい。

土地建物処分規則はわずか五条の短いもので、建物に対する賠償に関しては「東京府知事其所有者ト協議ノ上相当ノ代価又ハ移転料ヲ償却スヘシ」（第一条）と定めるぐらいである。つまり、ここでのポイントは「相当ノ代価」＝時価ないし「相当ノ価値」[26]の定義であるが、明文化されていない。

当該規則については、同時期の土地収用法などに比べて「用地買収の簡便化」が可能なため、以後の都市計画法もその影響を長らくとどめてきたと評される[27]。しかしながら従来、その立法過程や条文内容に関する検討は多いものの、運用の実態、ひいては当該規則が後世に影響力をもった理由についてはほとんど明らかになっていない[28]。

筆者も現時点でこれらの課題に答えるだけの十分な用意はないが、本章のここまでの検討内容だけからみても、その運用方針には相当の振幅がうかがえた。用地買収にあたり、「申告書」を各々提出させる場当たり的手法がとられた時期には、建物には資材以上の価値が認められる場合もあった。しかし臨時市区改正局の発足前後で様相は一変し、従前含有されてきた諸権利は建物の価値として認められなくなったことはすでにふれたとおりである。

このような「建物の価値」の変転、すなわち土地建物処分規則の運用のあり方が大きく変化した背景には、財政上の問題[29]にくわえ、「土地の価値」に対する定義もまた並行して推移していたことがうかがえる。

史料4[30]は、東京市が市区改正のおもに終盤の時期（明治四三年三月―大正七年三月末）における事業状況について作成した報告書の一部である。まずひとつ目の傍線部からは、従前その多くが建物に含有されてきた類の権利が補償対象とみなされなかったことが、まさに事業進捗の大きな支障であったことが確認できる。さらに注目すべきは二つ目の方で、じつのところ、そうした「権利ノ対価ハ」、あらたに「当然土地買収価格ニ包含スルモノト認メラレ」るとの判断が下されていた事実が明らかとなるのである。なお、このような一連の動向について、これを記す当局者の筆致が立場上、したがうほかなかったかのように消極的であるのは興味深い。

［史料4］

市区改正用地ノ買収ハ東京市区改正土地建物処分規則ニ拠ルモノナルニ……買収協議ニ際シ幾多ノ困難ヲ生セリ、今其一例ヲ挙クレハ市区改正土地建物処分規則ニ於テハ地上権、永小作権、賃借権等ノ権利補償ヲ認メサルカ故ニ買収スヘキ土地ニ此等ノ権利設定アル場合ハ屡論争ヲ惹起シ事業進捗上支障尠カラス、依テ曩ニ法律諸学者ノ鑑定ヲ煩ス所アリ、其結果右権利ノ対価ハ、当然土地買収価格ニ包含スルモノト認メラレシニ依リ、協議モ亦之ニ拠ルノ外途ナク其間大ナル苦心ヲ要セリ

以上のように、土地建物処分規則の運用方法には幾度かの変化があり、臨時市区改正局の発足前後から、用地に位置する建物は土地（場所）から切り離された存在として価値づけられ、それまで含有されてきた諸権利の所在も宙に

浮くかたちとなった。そして、いつの時点かは未詳なものの、それらは一転して土地の側に帰属させるという大きな判断がいったんは下されていた[31]。すなわち、市区改正事業という仕組みは、都市空間の受益をめぐる主体の転位――地借から地主へ――を生じさせるものだったのである。

小括――「地震売買」の席巻に関して

ところで、市区改正事業の道路整備では事実上、片側のみの拡幅が既定路線となっており、たとえば日本橋通りでは西側のみが五間拡げられた（前章）。道路用地にかかる建物「買収」については以上のように所有者にとって過酷な判断が下されたものの、大局的にみれば「移転」という方法もありえたといえる。たとえば、それぞれの土地区画（町屋敷）の内部でちょうど表から裏の方へとしわ寄せがいくように、「表店」が新しい道路際へと曳屋で後ろに下がり、その分だけ「裏店」は除かれるという連鎖が起きてもよいはずだった[32]。

しかし、実際にはそうならないケースが多発する。このことについてはすでに前章で、建築家・田邊淳吉のレポートなどを手がかりとしながら、「地震売買」と呼ばれる現象に注目した。あらためてその要点を述べると、ここでいう「地震売買」とは、市区改正の道路用地の地主が、「表店」の営業者＝所有者である地借に対して簡単には曳屋を認めずに地代の値上げをせまり、それを地借が受け入れなかった場合にはそのまま貸借関係を解消したことから、数多くの「表店」がまるで地震にあったかのように姿を消したことをいう。

このような現象について、市区改正委員会や東京市などの事業主体はひとえに当事者間（地主と地借）で解決されるべき問題とみなし、みずからは関与しない立場を貫いた[33]。しかしながら、ここまでの検討で明らかにしたように、「新設計」時の用地買収方法は土地所有者と建物所有者とを二分・序列化するもので、この両者のあいだに溝を生じさせていたことは想像に難くない。さらに、市区改正事業の用地買収を規定する土地建物処分規則にいたっては、その運用のあり方自体が場所の用益権を地借から地主へと移譲させる傾向をもつものであって、「地震売買」を惹起させる要因のひとつとなっていた可能性は高い。

田邊のレポートによると、市区改正にともなう「地震売買」などの発生はとくに東京中心部の旧町人地エリアで顕著で、「新設計」の眼目だった日本橋通りの拡幅では、道路沿いに「古家を取り毀した古材木・古壁土」があふれ、「全く旧面目を一変化する」様子なども伝えられた[34]。ここで取り払われた建物とは、土地所有者ではなくもっぱら地借の表店層が東京府主導の東京防火令（明治一四年）の際、巨費を投じて新築した土蔵造りの商店にほかならなかったのである[35]。

かくして、市区改正事業そのものが従前の慣習やそれにもとづく都市構造、さらには先行した防火事業などの仕組みをも事実上、否定しながら進展する一方で、人びとの生活の基盤はそれまでの町や筆（町屋敷）などの枠組みをこえて、「問題」の共有にもとづくより広域の紐帯へと転化していくことになる。

四　建物保護法の成立基盤――「日本橋倶楽部」の誕生とその働き[36]

あらかじめこのあとの情勢に関する見取り図を示せば、東京中心部の日本橋区一円では人びとが市区改正事業や「地震売買」への対抗をかかげて組織化する動きをみせ、その一連の活動は近現代の借地法の前提である「建物保護ニ関スル法律」（以下、建物保護法）の成立などにもつながった。以下では、このような運動の背後にある地域のアイデンティティをめぐる問題について、現時点で明らかになるところを述べ、筆者の今後の課題や展望を示したい。

地借であることの意味とは？

そもそも、近代移行期江戸―東京の中心部に軒をならべる「表店」の多くが地借であった背景について立ち戻って考えてみると、そこには、経済的・社会的（身分的）事情ばかりに還元されない、商家の理念のようなものが垣間みえる。

たとえば、後述する「日本橋倶楽部」の初代理事長をつとめた佐野屋・菊池（地）長四郎の「家憲」によると、「主従共に奮励して勤倹の心怠ることな」いようにするために「子々孫々、居附の地主たるを誡むる方針」とされていた。(37) 地借という存在形態は、かならずしも地主にいたる一階梯ではなく、家業の永続に何かしら結びつくものとして積極的に選ばれる側面もあったことは注目に値しよう。

他方、政治・社会的な地位においてもこれらの地借はかならずしも「弱者」とはいえず、とくに明治中後期以降は土地所有者と同様に高額の納税をおこない、国政レベルもふくむ選挙権を有した人びとであった。(38) 皮肉なことに、彼らの納める営業税（正確には営業税の付加税）はみずからを苦境に立たせる市区改正事業の予算に組み込まれてさえいたのである。(39)

明治二〇年（一八八七）の統計(40)によると、たとえば日本橋区民のうち、地主は一二八五人であるのに対し、地借はほぼ一〇倍強の一万二一九〇人（なお店借は一万一〇七〇人）と、区民に占める割合の点からも地借は際立つ存在であって、ここには日々の地域の暮らしを成り立たせるさまざまな業種の商人層が含まれていたことは想像に難くない。

「日本橋倶楽部」の誕生

市区改正事業やそれとともに横行した「地震売買」は、以上のような地借の価値観や立場をないがしろにする意味をもつ一方、やがて彼らを主体とする住民らが従来の職域などをこえ幅広い横のつながりを形成していくきっかけともなる。(41)

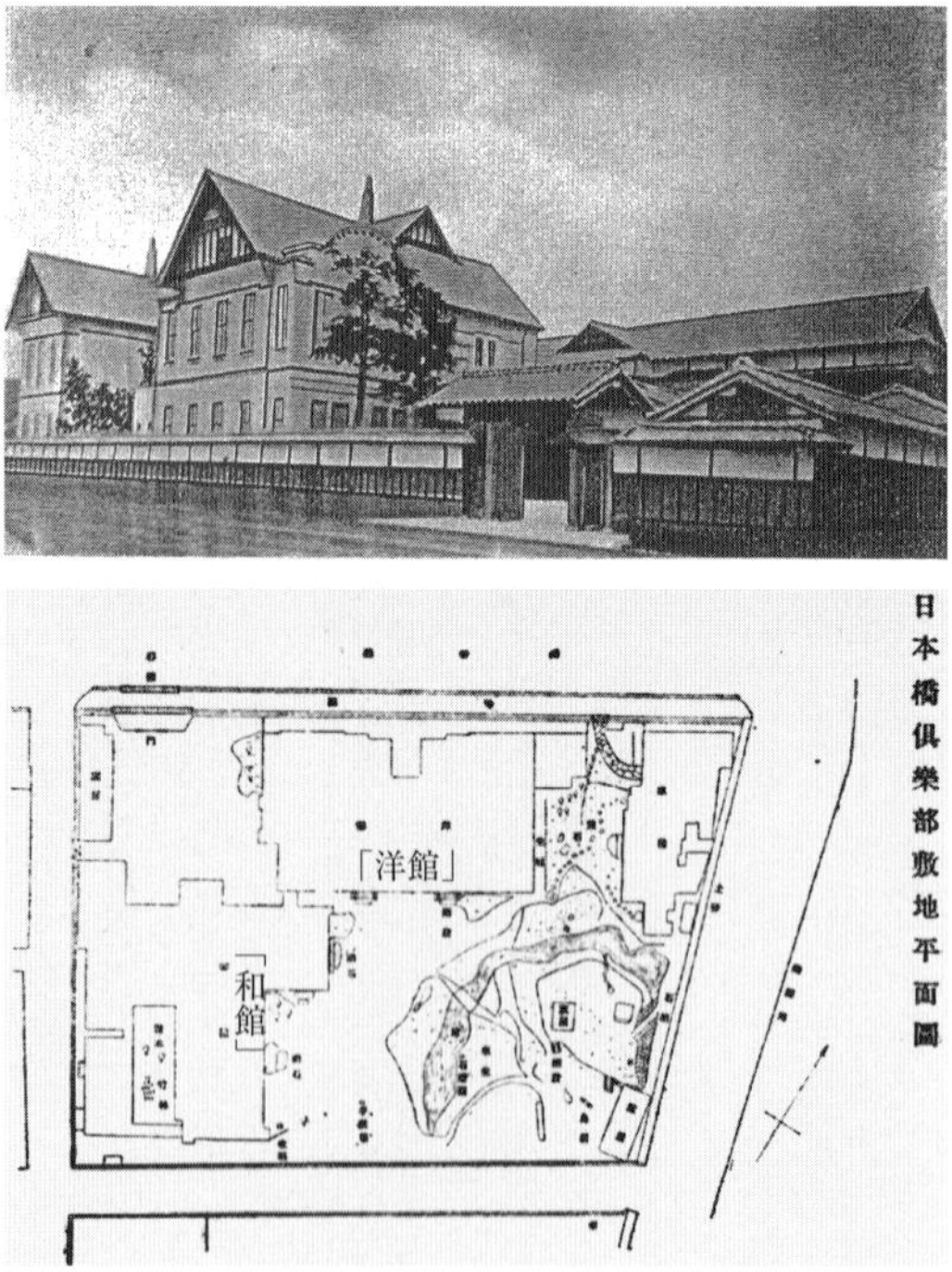

写真１・図４　設立当時の「日本橋倶楽部」の外観と配置図

注）旧長州藩浜町邸に位置し，外周の塀や庭園はその転用とみられるが，「洋館」・「和館」はいずれも清水組の設計・施工による新築である．

なかでも注目されるのは、事業が緒につくのと軌を一にして結成された「日本橋倶楽部」（今日まで存続）である。これは明治二三年（一八九〇）、「江戸ッ子気質の日本橋商人のみに依り創設された」社交機関で、創立時の会員はさきの菊池のような呉服商から魚河岸の問屋層などまで、さまざまな地元の商人層二九一名を数えた。なお、ここでいう「江戸ッ子」とは近世のそれとは異なって江戸―東京に参入してから日の浅い人物も含まれるなど、明治中期の社会的変動を背景に再興した概念と考えられる。

当初の建物は日本橋区本体の公会堂を転用したものであったように（写真１・図４）[42]、倶楽部は地借ばかりでなく、居付地主層をふくむ区の有力者（公民）一般のための会所のような機能を負ったが[43]、しかしじつはここが市区改正への対抗をかかげ、地借の救済に向けた拠点ともなっていた。

すこし具体的に述べると、地借の権利擁護に向けた活動では、地元出身の弁護士・高木益太郎（写真2）[44]が中心となり国会で建物保護法を成立させたことがメルクマールとなったものの、その大前提には、倶楽部を拠点としておこなわれた高木を国会に送りだすための選挙活動があった。

このときの支援者には地借層はもちろん、博文館館主の大橋新太郎やヒゲタ醤油の濱口吉右衛門など居付の資産家たちも名を連ねており、さらにそれら各人の元に日本橋区全域が数町からなる「部」の単位で組織化されていたこと

写真2　高木益太郎

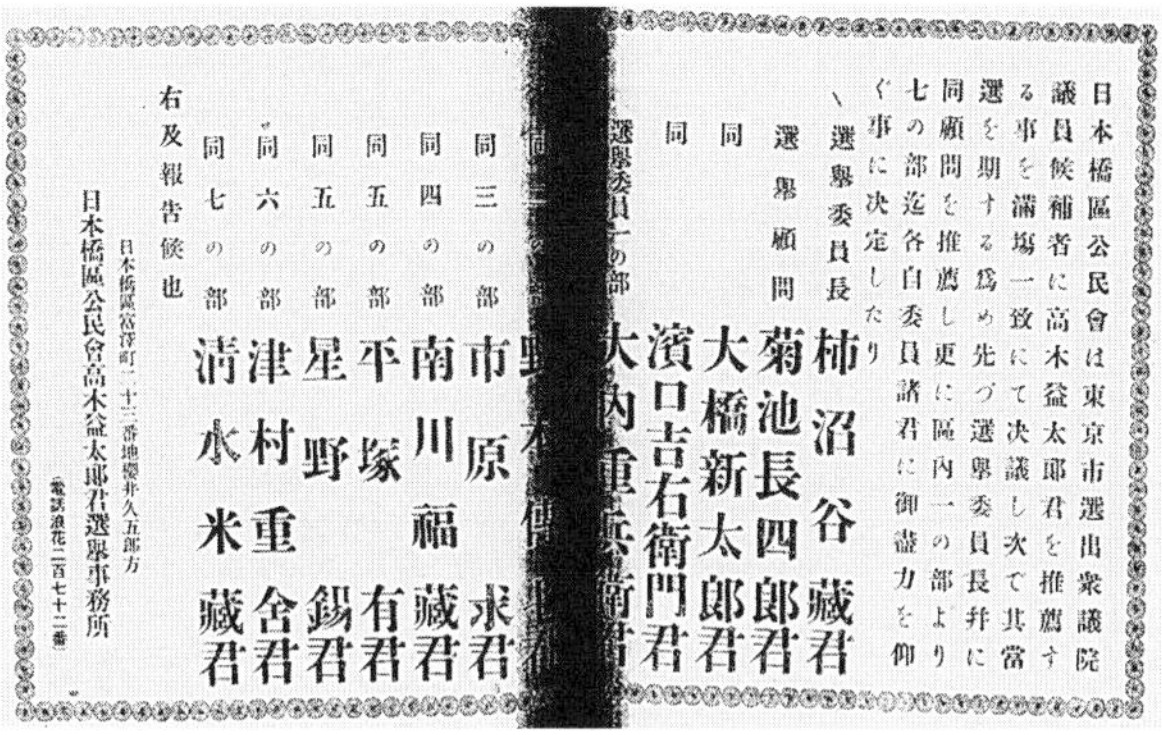

日本橋區公民會は東京市選出衆議院議員候補者に高木益太郎君を推薦する事を滿場一致にて決議し次で其當選を期する爲め先づ選擧委員長幷に同顧問を推薦し更に區内一の部より七の部迄各自委員諸君に御盡力を仰ぐ事に決定したり

、選擧委員長　柿沼谷藏君
選擧顧問　菊池長四郎君
同　大橋新太郎君
同　濱口吉右衛門君
選擧委員一の部　大内重兵衛君
同二の部　野本傳[illegible]君
同三の部　市原求君
同四の部　南川福藏君
同五の部　平塚有君
同五の部　星野錫君
同六の部　津村重舍君
同七の部　清水米藏君

右及報告候也

日本橋區宮澤町二十三番地櫻井久五郎方
日本橋區公民會高木益太郎君選擧事務所
（電話浪花二百七十二番）

図5　「日本橋区公民会」（日本橋倶楽部で開催）による高木の推薦広告

がわかる（図5）[45]。

以上からは、地域をどうするかということをめぐって、地借ばかりでなく、かならずしも同じ境遇にはない人びとが「住民」であるという点で幅広い結束をみせる、新しい共同性の萌芽を見いだすことができるのである。

なお、建物保護法は、その立法化の過程で貴族院における条項の大幅削除といった抵抗にあうものの、明治四二年（一九〇九）に成立し、これによって市区改正事業末期にあたる大正三年（一九一四）にはある程度「地震売買の声は熄」んだと伝えられた[46]。今後ともその実態については精査を要するが、事業の実施過程でいったんは否定された既往の慣習や本来建物が含有した諸権利は、ここにいたり、一部が回復されることになったとみられるのである。

付言すると、この建物保護法の成立をつうじ日本の近現代都市において借地権が確立する道が開かれた。市区改正事業では末期にいたるまでその権利が事実上、公認されなかったがために多くの建物は失われたものの、のちの関東大震災の復興事業では建物保護法、ならびに同じく高木らを中心とする運動をもとにその後成立した借地法（大正一〇年）を基盤としながら、借地権価格はきわめて高値を保持した[47]。それにより、すでに指摘される建物の頻繁な移動も可能になったといえる[48]。

おわりに

市区改正がそれまでの都市空間や社会の営みにどのような影響を及ぼすものであるのか、またそもそも既往の都市空間がどのような特徴をもっているかについて、当時の人びと（計画・事業主体もふくむ）は、その事業化のプロセスのなかで、ようやく理解しはじめていた。

道路拡幅にともなう「表店」の買収ひとつをとっても、そこには従前の慣習や価値観がさまざまにからみあい、事業の施行側もそれらに一定の妥当性・公共性があることは認めるところであった。しかしながら、都市計画事業というものは本来的に限られた時間と予算のなかで判断を下すものである以上、慣習と近代法、地主と地借、さらには事業負担をめぐる官と民の役割など、事業進捗の観点からあらゆる線引きをおこない、その両者の関係や優劣などを制度化することを避けられない。

しかし、これらの内容が、政治や地域社会などの別の局面において妥当であるとは限らない。とりわけ近現代の東京は土地の所有者と利用者が大きく異なっており、(49) 右記の関係はたえず再定義がはかられていくことになる。なお、本章では以上に述べた流れを跡づけるにとどまり、市区改正事業の過程でむしろ新規参入を果たした人びとや商業の実態、また一方では地借の権利回復のかげで住むべき「裏店」を失った店借（借家人）の問題など、事業が対象地域のあり方に及ぼした影響の拡がりを深く追究できなかった。今後の課題としたい。

（1）本節（一　市区改正以前の都市構造・都市改造事業の特徴）の内容はとくに断りのない限り、史料の引用部分などもふくめて前章にもとづく。
（2）なお、本章後掲の史料3（大正九年）に、東京市の「商業地域の九分通りを貸地」とあるように、この傾向はその後も続いていたことがうかがえる。
（3）本書第2章を参照。
（4）石田頼房『日本近現代都市計画の展開――1868-2003』（自治体研究社、二〇〇四年）所収のものを転載。
（5）前掲注4に同じ。
（6）『都史資料集成2　東京市役所の誕生』（東京都、二〇〇〇年）の「解説」を参照。なお、二〇一三年現在、東京都公文書館がウェブサイト上で公開する組織沿革によると、東京府には明治三〇年一〇月二八日まで市区改正の名を冠した部局（内務部第二課市区改正掛）が設置されていた。http://www.soumu.metro.tokyo.jp/01soumu/archives/0702enkaku.htm
（7）私見の限りでは、事業の施行主体が残した有用な記録としては、『東京市臨時市区改正事業報告書』・『東京市区改正第二期速成事業報告書』（ともに市政専門図書館所蔵）があげられるぐらいである。
（8）以下、本節（二　臨時市区改正局と角田真平）における内容および引用部分はとくに断りのない限り、「東京市の六大事業」（『財界』六巻二号、明治三九年、二九―三〇頁）と「東京市区改正と予が抱負」（『商工世界太平洋』六巻二四号、明治四〇年、二六―三四頁）にもとづく。
（9）前掲注6の「解説」および組織変革を参照。
（10）なお、東京府が施行にあたっていた時期については、『時事新報』紙上における「東京市事業の不振」（本章では前掲注6『都史資料集成2』所収のものを参照）で、たった五名の人員しか割り当てられていなかったことがわかる。
（11）当初（「旧設計」時）の賠償交渉が土地・建物の所有単位ごとであった理由については史料的制約から明確でないが、本章前節で述べた既往の都市構造（土地の所有者と実際の利用者の大幅なずれ）の影響がまずは考えられよう。
（12）東京市は、臨時市区改正局が市区改正事業の迅速化を達成したのち、明治四三年四月に当該局を廃止し、代わりに「第一部市区改正経理課」・「同公務課」を設置している（前掲注6の組織沿革を参照）。ここでは臨時市区改正局の時期を中心に取りあげ、以後については稿をあらためて論じることにしたい。
（13）前掲注6の組織変革を参照。
（14）当該期の著名な洋画家・和田英作の筆による（『美術画報』二六巻八号、明治四二年所収）。
（15）前掲注4の石田。なお『国史大辞典』の「角田真平」の項においても、市区改正関連の言及は一切みられない。
（16）たとえば山口輝臣は明治神宮「内苑」・「外苑」構想の発案者が角田である可能性を指摘している（『明治神宮の出現』吉川弘文館、二〇〇五年、九四―九五頁）。角田が当該期東京の都市事業一般に果たした役割やその意義については今後検討を深める余地がある。
（17）『読売新聞』明治四〇年五月九・二四・二九日号を参照。
（18）『読売新聞』明治三六年八月二九日、同年九月二・三・八日号を参照。
（19）財政問題については前掲注4の石田、および渡辺俊一『「都市計画」の誕生――国際比較からみた日本近代都市計画』（柏書房、一九九三年）など。政治構造上の問題については中嶋久人『首都東京の近代化と市民社会』（吉川弘文館、二〇一〇年）を参照。
（20）ともに、前掲注8のうち「東京市区改正と予が抱負」。

(21)「文書類纂・第一種・土木・雑件（明治四十年）」・「文書類纂・第一種・地理・雑件（明治四十年）」いずれも東京都公文書館所蔵。私見の限りでは、用地買収の実態のわかる記録は断片的にしか残存していない。本来であれば次節で取りあげる日本橋地域の事例を検討することが望ましいが、史料的制約からきわめて困難な状況である。

(22)賠償に関する協議が不調の場合、当局者（東京市）と建物所有者の双方がそれぞれ二名の評価人を選定し評価をおこなわせる仕組み自体は、後述の土地建物処分規則で決められたものである（原田純孝編『日本の都市法Ⅰ――構造と展開』東京大学出版会、二〇〇一年、一九頁参照）。

(23)『時事新報』大正九年二月一八日号。

(24)『法律新聞』明治四〇年九月三〇日号など。

(25)もっとも、前章でふれた「市区改正事業開始の頃に「町」が果たしていた役割」は町規の残る四谷地域の状況であって、この本所の事例も同じ旧町人地であるとはいえ、四谷の状況に当てはめて論じられるかどうかは検討の余地がある。史料の発掘をふくめ、今後の課題としたい。

(26)前掲注22の原田編『日本の都市法Ⅰ』、一九頁。

(27)日本都市計画学会地方分権研究小委員会編『都市計画の地方分権――まちづくりへの実践』（学芸出版社、一九九九年）一〇七頁。

(28)この点の例外に、鈴木栄基「東京市区改正土地建物処分規則の運用実態――残地の買上と超過的収用について」（『別冊都市計画』二〇、一九八五年所収）。ただしこの論文では土地建物処分規則のうち、オースマンによるパリ改造のデクレ（勅令）を直接の手本としたとされる第二・三条項の導入実態に焦点が絞られており、本章が問題とする道路用地の買収一般に対する当該規則の運用についてはほとんど言及がみられない。

(29)用地確保のために買収した建物は売却し、それによって得られた収入は市区改正の費用に充てられるものだった（土地建物処分規則の第五条）。つまり、市区改正事業の財政上、「建物所有者への賠償額」と、その後の「売却」代金（＝資材としての価値）は、ある程度釣り合う関係になければならなかったといえる。なお前掲史料1の角田の発言は、そのような問題意識から発せられたものとして理解できる。

(30)前掲注7『東京市区改正第二期速成事業報告書』、二八頁。

(31)この判断が、どのような政治環境によって下され、またどれくらいの期間意味をもったかは、後述する「地震売買」や建物保護法の成立背景の理解にもかかわる、今後精査すべき重要な論点である。

(32) 当時の雑誌記事に、とある日本橋商人（地借の表店）が「此の不景気に家を後に退ける、立退屋の裏店の人々に相当の文払ひをせんければならぬ、ナカナカの難儀です」（『時事評論』三巻一〇号、一九〇八年）と述べており、ある程度はそういった連鎖も起きていたとみられる。ただし、この文章からもわかるように曳屋を実現させるのに必要な調整に対して東京市などはまったく関与・賠償せず、ひとえに地借の側がおこなわなければならなかった点は注意を要する。

(33) たとえば、「市区改正委員会議事録」二八〇号を参照。

(34) 『商工世界太平洋』（七巻一三号、一九〇八年）。

(35) この様子については、前章掲載の写真2を参照のこと。

(36) 本節（四　建物保護法の成立基盤）の内容の典拠は、とくに断りのないかぎり、前章にもとづく。

(37) 『日本現代富豪名門の家憲』（博学館編輯局、一九〇八年）三〇頁。

(38) 明治初年以来、国税のおもな徴収対象は地租（地主）だったのが、日清・日露の莫大な戦費負担のために営業税も国税に組み込まれ、問屋や仲買を主体とする東京中心部の地借は多くの負担を強いられる一方で、あらたに選挙権を手にいれることになった。この間、日本橋区の有権者はたとえば市会議員選挙で約三倍（明治二五年―大正三年）、衆院選にいたっては約五倍（明治三一年―大正四年）に激増しており（『新修日本橋区史』下巻、東京市日本橋区役所、一九三七年、一六九―一七三頁）、増加分の多くはこれらの地借層であったとみられる。

(39) この点に関しては当時、安部磯雄は「市区改正の結果道路を拡張する経費は、市民全体から出て、恩恵は独りその近傍の地主が、襲断するといふ一大奇観が起きはしまいか」（「理想的市区改正」、前掲注8『商工世界太平洋』所収）との指摘をおこなっている。

(40) 『読売新聞』明治二〇年三月二五日号。

(41) 日本橋倶楽部の他にもこのような動きは各所で起きていたとみられ、たとえば日本橋区全域の有志からなる「協和会」という組織は「市区改正の問題に関する談話会」を発端に、会員相互の連絡を密にすることで「業務の繁栄」をはかることなどを目的に明治二五年（一八九二）、結成されている。前章参照。

(42) 写真1は『日本橋倶楽部沿革誌』（日本橋倶楽部、一九三八年）、また図4は『日本橋区史』第二巻（東京市日本橋区役所、一九一六年）所収のものを転載。

(43)「日本橋区公民会」の開催場所として利用されていたことが確認できる。『読売新聞』明治四二年七月一七日号などを参照。
(44) 清水誠「高木益太郎の人と業績」(『法学セミナー』一六四号、一九六九年)所収のものを転載。
(45)『法律新聞』明治四一年一月二〇日号。
(46)『独立自営営業開始案内　第七編』(博文館、一九一四年)一七六頁。
(47)『土地価格ト借地権トノ比較』および『土地価額ト地代トノ比較』(東京市都市計画部、一九三二―三三年)。ともに東京大学経済学部図書館所蔵。
(48) 田中傑『帝都復興と生活空間――関東大震災後の市街地形成の論理』(東京大学出版会、二〇〇六年)。
(49) ただし、このことは東京に限られるものではなく、当時の新聞記事によると、横浜・新潟・神戸・名古屋などでも同様の傾向(都市住民に占める地借の多さ)が指摘されている。『法律新聞』明治四一年六月一五日号。

結　章　江戸から東京へ——都市空間の再編とその波及

はじめに

日本の近代都市の成立過程やその特質を明らかにするうえで、近代移行期の江戸―東京のありようを知ることは避けて通れない課題といえる。

それは第一には、近世武家政権のひらかれた江戸がいかに明治新政府の所在となり、また首都・東京へと変化していったのか、いいかえれば明治維新が惹起した、内政と日本の都市全般とのあいだの関係性をめぐる構造的な変化が、ここに集中的にあらわれているためである。

さらに、この変化の内容とも関連して、東京のなかでも実質的に都とならなかった「郭外」という存在、および近世以来中心部の町人地に高度に集積されていた商業機能のふたつが前提となり、そこから社会的、文化的な日本全体の中心もまた生みだされていくからである。

以下、近代移行期の江戸―東京を拠点としてどのような構造や特徴をもった都市空間が生成されたのかを、本論（第Ⅰ―Ⅲ部）の検討を横断的に整理しつつ、今後の課題や展望に関する指摘も一部交えながら、総括することにしたい。

一　近代国家の形成と都市空間の二元化

日本の近世都市（近世城下町）は内部の社会と空間が深い相関関係をもち、都市空間が領主の居城を核として武家地・寺社地・町人地などというように分割されていたことに大きな特徴があった。そうした城下町の社会＝空間の基本構成（身分的な分節構造）は制度上、明治初年のうちに解消されるが、その解消のあり方は直線的に均質化に向かうようなものではなかった。とりわけ江戸—東京ではこの間、明治維新政府の首都になるという動きが並行し、都市空間を上位で再編する枠組みの構築がみられた。

「郭内」と「郭外」

すなわち、江戸に東京が設置され（慶応四年七月）、当該地域がふたたび政治の中枢へと返り咲くことが現実味を帯び始めると、都市域のなかに「郭内」と「郭外」というふたつの領域があらたに設けられていく。これは遷都論の具体化と連動するものであり、天皇再幸（明治二年三月末）の頃まで「郭内」域の伸縮をともないつつ、設定が繰り返された。

これらの領域が定められた主たる目的は、遷都に向けた武家地の処遇法であって、このうち「郭内」に位置するものは土地・建築ともに新政府に収用され、実際に再幸を画期として維新政府の諸官庁が本格的に設置、また政府要人や新体制にかかわる人びとの屋敷へと変換されていく。後者の動向について本書では公家を素材に検討したが、そこでは京都のいわゆる公家町の屋敷は収用された幕臣屋敷へと同面積で置き換えられるなど、「郭内」とは新政府の基礎的な機能や要素が集中的に埋め込まれる対象であり、実質的な遷都＝新都の場にほかならなかったのである(1)。

一方、土地の収用はなされるものの建築は旧来の利用者の自由に任せられ、右のような官有に供されなかった「郭外」武家地でも、並行して大きな変化が起きていた。

第一に注目されるのは「郭外」への旧大名の居住である。幕末にその多くが国許に帰国していた大名に対しては、版籍奉還をへて若干の権威をそぐ処置こそなされたものの、新政府にとって反動的な行動にでられる恐れは消えていなかった。そのようななか、彼らには東京への再上京が命ぜられる（明治三年一一月）。ただし、そこでは新政府がすでに打ちだしていた「郭内」・「郭外」域の設定・操作により、前者に位置する屋敷（多くの場合、かつての上屋敷）はことごとく没収されてしまっており、彼らの居住する先は、さきに述べた新体制側の人間が「郭内」に集住したのとは裏腹に、おのずから「郭外」（同中屋敷・下屋敷など）に限られた。彼らを国許から引き離し、かつ東京のなかでも中心部ではなく、しかし目の届く範囲＝「郭外」に留め置くことによって、それから一年もたたないうちに日本の中央集権化の端緒といえる廃藩置県は遂行することができたのである。

「郭内」・「郭外」域の設定はもっぱら武家地を対象とし、それを媒介とした都市空間の再編手段であったが、その影響は一定程度、町人地などにも及ぼされるものであったといってよい。「郭外」武家地をめぐる人の移動や配置の問題では右記の大名ばかりでなく、ほぼ同時期、無籍無産者対策を念頭に、場末町人地の住民のうち富める者のみが「郭内」の縁の武家地へと振り分けられていた。また、くわしい背景はいまだ明らかでないが、この時期「郭内」と「郭外」の境界あたりに陸軍関係施設が集中的に分布している。「郭外」は、新体制の確立、いいかえれば「郭内」の特権化にとって障害となる人びとを配置するための領域へと読み替えられたといえよう。東京という都市にありながらも、明治初年にあって「郭外」はこれから確立するべき首都そのものではない場所であった。

さらに、大名藩邸以外にも「郭外」には幕臣の拝領する武家地（幕臣屋敷）が数多く存在し、これらのなかには維新期に朝臣化した者らにあらためて下賜されるものも多かったが（後述）、残りについてはいまだ地租改正・地券発行のなされぬ頃から積極的に町人層への貸付け、あるいは払い下げ（武家地の町人地への変換）もおこなわれて「地税・町入用」の収受が目指されていく。これも再幸を画期とした動きであり、当該期の新政府の厳しい財政事情のなか、「郭内」では新政府関連要素の集積が進む一方で、「郭外」は公権力みずからが開発に乗りだすというよりも民間に開発させることによって、新体制の存続や維持に向けた経済的後援という役割もあわせて期待されていく。

以上のように、明治初年の東京では都市域の約七割をしめた武家地の転用をつうじて、都市空間は「郭内」・「郭外」の二元構造を呈し、そして前者を政治的な中枢、後者を副次的領域とするような主・従の関係がこれに重ねられて存立した。またこの間には人びとを経済的な基盤によって住み分けさせる貧富分離の考え方——身分から富の多寡へ——も台頭しはじめるなど、以後の都市の展開をうらなうような動向も起きていた。

これらはたった数年の間の出来事ではあるものの、その後まもなく開始される地租改正・地券発行のもと都市内の土地所有状況が確定したことで、近現代の東京のあり方、さらには他の日本都市のあり方をも左右する前提的な基盤となる。

「郭内」を彩る装置としての首都計画

本書では、そうした基盤の影響のもとに一連の首都計画を再考、再定位することを試みた。

明治五年（一八七二）二月に「皇城」の南東エリアをおそった大火を画期とする銀座煉瓦街計画については、一般に不平等条約の改正に向けた「西欧」の移植の象徴としてもっぱら理解されてきた。しかし、これまで顧みられてこなかった当初の計画内容をあらためて精査すると、これが天皇を筆頭とする新政府あげた被災民に対する救恤、さらには煉瓦家屋の下賜をつうじて新体制の恩恵やその力量を誇示することが主たる目的であったことが明らかとなる。

また、その道路配置は「皇城」や新政府官庁の設置エリア（西丸下）を念頭に策定されるなど「郭内」との強いつながりが浮かびあがってくる。すなわち、銀座煉瓦街計画は弱年の新政府を支え、新政府中枢の置かれる「郭内」を「輦轂の下の町」として特権化・権威化する手段にほかならなかったのである。

さらに、この煉瓦街建設が財政的な限界から事業なかばで断念せざるをえなくなった時、「郭内」に確保されていた官有地や新政府メンバーの所有地（賜邸）をいかした展開がみられ、「皇大神宮遥拝殿」などの空間が生みだされていく。そこでは、当初は都市全体への拡張も見込まれていた銀座煉瓦街が都市の単なる一部分へと読み替えられて、皇大神宮遥拝殿やのちの鹿鳴館などとの並置・対置をつうじ、「西北は皇城に近く、東西は市街に接する府下中央の地……神徳はいよいよ光りを添へ更に士民が敬崇の念を深からしむるに至る」（第3章史料1）ような一画が創りだされた。「郭内」を彩るための装置として、煉瓦街と皇大神宮遥拝殿とは本質的によく似た存在であったといえる。

なお、以上の「郭内」と東京の都市的改変とのつながりは、明治中後期のそれにも何かしら受け継がれていくものであったことがうかがえる。

日本の「都市計画の嫡流」といわれる市区改正計画の起源である「中央市区論」のなかには、じつのところ「郭内」・「郭外」という言葉の使用が認められる。明治一一年（一八七八）、東京府知事・楠本正隆は「東京府下区画改正案」をまとめ、そこで「旧朱引外の五郡を郭外と名づけ、朱引内一一区を郭内」と位置づけるとともに、もっぱら後者（郭内）を重んじた計画をおこなう。これまでの理解[4]によれば、この計画によってはじめて都市の上に線を引くという手法が登場し、次の府知事・松田道之による「東京中央市区確定の問題」成案（「囲い込み」と「貧富住み分け」が主テーマ）へと昇華していくとされる。

しかし先述のように、すでに明治初年から制度的な都市域として「郭内」・「郭外」は登場し、それを基準として貧富を分けるような計画もおこなわれていたのである。市区改正計画、さらには日本の都市計画の理念上の源流を、明治初年の首都化のなかにこそ見極めていく必要があるといえよう。

地方都市における「郭内」の展開

次に、ほかの日本都市への影響面についても以下ふれておきたい。

さきに述べた「郭外」への旧大名らの再上京は、当然ながらそれまで各城下町の核として存在してきた領主の居城に空白をもたらす。新政府による中央集権化のもと、明治初年における東京の一連の変化と他都市の中心部のあり方とは並行する関係にあった。

廃藩置県によって、いったんすべての「城郭」は兵部省（のち陸軍省）の管轄下に入ることになる。ここで注目されるのは「城郭」とは藩主の居城ばかりでなく、それを取り囲む重臣らの屋敷をふくめた一定の範囲を指すものだった点である。そして、それらの領域は実際に「郭内」と呼ばれ、旧藩主は上京を命ぜられるなか、「旧藩々城郭内士族邸地ノ儀ハ……当分拝借地ト看做」された(5)。つまり事実上「郭内」の利用については明治初年のうちに公権力の側がにぎったのであり、また追って「城郭」を陸軍施設へ改造する際には当該域の旧藩士らを近傍の村へと移住させることなども検討されている（姫路城の場合(6)）。

くわしくは今後の課題としたいが、現在の日本都市の多くが共通の出発点とする城下町の近代への移行では、武家地の処遇をめぐって「郭内」・「郭外」域設定の手法がひろく用いられていた可能性がある。また各域の性格は、とくにその後の「郭内」の所有・活用のされ方において、東京とほかの都市のそれともよく似た側面があるように思える。たとえば、政治的中枢のみならず、明治期東京の「郭内」には経済資本（各社の本社機能）も蓄積されていったことはよく知られている。この丸ノ内の開発は三菱によって明治二〇年代以降に進められたものではあるが、そもそもの発端は明治初年に「郭内」があまねく収用されていた点にある。そして後年の売却によって新政府は大きな利益をあげている。明治後期の官庁集中計画を進めるにあたり、のちに井上馨は（明治初年に集積した）政府用地の転売によって遂行できたとも明かしている(7)。

他方、広島城のケースからは、廃藩置県後に打ちだされたさきの「郭内は拝借地」という論理が長らく貫かれ、いっこうに公用に供される動きもないまま明治一〇年代半ばまで地券発行がなされなかった（遅らされた）ことがわかる。(8)

近代移行期の日本都市において「郭内」は、公権力がみずからの資産としてある程度自由に運用できる舞台として保持される場であったといえよう。

二　生きられた都市のゆくえ――新開町というフロンティア

明治初年の東京では「郭内」・「郭外」域の設定やそれにもとづく人びとの再配置などがおこなわれたが、しかしそうした公権力の行為を人びとの側がどのように受けとめていたかは別の問題に属する。本書ではそうした日常の生活空間のありようについて、これまでほとんど顧みられてこなかった東京周辺部、なかでも「郭外」武家地の動向を中心に検討をくわえた。

重畳する都市再編の論理

維新後、朝臣化した旧幕臣らに対しては屋敷所持という特権が引きつづき認められ、さきの大名と同様、「郭内」・「郭外」域を規準とした事実上の下賜がおこなわれた。彼らには基本的に「郭外」の一ヶ所（旧幕臣屋敷）が割り当てられていったとみられるが、(9)そこでは水面下では進行しつつも旧幕期にはついぞ認められなかった生活実態が尊重されるという画期的な展開がみられた。すなわち江戸の武家地をめぐっては、拝領主は本来、拝領した屋敷に住むべきところ、役替えごとの移動を避けるために拝領屋敷以外の武家地内部を借地するなどし、むしろそちらを定住先とする仕組みが成立していた。しかし幕府はそうした実態面にあわせて武家地の譲渡などを許容することはなく、最後まで役職にもとづく編成を理想とする姿勢を貫いた。

その点、明治初年の変動は、朝臣化した旧幕臣らにとってこれまで叶わなかった屋敷の獲得が見込める好機でもあった。実際、彼らは従前の拝領屋敷の下賜ではなく、居住歴や家作の存在などを楯に引きつづき拝領屋敷以外の利用（拝借）を主張し、のちにはその多くが地主へと昇格することに成功していく。

このような、公権力が進める武家地処分やそこでの意図を相対化する動きは、先述した場末町人地の移転策や、民活の取り込みをねらった武家地の町人地への変換策にもみてとれる。たとえば前者について、新政府・東京府は無籍無産者対策ないし貧富分離を目的としていたが、対象とされた複数の場末町々の地主の側はこれをより良い生活場所へと移住するための手段と位置づけていた。

そして、ここで注目されるのは、そうした場末地主らが要望した移転先には共通性があり、いずれも既存の広場（広小路や川沿いの土手など）隣接の武家地であった点である。従前、遊興施設や仮設の店舗群が立ちならび、近世都市江戸の行動・消費文化の中核をなしてきた場所近くに移住することは、当時の一般の人びとに共通した願望であるとともに、とりわけこの変革期を生き残る有力な方法だったといえよう。事実、江戸有数の広場どうしをつなぐ位置にあった下谷和泉橋（御徒町）通りでは明治三年（一八七〇）頃、前述の屋敷獲得を目指す旧幕臣らと町人層によって場所の争奪ともいえるような状況が繰り広げられ、それはのちの幹線道路（昭和通り）形成の礎ともなったのである。

「新開町」の簇生と展開

まもなく身分制が解消され、地租改正・地券発行をへると、官有に供されなかった武家地跡地もふくむ民有地一般のあり方は民間の手にゆだねられていくことになったが、そこでは以上の明治初年における動向に垣間みえた人びとの欲求、すなわち広場の繁華に依拠するような再編が席巻し、独特の空間が生みだされることになる。それは、当時「新開町」と呼ばれたもので、盛り場化した武家地跡地を意味し、用語としては明治二〇年代まで使用が認められる。そして、当該期の分布をたどると、そうした新開町はおもに「郭外」の方に数多く誕生していたことが明らかとなる。すなわち明治初年以降、数多くの「郭外」の武家地跡地そのもののなかにいわば広場が生成される過程が起きていたのである。

なぜこのような展開がたどられたのか。その背景には、第一に、既往の広場の消滅の問題がある。明治初年には都市空間再編の拠点となっていた近世来の広場の多くは、しかし公道（官有地）に立地するものだったがため、新政府の打ちだす土地政策のもと急速に解体を迫られていく。その際、「郭外」に位置する旧大名藩邸などがそれに代わる受け皿となった。

もっとも、これらの動向を牽引したのは初期の地主ではない。前述のように当該地所は再上京を命ぜられた大名華族らに下賜されていたものの、地租改正を機に、その内部は借地にだされたり、なかには屋敷全体が早々に売却されるケースもあった。代わりに、これらを主体的に利用し、新開町へと開発したのは旧町人層であって、本書の検討した事例（旧篠山藩上屋敷）に以下則していえば、近隣の広場を追われた小商人らが移り住む一方、隣接する旧町人地の有力商人が借地をし、それを又貸ししたことで従前広場でおこなわれていた類の興行も立地した。この過程では旧藩邸としての建築的遺産が存分にいかされ、屋敷を囲んだ表長屋は商店化し、また庭園や火の見櫓なども人寄せに転用されていた。新開町には生活に特化した住居も内包されたが、以上で生みだされた繁栄が吸引力となり、明治初年からほとんど空き家はみられなかった。

さらに、こうした遺産の活用ばかりでなく、新開町ではあらたな「物語」も動員され、日本各地の神社「遥拝所」の建立が流行した。これらが実現した制度上の裏づけは新政府による民衆教化運動であったが、現場ではもっぱら新開町繁栄の手段としてとらえ返されており、そこには周辺の地域社会とともに近世来の講のかかわりなども垣間みえる。「遥拝所」は政策としては失敗に終わるものの、しかし「郭外」に日本各地との接点が生まれ、第Ⅰ部で論じたような「郭内」とはまた別種の求心的構造を東京がはらんでいく重要なきっかけになったと考えられる。

以上のように、「郭外」に簇生した新開町とは、既存の広場からの諸要素の移転やその再生産にくわえて、それらの立地を誘導した周辺の町人層がいわば都市のなかの余白を埋めるように旧武家地を浸潤した結果、誕生したものであった。もちろん、彼らがそのような行動にでたのは、当該期の社会変動（武家地の空洞化）による経済的な困難を前に、人工的な広場を近隣に誘生させ、糊口のあてを民間消費やその成長に求めたからにほかならない。そこでは種々の見せ物を核としながら、数多くの商店や住宅が複合的に内包されることで、多様な人びとが交錯する空間が形作られていった。

ところで、産業化の微弱な時期をへて明治二〇年代を迎えると新開町という言葉は次第に使われなくなり、それらは実態としてもさまざまな差異化――勧工場や劇場街、専用住宅地など――を遂げていく。この明治二〇年代以降の展開について本書で明らかにできたことはいくつかの事実の指摘や観察にとどまるものの、背景のひとつには所有地の資産価値上昇を目指す地主の戦略転換がうかがえる。もっとも、これらの変容のなかでも建築をはじめとする実態は依然として地借（借地人）らが生み出しており、また日本各地との接点という性格も継続していたことがうかがえる。[10] それぞれの新開町が、以後も都市内の地域の核となりながら、全体として東京を近代へと連続的に押し進めるファクターとなっていったと考えられるのである。

三　近代移行期江戸―東京の展開と都市計画事業

近代移行期における江戸―東京の展開に対して、一連の都市計画の実践が、現実の都市の諸関係にどのようなインパクトを与えるものだったのかを考察することも、本書の重要な課題であった。

明治前半期の特徴

明治五年（一八七二）にはじまる銀座煉瓦街計画は、先述のように第一義的には明治新政府の恩恵と示威の象徴として「郭内」を中心とする新都（「輦轂の下の町」）を創造するために策定されたものであったが、その中身には東京府下一般へ煉瓦街を普及していく仕掛けも組み込まれていた。この計画以降、日本の都市において、すでにある市街の歴史的蓄積を人為的に壊し、再開発をおこなう考え方や試みがひろまってくるといってよい。

煉瓦街計画では、当該期に並行して進められていた支配体系の再編と軌を一にするように、かつての武家地・町人地といった地域差を問わずに、都市をひとつづきの平面とみなして家々に系統だった番号をうち、公権力が建物（各戸）と住民を数において把握することも目指された。ただし同時に、よりミクロなレベルでの人と空間とのかかわりという点では、煉瓦街はその外見の新奇性とは裏腹に、もっぱら江戸町人地以来の表地部分を対象として商業の拠点である「表店」の強化をはかるという、既往の社会・経済的な仕組みを基盤とする側面も有していた。

同様の点は、後続の、いわゆる東京防火令（明治一四年）による都市の不燃化事業にも指摘できる。この事業では中心部の旧町人地エリアを走る主要道路沿いのすべての建物に対して不燃建築への建て替えが命じられたが、その担い手は土地所有者（多くは不在地主）ではなく、当該地域で実際に「表店」を張る地借住民であった。

このように、明治前半期におこなわれた都市計画事業は、対象となった人びとに重い金銭的負担や生活様式上の不便を強いたことは確かなものの、計画の軸足は住民の側に置かれ、また、通り沿い（表地）には借地の商人層が軒をつらねてその裏には店借が展開するというような既存の都市構造を下敷きにしながら成り立つものであったといえる。

東京市区改正事業のインパクト

それに対して、明治一〇年代なかばからいくつもの計画案がだされ、ついに明治二一年（一八八八）に事業開始となる東京市区改正は、煉瓦街事業の頓挫によってほとんどが武家地跡地にとどまっていた東京の都市的改変を、旧町人地エリア全体をも巻き込む次元へと引きあげるとともに、それまで持続していた都市構造を本格的に解体する動因となる。

ただし、そうした作用は市区改正の「計画」に含意されていたというよりは、実際に「事業」として進められていく紆余曲折のなかで顕在化したものだった。いいかえれば、土地が投資対象となり売買地価は上昇するかたわら、不在地主と地借住民とのあいだで地代上昇をめぐる紛擾が起きるなど、都市東京の土地の用益にまつわる均衡が崩れつつあった明治後期に実施（とりわけ明治三〇年代に急進）されたことが、日本近代都市計画の出発点ともいえるこの事業の性格を以下のように規定したのである。

市区改正計画の眼目は数多くの道路の拡幅にあったが、それらの事業化に向けて詳細を定める内務省内の組織に明確な判断規準は存在せず、外部からの働きかけによって議論は容易に左右された。具体的には、市中の複数の地主はみずからに資する目的で所有地の一部寄付などを率先しておこなっており、地価上昇により用地買収費用がかさみつづけるなか、それは事業の詳細（対象とするべき道路の選定や拡幅のあり方）を決めるうえで有力な判断材料となった。事実上、市区改正事業はそうした地主層の行為、すなわち明治二〇年代以降の私有地開発の動きに牽引されていくのである。

他方、市区改正の道路拡幅はその実態として、建物そのもの（建築資材分）にくわえて場所の用益権や営業権なども従来価格のなかに含まれる「表店」を集中的に排除する格好となった。これらの営業者＝所有者である地借住民に対する補償方法が事業進捗の鍵であって、当初、事業主体（東京府、のち東京市）は市井の慣習に見合う比較的高額の賠償などもおこなっていた。しかし「新設計」（明治三六年）以降は限られた予算と時間を前に、みずからの体制を刷新するとともに法制度を弾力的に運用し、そうした地借住民らには建築資材分しか賠償しない姿勢に転じる。かつ、従来「表店」に包含されてきた諸権利をあらたに土地の側に帰属させる判断もおこなう。早期の終了が自己目的化したことで、市区改正事業は都市空間の受益をめぐる主体の転位——地借から地主へ——を生じさせる装置と化したのであった。

かくして、市区改正事業の対象地域では、たとえば最重要路線といえる日本橋通りにおいて地主（三井組）はその拡幅を機に、既往の両側町の枠組みを逸脱して一街区を占有するあり方へと転じることに成功し、ここに巨大なオフィスビルを出現させた。この町から街区への移行は、東京中心部の旧町人地エリアを職住一体的なあり方から単一機能（職）の空間へと変容させる先駆けとして評価できよう。

その一方で、同じ日本橋通り沿いにおいては「地震売買」が引き起こされて、長年営業をおこなう問屋層・仲買層に代わり、短期間で収益をあげるような業態の地借たち、また彼らの奇をてらった和洋折衷の商店も軒を並べるようになった。並行して民衆が「裏店」に構造化されていたあり方も解体され、やがて彼らは都心から追いやられることになる。

以上のように、市区改正事業は実際に都市に生活する人びとよりも、資産として所有する立場＝地主を重んじ、その都市社会における伸張を助け、既往の人と空間とのつながりを解体し、二〇世紀初頭の東京のあり方を規定する諸条件を生みだしたといえよう。

もっとも、こうした当該事業の論理が、地域政治などの局面において妥当であるとは限らなかった。事業が急進した明治三〇年代は、戦費負担にともなう営業税の国税化により、比較的富裕な商人層が国政もふくむ選挙権を持つことに道を開いた時期でもあった。そうした人びとが「表店」の地借住民として集中する日本橋地域では、やがて市区改正事業をめぐる問題の共有にもとづくあらたな共同性の萌芽がみられた。彼らの運動からいわゆる建物保護法（明治四二年）、さらには借地法（大正一〇年）が制定されていくことを考えれば、他の日本都市にも影響を与える起点が、この旧町人地エリアにおいても立ち現れていたといえるだろう。

（1）なお、「郭内」内部の編成に関して、本書では公家の屋敷が神保町や番町などに集中している事実は指摘したものの、それがどのような論理にもとづくものであったかまでは追究できていない。なお、この点について、第6章で言及した三島通庸の屋敷周辺には同じく薩摩藩関係者のそれが集中しており（第6章の注20参照）、出身の身分や地域で何かしらの区分けがあった可能性は高いように推察されるが、詳細は今後の課題である。

（2）たとえば版籍奉還後、藩知事となった旧大名は「公私区別」をつけるため、それまで居住していた本丸は「役場」と定め、「郭内藩士邸」などを「私邸」とし、そこから毎日「出張」する形態をとることが命ぜられている（「公文録」明治二年第一二七巻、国立公文書館所蔵）。

（3）第1章、注34参照。

（4）藤森照信『明治の東京計画』（岩波書店、一九八二年）七九―九二頁。

（5）「例規類纂」第二巻、国立公文書館所蔵。

（6）前掲注5に同じ。

（7）澤田章編『世外侯事歴　維新財政談』（下巻、岡百世、一九二一年）四〇〇頁。

（8）「太政類典」第二編明治四―一〇年第一二三巻、国立公文書館所蔵。なお、そうした処置により、「拝借」という形でしか居住を許されず土地を担保に入れることもできないため、本来ならば同じ社会的境遇に置かれるはずの旧藩士層のあいだで、かつて拝領した屋敷が「郭内」・「郭外」のどちらに位置したかが生活再建の明暗をも分けていたことが知れる。

（9）第1章、注15参照。

（10）たとえば、かつて小木新造は明治初年と同二二年の本籍・寄留それぞれの人口増減を比較対照する作業をおこない、後者の時点における「下町寄留人口の増大」を指摘したが、その作業をくわしく見直すと、この間に寄留人口＝地方出身者の受け皿となっていたのは、小木のいう「下町」一般ではなく、いずれも旧武家地の新開町のエリアであったことがわかる（序章注23参照）。さらに、明治中後期に専用住宅地に転換する事例には、同郷の人びとのための寄宿舎が設立されていったものも多い。うち、本郷西片町（旧福山藩中屋敷）における展開については、稲葉佳子「阿部様の造った学者町」（山口廣編『郊外住宅地の系譜』鹿島出版会、一九八七年）にくわしい。

初出一覧

序　章　新稿。
第1章　「首都・東京の祖型――近代日本における「首都」の表出（その1）」（『建築史学』四五号、建築史学会、二〇〇五年九月）を一部改稿。
第2章　「再考・銀座煉瓦街計画――近代日本における「首都」の表出（その2）」（『建築史学』五〇号、建築史学会、二〇〇八年三月）。
第3章　二〇〇六年提出博士論文『近代移行期の江戸・東京に関する都市史的研究』第四章を一部改稿。
第4章　「新開町の誕生――近世近代移行期における江戸、東京の都市空間（その3）」（『日本建築学会計画系論文集』五七一号、日本建築学会、二〇〇三年九月）を大幅に改稿。
第5章　「明治初年、民間拠出による都市改造の特質――近世近代移行期における江戸、東京の都市空間（その4）」（『日本建築学会計画系論文集』五七六号、日本建築学会、二〇〇四年二月）を大幅に改稿。
第6章　「明治初年東京における「諸神社遥拝所」の簇生について――教部省教化政策の実像に関する一考察」（『駿台史学』一四二号、駿台史学会、二〇一一年三月）。
第7章　「近代東京における広場の行方――新開町の簇生と変容をめぐって」（吉田伸之・長島弘明・伊藤毅編『江戸の広場』東京大学出版会、二〇〇五年）を大幅に改稿。
補論　「写された連雀町一八番地」（吉田伸之・長島弘明・伊藤毅編『江戸の広場』東京大学出版会、二〇〇五年）を一部改稿。
第8章　「近代移行期の東京」（吉田伸之・伊藤毅編『伝統都市1　イデア』東京大学出版会、二〇一〇年）を一部改稿。
第9章　「東京市区改正事業の実像――土地建物の価値をめぐる展開とその波紋」（『史潮』新七二号、歴史学会、二〇一二年一一月）。
結　章　新稿。

あとがき

大学進学のために上京して、はや二〇年がたとうとしている。東京理科大学建築学科に入学した頃は無邪気に建築家か都市計画プランナーになるつもりで、歴史学の世界に足を踏みこむことになるとは少しも思っていなかった。しかし、最初に住んだ大久保百人町、ついで通学する総武線の車窓から気に入り越した四谷の若葉町（旧四谷鮫河橋）と、建築工学的な観点からすれば「改善」が要求される地域に暮らし、東京のあちらこちらを歩きまわるにつれ、ハード面の教育・研究に力点をおく当時の理大や、一定の学問領域を自明とするような建築学に対しても飽きたらなさとともに、ある種の矛盾を感じるようになっていった。

ちょうど卒論のテーマを決めかねていた時期だったと思うけれども、何気なくついていった研究会で「都市史」に出会えたことは決定的だった。友人のほとんどがゼネコンや不動産業界などへの就職を選ぶなか、建築や都市に対してアンビヴァレントな感情を抱えたままだった私は、ようやく前に進めそうな希望が持てたし、その気持ちは今なお変わらない。

このとき漠然とながら人生かけてのテーマを得たと感じたものの、今日まで研究をつづけることができたのは、ひとえに身の置かれた環境のたまものであった。

私の学部在籍途中に伊藤裕久先生が理大に着任されたのは幸運であった。先生がいらっしゃらなければ、また懇切なご指導がなければ、決して研究の道には進んでいなかったと思う。心よりお礼申し上げる。そして、これからどのような研究成果をあげられるかもわからない私に博士課程への入学を許され、それからの六年間を豊かな研究環境のなかで過ごすことができたのは、東京大学建築学科・伊藤毅先生のご厚情のおかげである。拙文をまとめるたびにご指導、ご鞭撻をたまわったことを、この場を借りて篤くお礼申しあげたい。

おなじく東大建築史研究室の鈴木博之先生、藤井恵介先生には大学院講義や月例研などをつうじて学ばせていただいた。斬新な御仕事を近くで拝見したことにより、あらためて研究の厳しさと魅力を感じることができた。金行信輔氏、ジュリアン・ウォラル氏、岩本馨氏、初田香成氏ら、研究室の先輩や後輩の方々からもたくさんの刺激を受けた。なお、本書の校正中に鈴木先生のご訃報に接した。もう二度と、先生独自の切れ味鋭い都市・建築に対するご批評をうかがえないかと思うと、哀しい。ご冥福をお祈りするばかりである。

建築史研究室の外でも多くのご指導、ご援助をたまわった。なかでも、本書の前提となった博士論文の審査にもくわわられた吉田伸之先生には、まだ理大にいた頃にゼミの聴講をお許しいただいて以来、伊藤先生らとの共同研究（ぐるーぷ・とらっど）および都市史研究会などの活動をつうじてご指導をいただいた。またそれらを介して、岩淵令治先生、小林信也先生、横山百合子先生らとのご交流を得て、多くを学ばせていただいた。

また、石田頼房先生には本書のおもに第I部の内容に関して、的確なご指摘をたまわった。宮崎勝美先生・藤川昌樹先生・渋谷葉子先生からも、萩藩作事関係史料の読解をつうじて歴史学の基礎を学ばせていただいた。このほか玉井哲雄先生、中川理先生にも、それぞれ、代表をつとめられる科研の研究会への参加をつうじてご指導をたまわった。

博論提出後のポスドクの期間には、東京大学二一世紀COE「都市空間の持続再生学の創出」で働く機会を得て、とくに清水英範先生・布施孝志先生からは近年進展する空間情報技術を絵図史料の解釈に応用する可能性についてご教示をたまわった。その後、日本学術振興会の海外特別研究員制度を利用して研究をおこなった米コロンビア大学では、リチャード・プランツ先生にお世話になった。プランツ先生からは、豊穣なニューヨーク都市史の一端にふれ、今後研究をおこなっていくうえで貴重な指針を得ることができた。

さらに、二〇一〇年春に、明治大学文学部史学地理学科日本史学専攻の教員に採用されたことは望外の幸せであった。陽気で自由な校風のなか、私大ゆえの多忙さにもかかわらず精力的に教育・研究活動にあたられる同専攻の先生方（吉村武彦、中村友一、上杉和彦、平野満、野尻泰弘、落合弘樹、山田朗）はもちろん、学生の皆さんにも日々、たくさんのことを学ばせていただいている。

本書の刊行にあたっては、東京大学出版会編集部の山本徹氏に大変お世話になった。また、明治大学人文科学研究所の出版助成を受けた。

以上の先生方、皆様には、あらためて深謝申しあげる。

最後に、私事にわたるが、いつも近くで支えてくれる夫・川本智史と昨秋生まれたばかりの息子・岳、そして長崎の両親と姉に、日頃の感謝とともに本書を捧げ、擱筆することにしたい。

二〇一四年二月

松山　恵

索　引

さ　行

た　行

や　行

ら行・わ行

著者紹介
1975年　長崎市生まれ
1998年　東京理科大学工学部建築学科卒
2004年　東京大学大学院工学系研究科博士課程単位取得退学
東京大学COE特任研究員，ハーバード大学（米）客員研究員，
社会科学高等研究院（仏）客員教授などをへて
現　在　明治大学文学部史学地理学科教授

主要著書・論文
『都市空間の明治維新』（筑摩書房，2019年）
『日本近・現代史研究入門』（分担執筆，岩波書店，2022年）
『みる・よむ・ある　東京の歴史3』（分担執筆，吉川弘文館，2017年）
『近代日本の空間編成史』（分担執筆，思文閣出版，2017年）
"Edo-Tokyo and the Meiji Revolution." *Journal of Urban History* 48, no. 5（September 2022）: 966-987.
「明治初年東京における武家地処分と鉄道敷設事業」（『駿台史学』176号，2022年9月）

江戸・東京の都市史
近代移行期の都市・建築・社会　　明治大学人文科学研究所叢書

2014年3月31日　初　版
2024年5月10日　第3刷

［検印廃止］

著　者　松山《まつやま》　恵《めぐみ》

発行所　一般財団法人　東京大学出版会
代表者　吉見　俊哉
153-0041 東京都目黒区駒場 4-5-29
https://www.utp.or.jp/
電話 03-6407-1069　Fax 03-6407-1991
振替 00160-6-59964

印刷所　大日本法令印刷株式会社
製本所　牧製本印刷株式会社

ISBN 978-4-13-026608-6　Printed in Japan